高等教育“十三五”规划教材

高职高专专业基础课教材系列

化工单元操作

郑孝英　韩文爱　主编

科学出版社

北　京

内 容 简 介

本书主要以化工产品生产过程为背景，以培养学生从事化工生产职业能力为主线，依据岗位能力培养需要和国家职业技能鉴定标准构建教材内容。全书共三篇，第一篇流体输送，主要包括流体流动、流体输送设备；第二篇传热；第三篇混合物的分离，主要包括非均相混合物的分离、蒸发、吸收、蒸馏、干燥、其他分离技术。每个学习单元通过案例引入，知识目标、能力目标使学习者明确每个单元操作在生产中的作用，学习该单元操作能解决生产中的哪些实际问题，解决实际问题应具备的能力，需掌握的知识。章后配有本章小结、同步测试题，方便学习者自我检测和总结提高。相关链接了相应工种的国家职业技能鉴定标准，使学习者明确各工种鉴定内容和要求，以便获取相应的职业资格证书。

本书可以作为化工技术类、应用化工类等专业及相关专业的教材，也可作为化工职业资格培训教材及各类化工应用性人才和教师的参考书。

图书在版编目（CIP）数据

化工单元操作/郑孝英，韩文爱主编. —北京：科学出版社，2010
（高等教育“十三五”规划教材·高职高专专业基础课教材系列）
ISBN 978-7-03-028928-5

Ⅰ. ①化… Ⅱ. ①郑… ②韩… Ⅲ. ①化工单元操作-高等学校：技术学校-教材 Ⅳ. ①TQ02

中国版本图书馆 CIP 数据核字（2010）第 174918 号

责任编辑：沈力匀 / 责任校对：王万红
责任印制：吕春珉 / 封面设计：东方人华平面设计部

科学出版社 出版
北京东黄城根北街 16 号
邮政编码：100717
http：//www. sciencep. com
新科印刷有限公司 印刷
科学出版社发行 各地新华书店经销
*
2010 年 10 月第 一 版 开本：787×1092 1/16
2019 年 7 月修 订 版 印张：24 1/4
2019 年 7 月第五次印刷 字数：575 000

定价：49.00 元

（如有印装质量问题，我社负责调换〈新科〉）
销售部电话 010-62136131 编辑部电话 010-62137026（VP04）

前　言

教材建设是教育教学改革的重要环节，并且是体现高职高专教育特色的知识载体和教学的基本工具，直接关系到高职高专教育是否能为一线岗位培养出符合要求的高技术应用型人才。

本书是按照当前职业教育对于人才培养的基本要求，以化工产品生产过程为背景，以培养学生从事化工生产职业能力为主线，依据岗位能力培养需要，融合国家职业技能鉴定标准来组织编写的。在教材编写过程中，到云南铜业硫酸分厂、云天化集团富瑞化工、昆明化肥厂等企业进行了调研，得到了企业专家的指导和帮助，增强了教材的实用性。

本书共分三篇九章内容。第一篇流体输送，主要包括流体流动、流体输送设备；第二篇传热；第三篇混合物的分离，主要包括非均相混合物的分离、蒸发、吸收、蒸馏、干燥、其他分离技术。通过每章生产案例的引入，使学习者了解各种化工产品的生产过程，明确单元操作在化工产品生产中的作用，懂得各化工单元操作在化工产品生产中需完成的工作任务，完成任务需具备的基本能力，培养能力必需的训练项目及相应的理论知识这条主线来构建基于工作过程的教材体系和教材内容。每章的技能训练使学习者在完成工作任务的过程中培养能力和掌握相关知识；每章后面附有同步测试题，便于学习者复习并系统掌握本章内容；相关链接了国家职业技能鉴定标准，便于学习者明确各工种鉴定内容和要求。通过相关知识的学习和技能训练，学习者可以参加压缩机工、蒸发工、蒸馏工、吸收工、干燥工等工种的技能鉴定，获取相应等级的职业资格证书，充分体现了“工学结合”、“双证融通”的教学模式。

本书由昆明冶金高等专科学校郑孝英、石家庄职业技术学院韩文爱任主编，茂名职业技术学院董利任副主编。郑孝英编写绪论、第一章、技能训练、附录，并负责全书统稿；武汉软件工程职业学院吴雨龙编写第二章；茂名职业技术学院董利编写第三章并负责第三、五、六章统稿；昆明冶金高等专科学校李然编写第四章、茂名职业技术学院王丹菊编写第五章；茂名职业技术学院张燕编写第六章；韩文爱编写第七章并负责第七、八、九章统稿；石家庄职业技术学院陈玉峰编写第八章；漯河职业技术学院陈思顺编写第九章。

本书在编写过程中得到了许多企业专家的大力指导，得到了浙江中控科教仪器设备有限公司的大力支持，在此表示衷心的感谢。

由于编者水平有限，书中难免存在错误和疏漏，请读者批评指正。

前言

目　录

第三篇 混合物的分离

绪　论

一、案例引入

乙炔加氯化氢制氯乙烯工艺流程，如图0.1所示。经净制处理的干燥精乙炔通过沙封1与干燥的氯化氢气体在混合器2中混合均匀，进入反应器3，在催化剂氯化汞的作用下进行加成反应，反应后的气体先经过水洗塔4除去氯化氢。再经过碱洗塔5除去残余的氯化氢和二氧化碳，然后在预冷器6中用水间接降温。可将水冷凝分离出来。其余气体在全凝器7中用盐水间接降温使氯乙烯和二氯乙烷等全部冷凝，冷凝液送入低沸塔（精馏塔）8使乙醛等低沸物及乙炔等气体从塔顶蒸出，釜液送入氯乙烯塔（精馏塔）9，塔顶馏出液为精氯乙烯单体，釜液是二氯乙烷等高沸物，可另再回收。

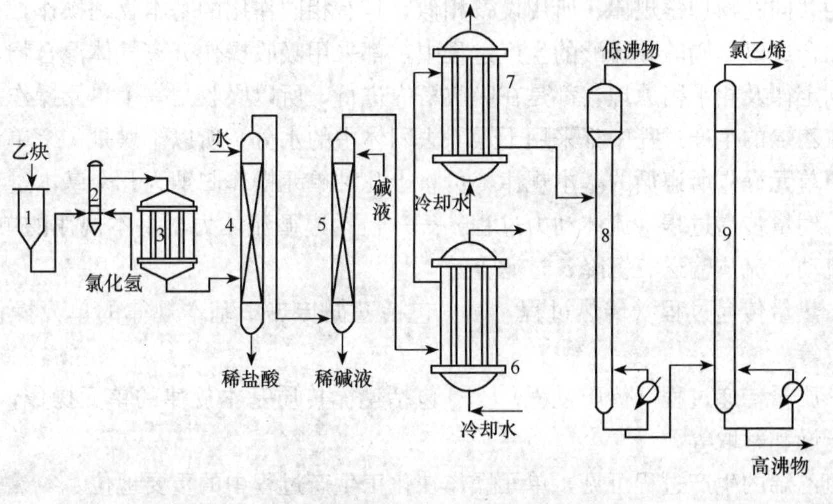

图0.1　乙炔加氯化氢制氯乙烯工艺流程图

1. 沙封；2. 混合器；3. 反应器；4. 水洗塔；
5. 碱洗塔；6. 预冷器；7. 全凝器；8. 低沸塔；9. 氯乙烯塔

二、化工生产过程与单元操作

（一）化工生产过程

化学工业是指对原料进行加工处理，使其发生化学和物理变化而获得产品的工业（如氯乙烯产品生产）。化工产品不仅是工业、农业和国防部门的重要生产资料（如乙烯、化肥、燃料油等），同时也是人们日常生活中的重要生活资料（如医药、化妆品等）。我国化学工业已形成煤化工、盐化工、石油化工、生物化工等20多个行业，4万多个品种和规格的化工产品，化学工业及其产品在国民经济中占有重要地位。

化工生产过程是指化学工业的一个个具体生产过程，简单地说，就是化工产品的加工过程（如氯乙烯的生产过程）。化工生产过程可以分为两类：一类是以化学反应为核心的化学反应过程，通常在反应器中进行，如氯乙烯的生产过程中，氯化氢与乙炔，在催化剂作用下化学反应过程；另一类是只改变物料的物理性质，而不改变其化学性质的物理过程，如氯乙烯的生产过程中，反应后产物里，除主产物氯乙烯外，还含有未反应的氯化氢、乙炔及副产物二氯乙烷等，氯化氢经水洗塔的吸收过程，二氯乙烷与氯乙烯经精馏塔的分离过程均属物理过程。任何一种化工产品的生产过程都是由若干个物理过程与若干个化学反应过程组合而成。

（二）单元操作

尽管化工产品千差万别，生产工艺多种多样，但这些产品的生产过程所包含的物理过程并不是很多，而且是相似的。如流体输送，不论用来输送何种流体，其目的都是把流体从一个设备输送到另一个设备；加热与冷却的目的都是得到需要的操作温度；分离提纯的目的都是得到指定浓度的混合物。这些在各种化工产品的生产过程中，普遍采用、遵循共同的物理学规律、所用设备相似、具有相同作用的基本物理操作，称为单元操作。如合成氨、硝酸和硫酸的生产过程中，都采用吸收操作分离气体混合物，而且都遵循亨利定律及相平衡原理，都是在吸收塔内进行，所以吸收是一个单元操作。又如尿素、聚氯乙烯的生产过程中都采用干燥除去固体中的水分，所以干燥是一个单元操作。

按照单元操作所遵循的基本规律，可将十几种单元操作归纳为几个基本过程：

(1) 动量传递过程（流体动力过程）——包括遵循流体力学基本规律的单元操作，如流体流动、流体输送、沉降、过滤等。

(2) 热量传递过程（传热过程）——包括遵循传热学基本规律的单元操作，如传热、蒸发等。

(3) 质量传递过程（传质过程）——包括遵循传质基本规律的单元操作，如吸收、精馏、干燥和萃取等。

由氯乙烯的生产过程可见，单元操作在化工生产过程中的重要地位。

三、课程的性质、任务和内容

（一）本课程的性质

“化工单元操作”是一门技术性、工程性、实用性很强的技术基础课程，是培养学生工程技术观点与化工核心实践技能的重要课程。

（二）本课程的内容

“化工单元操作”主要介绍单元操作的基本原理，所用典型设备的结构、计算和选用。本书内容分三部分，第一部分流体输送，包括流体流动和流体输送设备；第二部分传热；第三部分混合物的分离，包括非均相混合物的分离、蒸发、蒸馏、吸收、干燥及其他分离技术。

（三）本课程的任务

本课程的任务是掌握各个单元操作的基本原理、典型设备的构造、性能及工作原理，具备根据生产工艺要求，物料特性和技术、经济特点，合理选择单元操作及设备的能力；掌握这些过程的基本计算和设备设计，具备根据选定的单元操作，进行工艺计算和设备选型的能力；学会单元操作过程的具体操作和调节，具备分析和解决操作中发生故障的能力；有选择适宜操作条件、探索强化过程途径和提高设备效能的能力。

四、化工单元操作中常用的基本规律

在计算和分析各单元操作的问题时，经常会用到下列四个基本规律，即物料衡算、能量衡算、物系的平衡关系、过程速率四个基本规律。下面扼要介绍这几个基本规律。

（一）物料衡算

根据质量守恒定律，输入该系统的物料质量必等于从系统中输出的物料质量与积累在系统中的物料质量之和。即

输入系统的物料质量＝输出系统的物料质量＋积累在系统中的物质料量　(0.1)

对于稳定连续操作过程，过程中没有物料积累，则物料衡算关系为

输入系统的物料质量＝输出系统的物料质量　(0.2)

物料衡算的步骤：

(1) 根据过程要求画出流程示意图，物料的流向用箭头表示，并标出已知数据和待求量。

(2) 用虚线划定衡算范围，并确定衡算对象及衡算基准（一般选没有变化的量作为基准）。

(3) 列出衡算式并求解未知量。衡算时方程两边计量单位应统一。

（二）能量衡算

根据能量守恒定律，在稳定的化工生产系统中，输入该系统的能量必等于从该系统输出的能量与其在系统中损失的能量之和。即

输入系统的能量＝输出系统的能量＋系统中损失的能量　(0.3)

能量包括物料自身的能量（内能、动能、位能）、系统与环境交换的能量（功、热）等，能量衡算的步骤与物料衡算类似。本书中所用到的能量衡算主要有机械能和热能衡算。机械能衡算将在第一章流体流动中介绍，热量衡算将在传热、蒸馏、干燥等章节中介绍。通过热量衡算，可以了解化工生产过程中热量利用和损失情况，为生产和设计提供依据。

（三）平衡关系

若组成不同的两相互相接触，则各组分将在两相间进行传递，直到每一组分在两相间相互传递的速率相等，两相的组成才不再发生变化，此时称为平衡。平衡时各参数之间的关系称为平衡关系。平衡是动态的，当条件发生变化时，旧的平衡将被打破，新的

平衡将建立，但平衡关系不发生变化。

物系平衡关系表示了各种自发过程可能进行到的极限程度。如在一定温度、压力下，用水吸收合成氨原料气中的二氧化碳，二氧化碳在气相和液相间不平衡时，原料气中的二氧化碳将进入水中，当水中的二氧化碳含量增到一定值时，二氧化碳在两相间达到平衡，即不再有质量的净传递。对于化工生产过程，可以从物系平衡关系来判断过程能否进行以及进行的方向和能达到的极限程度。

（四）过程速率

单位时间内过程进行的变化量称为过程速率，如传热速率用单位时间内传递的热量表示。平衡关系只表明了过程进行的极限程度，而过程速率表明过程进行的快慢，对化工过程来说，过程进行的速率往往比过程的极限显得更重要。如果一个过程可以进行，但速率很慢，该过程在生产中无使用价值。过程速率越大，设备生产能力越大，或在完成相同生产任务时所需设备的尺寸越小。理论和科学实验证明过程速率与过程推动力成正比，与过程阻力成反比，即

$$过程速率=\frac{过程推动力}{过程阻力} \tag{0.4}$$

推动力的性质取决于过程的内容，过程的内容不同，推动力的性质也不同。如传热过程的推动力是温度差，对传质来说推动力就是浓度差，但在物系达到平衡时其推动力等于零。过程的阻力则取决于过程机理。显然改变过程推动力或过程阻力均可改变过程速率，在学习各单元操作时，注意分析影响过程速率的因素，探求改进生产的措施。

五、单位的正确使用

（一）单位制

由于对基本量选择的不同，或对基本单位规定的不同，便形成了不同的单位制，长期以来工程上采用工程单位制、科学研究采用物理单位制（CGS 制），使计算和交流极为不方便。从 1960 年 10 月起国际上普遍采用国际单位制（SI 制）。常用单位制的基本量和基本单位见表 0.1。我国于 1984 年颁发了以国际单位制为基础的法定计量单位。

表 0.1　常用单位制的基本单位

国际单位制（SI 制）							
基本量	长度	质量	时间	电流强度	热力学温度	发光强度	物质的量
基本单位	米（m）	千克（kg）	秒（s）	安培（A）	开尔文（K）	坎德拉（cd）	摩尔（mol）
物理单位制（CGS 制）							
基本量	长度	质量	时间				
基本单位	厘米（cm）	克（g）	秒（s）				
工程单位制							
基本量	长度	力	时间				
基本单位	米（m）	千克力（kgf）	秒（s）				

中华人民共和国的法定计量单位包括：

(1) 国际单位制的基本单位（见附录中的附表1）。

(2) 国际单位制的辅助单位（见附录中的附表2）。

(3) 国际单位制中具有专门名称的导出单位（见附录中的附表3）。

(4) 国家选定的非国际单位制单位（见附录中的附表4）。

(5) 由以上单位构成的组合形式的单位。

(6) 由词头和以上单位所构成的十进倍数和分数单位（见附录中的附表5）。

（二）单位换算

本书采用法定计量单位，但在实际应用中，现存文献、手册中尚有许多采用非法定计量单位的数据、图表，而在进行化工计算之前必须把采用不同单位制表示的有关数据（物理量）换算成法定计量单位的数据，因此，熟悉各种不同单位制度，并能熟练地相互换算是学好本课程及将来正确进行化学工程计算的技能之一。

我们知道，物理量由一种单位制的单位转换成另一种单位制的单位时，量本身并无变化，只是在数值上有所改变。在进行单位换算时要乘以两单位间的换算因数。所谓换算因数，就是彼此相等而各有不同单位的两个物理量的比值，即

$$\text{新单位数值} = \text{原单位数值} \times \text{换算因数} \tag{0.5}$$

化工中常用单位间的换算因数可从附录中查得。

（三）单位的正确使用

化工计算中所用公式有两类，一类是根据物理规律建立的理论公式，这类公式中，各物理量的单位要求采用同一种单位制的单位，解出结果的单位也属于这一种单位制的单位。另一类是由实验数据整理出来的经验公式，这类公式中，各物理量的单位都是指定单位，解出结果的单位也是指定的单位。

所谓正确使用单位，就是在工程计算中注意这两类公式的不同要求，并在计算前，将各物理量换上适合公式要求的单位。

同步测试题

一、填空题

1. 化学工业是指对原料进行加工处理，使其发生________和________变化而获得产品的工业。

2. 《化工单元操作》是一门技术性、工程性、实用性很强的________课程。

二、问答题

什么是单元操作？

三、计算题

1000kg 的电解液中含 NaOH 质量分数 10%、NaCl 的质量分数 10%、H_2O 的质量分数 80%，用真空蒸发器浓缩，食盐结晶分离后的浓缩液中含 NaOH50%、NaCl2%、H_2O48%，均为质量分数。试求：(1) 水分蒸发量。(2) 分离的食盐量。(3) 食盐分离后的浓缩液量。在全过程中，溶液中的 NaOH 量保持一定。

第一篇

流体输送

第一章　流体流动

知识目标

（1）了解化工管路的组成及管路布置原则。
（2）了解转子流量计、孔板流量计、文丘里流量计的工作原理。
（3）理解稳定流动、流量、流速、黏度、流体流动状态等基本概念。
（4）掌握静力学基本方程式、连续性方程式、伯努利方程式的应用。

能力目标

（1）能正确选择管子的规格。
（2）能拆装化工管路。
（3）能正确使用流量计测定流量。
（4）能应用静力学基本方程式、伯努利方程式解决生产实际问题。

第一节　案例引入

一、生产案例

盐酸生产流程，如图1.1所示。氢气和氯气在合成炉内进行化学反应，生成的氯化氢气体经空气冷却器冷却、降温之后，在吸收塔内用水吸收，形成了浓度为31%左右的盐酸。从塔底送入产品贮槽内，然后用泵送到高位槽，通过槽下阀门的控制，作为成品运出。在盐酸生产过程中，原料、中间产品和最终的产品全都是流体，整个生产过程就是一个流体的流动与输送过程。在盐酸的生产过程中，有许多需要用流体流动知识解决的问题，如管路的布置、管子规格的确定、流量的控制、流体输送设备的选用、高位槽位置的确定等。

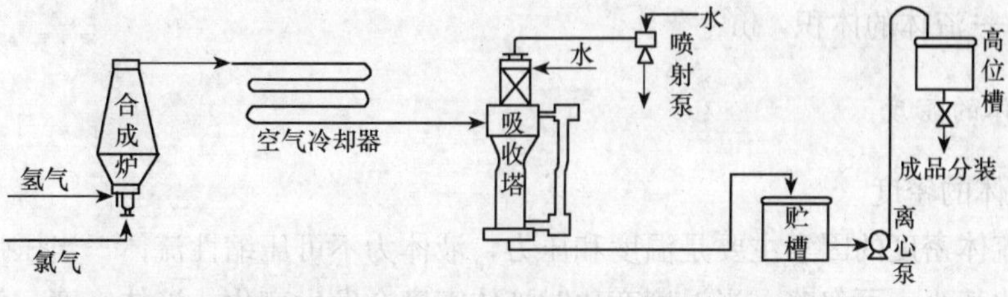

图1.1　盐酸生产流程图

二、流体的特性

气体和液体都具有流动性，统称为流体。在化工生产中除要解决流体输送问题外，生产中的传热、传质以及化学反应大都在流体流动下进行，流体流动状态对这些单元操作有着很大的影响。

流体具有流动性、无固定形状、能向各个方向传递压强的特性。如果流体的体积随压强的变化而发生变化，则该流体称为可压缩性流体；如果流体的体积随压强的变化而不发生变化，则该流体称为不可压缩性流体；实际流体都是可压缩的，但由于液体的体积随压强变化很小，所以一般将液体视为不可压缩性流体；气体的体积随压强变化很大，所以一般将气体视为可压缩性流体。但是如果压强或温度变化很小时，气体也可以当作不可压缩性流体处理。

三、流体的输送方式

在化工生产中，为了满足工艺条件的要求，常需将流体从一个地方输送至另一个地方，从某一个设备转移至另一个设备，流体输送可根据生产实际采取不同的输送方式。常见的输送方式有高位槽送料、压缩空气送料、输送设备送料和真空抽料等。

第二节　流体静力学

流体的静止是运动的一种特殊形式，流体静力学是研究流体处于静止时各种物理量的变化规律。在生产实际中，可用静力学基本规律解决容器液位测定、流体压强差测定、安全液封等问题。

一、流体的主要物理量

（一）流体的密度

单位体积流体的质量称为流体的密度。表达式是

$$\rho = \frac{m}{V} \tag{1.1}$$

式中：ρ——流体的密度，kg/m^3；

m——流体的质量，kg；

V——流体的体积，m^3。

1. 液体的密度

1）液体的密度

影响流体密度的因素主要是温度和压力，液体为不可压缩性流体，当压强变化时液体密度变化甚小，可忽略。当温度变化时液体密度会发生变化。液体密度一般由实验测定，不同温度下液体的密度不同。

2）液体的相对密度

液体在任意温度下的密度与277K水的密度的比值，称为相对密度。表达式是

$$d_{\mathrm{D}}^{277}=\frac{\rho}{\rho_s} \tag{1.2}$$

式中：d_{D}^{277}——液体在温度为277时的相对密度，无单位；

ρ——液体在温度为T时的密度，kg/m^3；

ρ_s——水在277K时的密度，$1000kg/m^3$。

工业上常用比重计测液体密度，将比重计放在液体中，即可在比重计上读出液体的相对密度。

3）液体混合物的密度

液体混合时，假设各纯液体混合后总体积等于各纯液体的体积之和。以1kg混合液为基准，则液体混合物的密度计算公式

$$\frac{1}{\rho_m}=\frac{x_{w_1}}{\rho_1}+\frac{x_{w_2}}{\rho_2}+\cdots+\frac{x_{w_n}}{\rho_n}=\sum_{i=1}^{n}\frac{x_{w_i}}{\rho_i} \tag{1.3}$$

式中：ρ_m——液体混合物的密度，kg/m^3；

x_{w_i}——液体混合物中各组分的质量分率；

ρ_i——液体混合物中各纯态组分的密度，kg/m^3。

2. 气体密度

1）气体密度

气体是可压缩性流体，其密度随温度、压强的变化有明显变化。一般在压强不太高、温度不太低的情况下，气体的密度可用理想气体状态方程计算。

由

$$pV=nRT=\frac{m}{M}RT$$

得

$$\rho=\frac{m}{V}=\frac{pM}{RT} \tag{1.4}$$

式中：p——气体的绝对压强，kPa；

T——气体的温度，K；

M——气体的千摩尔质量，kg/kmol；

R——摩尔气体常数，8.314kJ/(kmol·K)。

一般在手册中查的气体密度都是在一定压强与温度下的数值，若条件不同，则此值需进行换算。

$$\rho=\rho_0\frac{T_0}{T}\times\frac{p}{p_0} \tag{1.5}$$

式中：ρ——当前状态下气体的密度，kg/m^3；

ρ_0——已知状态下气体的密度，kg/m^3；

T_0、p_0——已知状态下气体的温度、压强；

T、p——当前状态下气体的温度、压强。

2）气体混合物的密度

以$1m^3$混合气体为基准，气体混合物的密度由式（1.6）计算。

$$\rho_m = \rho_1 y_1 + \rho_2 y_2 + \cdots + \rho_n y_n = \sum_{i=1}^{n} \rho_i y_i \tag{1.6}$$

或

$$\rho_m = \frac{pM_m}{RT} \tag{1.7}$$

其中

$$M_m = M_1 y_1 + M_2 y_2 + \cdots + M_n y_n = \sum_{i}^{n} M_i y_i \tag{1.8}$$

式中：ρ_m——气体混合物的密度，kg/m^3；

y_i——气体混合物中各组分的摩尔分数。对于理想气体，其摩尔分数与体积分数相同；

ρ_i——气体混合物中各纯态组分的密度，kg/m^3；

M_m——混合气体的平均千摩尔质量，kg/kmol；

M_i——混合气体中各纯态组分的千摩尔质量，kg/kmol。

例 1.1 燃烧重油所得的燃烧气，经分析知其中含 CO_2 8.5%，O_2 7.5%，N_2 76%，H_2O 8%（体积%）。试求此混合气体在温度 500℃、压强 101.3kPa 时的密度。

解：混合气体平均千摩尔质量：

$$M_m = \sum y_i M_i = 0.085 \times 44 + 0.075 \times 32 + 0.76 \times 28 + 0.08 \times 18 = 28.86\ (\text{kmol})$$

混合气体的密度

$$\rho_m = \frac{pM_m}{RT} = \frac{101.3 \times 28.86}{8.314 \times (273 + 500)} = 0.455 (\text{kg/m}^3)$$

（二）流体的压强

1. 流体静压强

流体垂直作用于单位面积上的压力，称为流体的静压强，简称压强或压力。其表达式为

$$p = \frac{F}{A} \tag{1.9}$$

式中：p——流体的压强，Pa；

F——垂直作用于流体截面积 A 上的压力，N；

A——流体的截面积，m^2。

在法定制单位中，压强的单位是 N/m^2 或 Pa。由于历史的原因还有其他单位如 atm（标准大气压）、at（工程大气压）、mH_2O（米水柱）、mmHg（毫米汞柱）等，换算关系见附录。

2. 压强的表示方法

以绝对真空为基准测得的压强称为绝对压强，是流体的实际压强。

以当时当地的大气压强为基准测得的压强称为表压强或真空度。

当被测流体的绝对压强大于外界大气压强时，所用测压仪表称为压力表，压力表上的读数是流体实际压强高于当时当地大气压强的数值，称为表压强。

表压强＝绝对压强－大气压强

当被测流体的绝对压强小于外界大气压强时，所用测压仪表称为真空表，真空表上的读数表示被测流体的绝对压强低于外界大气压强的数值，称为真空度。

真空度＝大气压强－绝对压强

由此可见　真空度＝－表压强

绝对压强、表压强及真空度三者之间的关系可以用图 1.2 表示。

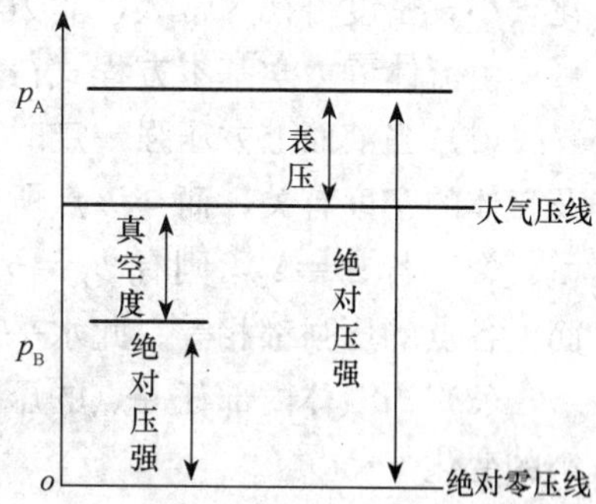

图 1.2　绝对压强、表压、真空度的关系

为避免混淆，当压强用表压或真空度表示时，应在其单位的后面用括号注明，而绝对压不加标注，如 600kPa（表压）、60kPa（真空度）、700kPa。在本章中所提到的压强，如未加说明均指绝对压强。

例 1.2　一台操作中的离心泵，进口处真空表的读数为 40kPa，出口处压力表的读数为 120kPa，试求该离心泵进、出口处的绝对压强及两处绝对压差（当时当地大气压强为 101.3kPa）。

解：泵进口处绝对压强

$$p_1 = p_{大气} - p_{真空} = 101.3 - 40 = 61.3\ (\text{kPa})$$

泵出口处绝对压强

$$p_2 = p_{大气} + p_{表压} = 101.3 + 120 = 221.3\ (\text{kPa})$$

进、出口绝对压差

$$p_2 - p_1 = (p_{大气} + p_{表压}) - (p_{大气} - p_{真空}) = p_{表压} + p_{真空} = 120 + 40 = 160(\text{kPa})$$

二、流体静力学基本方程式及应用

（一）流体静力学基本方程式

静力学基本方程式是描述重力场中静止流体内部压强沿高度变化规律的方程式。

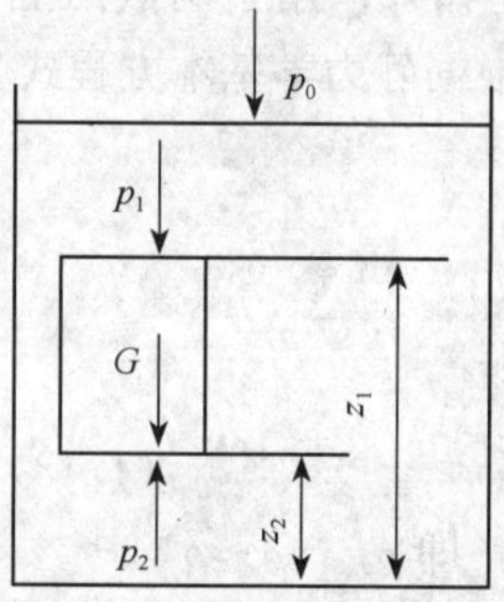

图 1.3　静止流体内液柱受力分析

如图 1.3 所示容器内装有密度为 ρ 的液体，在静止液体中，取截面积为 A 的液柱，以容器底面为基准水平面，液柱上、下端面与基准水平面的距离分别为 z_1、z_2。在垂直方向上，作用于液柱上的力有以下三个。

（1）上端面所受的总压力 $p_{总1} = p_1 A$，方向向下。

（2）下端面所受的总压力 $p_{总2} = p_2 A$，方向向上。

（3）液柱重力 $G = \rho g\ (z_1 - z_2)\ A$，方向向下。

在静止液体中，液柱所受的向上和向下的力达到平衡。即

$$p_2 A = p_1 A + \rho A g (z_1 - z_2) \tag{1.10}$$

将式（1.10）整理得

$$p_2 = p_1 + \rho g\ (z_1 - z_2) \tag{1.11}$$

若将液柱上端面取在液面上，液面上方压强设为 p_0，$h = (z_1 - z_2)$，则式（1.11）改为

$$p_2 = p_0 + \rho g h \tag{1.12}$$

式（1.11）、式（1.12）称为流体静力学基本方程式，表明静止流体内部压强的变化规律。

静力学基本方程式适用于静止的、连通着的同一种不可压缩性流体。若气体压强变化很小，密度可视为常数，静力学基本方程式也适用于气体。

由流体静力学基本方程式得出以下结论：

(1) 当液面上方压强一定时，静止流体内部任一点的压强只与该点所在的垂直位置及流体的密度有关，而与该点所在的水平位置及容器的形状无关。

(2) 若 $z_1 = z_2$，则有 $p_1 = p_2$。因此，在静止的同一种连续液体内，处于同一水平面上各点的压强都相等。此水平面称为等压面。

(3) 当液体内部任一点的压强发生变化时，液体内其他各点的压强也将发生同样大小的变化。

（二）流体静力学基本方程式的应用

在化工生产中可用静力学基本方程式解决下列问题：

(1) 测量两截面间的压强差或任意截面处的压强。

(2) 测量容器内的液面高度。

(3) 确定液封高度。

1. 压强差与压强的测量

压强和压差是化工生产中经常需测定和控制的参数，压强测量仪表很多，但多数是通过流体力学原理设计的。

U 形管液柱压差计是流体压强测量仪表中最简单的一种，在 U 形玻璃管内装有指示液，指示液与被测流体不能互溶，也不能发生化学反应，且密度大于被测流体密度。

1）测压差

如图 1.4 所示，将 U 形管压力计接到管路测压点 1 和 2 上，如果作用于两截面上的静压强不等（$p_1 > p_2$），则指示液在 U 形管中出现高度差 R，根据静力学基本方程式

$$p_3 = p_1 + \rho g(R + m)$$
$$p_4 = p_2 + \rho g m + \rho_{示} g R$$

因为 3 与 4 属等压面上的两点，则 $p_3 = p_4$。

所以 $$p_1 + \rho g\ (R + m) = p_2 + \rho g m + \rho_{示} g R$$

整理得 $$p_1 - p_2 = (\rho_{示} - \rho)\ gR \tag{1.13}$$

若被测流体是气体，则因为气体的密度远小于指示液的密度，即 $\rho_{示} - \rho \approx \rho_{示}$。

式（1.13）可简化为 $$p_1 - p_2 = \rho_{示} g R \tag{1.14}$$

2）测压强

将 U 形压力计的一端与设备或管道相接，另一端通大气，此时测得的是管道或设备内流体的表压强或真空度。如图 1.5 所示，(a) 测量的是流体的压强大于大气压力时的情况；(b) 测量的是流体的压强小于大气压力时的情况。

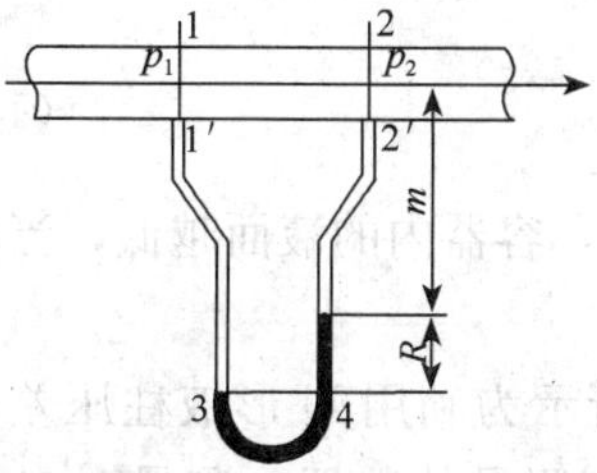

图 1.4　U 形压差计测压差

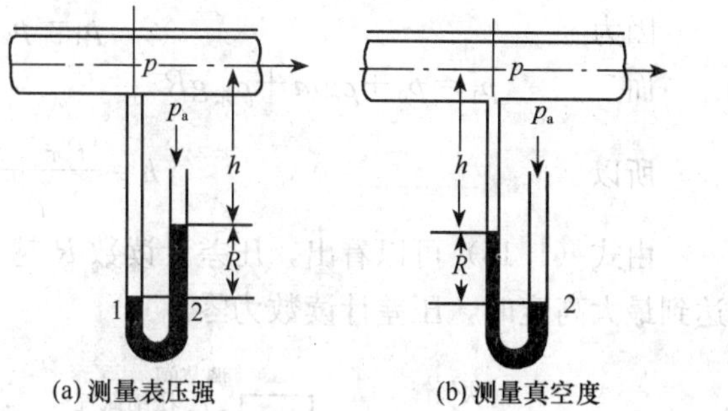

图 1.5　测量管道或设备内压强

3）指示液的选择

在应用 U 形压力计测压差或压强时，为了使 R 值的大小适当，要选用密度合适的指示液，由式（1.13）可知，R 值只与（p_1-p_2）及（$\rho_{示}-\rho$）有关，在测一定的压差时，（$\rho_{示}-\rho$）越小，R 越大，为了使 R 大小合适，就要采用 $\rho_{示}$ 大小合适的指示液。常用指示液有水银、四氯化碳、水、煤油等。测量液体的压差时常用水银或四氯化碳等比重较大的指示液，测量气体时一般用水作指示液。

2. 液位的测量

化工生产中，经常要测量和控制各种设备和容器内的液面高度。测量液面高度的装置很多，但大多是依据静力学基本原理。

1）液位计

玻璃管液位计是在容器底部器壁及液面上方器壁均开一小孔，并用玻璃管将两孔相连接，如图 1.6 所示，根据静力学原理，玻璃管内液面高度（z_2）即为容器内液面高度（z_1）。玻璃管液位计的特点是方便、简单，但易于破损，且不便于远距离测量。

2）液柱压差计测液位

图 1.7 所示为利用 U 形液柱压差计进行近距离液位测量的装置，在容器或设备的外面连接一个平衡室，其内装入与容器内相同的液体，让平衡器内液体液面的高度维持在容器液面所能达到的最大高度处。用一装有指示液的 U 形管压差计将容器与平衡室连接起来，根据静力学基本方程式

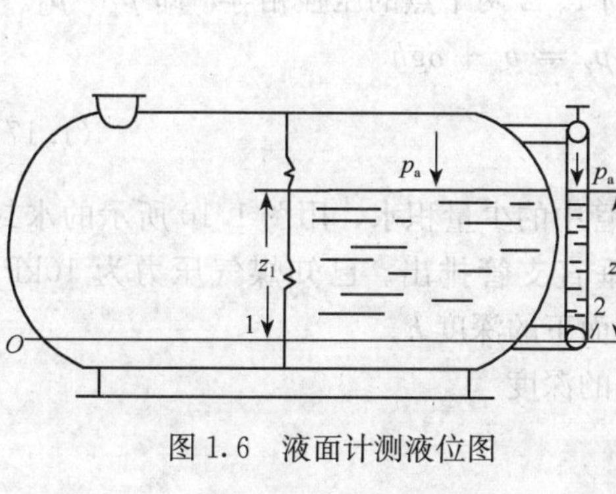

图 1.6　液面计测液位图

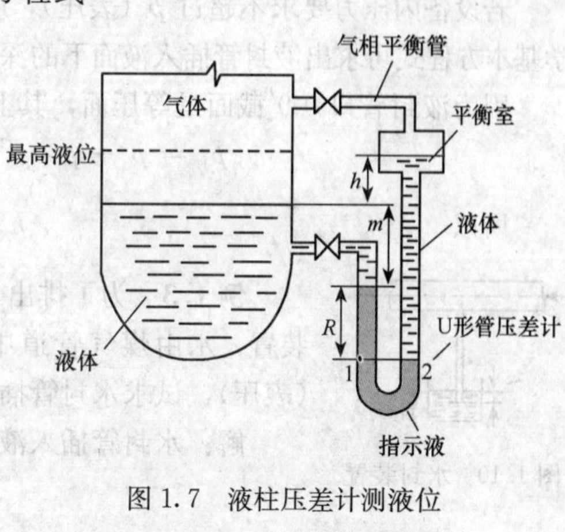

图 1.7　液柱压差计测液位

因为　$p_1 = p_2$

而　$p_1 = p_0 + \rho g m + \rho_{示} g R$　　$p_2 = p_0 + \rho g\ (h + R + m)$

所以
$$h = \frac{(\rho_{示} - \rho)}{\rho} R \tag{1.15}$$

由式（1.15）可以看出，压差计读数 R 越大，h 越大，容器内的液面越低，当液面达到最大高度时，压差计读数为零。

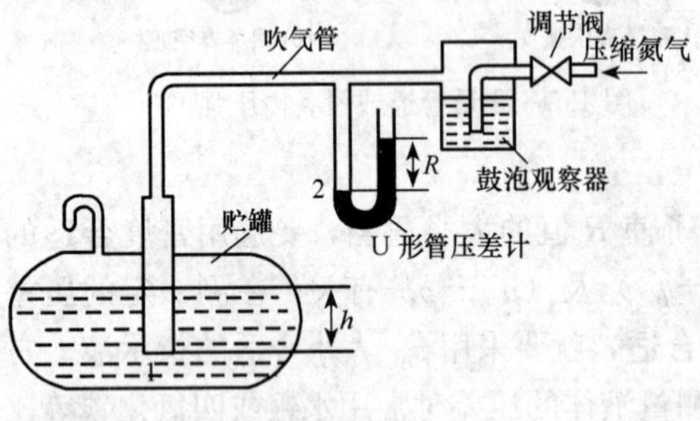

图 1.8　液柱压差计远距离测液位

图 1.8 所示为利用 U 形液柱压差计进行远距离液位测量的装置，测量时自管口通入压缩氮气或其他惰性气体，通过调节阀将管内气体的流速控制得很小，使鼓泡观察器内有少量气泡逸出即可。用 U 形管压差计测量吹气管内的压力，其读数 R 的大小，反映贮罐内液面的高度。

由于管道内氮气流速很小，可认为处于静止状态，氮气密度较小，所以认为贮罐中吹气管出口 1 处的压力近似等于 U 形压差计 2 处的压力，即 $p_1 \approx p_2$，

$$p_1 = p_a + \rho g h \qquad p_2 = p_a + \rho_{指示} g R$$

得
$$h = \frac{\rho_{指示}}{\rho} R \tag{1.16}$$

3. 液封高度的确定

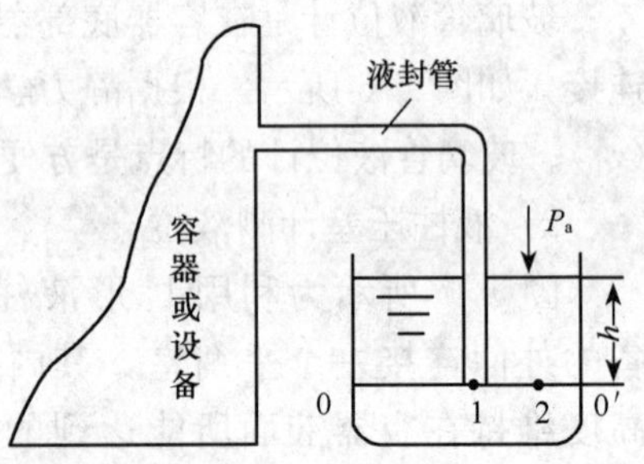

图 1.9　安全液封

在化工生产中，为了控制设备内气体压强不超过规定值，常于设备外安装液封装置。如图 1.9 所示，其作用是当设备内的压力低于液封液柱压力时，气体不能流出，保证设备在操作压力下生产；当设备内的压力高于液封液柱压力时，气体从液封管中排出，确保设备的操作安全。

若设备内压力要求不超过 p（表压），应用静力学基本方程式可求出液封管插入液面下的深度 h。

因为液封管口 0-0′截面是等压面，其上取的 1、2 两个点的压强相等，即 $p_1 = p_2$。

$$p_1 = p_a + p \qquad p_2 = p_a + \rho g h$$

所以
$$h = \frac{p}{\rho g} \tag{1.17}$$

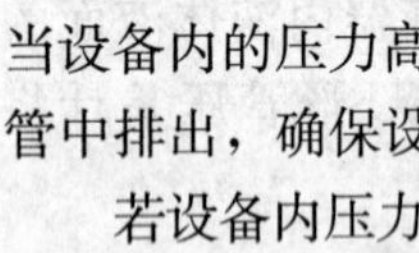

图 1.10　水封装置

例 1.3　为了排出煤气管中的少量积水，用图 1.10 所示的水封装置，水由煤气管道中的垂直支管排出。已知煤气压力为 10kPa（表压），试求水封管插入液面下的深度 h。

解：水封管插入液面下的深度

$$h=\frac{p}{\rho g}=\frac{10\times10^3}{10^3\times9.81}=1.02(\mathrm{m})$$

第三节 流体动力学

由图 1.1 盐酸生产流程可知，化工生产中流体大多在封闭的管道中流动（如盐酸从贮槽到高位槽的输送过程），生产中需根据输送任务来解决管子规格、高位槽的位置、输送设备（如盐酸流程中的离心泵）的选择等问题，输送任务通常是用流量或流速来表示。要正确解决生产中的这些问题，必须掌握流体流动的基本知识。

一、流量与流速

（一）流量

单位时间内流过管道任一截面的流体量称为流量。常用的流量表示方法有体积流量和质量流量。

1. 体积流量

单位时间内流过管道任一截面的流体体积。用 q_V 表示，单位：m^3/s。

2. 质量流量

单位时间内流过管道任一截面的流体质量。用 q_m 表示，单位：kg/s。

质量流量与体积流量的关系为

$$q_m=\rho q_V \tag{1.18}$$

（二）流速

单位时间内流体在流动方向上流过的距离。

由于黏性的存在，流体在管道同一截面上各点的速度都不同，管道中心处速度最大，越接近管壁处流速越小，管壁处流速为零。工程中，为了计算方便常采用平均流速和质量流速表示。

1. 平均流速

单位面积上的体积流量。常用 u 表示，单位：m/s。

$$u=\frac{q_V}{A} \tag{1.19}$$

2. 质量流速

单位面积上的质量流量。常用 G 表示，单位 $kg/(m^2\cdot s)$。

$$G=\frac{q_m}{A} \tag{1.20}$$

质量流速与平均流速的关系为

$$G = \frac{q_m}{A} = \frac{\rho q_V}{A} = \rho u \tag{1.21}$$

当条件发生变化时，气体的体积流量和流速均随压强和温度的变化而变化，但其质量流量和质量流速均保持不变。在这种情况下，采用质量流量或质量流速计算较为简便。

二、稳定流动与不稳定流动

流体流动系统中，若各截面上的温度、压力等物理量仅随位置变化，而不随时间变化，这种流动称为稳定流动，如图 1.11（a）所示系统，水箱在不断充水的同时，通过溢流使水位保持不变，任取两个不同截面 1-1′和 2-2′，测得排水管 1-1′和 2-2′两截面上的流速和压强不同，但对同一截面，这些参数不随时间而改变，是稳定流动系统。

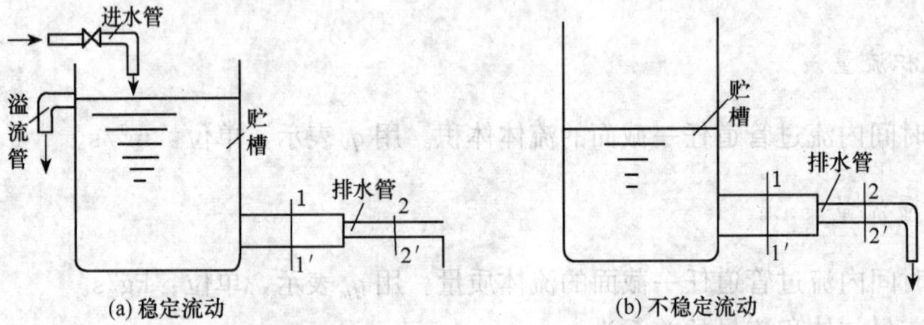

图 1.11　流体流动情况示意图

流体流动系统中，若各截面上的温度、压力等物理量，既随所在空间位置变化，又随时间变化，这种流动称为不稳定流动，如图 1.11（b）所示系统，水箱中无水补充，水位随时间而下降，测得排水管 1-1′和 2-2′两截面上流速和压强随时间而改变，是不稳定流动系统。

正常工业生产中，连续操作过程中的流体流动多属于稳定流动，连续操作的开车、停车过程及间歇操作过程属于不稳定流动。主要讨论稳定流动过程。

三、连续性方程

设流体在图 1.12 所示变截面的管道中稳定流动，流体连续地从截面积为 A_1 的截面流入，从截面积为 A_2 的截面流出，且充满全部管道，以 1-1′和 2-2′两截面及管道内壁所围成的空间为衡算范围，如果在管道两截面之间的流体既无积聚也无漏失，根据物料衡算，单位时间内进入 1-1′的流体质量与单位时间内进入 2-2′的流体质量应相等，即

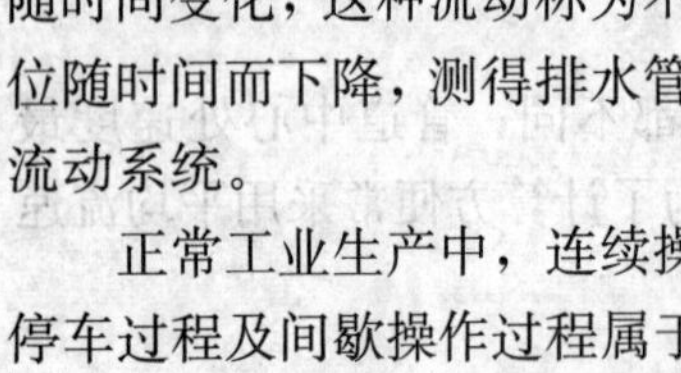

图 1.12　连续性方程的推导

$$q_m = q_{m_1} = q_{m_2} = 常数 \tag{1.22}$$

或

$$\rho uA = \rho_1 u_1 A_1 = \rho_2 u_2 A_2 = 常数 \tag{1.23}$$

式（1.22）、式（1.23）均称为流体稳定流动的连续性方程。

对于不可压缩流体，因流体的密度为常数，式（1.23）可写为

$$uA = u_1 A_1 = u_2 A_2 = 常数 \tag{1.24}$$

即各个截面上流体的体积流量均相等。

若不可压缩流体在圆管内流动，因 $A=\frac{\pi}{4}d^2$，故

$$\frac{u_1}{u_2} = \left(\frac{d_2}{d_1}\right)^2 \tag{1.25}$$

连续性方程反映了稳定流动系统中，流量一定时，管路各截面上流速的变化规律。凡做稳定流动的流体，在输送过程中，都必定遵循连续性方程，其他条件的改变（如管道的走向，管路上有无阀门等）都不能改变这个关系式。

例 1.4　在稳定流动系统中，水连续地从粗圆管流入细圆管，粗管内径为细管的两倍，求细管内水的流速是粗管内的若干倍。

解：以下标 1 及 2 分别表示细管和粗管。因为 $d_2=2d_1$，由式（1.25）得

$$\frac{u_1}{u_2} = \left(\frac{d_2}{d_1}\right)^2 = \left(\frac{2d_1}{d_1}\right)^2 = 4$$

四、伯努利方程及其应用

在化工生产中，如盐酸生产中需确定泵的型号、需确定高位槽的位置，解决这些问题的基本依据是伯努利方程，所以伯努利方程及其应用非常重要。

（一）流动流体本身所具有的机械能

1. 位能

流体因受重力的作用，在不同的高度所具有的能量称为位能。假设流体与基准面的距离为 z（m），则 m（kg）流体具有的位能为 mgz（J），相当于将 m（kg）流体从基准面提升到 z（m）高度所做的功，其单位为 N · m=J。

单位质量流体的位能则为 gz（J/kg）。

位能是相对值，计算需规定一个基准水平面。

2. 动能

流体以一定速度流动所具有的能量称为动能。其值等于流体从静止状态加速到流速为 u 所做的功，m（kg）流体所具有的动能为$\frac{mu^2}{2}$，其单位为 N · m=J。

单位质量流体的动能则为$\frac{u^2}{2}$（J/kg）。

3. 静压能

由于流体具有一定的压力而具有的能量称为静压能。m（kg）流体所具有的静压能为 p_V（J）。

单位质量流体的静压能为$\frac{p}{\rho}$（J/kg）。

上述三种能量均为流体在截面处所具有的机械能，三者之和为单位质量流体在某截面上的总机械能，用 E 表示。

即
$$E = gz + \frac{u^2}{2} + \frac{p}{\rho}$$

（二）外加能量和能量损失

1. 外加能量

实际流体在流动过程中，经常有机械能输入，如盐酸生产中需用水泵将液体送到高位槽。单位质量流体从输送机械中所获得的能量称为外加能量。用符号 W_e 表示，其单位为 J/kg。

外加能量是选择流体输送设备的重要数据，输送设备的有效功率 $N_e = q_m W_e$。

2. 能量损失

实际流体由于具有黏性，在流动时就会产生阻力。流体流动时因克服阻力必然要消耗一部分机械能。

单位质量流体流动时为克服各种阻力而消耗的机械能称为能量损失。用 $\sum h_f$ 表示，其单位为 J/kg。

（三）实际流体的伯努利方程

流体在图 1.13 所示系统中做稳定流动，流体从 1-1′截面流入，从 2-2′截面流出，根据能量守恒定律，输入系统的总能量应等于输出系统的总能量。以 0-0′为基准水平面，单位质量流体的能量衡算式为

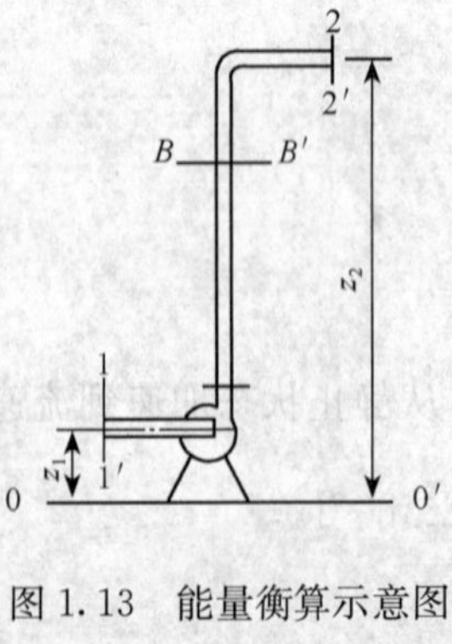

图 1.13 能量衡算示意图

$$gz_1 + \frac{u_1^2}{2} + \frac{p_1}{\rho} + W_e = gz_2 + \frac{u_2^2}{2} + \frac{p_2}{\rho} + \sum h_f \quad (1.26)$$

式中：z_1，z_2——1-1′截面和 2-2′截面至基准水平面的垂直距离，m；

u_1，u_2——流体在 1-1′截面和 2-2′截面处的流速，m/s；

p_1，p_2——流体在 1-1′截面和 2-2′截面处的压强，Pa；

ρ_1，ρ_2——流体在 1-1′截面和 2-2′截面处的密度，kg/m³，对于液体 $\rho_1 = \rho_2 = \rho$，对于气体，密度应用两截面的平均密度 ρ_m；

W_e——单位质量流体在1-1′截面与2-2截面之间所获得的外加能量，J/kg；

$\sum h_f$——单位质量流体从1-1′截面流到2-2′截面所损失的能量，J/kg。

式（1.26）称为伯努利方程。它是能量守恒与转化定律在流体运动中的具体表现。

（四）伯努利方程的讨论

1. 伯努利方程的不同表达形式

伯努利方程可以有多种表达形式

以单位质量流体为衡算基准，将式（1.26）各项除以g可得

$$z_1+\frac{u_1^2}{2g}+\frac{p_1}{\rho g}+H_e=z_2+\frac{u_2^2}{2g}+\frac{p_2}{\rho g}+H_f \tag{1.27}$$

式中：z_1、$\frac{u_1^2}{2g}$、$\frac{p_1}{\rho g}$——分别为单位质量流体在1-1′截面上的位压头、动压头、静压头，m；

z_2、$\frac{u_2^2}{2g}$、$\frac{p_2}{\rho g}$——分别为单位质量流体在2-2′截面上的位压头、动压头、静压头，m；

H_e——外加压头，m，$H_e=\frac{W_e}{g}$

H_f——损失的压头，m，$H_f=\frac{\sum h_f}{g}$

以单位体积流体为衡算基准，将式（1.26）各项乘以流体的密度，则得

$$\rho g z_1+\frac{\rho u_1^2}{2}+p_1+W_e\rho=\rho g z_2+\frac{\rho u_2^2}{2}+p_2+\rho\sum h_f \tag{1.28}$$

2. 流体为理想流体

理想流体其黏度等于零，所以$\sum h_f=0$；无外功加入，所以$W_e=0$，于是伯努利方程（1.26）变为

$$gz_1+\frac{u_1^2}{2}+\frac{p_1}{\rho}=gz_2+\frac{u_2^2}{2}+\frac{p_2}{\rho}=\text{常数} \tag{1.29}$$

式（1.29）说明不可压缩的理想流体在流动过程中，在管道的任一截面上流体的位能、动能及静压能之和是不变的，但三者之间可以相互转化。

3. 流体为静止流体

如果系统中的流体处于静止状态，则流速为零，自然没有能量损失，也不需要外加能量，伯努利方程（1.26）变为

$$gz_1+\frac{p_1}{\rho}=gz_2+\frac{p_2}{\rho} \tag{1.30}$$

式（1.30）就是流体静力学基本方程，也就是说流体的静止是运动的一种特殊形式。

4. 伯努利方程的应用条件

式（1.26）适用于不可压缩性流体，对于可压缩性流体，当两截面间的绝对压力变化率小于20%，即$\frac{p_1-p_2}{p_1}<20\%$时，仍可用该式计算，但式中密度应以两截面的平均密度ρ_m代替。

（五）伯努利方程的应用

1. 伯努利方程应用时注意的问题

应用伯努利方程解决实际问题时，应注意以下几个问题：

(1) 确定衡算范围。根据题意画出流动系统的示意图，表明流体的流动方向，定出上、下游截面，流体在两截面间应作连续流动，两截面均应与流体流动方向垂直，且1-1′截面与2-2′截面必须是上、下游的关系，所求取的未知量必须在某一截面上或两截面之间。

(2) 基准水平面的选取。基准水平面的选择可以是任意的，但必须与地面平行。通常取基准水平面为两截面中较低的一个截面。

(3) 单位。伯努利方程中各物理量应采用同一单位制的单位，压强除单位一致外，表达方法也应一致，要么都用绝对压力，要么都用表压。

2. 伯努利方程的应用

1）确定输送设备的有效功率

在化工生产中，利用输送设备输送流体是最常见的输送方式，生产中需根据输送任务确定输送设备的功率，以确定输送设备的型号。

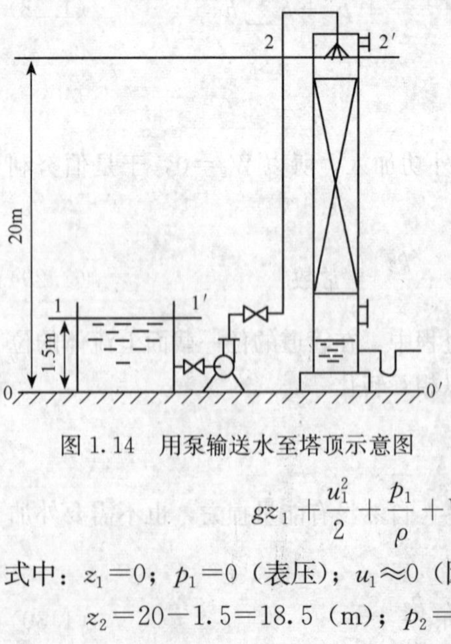

图1.14　用泵输送水至塔顶示意图

例1.5　某化工厂用泵将贮槽中的水输送至吸收塔顶，经喷嘴喷出，如图1.14所示，输送管路为ϕ57mm×3mm的钢管，送水量为15m^3/h，贮槽中水深为1.5m。贮槽底面到塔顶喷嘴的垂直距离为20m，水流经所有管路的总阻力为50J/kg，喷嘴入口处的压强为125kPa（表压），水的密度为1000kg/m^3。试求泵所需的有效功率。

解： 取贮槽液面为1-1′截面，喷嘴入口处为2-2′截面，并以1-1′截面为基准水平面。在1-1′截面和2-2′截面之间列伯努利方程

$$gz_1+\frac{u_1^2}{2}+\frac{p_1}{\rho}+W_e=gz_2+\frac{u_2^2}{2}+\frac{p_2}{\rho}+\sum h_f$$

式中：$z_1=0$；$p_1=0$（表压）；$u_1\approx0$（因截面积较大，与管中流体流速相比较，可忽略）

$z_2=20-1.5=18.5$（m）；$p_2=125$kPa（表压）；

$$u_2 = \frac{q_V}{\frac{\pi}{4d^2}} = \frac{4 \times 15}{3600 \times 3.14 \times 0.051^2} = 2.04(\text{m/s})$$

将以上各项代入伯努利方程，得

$$W_e = 9.81 \times 18.5 + \frac{2.04^2}{2} + \frac{125 \times 10^3}{1000} + 50 = 358.6(\text{J/kg})$$

$$N_e = q_m W_e = q_V \rho W_e = \frac{15}{3600} \times 1000 \times 358.6 = 1494(\text{W}) = 1.49(\text{kW})$$

2）确定高位槽供液系统的位置

在化工生产中，利用设备位置的高度差，实现生产所需的流量或流速，如水塔、高位槽等。

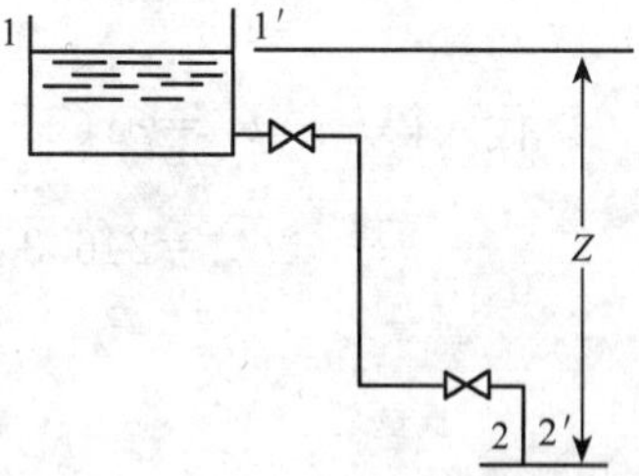

图 1.15　盐酸流程示意图

例 1.6　盐酸从高位槽流下并分装，盐酸液面恒定，如图 1.15 所示。已知盐酸的密度为 1150kg/m^3，液面和管出口均为大气压强，送液管为 $\phi45\text{mm} \times 2.5\text{mm}$ 的钢管，能量损失为 20J/kg，盐酸以 $4.5\text{m}^3/\text{h}$ 的流量分装，求高位槽必要的放置高度。

解：取高位槽液面为 1-1′截面，管出口为 2-2′截面，且以 2-2′截面为基准面，在 1-1′和 2-2′截面之间列伯努利方程

$$gz_1 + \frac{u_1^2}{2} + \frac{p_1}{\rho} + W_e = gz_2 + \frac{u_2^2}{2} + \frac{p_2}{\rho} + \sum h_f$$

式中：$u_1 \approx 0$；$p_1 = 0$（表压）；$W_e = 0$；$z_2 = 0$；$p_2 = 0$（表压）；$\sum h_f = 20$（J/kg）

$$u_2 = \frac{q_V}{\frac{\pi}{4}d^2} = \frac{4.5/3600}{0.785 \times 0.04^2} = 1(\text{m/s})$$

将以上各项代入伯努利方程，得

$$z_1 = \frac{u_2^2}{2g} + \frac{\sum h_f}{g} = \frac{1^2}{2 \times 9.81} + \frac{20}{9.81} = 2.09(\text{m})$$

即高位槽液面应高于管出口 2.09m，才能保证盐酸以 $4.5\text{m}^3/\text{h}$ 的流量分装。

3）酸蛋压力的确定

化工生产中用压缩空气或惰性气体压送腐蚀性液体的设备，俗称酸蛋，输出液体时，关闭液体进口阀与排空阀，开启压缩空气进口阀与液体出口阀，使压缩空气进入，液体被压排出。显然酸蛋压力必须能够满足提升高度和流量。

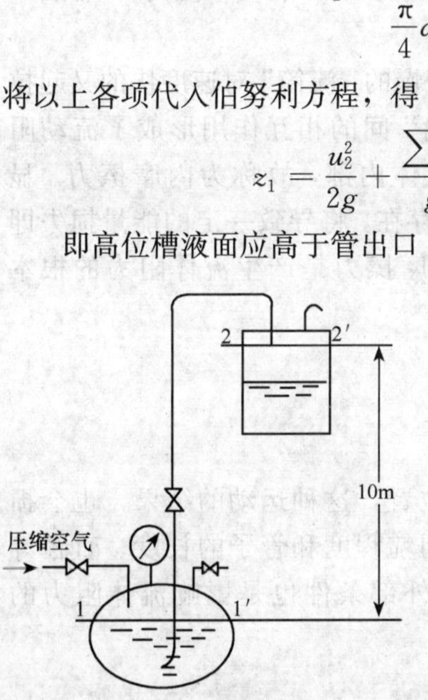

图 1.16　用压缩空气输送硫酸示意图

例 1.7　用压缩空气将密闭容器（酸蛋）中的硫酸压送至敞口高位槽，如图 1.16 所示。输送量为 $6\text{m}^3/\text{h}$，输送管路为 $\phi38\text{mm} \times 3\text{mm}$ 的无缝钢管。酸蛋中的液面离压出管口的位差为 10m，且在压送过

程中不变。设管路的总压头损失为3.5m（不包括出口），硫酸的密度为1830kg/m³，问酸蛋中应保持多大的压力？

解：以酸蛋中液面为1-1′截面，管出口内侧为2-2′截面，且以1-1′截面为基准面，在1-1′截面和2-2′截面间列伯努利方程

$$z_1+\frac{u_1^2}{2g}+\frac{p_1}{\rho g}=z_2+\frac{u_2^2}{2g}+\frac{p_2}{\rho g}+H_f$$

式中：$u_1\approx0$；$z_1=0$；$p_2=0$（表压）；

$$u_2=\frac{q_V}{\frac{\pi}{4}d^2}=\frac{6/360}{0.785\times0.032^2}=2.07(\text{m/s})$$

代入得 $p_1=\rho g(z_2+\frac{u_2^2}{2g}+H_f)=1830\times9.81\times(10+\frac{2.07^2}{2\times9.81}+3.5)$

$=246.3$（kPa）

第四节 流体阻力

从伯努利方程的应用中可以看出，解决流体输送中的问题，必须先知道流体阻力的大小。实际流体流动时因克服摩擦阻力而消耗的能量，称为流体阻力。

一、流体阻力产生的原因

（一）流体阻力产生的内因

流体在管内流动时，实际上被分割成无数极薄的一层套着一层的“流筒”，各层以不同的速度向前流动，如图1.17所示。

速度快的“流筒”对速度慢的起带动作用，而速度慢的“流筒”对速度快的又起拉曳作用，因此“流筒”间的相互作用形成了流动阻力，因为它发生在流体内部，故称为内摩擦力。显然，因为内摩擦力的存在，将导致一定的能量损失即流体阻力。所以，内摩擦力是产生流体阻力的根本原因。

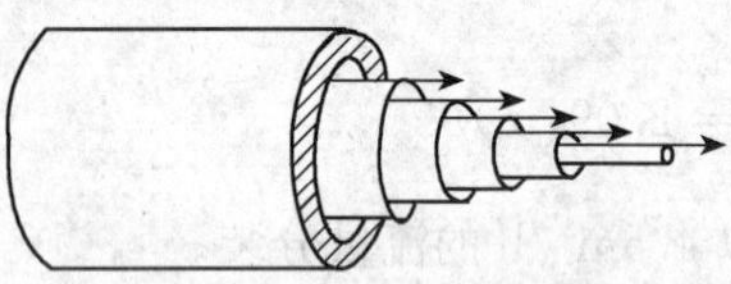
图1.17 流体在管内分层示意图

（二）流体阻力产生的外因

当流体流过局部障碍时，流体质点流速的大小和方向均发生剧烈变化，质点之间相互激烈地交换位置，这种运动的结果，也会损耗流体的机械能，使流体阻力增大。另外，管壁的粗糙程度和管子的长度、直径等因素对流体阻力的大小均有影响，所以流体流动的外部条件也是影响流体阻力的因素。

二、流体的黏度

（一）黏性

流体流动时产生内摩擦力的性质称为黏性，黏性是流体的固有属性，黏性大的流体流动性差，黏性小的流体流动性好，如从桶底把一桶甘油放完比把一桶水放完要慢得多，其原因就是甘油的黏性比水大。

设想在两块面积很大、相距很近的平板中间夹着某种液体，如图 1.18 所示。若将下面平板固定，以恒定的力 F 推动上板，使它以一定的速度向 x 方向运动。此时两板间的液体也分为无数薄层向 x 方向运动，附在上层板表面的一薄层液体也以同样速度随上板运动，其下各层液体的速度依次减慢，到下层板底面时速度降为零，流体相邻层之间的内摩擦力即为 F，在其垂直距离 dy 处的相邻速度为 $u+du$，则 du/dy 表示与流动方向垂直的 y 方向上流体速度的变化率，称为速度梯度。实验证明，作用力 F 与两层板间的速度梯度成正比，与表面积 A 成正比，即

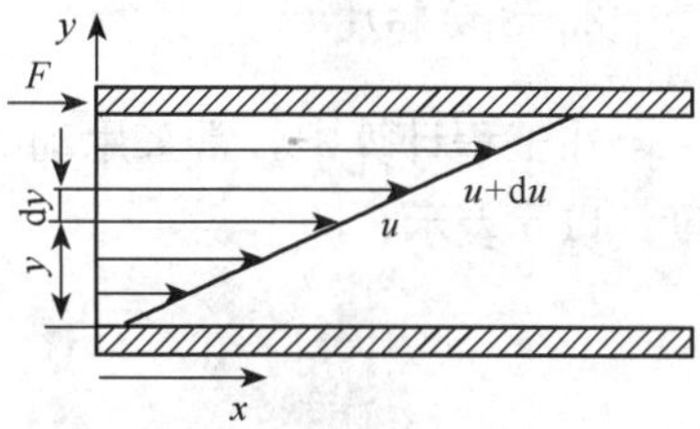

图 1.18　平板间液体速度变化

$$F=\mu\frac{du}{dy}A \tag{1.31}$$

两流体层之间单位面积上的内摩擦力称为剪应力，用 τ 表示，单位为 Pa，则式（1.31)变为

$$\tau=\frac{F}{A}=\mu\frac{du}{dy} \tag{1.32}$$

式（1.32）称为牛顿黏性定律，凡是服从牛顿黏性定律的流体均称为牛顿型流体，所有的气体和大多数液体都属于牛顿型流体。

（二）黏度

1. 黏度

式（1.32）中的比例系数 μ 称为流体的绝对黏度或动力黏度，简称黏度。

由式 (1.32) 可知当 $du/dy=1$ 时，$\mu=\tau$，所以黏度的物理意义是：当速度梯度为 1 单位时，单位面积上所产生的内摩擦力就是黏度的数值。显然，流体的黏度越大，流体流动时产生的内摩擦力也越大，所以黏度是衡量流体黏性大小的物理量，是流体的重要物理性质之一。

由式（1.32）可得黏度的国际单位制单位

$$\mu=\frac{\tau}{du/dy}=\frac{\mathrm{N/m^2}}{\frac{\mathrm{m/s}}{\mathrm{m}}}=\frac{\mathrm{N\cdot s}}{\mathrm{m^2}}=\mathrm{Pa\cdot s} \tag{1.33}$$

在一些手册中黏度的单位常用物理单位制单位泊（P）或厘泊（cP）表示。它们的

换算关系为 1Pa·s=10P=1000cP。其他单位制单位与国际单位制单位的换算见附录。

黏度是流体的物性，其值由实验测定，本书附录给出了某些液体和气体的黏度共线图供查取。流体黏度不仅与流体的种类有关，还与温度、压力有关。同一温度下气体的黏度远小于液体的黏度。液体的黏度随温度升高而减小，压力对其影响可忽略不计；气体的黏度随温度升高而增大，随压力增加而增加的很少，也可忽略其影响，但在极高或极低的压力条件下需考虑其影响。

2. 运动黏度

在工程计算中，常采用动力黏度 μ 与密度 ρ 的比值来表示，这个比值称为运动黏度。以 υ 表示，即

$$\upsilon=\frac{\mu}{\rho} \tag{1.34}$$

运动黏度国际单位制单位为 m^2/s，显然运动黏度也是流体的物理性质。

三、流体流动的类型

（一）雷诺实验

为了直接观察流体流动的类型及各种因素对流动状况的影响，英国著名科学家雷诺于 1883 年通过实验进行了观察，实验装置如图 1.19 所示的，称此实验为雷诺实验。

水箱设有溢流装置，以维持水箱内液面恒定，水箱中的水通过水平玻璃管流出，水箱上方装有有色水贮瓶，有色水通过细管注入水平玻璃管内，从有色水的流动情况可以观察到管内水流质点的运动情况。

实验开始时，打开阀门使水在玻璃管内的流速很小，打开有色水针阀，此时，有色水在管内沿着轴线方向成一条轮廓清晰的细直线，与水丝毫不相混合，如图 1.20（a）所示。当开大阀门使水的流速增大到一定数值时，有色水出现摆动而成波浪形细线，但仍轮廓清晰不与水混合，如图 1.20（b）所示。当流速继续增大到另一值时，有色水和水完全混合在一起，管内液体被染成均匀颜色，如图 1.20（c）所示。

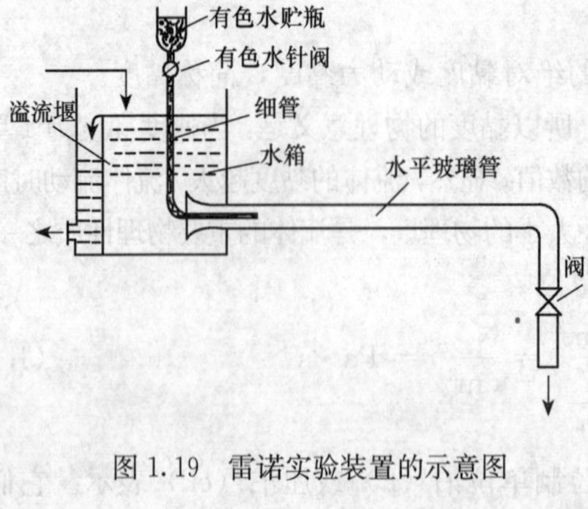

图 1.19　雷诺实验装置的示意图

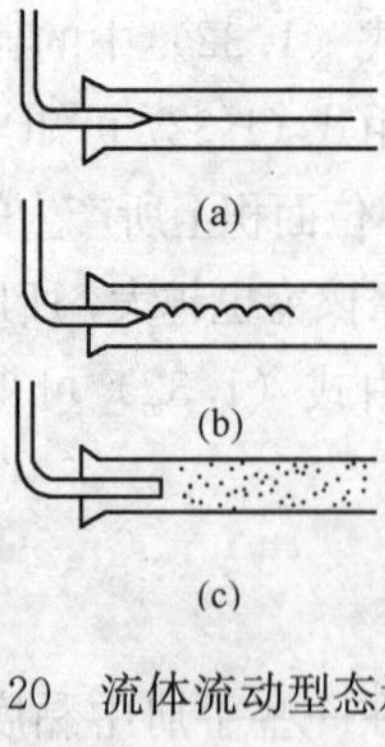

图 1.20　流体流动型态示意图

（二）流体流动的类型

实验表明，流体在管道中的流动状态可分为层流和湍流两个类型。

流体在管道中流动时，若质点始终沿着与管道中心线平行的方向做直线流动，这种流动状态称为层流或滞流，如图 1.20（a）所示。若流体的质点除沿轴线方向作主体流动外，还在各个方向有剧烈的随机运动，质点间相互碰撞，相互混合，这种流动状态称为湍流或紊流，如图 1.20（c）所示。由于湍流质点杂乱无章的运动使湍流时的阻力大于层流时的阻力，因此计算阻力前必须确定流体的流动类型。

（三）流体流动类型的判定

在不可观察的管道中如何判定流体的流动类型，雷诺通过大量的实验发现，流体的流动类型不仅与流速 u 有关，还与管径 d、流体的黏度 μ 和密度 ρ 有关。雷诺把这些影响流型的因素组合成一个无因次的数群，此数群称为雷诺准数（简称雷诺数），以符号 Re 表示，即

$$Re=\frac{du\rho}{\mu} \tag{1.35}$$

因为雷诺数是一个无因次数群，所以不论采用何种单位制，只要其中各物理量用同一单位制的单位，Re 值相等。

大量的实验证明，Re 值的大小，可以判断流体的流动类型。当流体在直管内流动时。

（1）当 $Re\leqslant2000$ 时，流动类型为层流。

（2）当 $Re\geqslant4000$ 时，流动类型为湍流。

（3）当 $2000<Re<4000$ 时，流型不固定，依赖于环境条件，可能是层流，也可能是湍流，称为过渡流，需注意的是过渡流不是一种流动类型。

Re 值的大小不仅可以判断流体管道中的流动类型，还可以控制流体在管道中的流动状态。

例 1.8 20℃的水在 ϕ38mm×3mm 的直管内流动，如管内流速为 1m/s。求：（1）管路中水的流动类型。（2）管路内水保持层流流动的最大流速。

解：（1）由附表 7 查得 20℃水的黏度 1.004×10^{-3} Pa·s，密度 998.2kg/m^3，

管内径 $d=38-2\times3=32$（mm）$=0.032$（m）

$$Re=\frac{du\rho}{\mu}=\frac{0.032\times1\times998.2}{1.004\times10^{-3}}=3.18\times10^4>4000$$

故管中水的流动类型为湍流。

（2）因层流最大 $$Re=\frac{du_{max}\rho}{\mu}=2000$$

$$u_{max}=\frac{Re\mu}{d\rho}=\frac{2000\times1.004\times10^{-3}}{0.032\times998.2}=0.063(\text{m/s})$$

所以水在管路内保持层流流动的最大流速为 0.063m/s。

（四）当量直径

在实际生产中，流体流动的管截面有些不是圆形，如流体在套管式换热器管间流动

的情况，此时，Re 计算式中 d 应当用当量直径 d_e 代替

$$d_e = 4\,\frac{\text{流通截面积}}{\text{润湿周边长度}} \tag{1.36}$$

不同的管截面积代入式（1.36）可得相应的当量直径计算公式

如截面积为 $a \times b$ 的矩形管的当量直径

$$d_e = 4\,\frac{a \times b}{2(a+b)} = \frac{2ab}{a+b}$$

内管外径为 d_0，外管内径为 D_i 的环形截面的当量直径

$$d_e = 4\,\frac{\frac{\pi}{4}(D_i^2 - d_0^2)}{\pi(D_i + d_0)} = D_i - d_0$$

四、流体在圆管内的速度分布

流体在圆管内的速度分布，是指流体在流动时，管截面上质点的轴向速度沿半径的变化关系。无论是层流还是湍流，管壁处质点速度为零，越靠近管中心流速越大，管中心处速度最大。

由于层流与湍流是本质完全不同的两种流动类型，其速度分布也不同。

（一）层流时的速度分布

理论与实验都证明，层流时流体在圆管内的速度分布为抛物线形状如图 1.21 所示，流体在圆管中层流时的速度分布方程

$$u_r = \frac{\Delta p_f}{4\mu l}(R^2 - r^2) \tag{1.37}$$

管中心处流速最大,即 $r = 0$ 时， $u_r = u_{max}$

$$u_{max} = \frac{(p_1 - p_2)}{4\mu l}R^2 \tag{1.38}$$

平均流速和最大流速的关系

$$u = \frac{1}{2}u_{max} \tag{1.39}$$

（二）湍流时的速度分布

实验测得湍流时流体在圆管内的速度分布曲线如图 1.22 所示，湍流时由于流体质点的强烈分离与混合，使管道截面上靠中心部分各点的速度彼此接近，速度分布比较均匀，所以速度分布曲线不再是严格的抛物线。管道截面上平均流速与最大流速的关系为

$$u \approx 0.8u_{max} \tag{1.40}$$

实验表明，不论湍流程度如何，由于流体的黏性和管壁的摩擦作用，在紧贴管壁附近总有一层流体保持层流运动状态，这一薄层流体称为层流内层。层流内层的厚度随着雷诺数的增大而减小。层流内层的厚薄对流体运动时的摩擦阻力损失以及传热、传质等

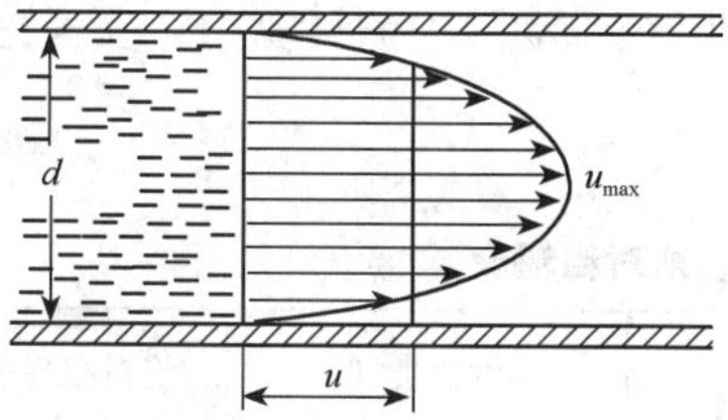

图 1.21　层流时速度分布图

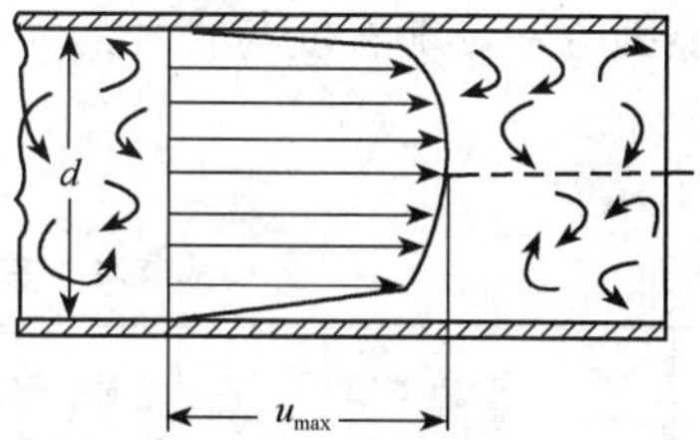

图 1.22　湍流时速度分布图

都有很大的影响。

五、流体阻力的计算

输送流体的管路是由管子、管件（三通、弯头等）和阀门等组成，因此，流体在管内的流动阻力可分为直管阻力和局部阻力。流体流经一定管径的直管时，由于流体的内摩擦而产生的阻力，称为直管阻力，又称沿程阻力，以 h_f 表示。流体流经管路中的管件、阀门及截面积突然扩大和突然缩小等局部地方时所引起的阻力，称为局部阻力，用 h_f' 表示。伯努利方程式中的阻力损失是直管阻力和局部阻力之和。

（一）直管阻力的计算

1. 直管阻力的计算通式

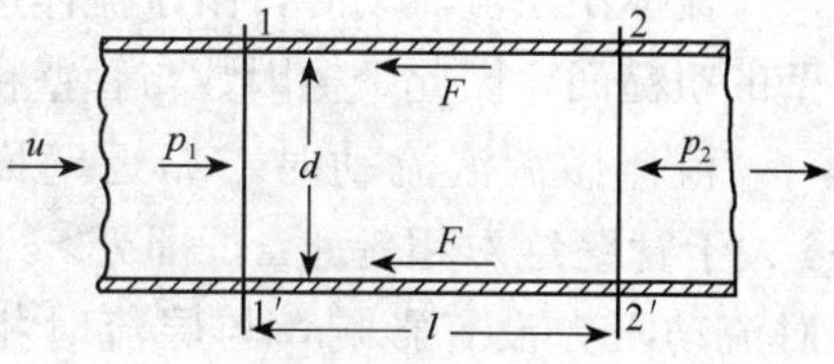

图 1.23　直管阻力

流体在水平等径直管内做稳定流动，如图 1.23 所示。由理论推导得直管阻力的计算通式

$$h_f = \lambda \frac{l}{d}\frac{u^2}{2} \tag{1.41}$$

式（1.41）称为范宁公式。式中 λ 称为摩擦因数，无因次。

根据伯努利方程的其他形式，也可以写出范宁公式的其他表示式

压头损失
$$H_f = \frac{h_f}{g} = \lambda \frac{l}{d}\frac{u^2}{2g} \tag{1.42}$$

压力损失
$$\Delta p_f = \rho h_f = \lambda \frac{l}{d}\frac{\rho u^2}{2} \tag{1.43}$$

通过范宁公式计算流动阻力，关键是求取摩擦因数 λ。λ 值随流动类型的不同而异。

2. 管壁粗糙度对摩擦因数的影响

化工生产中的管道，按其材质和加工情况，分为光滑管（如玻璃管、有色金属管、塑料管等）和粗糙管（如铸铁管、钢管、水泥管等）。实际上，即使是同一材料制成的管道，管壁由于腐蚀、结垢等原因，其粗糙程度也会发生很大的变化。

管道壁面凸出部分的平均高度，称为绝对粗糙度，以 ε 表示。绝对粗糙度与管径的比值 ε/d，称为相对粗糙度。表 1.1 列出某些工业管道的绝对粗糙度数值。管壁的粗糙

度对摩擦因数的影响程度与管径的大小有关，所以在流动阻力的计算中，要考虑相对粗糙度的大小。

表 1.1　某些工业管道的绝对粗糙度

	管道类别	绝对粗糙度 ε/mm		管道类别	绝对粗糙度 ε/mm
金属管	无缝黄铜管、铜管及铝管	0.01～0.05	非金属管	干净玻璃管	0.0015～0.01
	新的无缝钢管或镀锌管	0.1～0.2		橡皮软管	0.01～0.03
	新的铸铁管	0.3		木管道	0.25～1.25
	具有轻度腐蚀的无缝钢管	0.2～0.3		陶土排水管	0.45～6.0
	具有显著腐蚀的无缝钢管	0.5 以上		很好整平的水泥管	0.33
	旧的铸铁管	0.85 以上		石棉水泥管	0.03～0.8

流体做层流流动时，由于流体速度较小，流体层又平行于管轴流动，流层掩盖了管壁的粗糙面，因此摩擦因数与管壁粗糙度无关，只与 Re 有关。

流体做湍流流动时，靠近壁面处总是存在着层流内层。如果层流内层的厚度 δ 大于管壁绝对粗糙度 ε，即 $\delta>\varepsilon$ 时，如图 1.24（a）所示，此时管壁粗糙度几乎对流动阻力没有影响，与层流时相近。随着 Re 的增加，层流内层的厚度减薄，当 $\delta<\varepsilon$ 时，如图 1.24（b）所示，壁面凸出部分伸入湍流主体区，与流体质点发生碰撞，产生漩涡，使摩擦阻力增大。当 Re 大到一定程度时，层流内层可薄得足以使壁面凸出部分完全暴露于湍流主体中，与质点碰撞加剧，这种情况下的流动称为完全湍流。

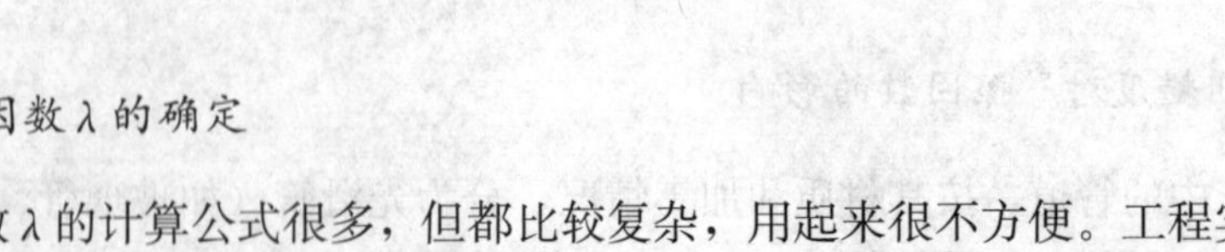

图 1.24　流体流过粗糙管壁的情况

3. 摩擦因数 λ 的确定

摩擦因数 λ 的计算公式很多，但都比较复杂，用起来很不方便。工程实践中，一般将实验数据进行综合整理，得到 λ 与（Re，ε/d）的关系曲线图，通过查关系曲线图来得到摩擦因数 λ。图 1.25 是在双对数坐标中，以 ε/d 为参数，绘出了 λ 与 Re 的关系曲线。

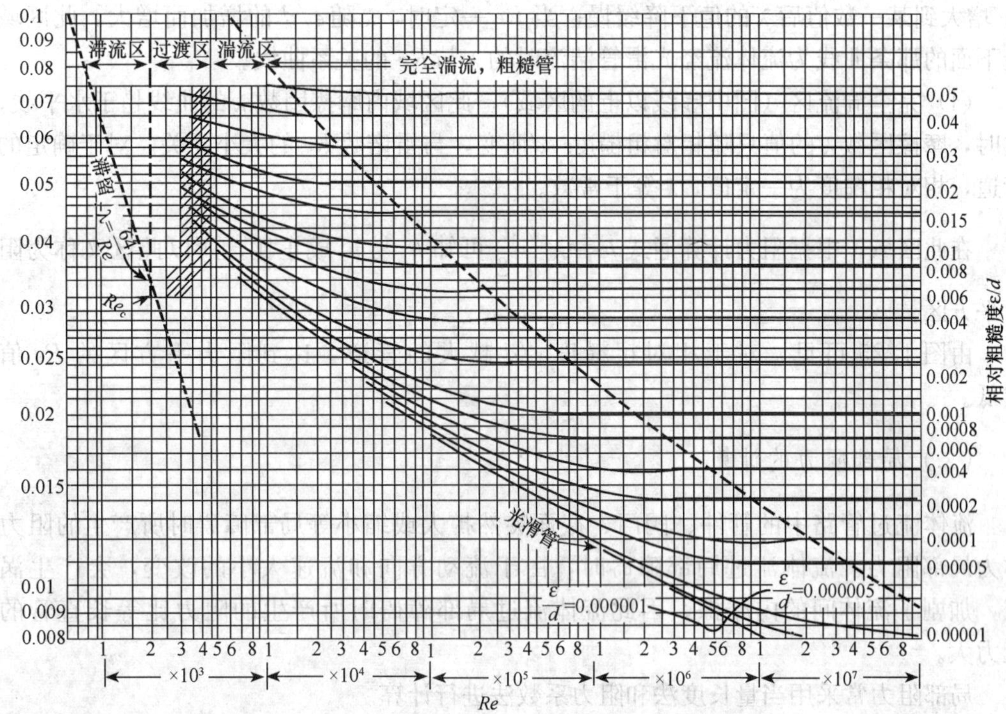

图 1.25　摩擦因数 λ 与（Re，ε/d）的关系曲线

图 1.25 中摩擦因数 λ 与雷诺数 Re 及相对粗糙度 ε/d 的关系可以分为四个不同的区域：

(1) 层流区（滞流区）$Re \leqslant 2000$。摩擦因数 λ 仅与雷诺数 Re 有关，与相对粗糙度 ε/d 无关，在图 1.25 中 λ 与 Re 呈直线关系。

即
$$\lambda=\frac{64}{Re}$$

而
$$Re=\frac{du\rho}{\mu}$$

则
$$h_f=\lambda\frac{l}{d}\frac{u^2}{2}=\frac{32\mu lu}{\rho d^2} \tag{1.44}$$

或
$$\Delta p_f=\rho h_f=\frac{32\mu lu}{d^2} \tag{1.45}$$

式（1.45）称为哈根-泊稷叶公式，是流体在圆形管内做层流流动时压力损失的计算式。

(2) 过渡区 $2000<Re<4000$。在这个区域内流态是不稳定的，工程上一般将该区域内的 λ 按湍流处理，即将湍流时的曲线外延，查取 λ 值，这样得到的结果比实际大，但比较安全可靠。

(3) 湍流区（$Re \geqslant 4000$，图中虚线以下的区域）。在这一区域内，摩擦因数 λ 不仅与雷诺数 Re 有关，还与相对粗糙度 ε/d 有关。当 ε/d 一定时，λ 随 Re 的增大而减小，

Re 增大到某一数值后 λ 的值下降缓慢；当 Re 一定时，λ 随 ε/d 的增加而增大。此区域最下面的那条曲线为流体流经光滑管湍流时的 λ 与 Re 的关系曲线。

（4）完全湍流区（图中虚线以上的区域）。此区域内摩擦因数 λ 的曲线趋于水平线，这时，摩擦因数 λ 的值只随相对粗糙度 ε/d 而变，与雷诺数 Re 的大小无关。对于确定的管道，相对粗糙度为一定值，λ 等于常数。

在此区域，根据阻力计算通式 $h_f=\lambda\dfrac{l}{d}\dfrac{u^2}{2}$ 可知 h_f 与 u^2 成正比，所以此区又称为阻力平方区。

由图 1.25 可见，对于相对粗糙度 ε/d 越大的管道，达到阻力平方区的 Re 值越低。

（二）局部阻力的计算

流体流过管路中的管件、阀门、截面突然扩大或缩小等局部障碍时所产生的阻力称为局部阻力。流体流过局部障碍时，由于流动方向和流速大小的改变，会产生涡流，加剧了流体间的内摩擦，因此流体流过局部障碍时所产生的阻力比等长直管的阻力大。

局部阻力常采用当量长度法和阻力系数法进行计算。

1. 当量长度法

把流体流过某一局部障碍时的阻力折合成具有一定长度的等径直管的阻力，这个直管的长度称为该局部障碍的当量长度，用 l_e 表示。用直管阻力计算公式计算局部阻力，这种计算方法称为当量长度法。即

$$h_f'=\lambda\frac{l_e}{d}\frac{u^2}{2} \tag{1.46}$$

管件、阀门的当量长度数值都是由实验测定的。某些管件、阀门的当量长度可以从图 1.26 中查取。

2. 阻力系数法

流体流过阀门、管件等局部障碍时，λ 变化不大，l_e/d 又为定值，将 λ 和 l_e/d 合并，用 ζ 表示，ζ 称为局部阻力系数。这种计算方法称为阻力系数法。即

$$h_f'=\zeta\frac{u^2}{2} \tag{1.47}$$

ζ 值，一般由实验测得，常用管件、阀门的阻力系数见表 1.2。

局部阻力计算中应注意的几个问题：

（1）当局部流通截面发生变化时，应该采用较小截面处的流体流速。

（2）当流体从管子直接排放到管外空间时，管道出口内侧截面上的压强可以取管外空间的压强。

（3）若出口截面选在管出口的内侧，表示流体尚未离开管路，截面上仍具有动能，

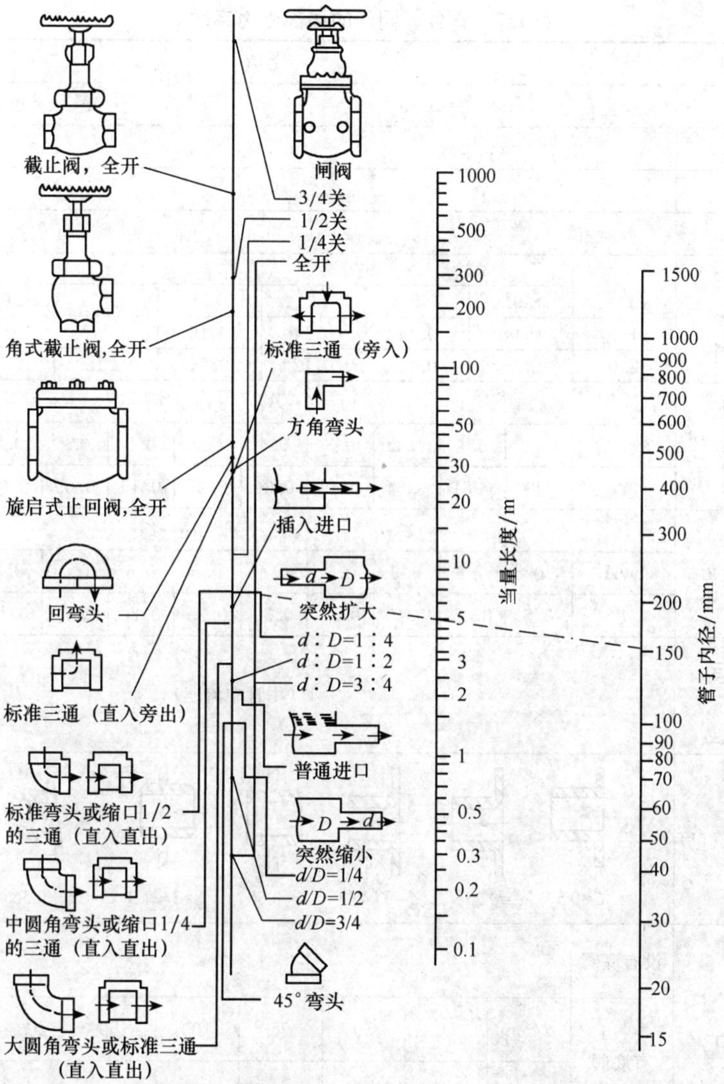

图 1.26　某些管件、阀门的当量长度共线图

系统总能量损失不包括出口阻力，即 $\zeta_{出口}=0$；若截面选在管出口的外侧，表示流体已经离开管路，截面上的动能为零，而系统的总能量损失应包括出口阻力，此时$\zeta_{出口}=1$。

（三）管路总阻力的计算

管路的总阻力指的是管路上全部直管阻力与局部阻力的和。其通式为

$$\sum h_f = \lambda \frac{l+\sum l_e}{d}\frac{u^2}{2} \tag{1.48}$$

或

$$\sum h_f = \left(\lambda \frac{l}{d} + \sum \zeta\right)\frac{u^2}{2} \tag{1.49}$$

表 1.2 管件、阀门的局部阻力系数 ξ

管件和阀件名称	ζ 值	
标准弯头	45°，ζ=0.35	90°，ζ=0.75
90°方形弯头	1.3	
180°回弯头	1.5	
活管接	0.4	

弯管

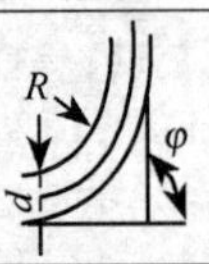

R/d	φ 30°	45°	60°	75°	90°	105°	120°
1.5	0.08	0.11	0.14	0.16	0.175	0.19	0.20
2.0	0.07	0.10	0.12	0.14	0.15	0.16	0.17

突然扩大

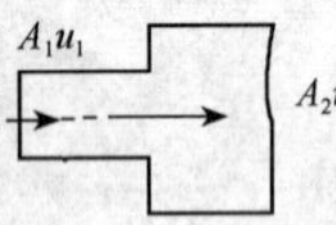

$\zeta=(1-A_1/A_2)^2 \quad h'_f=\zeta u_1^2/2$

A_1/A_2	0	0.1	0.2	0.3	0.4	0.5	0.6	0.7	0.8	0.9	1.0
ζ	1	0.81	0.64	0.49	0.36	0.25	0.16	0.09	0.04	0.01	0

突然缩小

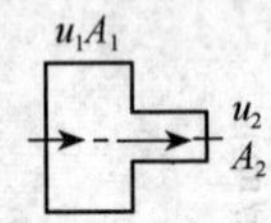

$\zeta=0.5(1-A_2/A_1)^2 \quad h'_f=\zeta u_2^2/2$

A_2/A_1	0	0.1	0.2	0.3	0.4	0.5	0.6	0.7	0.8	0.9	1.0
ζ	0.5	0.45	0.40	0.35	0.30	0.25	0.20	0.15	0.10	0.05	0

流入大容器的出口

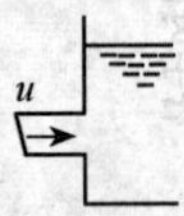

ζ=1（用管中流速）

入管口（容器→管口）

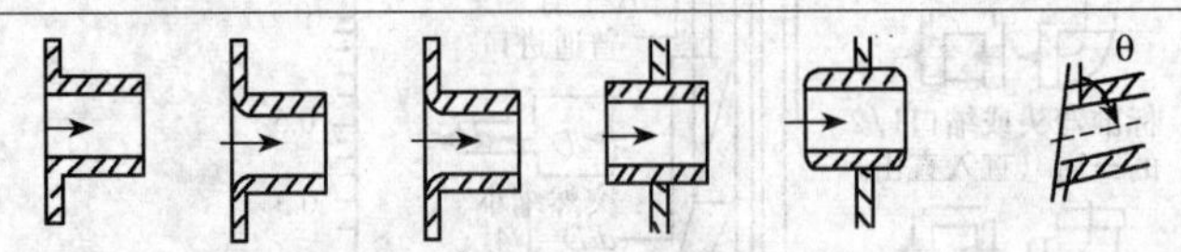

ζ=0.5　ζ=0.25　ζ=0.04　ζ=0.56　ζ=3～1.3　ζ=0.5+0.5cosθ+0.2cos

水泵进口

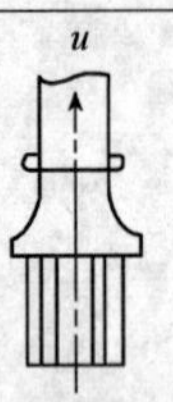

没有底阀	2～3							
有底阀 d/mm	40	50	75	100	150	200	250	300
有底阀 ζ	12	10	8.5	7.0	6.0	5.2	4.4	3.7

闸阀	全开	3/4 开	1/2 开	1/4 开
	0.17	0.9	4.5	24

标准截止阀（球心阀）	全开 ζ=6.4	1/2 开 ζ=9.5

蝶阀

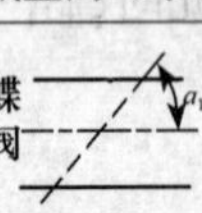

α	5°	10°	20°	30°	40°	45°	50°	60°	70°
ζ	0.24	0.52	1.54	3.91	10.8	18.7	30.6	118	751

旋塞

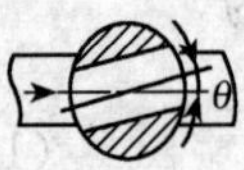

θ	5°	10°	20°	40°	60°
ζ	0.05	0.29	1.56	17.3	206

角阀	5	
单向阀	摇板式 ζ=2	球式 ζ=70
水表（盘形）	7	

例 1.9 如图 1.27 所示，密度为 800kg/m^3、黏度为 1.5mPa·s 的液体，由敞口高位槽经 ϕ114mm×4mm 的钢管流入一密闭容器中，其压力为 0.16MPa（表压），两槽的液位恒定。液体在管内的流速为 1.5m/s，管路中有两个标准的 90°弯头，一个半开的闸阀，直管长为 190m，管壁的相对粗糙度 $\varepsilon/d=0.002$，试计算两槽液面的垂直距离 Δz。

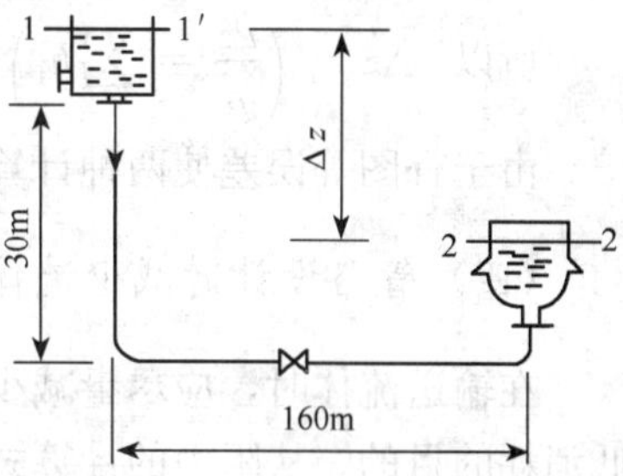

图 1.27 例 1.9 附图

解：取高位槽液面为 1-1′截面，容器液面为 2-2′截面，并以 2-2′截面为基准水平面，在两截面间列伯努利方程

$$gz_1+\frac{u_1^2}{2}+\frac{p_1}{\rho}=gz_2+\frac{u_2^2}{2}+\frac{p_2}{\rho}+\sum h_f$$

式中：$p_1=0$（表压）；$u_1\approx 0$；$p_2=0.16\text{MPa}$（表压）；$u_2\approx 0$；

$$g\Delta z=\frac{p_2}{\rho}+\sum h_f$$

按阻力系数法计算阻力：

$$\sum h_f=\left(\lambda\frac{l}{d}+\sum\zeta\right)\frac{u^2}{2}$$

$$Re=\frac{du\rho}{\mu}=\frac{0.106\times 800\times 1.5}{1.5\times 10^{-3}}=8.48\times 10^4$$

由 $\varepsilon/d=0.002$，查图 1.25 得 $\lambda=0.026$；

由表 1.3 查得各管件、阀门的阻力系数：

容器入管口 $\zeta=0.5$；

半开闸阀 $\zeta=4.5$；

管口入容器 $\zeta=1$；

标准 90°弯头 $\zeta=0.75$，2 个，

$$\sum\zeta=0.5+2\times 0.75+4.5+1=7.5$$

阻力总系数

$$\sum h_f=\left(\lambda\frac{l}{d}+\sum\zeta\right)\frac{u^2}{2}=\left(0.026\times\frac{30+160}{0.106}+7.5\right)\times\frac{1.5^2}{2}=60.87(\text{J/kg})$$

所示 $\Delta z=\left(\frac{p_2}{\rho}+\sum h_f\right)/g=\left(\frac{0.16\times 10^6}{800}+60.87\right)/9.81=26.6(\text{m})$

按当量长度法计算阻力：

由图 1.26 查得各管件、阀门的当量长度：

标准 90°弯头 $l_e=3.2$，2 个；

半开闸阀 $l_e=21.2$，

$$\sum l_e=2\times 3.2+21.2=27.6$$

$$\sum h_f=\left[\lambda\frac{l+\sum l_e}{d}+\zeta\right]\frac{u^2}{2}=\left(0.026\times\frac{190+27.6}{0.106}+1.5\right)\times\frac{1.5^2}{2}=61.7(\text{J/kg})$$

所以 $\Delta z = \left(\frac{p_2}{\rho} = \sum h_f\right)/g = \left(\frac{0.16 \times 10^6}{800} + 61.7\right)/9.81 = 26.7(\mathrm{m})$

由于查图等误差使两种计算结果略有差异。

（四）管路设计时减少流体阻力的措施

在输送流体时，应尽量减少流体在流动过程中的能量损失，从而达到节约能源和降低消耗的目的。从阻力的计算式可以看出，减少阻力的主要措施如下。

(1) 在完成任务的情况下，管路应尽可能短，且多走直线、少拐弯。

(2) 尽量少装管件和阀门等。

(3) 在选择管径时尽可能选大管径，从流量方程式和阻力计算式可以看出，管径变化，阻力变化很大。

(4) 在被输送物料中加入某些药物，如丙烯酰胺、聚氧乙烯氧化物等，以减少腐蚀和污垢的形成。

(5) 尽可能利用大自然的能量，如重力场等。

第五节　化 工 管 路

化工管路是化工生产中所使用的各种管路的总称，其作用是用来输送和控制流体，只有管路畅通，阀门调节得当，才能保证各车间及整个工厂生产的正常进行。

一、化工管路的构成

管路由管子、管件和阀门等按一定的排列方式构成，也包括一些附属于管路的管架、管卡、管撑等辅件。为了便于选用、安装和维修，管子、管件及阀门已经系列化和标准化。

（一）管子

按管材不同管子可分为金属管、非金属管和复合管。金属管主要有铸铁管、钢管（含合金钢管）和有色金属管等；非金属管主要有玻璃管、塑料管、陶瓷管、水泥管、橡胶管等；复合管指的是金属与非金属两种材料复合得到的管子，最常见的形式是衬里管，为了满足节约成本、强度和防腐的需要，在一些管子的内层衬以适当的材料，如塑料、橡胶、搪瓷、金属等而形成的。

管子的规格通常是用“ϕ外径×壁厚”来表示，但也有些管子是用内径来表示其规格的，使用时要注意。管子的长度主要有 3m、4m 和 6m，有些可达 9m、12m，但以 6m 最为普遍。

1. 铸铁管

铸铁对浓硫酸和碱液有很好的抗腐蚀性能，而且价格比较便宜，但拉伸强度、弯曲强度和紧密性差，性脆而不宜焊接及弯曲加工。常用于埋在地下的给水总管，煤气管和污水管等。但由于笨重，强度低，不宜用于有压强的情况下输送有害的、具有爆炸性的气体和高温蒸汽。

铸铁管的规格以ϕ内径×壁厚表示，如铸铁$\phi 100\times 9$，表示内径为100mm、壁厚9mm。铸铁管除75mm和100mm两种的长度是3m以外，其余都是4m长。

2. 钢管

钢管分有缝钢管和无缝缝管两种。

(1) 有缝钢管。是用低碳钢焊接而成的钢管，又称为焊接管，分为水、煤气管和钢板电焊钢管。水、煤气管的主要特点是易于加工制造，价格低廉，但因为有焊缝而不适宜在0.8MPa（表压）以上的压力条件下使用。目前主要用于输送水、蒸汽、煤气、腐蚀性低的液体、压缩空气及真空管路。水、煤气管的管径用公称直径，公称直径是为了设计、制造和维修的方便而人为地规定的一种标准直径，它既不表示管子的外径，也不是管子的内径，而是与其相近的整数。水、煤气管的常用规格可从附录中查取。

(2) 无缝钢管。根据加工方法的不同分为热轧管和冷拔管两种。根据材料的不同又分碳钢、优质碳钢、低合金钢、不锈钢、耐热铬钢管等。一般用于输送各种压力下的流体，包括有毒、易爆、易燃流体，常用于换热器、蒸发器、裂解炉等化工设备中。

无缝钢管的规格以ϕ外径×壁厚表示。如$\phi 89\times 4$，ϕ代表圆管，外径89mm，壁厚4mm。

3. 有色金属管

以有色金属为原料制造的管子统称为有色金属管，主要有铜管、黄铜管、铅管和铝管。在化工生产中，有色金属管主要用在一些特殊用途场合。如紫铜管和黄铜管用于无腐蚀性流体的换热器中。铅管用于输送稀硫酸。铝管用于输送甲酸、乙酸、硝酸等。

铅管的规格习惯上用ϕ内径×壁厚表示。

4. 塑料管

塑料管品种很多，具有抗腐蚀性良好、质量轻、价格低、容易加工等优点；缺点是强度较低，耐热性差。用于输送常温、常压下的腐蚀性流体。

5. 玻璃管

玻璃管具有耐腐蚀、透明、易于清洗、阻力小、价格低等优点；缺点是质脆、耐压低等。常用在一些检测或实验性的工作中。

6. 陶瓷管

陶瓷管具有良好的耐腐蚀性，除了氢氟酸、氟硅酸、强碱外，可耐无机酸、有机酸和有机溶剂的腐蚀。具有来源广、价格低的优点。缺点是质脆，强度低，常用于输送2×10^5Pa和423K以下的腐蚀性流体的下水管道。

（二）管子的选用

化工管道以圆形截面居多，若以d表示管道内径，则

$$u=\frac{q_V}{A}=\frac{q_V}{\frac{\pi}{4}d^2}=\frac{4q_V}{\pi d^2}$$

则
$$d=\sqrt{\frac{4q_V}{\pi u}} \tag{1.50}$$

由式（1.50）可知，流量一般由生产任务给定，要确定输送流体的管道直径，必须选定流速。流速选择得过高，管径可以减小，但流体流经管道的阻力增大，动力消耗大，操作费用随之增加；反之，流速选择得过低，操作费用可相应地减少，但管径增大，管路的投资费用随之增加。最适宜的流速应使操作费和设备投资费的总和为最小。表1.3列出某些流体适宜流速大致范围，以供选择流速时参考，一般依据流体性质及具体情况，参照常用的流速范围，确定流速再计算管径。应用式（1.50）算出管径后，还须从有关手册或教材附录中根据管子规格选用标准管径。选用标准管径后，再核算流体在管内的实际流速。

表1.3 某些流体常用流速范围

流体种类及条件	流速范围/(m/s)	流体种类及条件	流速范围/(m/s)
自来水 主管0.3MPa 支管0.3MPa	1.5～3.5 1.0～.5	饱和蒸汽 主管 支管	30～40 20～30
工业供水<0.8MPa	1.5～3.5	一般气体（常压）	10～20
锅炉给水>0.8MPa	>3.0	低压蒸汽<1.0MPa	15～20
蒸汽冷凝水	0.5～1.5	中压蒸汽1.0～4.0MPa	40～60
油及黏度较大的液体	0.5～2.0	高压蒸汽4.0～12.0MPa	10～20
黏度较大液体（盐类溶液）	0.5～1.0	过热蒸汽 主管 支管	40～60 35～40
离心泵 吸入口 排出口	1.0～2.0 1.5～2.5	通风机 吸入口 排出口	10～15 15～20
黏度与水相仿的液体	与水相同	—	—

例1.10 某车间铺设供水管线，要求输水量为$40m^3/h$，试选择所需的水管型号。

解：在表1.3中取水的适宜流速为1.5m/s。

$$d=\sqrt{\frac{4q_V}{\pi u}}=\sqrt{\frac{4\times 40}{3600\times 3.14\times 1.5}}=0.097(m)=97(mm)$$

查附表16选$\phi108\times4$的无缝钢管，$d_{内径}=108-2\times4=100$（mm），管内实际流速

$$u=\frac{q_V}{\frac{\pi}{4}d^2}=\frac{4q_V}{\pi d^2}\frac{4\times 40}{3600\times 3.14\times 0.1^2}=1.4(m/s)$$

（三）管件

用来连接管子以达到延长管路、改变管路方向或直径、分支、合流或封闭管路的附件统称为管件。根据管件在管路中的作用不同可以分成如下几类。

1. 改变管路方向的管件

改变管路方向的管件如弯头，常用的有45°弯头、90°弯头、180°回弯头等，见图1.28。

2. 连接管路支管的管件

连接管路支管的管件如三通、四通等，见图1.28。

3. 连接两段管子的管件

连接两段管子的管件如外接头、内接头、活接头、法兰等，见图1.28。

4. 改变管路的直径的管件

改变管路的直径的管件如大小头，内外螺纹管接头、异径管等，见图1.28。

5. 堵塞管路的管件

堵塞管路的管件如丝堵、盲板等，见图1.28。

必须注意，管件和管子一样，也是标准化、系列化的。选用时必须注意和管子的规格一致。

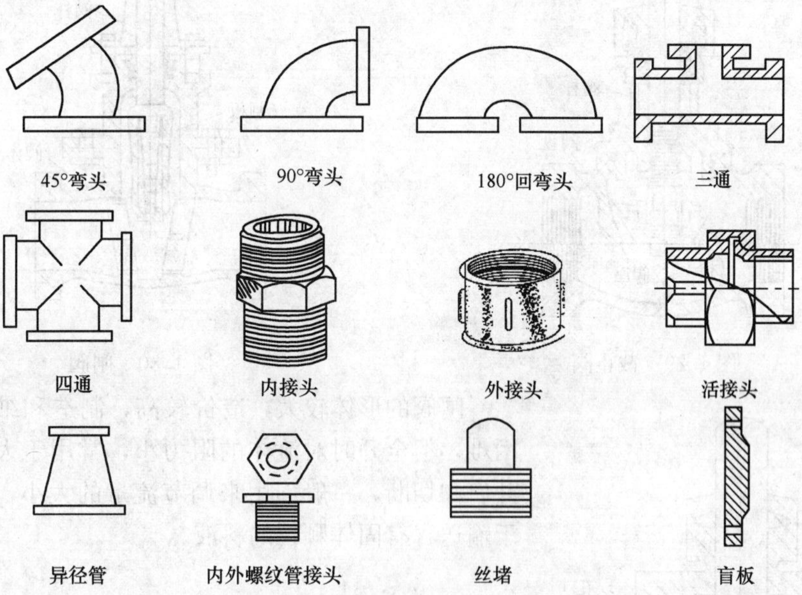

图1.28 管件

（四）阀门

阀门是安装在管道上，用来开启、关闭和调节流量及控制安全的部件。通过阀门可以调节流量、系统压力及流动方向。

阀门的类型很多，有手动的、气动的和电动的，选用时注意查看产品说明书。下面简介几种工程上比较常用的阀门。

1. 截止阀也称球心阀

截止阀的构造如图 1.29 所示。其关键零件是阀体内的阀座和阀盘，当阀盘将阀座上的圆孔堵住，管路内流体被切断，因此可以通过手轮使阀杆上下移动，来改变阀盘与阀座之间的距离，从而达到开启、切断以及调节流量的目的。

截止阀的特点是严密可靠，可以准确地调节流量，但对流体的阻力比较大。常用于输送蒸气、压缩空气、真空以及一般液体的管路中，但不能用于输送带有固体颗粒和黏度较大介质的管路上。

在安装截止阀时，应保证流体从阀盘的下部向上流动，否则，当流体压强较大的情况下难以打开。

2. 闸阀

闸阀的构造如图 1.30 所示。阀体内装有一个闸板，转动手轮使阀杆下面的闸板进行升降，从而达到启闭和调节流量的目的。

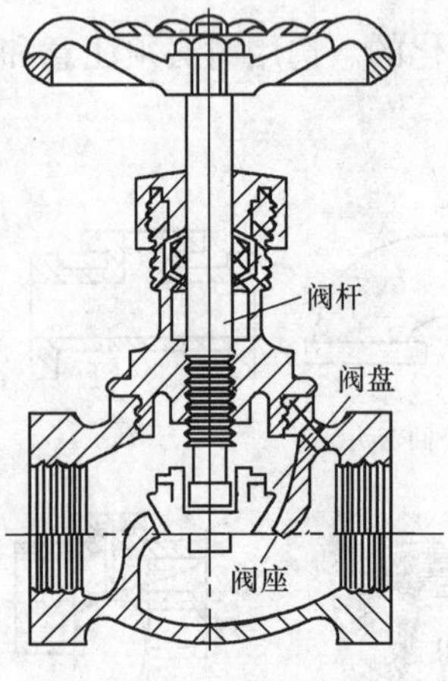

图 1.29　截止阀

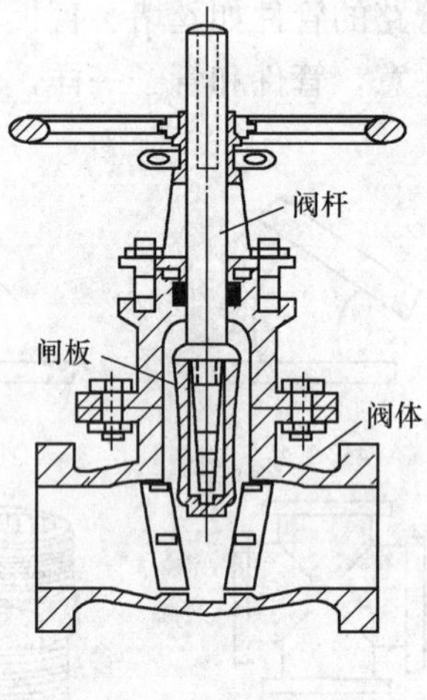

图 1.30　闸阀

闸阀的形体较大，造价较高，制造和维修都比较困难，但全开时对流体的阻力小，常用于大型管路的开启和切断，一般不用来调节流量的大小，也不适用于输送含有固体颗粒的料液。

3. 旋塞

旋塞的构造如图 1.31 所示，它的主要部件是在一个空心铸件的阀体中插入一个旋转的锥形旋塞，旋塞中间有一个通孔，当旋塞的孔与管子相通时，流体沿孔道通过。当旋塞转 90°时，其孔道被阀体挡住，液体则不能通过而完全切断。

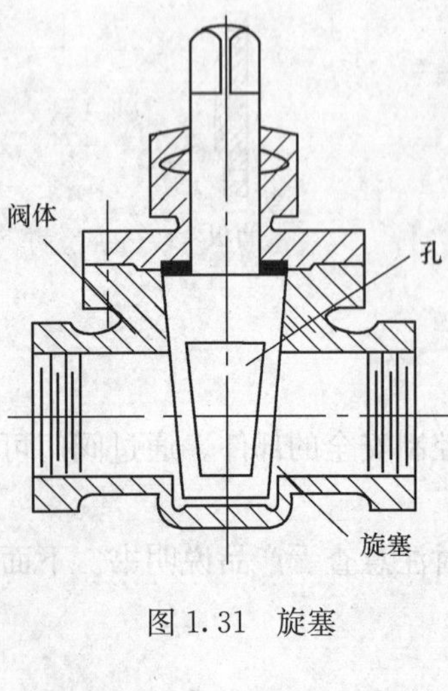

图 1.31　旋塞

旋塞的优点是结构简单，启闭迅速，全开时对流体的阻力小，其缺点是不能准确地调节流量，温度变化大时旋塞容易卡死，适宜输送带固体颗粒的流体，不适用于口径较大、压力较高或温度较低的场合。

4. 止回阀

止回阀是根据阀盘前后介质的压力差而自动启闭的阀门，用来控制流体只能朝一个方向流动。止回阀根据结构不同分为升降式和旋启式两种，其构造如图 1.32 和图 1.33 所示，它的结构是在阀体内装有一个阀盘或摇板，当介质顺流时，阀盘或摇板被顶开；介质倒流时，阀盘或摇板受介质压力作用而自动关闭。

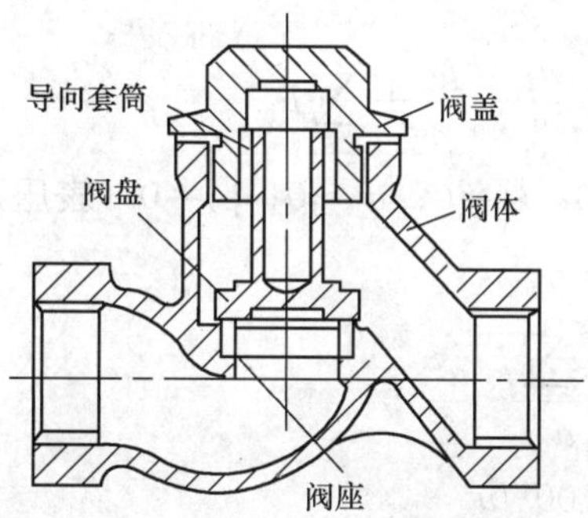

图 1.32 升降式止回阀

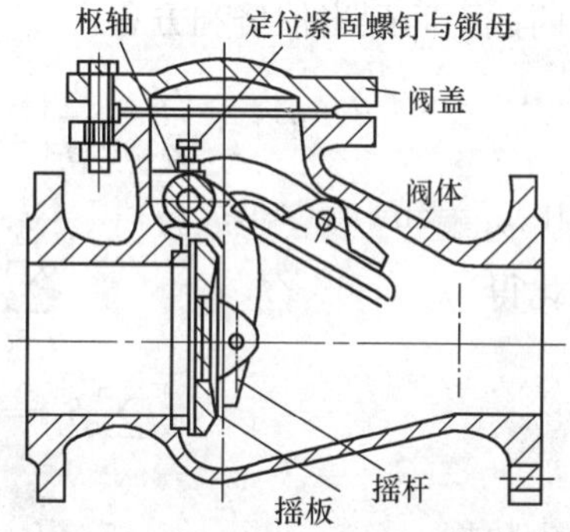

图 1.33 旋启式止回阀

止回阀结构简单，不用驱动装置，安装时注意介质的流向与安装方向。常用于泵、压缩机、排水管等不允许介质逆向流动的管路上。不适用于含固体颗粒和黏度较大的介质。

二、管路计算

化工生产中常用的管路，依据其连接和铺设情况，可分为简单管路和复杂管路。简单管路是指流体从入口到出口是在一条管路中流动，无分支或汇合；复杂管路是指并联管路和分支与汇合管路。

在实际工作中常遇到的管路计算问题根据计算目的通常可分设计型和操作型两类。设计型计算是对给定的流体输送任务，选用合理且经济的管路和输送设备；操作型计算是指管路系统已定，要求核算给定条件下的输送能力或某项技术指标。具体问题归纳起来有以下三种情况。

(1) 已知输送任务（流量）、管径、管长、管件和阀门的设置、操作条件（p_1、p_2）等，求完成输送任务所需的外加能量等。

(2) 已知管径、管长、管件和阀门的设置，计算管路中流体的流速或流量。

(3) 已知输送任务（流量）、管长、管件或阀门以及允许的能量损失，求管路直径。

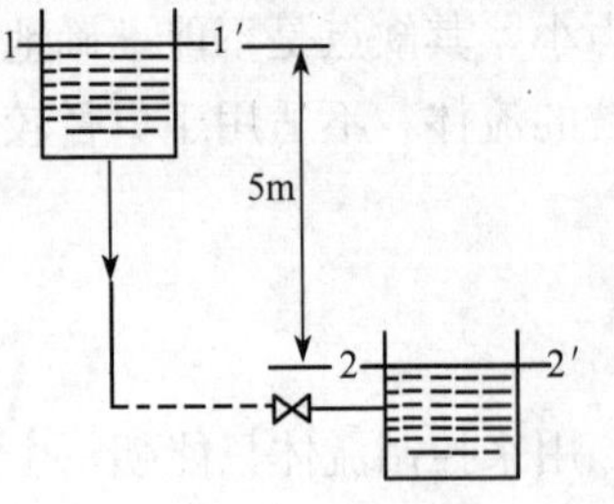

图 1.34　示意图

后两种情况都存在着共同性问题，即流速 u 或管径 d 未知，因此不能计算 Re 值，则无法判断流体的流型，所以亦不能确定摩擦因数。在这种情况下，工程计算中常采用试差法来求解。在用试差法计算时，由于 λ 变化范围小，一般以 λ 为试差变量。

例 1.11　20℃苯由高位槽流入贮槽中，两槽均为敞口，两槽液面恒定且相差 5m。输送管为 ϕ38mm×3mm 的钢管（ε=0.05mm），总长为 100m（包括所有局部阻力的当量长度），求苯的流量（图 1.34）。

解：以高位槽液面为 1-1′截面，贮槽液面为 2-2′截面，并以为 2-2′截面为基准水平面，在两截面间列出伯努利方程。

$$gz_1+\frac{u_1^2}{2}+\frac{p_1}{\rho}+W_e=gz_2+\frac{u_2^2}{2}+\frac{p_2}{\rho}+\sum h_f$$

其中 $z_1=5$m；$u_1\approx0$；$p_1=0$（表压）；$W_e=0$；$z_2=0$；$u_2\approx0$；$p_2=0$（表压）

简化得
$$\sum h_f=gz_1=5g$$

即
$$\sum h_f=5g=\lambda\frac{l+\sum l_e}{d}\frac{u^2}{2}$$

代入数据
$$5\times9.81=\lambda\times\frac{100}{0.032}\frac{u^2}{2}$$

化简得
$$\lambda u^2=0.03139$$

$$u=\sqrt{\frac{0.03139}{\lambda}}$$

要查出 λ 必须知道 u，采用试差法。

由于 λ 变化范围较小，在液体输送时接近 0.02，设 λ=0.021，

$$u=\sqrt{\frac{0.03139}{0.021}}=1.22(\mathrm{m/s})$$

由附录查得 20℃ 苯物性：$\rho=876\mathrm{kg/m^3}, u=0.737\mathrm{mPa\cdot s}$

$$Re=\frac{d\rho u}{\mu}=\frac{0.032\times879\times1.22}{0.737\times10^{-3}}=4.66\times10^4$$

$$\frac{\varepsilon}{d}=\frac{0.05}{32}=0.00156$$

查图，得 λ=0.026 与原假设值不符，再设 λ=0.026，

$$u=\sqrt{\frac{0.03139}{\lambda}}=\sqrt{\frac{0.03139}{0.026}}=1.1(\mathrm{m/s})$$

$$Re=\frac{0.032\times879\times1.10}{0.737\times10^{-3}}=4.20\times10^4$$

查得 λ=0.26 与假设相符，

所以
$$u=1.10\mathrm{m/s}$$

流量：$q_V = \frac{\pi}{4}d^2u = 0.785 \times 0.032^2 \times 1.1 = 8.84 \times 10^{-4}(\mathrm{m^3/s}) = 3.183(\mathrm{m^3/h})$

三、管路的布置与安装

管路布置和安装时，主要考虑安装、检修、操作的方便和操作安全，同时必须尽可能减少基建费和操作费，并根据生产的特点、设备布置、物料特性及建筑结构等方面进行综合考虑。管路布置和安装一般原则如下：

(1) 布置管路时，应对车间所有管路（生产系统管路、辅助系统管路、电缆、照明、仪表管路）全面规划，各就其位。

(2) 为了节约基建费用，便于安装和检修以及操作上的安全，除了下水道、上水总管和煤气总管外，管路铺设尽可能采用明线。

(3) 各种管路铺设时，要尽量走直线，少拐弯，少交叉，以节约管材；管件、阀件应尽可能少，以减少投资，使流体阻力减到最低。

(4) 并列管路上的管件和阀件位置应错开安装，以便于操作和检修。

(5) 车间内的管路应尽可能沿厂房墙壁安装；露天的生产装置，管路可沿柱架或吊架安装。管与管之间和管与墙之间的距离，以能容纳活接或法兰以及便于检修为宜，具体尺寸见表1.4。

表1.4 管子与墙的安装距离

公称直径/mm	25	40	50	80	100	125	150
管中心与墙距离/mm	120	150	170	170	190	210	230

(6) 在安装时管路的倾斜度通常为3/1000～5/1000，对含有固体结晶或颗粒较大的物料管倾斜为1/100或大于1/100。

(7) 在安装时为了便于区别各种类型的管路，应在管路的保护层或保温层表面涂以颜色加以区别。(如给水管为绿色、饱和蒸气管为红色)，具体颜色及其涂色方法可查阅有关资料。

(8) 输送流体的管路，特别是输送腐蚀性介质的管路，为防止因滴漏而造成对人体的伤害，在穿越通道时，不得装设各种管件、阀门以及可拆卸连接。

(9) 铺设各种管路离地面的高度应便于检修，通过路、桥的高度应按标准执行，如通过人行横道不得小于2m；通过公路时，不得小于4.5m；与铁路面的净距离不得小于6m，通过工厂主要交通，一般高度为5m。

(10) 管路的跨距（两支座之间的距离）一般不得超过表1.5的规定。

表1.5 管路的跨距

管子内径/mm	50	76	100	125	150	200	250	300	400
跨距/m	3.0	4.0	4.5	5.0	6.0	7.0	8.0	9.0	9.0

(11) 各种管路应集中铺设，这样可以共同利用管架，降低基建费用。

(12) 管路排列时，应将热的在上，冷的在下；无腐蚀的在上，有腐蚀的在下；输气的在上，输液的在下；不经常检修的在上，经常检修的在下；高压的在上，低压的在下；保温的在上，不保温的在下；金属的在上，非金属的在下。在水平方向上，通常使常温管路、大管路、振动大的管路及不经常检修的管路靠近墙或柱子。

（13）对于温度变化较大的管路须采取热补偿措施，有凝液的管路要安排凝液排出装置，有气体积聚的管路要设置气体排放装置。

四、管路常见故障及处理

表 1.6 列出了管路常见故障及处理方法。

表 1.6 管路常见故障及处理方法

序　号	常见故障	原　因	处理方法
1	管泄漏	裂纹、孔洞（管内外腐蚀、磨损）、焊接不良	①装旋塞；②缠带；③打补丁；④箱式堵漏；⑤更换管子
2	法兰泄漏	①螺栓松动 ②密封垫片损坏 ③法兰密封面损坏	①紧固螺栓或更换螺栓 ②更换密封垫 ③修复或更换法兰
3	阀泄漏	压盖填料不良，杂质附着在其表面	①对称拧紧填料压盖螺栓 ②更换压盖填料 ③更换阀部件或阀 ④阀部件磨合
4	管堵塞	杂质堵塞	①连接旁通，设法清除杂质 ②用压缩空气或高压蒸气吹除 ③手工或机械清理填塞物
5	管振动	①流体脉动 ②机械振动	用管支撑固定或撤掉管支撑件，但必须保证强度
6	管弯曲	①管支撑不良 ②温差应力大	①撤换不良管支撑件或增设有效管支撑件 ②增设温差补偿装置或更换已失效的温差补偿装置

第六节　流量的测量

在化工生产中，流体的流量是一个重要的操作参数。为了控制生产过程稳定进行，就必须测量流体的流量，并加以调节和控制。测量流体流量的方法很多，其原理也各不相同。工程上常用的孔板流量计、文丘里流量计、转子流量计均是根据流体流动时能量守恒原理设计的流量计。

一、孔板流量计

（一）孔板流量计的结构

将中央开有圆孔的金属板垂直安装在管道中，孔的中心位于管道的中心线上，孔板前后装有测定压差的 U 形管压差计，这样构成的装置，称为孔板流量计，如图 1.35 所示。

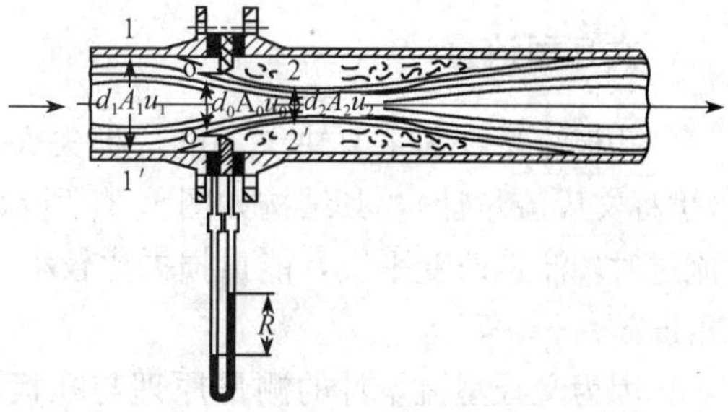

图 1.35　孔板流量计

（二）测量原理

当流体流过小孔时，因流动截面突然缩小，流速骤增，相应静压能降低。流体流过小孔口后，由于惯性作用，流束截面还继续收缩到最小，然后流束截面才逐渐扩大到整个管路截面。流束截面最小处称为缩脉。流体在缩脉处的流速最大，即动能最大，而相应的静压能最小。因此，当流体以一定流量流过孔板时，就产生一定的压力差，流量越大，所产生的压力差就越大，因此利用测量压强差的方法就可以测量流体的流量。

$$q_V = C_0A_0\sqrt{\frac{2(\rho_{示}-\rho)gR}{\rho}} \tag{1.51}$$

$$q_m = C_0A_0\sqrt{2\rho(\rho_{示}-\rho)gR} \tag{1.52}$$

以上两式就是孔板流量计的流量公式，其中 C_0 称为孔板的流量系数，无因次。由 C_0 的定义式可知，影响 C_0 的因素主要有流体流过孔板时 Re 和 A_0/A_1 的比值大小。此外，还有测压口位置，测压方式，孔口形状，孔板厚度等。一般 C_0 值通过实验测定。对测压方式、结构尺寸、加工状况等均已规定的标准孔板，C_0 与 Re 和 A_0/A_1 之间的关系，如图 1.36 所示。

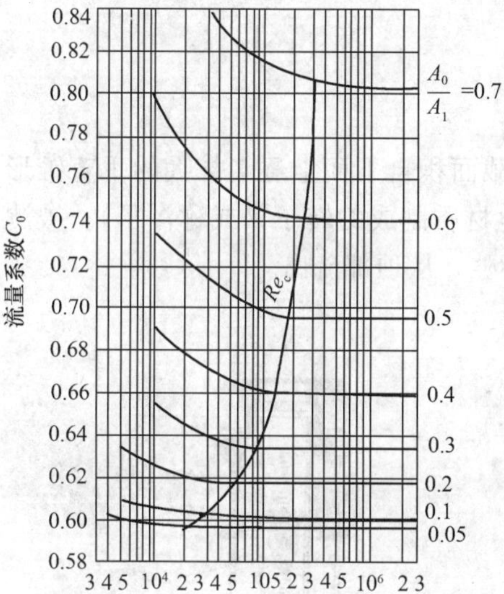

图 1.36　C_0 与 Re、A_0/A_1 之间的关系

设计合理的孔板流量计，不但要求在所测的流量范围内 C_0 最好为定值，而且要求 C_0 值在 0.6～0.7 之间。用孔板流量计的流量公式计算流体流量时，须先知道 C_0 值，但 C_0 又与 Re 有关，而流速未知故无法计算 Re 值，因此要通过试差法求解。先假设 Re 超过 Re_c，由 A_0/A_1 从图 1.36 中查出 C_0，然后用相应的公式计算流量。

（三）孔板流量计的安装

孔板流量计结构简单、制造安装方便，因此应用十分广泛，其主要缺点是能量损失比较大。

孔板流量计安装时，上、下游需要有一段内径不变的直管作为稳定段，上游长度至少为管径的 10 倍，下游长度为管径的 5 倍。孔板中心必须与被测管路的中心线重合。

二、文丘里流量计

孔板流量计的主要缺点是能量损失大，为了减少能量损失，可采用文丘里流量计(也称文氏流量计)，其结构如图 1.37 所示。特点是逐步收缩和逐步扩大，这样当流体流过时，流速改变平缓，能量损失比较小。通常收缩段的角度 $\alpha_1=15°\sim20°$，渐扩段的角度 $\alpha_2=5°\sim7°$。

因为文丘里流量计的测量原理与孔板流量计相同，其流量方程与孔板流量计的类似，即

$$q_V = C_V A_0 \sqrt{\frac{2(\rho_{示}-\rho)gR}{\rho}} \tag{1.53}$$

或

$$q_m = C_V A_0 \sqrt{2\rho(\rho_{示}-\rho)gR} \tag{1.54}$$

式中：C_V——文丘里流量计的流量系数，其值由实验测定，无因次。在湍流时，一般可取 0.98（管径为 50～200mm）或取 0.99（管径大于 200mm）；

A_0——文丘里管喉管处截面积，m^2。

文丘里流量计的主要优点是能量损失小，大多用于低压气体输送中的流量测量。其缺点是结构不如孔板紧凑，加工精度要求高，制造困难，造价高。

三、转子流量计

(一) 转子流量计的结构

转子流量计的构造，如图 1.38 所示，在一根截面积自下而上逐渐扩大的垂直锥形玻璃管内，装有一个能够旋转自如的由金属或其他材质制成的转子（或称浮子）。被测流体从玻璃管底部进入，经过转子和管壁之间的环隙，从顶部流出。

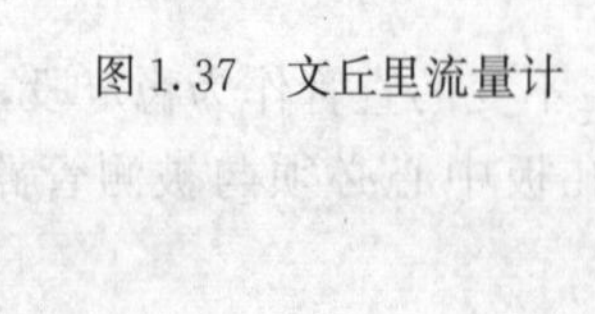

图 1.37　文丘里流量计

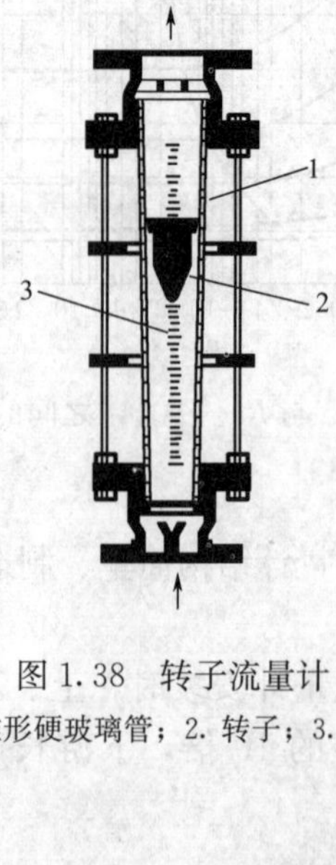

图 1.38　转子流量计

1. 锥形硬玻璃管；2. 转子；3. 刻度

（二）测量原理

管中无流体通过时，转子沉在管底部。当流体以一定的流量自下而上流过转子与管壁之间的环隙时，转子受到两个力的作用：一是垂直向上的推动力，它等于流体流经环隙时所产生的压力差；另一是垂直向下的净重力，它等于转子所受的重力减去流体对转子的浮力。

当流量增大到某一值时，转子与环隙间的流速增大，使压差增大，而转子的净重力没有改变，此时上升力大于净重力，转子就上升，但随着转子的上升，环隙面积扩大使流速减小，因此转子上下游压差也减小，当压差减小到一定数值时，向上推力刚好等于转子的净重力，于是转子就停留在某一高度。当流量又增加时，转子又会向上运动而停在新的高度。因此，转子停留高度与流量之间有一定的对应关系。根据这种对应关系，把转子的停留高度做成刻度，代表一定的流量，就可以通过转子的停留高度读出流量了。

转子流量计测量流量的原理，同流体流过孔板时相类似，也是以流体流过环隙时能量转换原理为基础的。因此，可仿照孔板流量计的流量公式写出转子流量计的流量公式，即

$$q_V = C_R A_R \sqrt{\frac{2\Delta p}{\rho}} = C_R A_R \sqrt{\frac{2V_f g(\rho_f - \rho)}{A_f \rho}} \tag{1.55}$$

式中：A_R——环隙的截面积，m^2；

C_R——转子流量系数，无因次，其值由实验测定；

A_f——转子最大直径处的截面积，m^2；

V_f——转子的体积，m^3；

ρ_f——转子材料的密度 kg/m^3；

ρ——被测流体的密度 kg/m^3。

由式（1.55）可知对于一定的流体根号内的各物理量为常数，在一定的测量范围C_R也为常数，则流量只随环隙面积A_R而变，转子停止的位置越高，环隙的截面积越大流体的流量就越大。

（三）主要特点与适用场合

转子流量计的最大优点在于可以直接读出流量，而且能量损失小，不需要设置稳定段。因此，应用十分广泛。缺点是玻璃不能经受高温和高压，在安装和使用过程中玻璃易破碎。

转子流量计必须垂直安装在管路上。流体必须下进上出，转子最大截面所对应的刻度即为流量计的读数。转子流量计的读数是生产厂家在一定的条件下用空气或水标定的，对于液体转子流量计，常用20℃水进行标定，对于气体转子流量计，常用20℃及101.3kPa的空气进行标定。当被测流体与标定流体不同时，应对原有刻度进行校正，校正方法参阅产品手册或有关书籍。

第七节　技能训练——流体输送管路拆装训练

一、实训项目

（1）完成各动手单元如管子拆装、管件更换、基本检测器的接线、仪表参数整定训练。

（2）完成设置的故障检修点诊断训练。

（3）完成全面分析系统、辨别正误和迅速决策等能力的训练。

（4）完成管道流动阻力、管件识辨、离心泵特性、流量计安装等训练。

二、工艺流程（图 1.39）

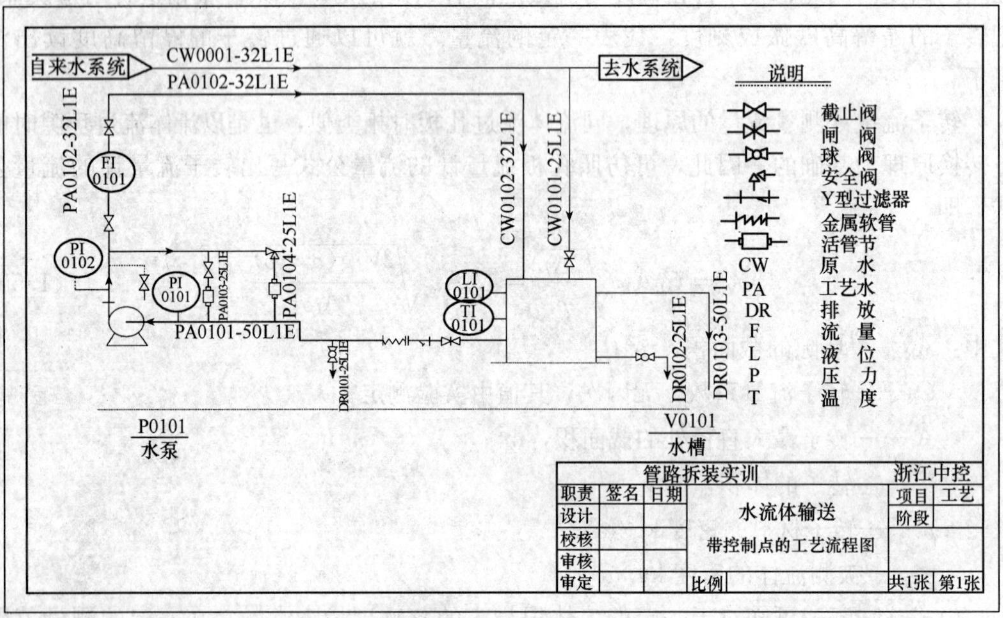

图 1.39　流体输送工艺流程

三、操作规程

（一）管路拆卸实训步骤

（1）将系统电源切断；打开排空阀，将管路内的积液排空。

（2）参照一定顺序将管路器件拆下。

（3）拆卸后对管路进行编号，方便分类。

（4）将工具放置正确。

（二）管路安装实训步骤

（1）安装前要读懂管路工艺流程图或机械视图。

（2）安装时要按照一定的顺序进行，防止漏装或错装。

（3）安装后对系统进行开车检查。

（4）完成试验后停车，切断电源。

（5）将水箱中剩余液体、管路积液排空。

（6）将工具放置回工具架。

本章小结

- 流体流动
  - 基本概念
    - 密度
    - 压强
    - 流量和流速
    - 黏度
  - 流体流动的基础知识
    - 静力学基本方程
    - 连续性方程
    - 伯努利方程
    - 流体流动型态
    - 流体流动阻力
  - 输送管路
    - 管子的选用
    - 管路计算
    - 管路安装
  - 技能训练

同步测试题

一、填空题

1. 某设备真空表读数为 200mmHg，设备外环境大气压强为 640mmHg，则它的绝对压强为________ mmHg。

2. 密度为 850kg/m^{3}的液体以 5m^3/h 的流量流过输送管，其质量流量为________。

3. 流体流动形态用________来判断，当________时为湍流，当________时为滞流，当________时为过渡流。

4. 流体在圆形直管内做层流流动时，其速度分布呈________型曲线，管中心最大速度为平均速度的________倍。此时摩擦因数 λ 与________无关，只随________加大而________。

5. 流体体积流量一定时，有效截面扩大，则流速________，动压头________，静压头________。

6. 流体流动时产生内摩擦力的这种特性，称为________，衡量流体黏性大小的物理量，称为________。

7. 从桶底把一桶水放完比把一桶油放完要________，其原因是________。

8. 黏度的物理意义是____________。

9. 边长为 a 的正方形管道，其当量直径 d_e 为________。

10. 在稳定流动系统中，水连续地从粗圆管流入细圆管，粗管内径为细管的 2 倍。则细管内水的流速为粗管内流速的________倍。

11. 流体在圆管内流动时的摩擦阻力可分为________和________两种。局部阻力的计算方法有________法和________法。

12. 在静止的同一种连续流体的内部，各截面上________能与________能之和为常数。

13. 经内径为 50mm 的钢管输送 20℃的水，水的流速为 2m/s，黏度为 1Pa · s。试判定水在钢管中的流型________。

14. 用 ζ 计算突然扩大和突然缩小的损失时，通常按________管内的流速计算动能项。

15. 实际流体在直管内流过时，各截面上的总机械能________守恒。因实际流体流动时有________。

16. 规格为 ϕ108mm×4mm 的无缝钢管，其内径是________。

17. 流体在圆形管道中作层流流动，如果只将流速增加 1 倍，则阻力损失为原来的________倍；如果只将管径增加 1 倍，流速不变，则阻力损失为原来的________倍。

二、选择题

1. 相同管径的圆形管道中，分别流动着油和清水，若雷诺数 Re 相等，二者的密度相差不大，而油的黏度大于水的黏度，则油速（　　）水速。

A. 大于　　B. 小于　　C. 等于　　D. 无法确定

2. 流体在圆形直管内做定态流动，雷诺数 Re=1500，则其摩擦因数应为（　　）。

A. 0.032　　B. 0.0427　　C. 0.0267　　D. 无法确定

3. 在法定单位制中，黏度的单位为（　　）。

A. cP　　B. P　　C. g/(cm · s)　　D. Pa · s

4. 在静止流体内部各点的静压强相等的必要条件是（　　）。

A. 同一种流体内部　　B. 连通着的两种流体

C. 同一种连续流体　　D. 同一水平面上，同一种连续的流体

5. 在一水平变径管道上，细管截面 A 及粗管截面 B 与 U 形管压差计相连，当流体流过时，U 形管压差计测量的是（　　）。

A. A、B 两截面间的总能量损失　　B. A、B 两截面间的动能差

C. A、B 两截面间的压强差　　D. A、B 两截面间的局部阻力

6. 管路由直径为 ϕ57mm×3.5mm 的细管，逐渐扩大到 ϕ108mm×4mm 的粗管，若水在细管内的流速为 4m/s。则在粗管内的流速为（　　）。

A. 2m/s　　B. 1m/s　　C. 0.5m/s　　D. 0.25m/s

7. 滞流与湍流的本质区别是（　　）。

A. 流速不同　　B. 流通截面不同

C. 雷诺数不同　　D. 滞流无径向运动，湍流有径向运动

8. 转子流量计的主要特点是（　　）。

A. 恒截面、恒压差　　B. 变截面、变压差

C. 恒流速、恒压差　　D. 变流速、恒压差

9. 某液体在内径为 d_0 的水平管路中稳定流动，其平均流速为 u_0，当它以相同的体积流量通过等长的内径为 d_2（$d_2=d_0/2$）的管子时，若流体为层流，则压降 Δp 为原来的（ ）倍。

A. 4　　B. 8　　C. 16　　D. 32

10. 在相同条件下，缩小管径，雷诺数（　　）。

A. 增大　　B. 减小　　C. 不变　　D. 无法确定

三、判断题

1. 在计算突然扩大及突然缩小的局部阻力时，公式中的流速应该用小管中的流速。（　　）

2. 气体在圆管内做稳定流动时，其流速与管内径的平方成反比。（　　）

3. 流体在等直径的导管中做稳定流动时，由于流动有摩擦阻力损失，因此流体的流速沿管长而逐渐变小。（　　）

4. 静止液体液面上方压强改变时，液体内各点压强发生同样大小改变。（　　）

5. 在同一种连续流体内，处于同一水平面上各点的压强都相等。（　　）

6. 某定态流动系统中，若管路上安装有若干个管件、阀门和若干台泵，则此管路就不能运用连续性方程式进行计算。（　　）

7. 用 U 形管压力计测量管路中两点的压强差，其压差值只与读数 R 和两流体的密度差有关，而与 U 形管的粗细、长短无关。（　　）

8. 流体流动的类型有：滞流、湍流和过渡流。（　　）

9. 流体流动时，造成能量损失的根本原因是内摩擦力。（　　）

10. 连续方程所反映的管路各截面上流速的变化规律与管路上是否装有管件、阀门或输送设备等无关。（　　）

四、问答题

1. 用图表示绝对压强、大气压强、表压强（真空度）的相互关系。

2. 一定质量流量的水在一定内径的圆管中稳定流动，当水温升高时，Re 将如何变？

3. 质量流量、体积流量与流速 u 三者之间的关系如何？

4. 液体在管道中流动时滞流与湍流有何区别？

5. 什么是稳定流动？

6. 流体在管道中流动时，涉及哪些机械能？何谓流体的总机械能？

7. 降低流体阻力的途径是什么？

8. 化工厂哪些计算要应用流体静力学基本方程式？

9. 扼要说明伯努利方程式和流体静力学基本方程式的关系。

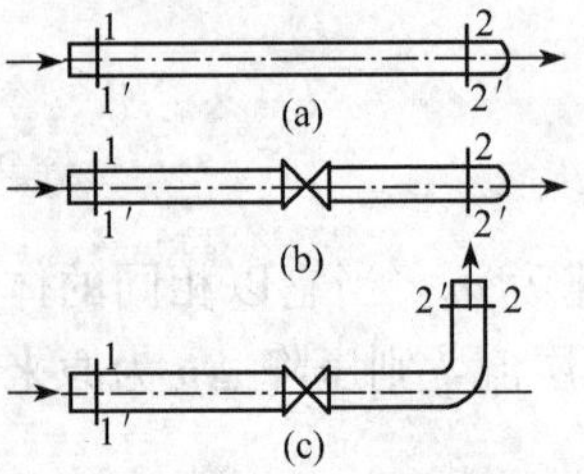

图 1.40　液体流过三根管

10. 应用伯努利方程式时，衡算系统上、下游截面的选取原则是什么？

11. 某液体分别在图 1.40 所示的三根管道中稳定流过，各管的绝对粗糙度、管径均相等，上游截面 1-1′的压强、流速也相等。

问：(1) 在三根管的下游截面 2-2′的流速是否相等？

(2) 在三根管的下游截面 2-2′的压强是否相等？

五、计算题

1. 空气中各组分的摩尔分率为：$O_2$21%、$N_2$78%、Ar1%。

(1) 求标准状况下空气的平均密度 ρ_0。

(2) 求绝对压强为 3.8×10^4 Pa、温度为 20℃时空气的平均密度 ρ；比较两者的结果。

2. 在兰州操作的苯乙烯精馏塔塔顶的真空度为 82.6kPa，问在天津操作时，如果维持相同的绝对压强，真空表的读数应为多少？已知兰州地区的大气压强为 85.3kPa，天津地区的大气压强为 101.33kPa。

3. 如图 1.41 所示，敞口容器内盛有不互溶的油和水，在容器底部开孔与玻璃管相连，油层高度 $h_1=700$mm，密度 $\rho_1=800$kg/m^3，油水交界面至底部测压口中心的距离 $h_2=600$mm，水的密度 $\rho_2=1000$kg/m^3。

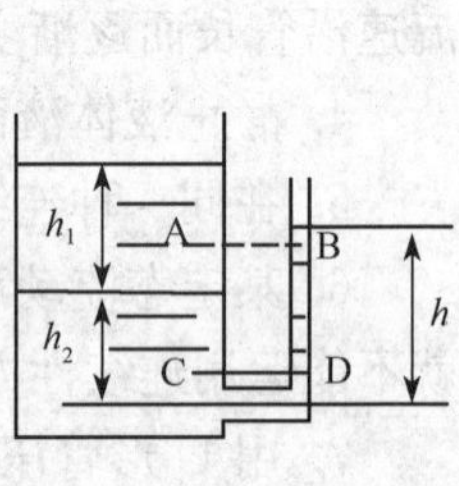

图 1.41　敞口容器的油和水

(1) 判断下列等式是否成立：$p_A=p_B$，$p_C=p_D$，为什么？

(2) 计算玻璃管内水柱的高度。

4. 如图 1.42 所示，流动条件下平均密度为 1.1kg/m^{3}的某种气体在水平管中流过，1-1′截面处测压口与右臂开口的 U 形管压差计相连，指示液为水，图中，$R=0.17$m，$h=0.3$m。求 1-1′截面处绝对压强 p_1（当地大气压 Pa 为 101.33kPa）。

5. 为测量腐蚀性液体贮槽中的存液量，采用图 1.43 所示的装置。测量时通入压缩空气，控制调节阀使空气缓慢地鼓泡通过观察瓶。今测得 U 形压差计读数为 $R=130$mm，通气管距贮槽底面 $h=20$cm，贮槽直径为 2m，液体密度为 980kg/m^3。指示剂密度为 13600kg/m^3 试求贮槽内液体的贮存量为多少 t？

6. 硫酸流经由大小管组成的串联管路，其尺寸分别为 ϕ108mm×4mm 和 ϕ57mm×3.5mm。已知硫酸的密度为 1831kg/m^3，体积流量为 9m^3/h，试分别计算硫酸在大管和小管中的质量流量和平均流速。

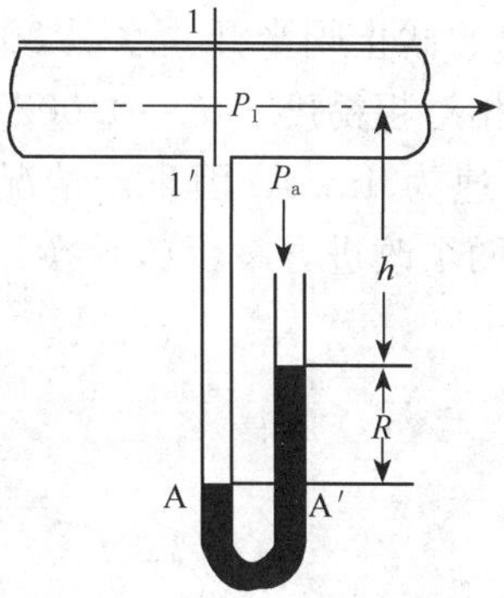

图 1.42　气体流过水平管

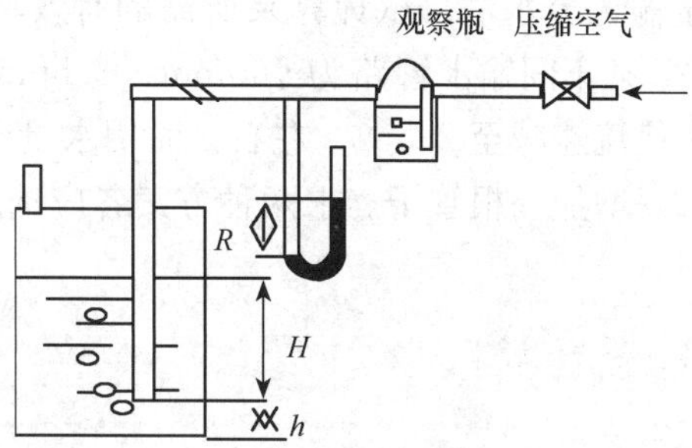

图 1.43　测贮槽内存液量示意图

7. 某车间的输水系统如图 1.44 中所示，已知出口处管径为 ϕ57mm×3.5mm，图中所示管段部分的压头损失为 $\sum h_f=45\times u^2/2$（u 为管内液体流速），其他尺寸见图。试求：

（1）水的体积流量为多少？

（2）欲使水的体积流量增加 20%，应将高位槽水面升高多少 m？（已知管出口处及液面上方均为大气压，且假设液面保持恒定）。

8. 某一高位槽供水系统如图 1.45 所示，管子规格为 ϕ57mm×3.5mm。当出水阀全关时，压力表的读数为 30kPa。当阀门全开时，压力表的读数为 20kPa，设压力表之前管路中的压头损失为 0.5m 水柱。试求：

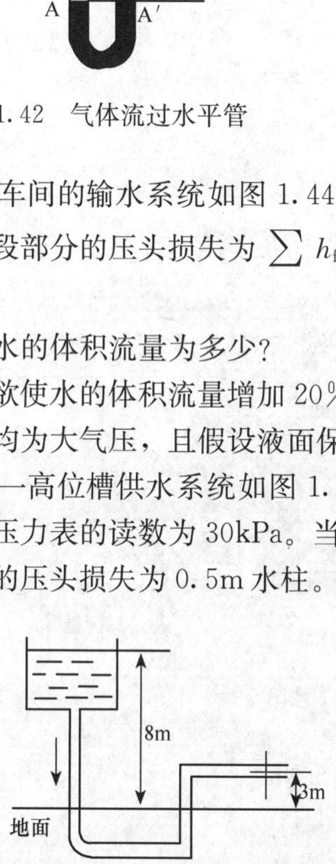

图 1.44　某车间的输水系统

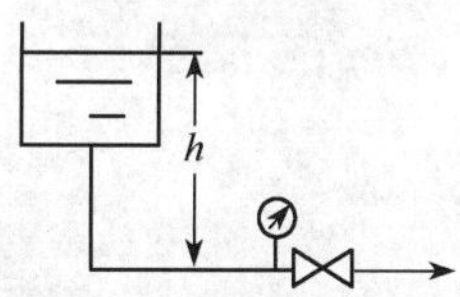

图 1.45　某高位槽供水系统示意图

（1）高位槽的液面高度。

（2）阀门全开时水在管内的流量（m^3/h）。

9. 293K 的水在 ϕ38mm×3mm 的管内流动，试确定保持管内湍流时的最小流速。

10. 常压下 30℃的空气，以 12m/s 的速度流经 120m 长的水平通风管，管道截面为长方形，长为 300mm，宽为 200mm。求空气流过通风管的能量损失（设 $\varepsilon/d_e=0.0005$）。

11. 如图 1.46 所示，用离心泵将 20℃的河水从河边的吸水站送到水塔，河水水面到水塔进水口的垂直高度为 34.5m，管路为 ϕ114mm×4mm 的钢管，泵的吸入管长度为 200m，泵出口

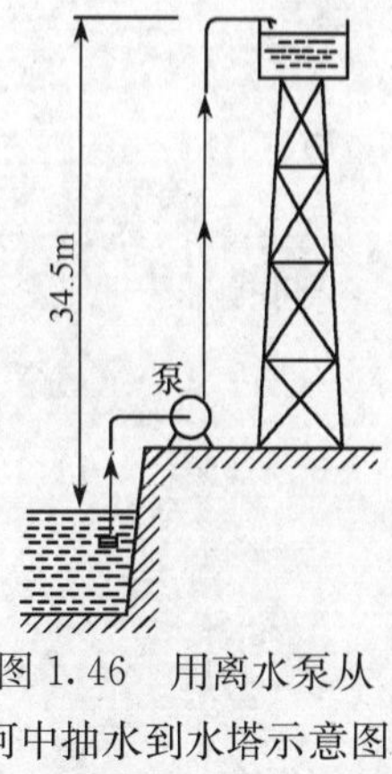

图 1.46　用离水泵从河中抽水到水塔示意图

到塔进口之间的管长为 1000m，2 个 90°弯头，塔进口前的截止阀半开，水以 $30m^3/h$ 的流量输送至水塔。试计算泵所需的有效功率（钢管的相对粗糙度 $\varepsilon/d_e=0.002$）。

12. 某车间输水管路为 ϕ60mm×3.5mm 的钢管，流速为 4m/s，因生产情况有变动，预使流速减至 2.5m/s 左右，而用水量不变。拟采用两个改进方案：(1) 换一根粗管；(2) 增加一根管子。求两种方案各应选用管子的型号。

第二章　流体输送设备

知识目标

（1）了解其他类型泵的结构、原理及特性。

（2）理解往复压缩机；离心通风机的性能参数、特性曲线。

（3）掌握离心泵的结构、工作原理、性能参数、特性曲线、泵的工作点及安装高度的计算。

（4）掌握流体输送设备的规格、型号及选用。

能力目标

（1）能正确选择流体输送设备。

（2）能对流体输送设备进行安装、操作和简单故障的分析、排除。

第一节　案例引入

一、生产案例

离心泵是化工生产中应用最为普遍的流体输送设备，其性能参数有流量、扬程、功率、效率、汽蚀余量等。某化工公司羟胺制备装置用离心泵从常压贮槽向一反应器输送无机工艺液，反应器的正常工作压力为2.5MPa（表压），无机工艺液的密度为1250kg/m^3，装置建成后先进行水联动试车（即用水代替工艺介质打通流程），试车时发现离心泵无法将水打入反应器，后从多方查找原因均无果，试车工作严重受阻。

案例分析：离心泵的扬程与输送流体的密度无关；而离心泵的出口压力与输送流体的密度成正比，其理由是：流体的密度↑→离心泵泵壳内流体质量↑→离心力↑→离心泵的出口压力↑。这里离心泵的出口压力直接决定了水能否被送入反应器，因为无机工艺液的密度为1250kg/m^3，而水的密度为1000kg/m^3，水的密度小，造成离心泵的出口压力低，其小于反应器内2.5MPa（表压）的压力，水当然无法进入反应器。

采取措施：在这种情况下通过降低反应器的压力，顺利完成了水联动试车，投料开车时又把反应器压力调整到2.5MPa（表压）的正常工艺指标，因为该离心泵改输密度为1250kg/m^{3}的无机工艺液后，出口压力大幅度上升。出口流量调节阀能自如地调控流量，泵的输送能力完全符合工艺要求。

结论： 本案例说明所选用的离心泵是合适的；离心泵的扬程与输送流体的密度无关，而出口压力与流体密度成正比。

二、流体输送设备的作用

在化工生产中，为了满足生产工艺的要求，常常需要将流体从低处送至高处，或从低压贮槽送至高压设备内，或沿管道送至较远的地方。无论是提高其位置或使其压力升高，还是克服流动阻力，都需要对流体做功，以增加流体的机械能。这种对流体做功以完成输送任务的设备统称为流体输送设备。

三、流体输送设备的分类

为了适应不同情况下流体输送的要求，因而需要不同结构与特性的流体输送设备，向液体提供能量的输送设备称为泵；向气体提供能量的输送设备则按输送设备进出口压差的不同分别称为通风机、鼓风机、压缩机和真空泵。

流体输送设备依工作原理的不同，又可以分为离心式、容积式（正位移式）和流体作用式三种类型。离心式设备是利用高速旋转的叶轮将能量传给流体，以增加流体的机械能，如离心泵、离心式通风机等；容积式设备是靠活塞或转子直接作用于流体，利用泵内工作容积周期性变化，将流体吸入和压出，如往复泵、齿轮泵、罗茨鼓风机等；而流体作用式则是利用流体流动时机械能的转化以达到输送流体的目的，如喷射真空泵。

本章重点介绍工业生产中应用最广泛的离心泵的结构、性能、选型及操作调节等，并简单介绍其他流体输送设备的性能及结构特点。

第二节　离　心　泵

一、离心泵的主要部件和工作原理

（一）离心泵的主要部件

离心泵的主要部件为叶轮、泵壳和轴封装置。

图 2.1 所示为安装于管路中的一台卧式单级单吸离心泵。图中 (a) 为其基本结构，(b) 为其在管路中的示意图。离心泵的主要部件有叶轮 2 与蜗形泵壳 12 等。有 6～12 片弯曲叶片构成的叶轮安装在固定的泵壳内，并紧固于泵轴 6 上。泵壳中央的吸入口 11 与吸入管路 14 相连接。

1. 叶轮

叶轮是离心泵的心脏部件，离心泵之所以能输送液体，主要是靠高速旋转的叶轮对液体作功，即叶轮的作用是将原动机的机械能传递给液体。

叶轮具有不同的结构，按其叶片的两侧有无盖板（盘面），分为敞式、半敞式和闭式叶轮，如图 2.2 所示。

闭式或半敞式叶轮在运行时，部分高压液体漏入叶轮后侧，使叶轮后盖板所受压力高于吸入口侧，这样对叶轮产生轴向推力。轴向推力会使叶轮与泵壳接触而产生摩擦，

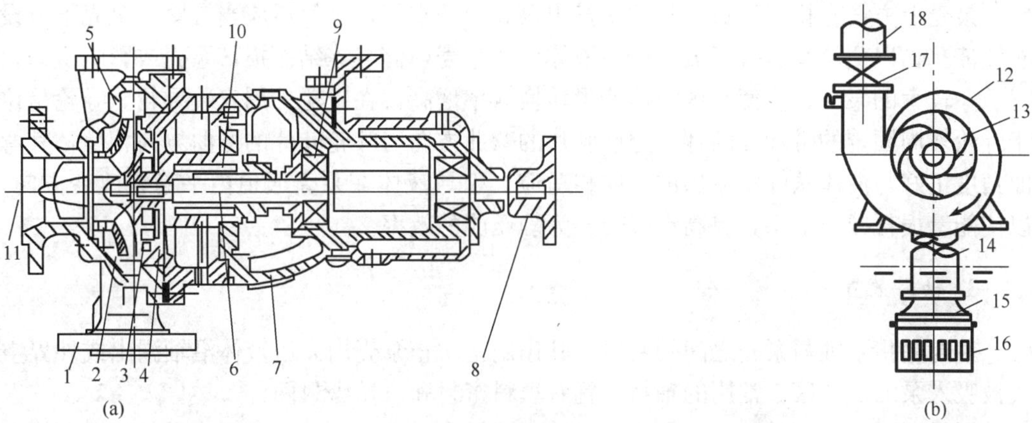

图 2.1　单级单吸离心泵的结构

1. 泵体；2. 叶轮；3. 密封环；4. 轴套；5. 泵盖；
6. 泵轴；7. 托架；8. 联轴器；9. 轴承；10. 轴封装置；11. 吸入口；
12. 蜗形泵壳；13. 叶片；14. 吸入管；15. 底阀；16. 滤网；17. 调节阀；18. 排出管

(a) 敞式　　(b) 半敞式　　(c) 闭式

图 2.2　叶轮的类型

严重时会引起泵的震动。为了减少轴向推力，可在后盖板上钻一些小孔，称为平衡孔，使部分高压液体漏至低压区，以减少叶轮两侧的压力差。平衡孔可以有效地减少轴向推力，但同时也降低了泵的效率。

按吸入方式分，则有单吸式及双吸式。单吸式叶轮的结构简单，液体只能从叶轮的一侧被吸入；双吸式叶轮是液体可同时从叶轮两侧被吸入，因而具有较大的吸液能力，且可以消除轴向推力，但其构造比较复杂，常用于大流量场合。

2. 泵壳

离心泵的泵壳呈蜗壳形，故又称为蜗壳。壳内有一截面逐渐扩大的通道，如图 2.3 所示。当液体从叶轮外缘以高速被抛出后，沿泵壳的蜗壳形通道向排出口流动，流速逐渐降低，减少了能量损失，且使一部分动能有效地转化为静压能。显然，泵壳具有汇集液体和能量转化的双重功能。

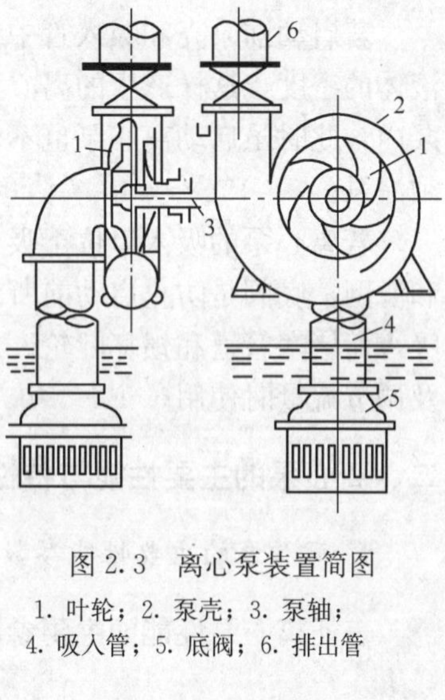

图 2.3　离心泵装置简图

1. 叶轮；2. 泵壳；3. 泵轴；
4. 吸入管；5. 底阀；6. 排出管

泵壳上方设有排气螺钉，目的是排出泵壳内的空气，排气后应当旋紧。泵壳下方设有放液孔，以便停泵后打开放空壳内液体，防止壳内储液冻结而损坏泵壳或影响检修。

在较大的泵中，为使泵内液体能量转换效率增高，在叶轮外周安装导轮。导轮是位于叶轮外周固定的带叶片的环。这些叶片的弯曲方向与叶轮叶片的弯曲方向相反，其弯曲角度正好与液体从叶轮流出的方向相适应，引导液体在泵壳通道内平稳地改变方向，以使能量损耗减至最小，提高动能转换为静压能的效率。

3. 轴封装置

轴封是指泵轴与泵壳之间的密封，其作用是防止泵壳内高压液体沿轴漏出或外界空气被吸入泵的低压区。常用的轴封装置有填料密封和机械密封两种。

填料密封结构简单，加工方便，但功率消耗大，且有一定的泄漏，需要定期更换。

与填料密封相比，机械密封具有较好的密封性能，且结构紧凑，功率消耗少，使用寿命长，广泛用于输送高温、高压、有毒或腐蚀性液体的离心泵中。

（二）离心泵的工作原理

离心泵的工作原理如图 2.3 所示，叶轮 1 安装在泵壳 2 内，并紧固在泵轴 3 上，泵轴 3 由电机直接带动，泵壳中央的吸入口与吸入管 4 相连，泵壳侧旁的排出口与排出管路 6 相连。

离心泵启动前，应先将泵壳和吸入管路充满被输送液体，即灌泵。启动后，泵轴带动叶轮高速旋转（1000～3000r/min；最常见为 2900r/min），叶片间的液体也随之做圆周运动。同时在离心力的作用下，液体又从叶轮中心向外缘做径向运动。流体在此运动过程中获得能量，使静压能和动能均有所提高。液体离开叶轮进入泵壳后，由于泵壳中流道逐渐加宽，液体流速逐渐降低，又将一部分动能转变为静压能，使泵出口处液体的静压能进一步提高，最后以高压沿切线方向排出。液体从叶轮中心流向外缘时，在叶轮中心形成低压，在吸入端液面和泵吸入口之间压力差的作用下将液体吸入叶轮。由此可见，只要叶轮不停地转动，液体便会连续不断地吸入和排出，达到输送的目的。

若启动前泵壳和吸入管中没有充满液体，泵壳内存在空气，而空气的密度又远小于液体的密度，这样产生的离心力很小，使中心处所形成的低压不足于将贮槽内液体吸入泵内，此时虽启动离心泵也不能输送液体，此种现象称为气缚，表明离心泵在启动前必须灌泵。

若离心泵的吸入口位于吸入端液面的上方，在吸入管路的进口处应安装一单向底阀和滤网。底阀是防止启动前所灌入的液体从泵内漏失，滤网可以阻拦液体中固体物质被吸入而堵塞管道和损坏叶轮。靠近泵出口处的排出管路上装有调节阀，以供开泵、停泵及调节流量时使用。

二、离心泵的主要性能与特性曲线

1. 离心泵的主要性能参数

表征离心泵性能的主要参数有流量、扬程、轴功率和效率。这些性能参数是评价离心泵的性能和正确选用离心泵的主要依据。

(1) 流量：离心泵的流量是指离心泵在单位时间内排入到管路系统内的液体体积，以 Q 表示，其单位为 m^3/h 或 L/s。离心泵的流量取决于泵的结构尺寸（如叶轮的直径与叶片的宽度）和叶轮的转速。应该指出，离心泵总是和特定的管路相联系的，因此离心泵的实际流量还与管路特性有关。

(2) 扬程：扬程又称为压头，是指单位质量液体经离心泵后所获得的有效能量，以 H 表示，单位为 J/N 或 m 液柱。其值取决于泵的结构（如叶轮的直径、叶片的弯曲情况等）、叶轮的转速和离心泵的流量，也与液体的黏度有关。

对于一定的离心泵，在一定的转速下，扬程与流量之间存在着明确的关系。但由于流体在泵内流动复杂，无法进行理论计算，因此，离心泵的扬程与流量的关系一般由实验测定。

注意离心泵的扬程与升扬高度是两个完全不同的概念，升扬高度是指离心泵将流体从低位送至高位时两液面间的高度差，即 Δz，而扬程表示的是能量的概念。

(3) 效率：由于泵内有各种能量损失，泵轴从原动机获得的功率并没有全部传给液体，其损失体现在以下三个方面：

① 容积损失：叶轮出口处高压液体由于机械泄漏返回叶轮入口造成泵的实际排液量减少。容积损失与泵的结构、液体在泵进出口处的压差及流量有关。

② 水力损失：由于实际流体在泵内流动时有摩擦损失，液体与叶片及液体与壳体的冲击也会造成能量损失，从而使泵实际压头减少。水力损失与泵的结构、流体的性质有关。

③ 机械损失：泵在运转时，机械部件接触处如泵轴与轴承之间、泵轴与填料密封中的填料或机械密封中的密封环之间等由于机械摩擦造成的能量损失。

以上三种损失说明，原动机传给泵轴的能量，不可能全部都传给液体成为有效能量，而要打一个折扣，通常用效率来反映能量的损失，故泵的效率就是反映上述几方面原因而造成总能量损失的一个参数，也称为总效率，以 η 表示。离心泵的效率与泵的大小、类型、制造精密程度和所输送液体的性质、流量有关，一般小型泵的效率为50%～70%，大型泵可达到90%左右，此 η 值是由实验测得。

(4) 轴功率：离心泵的轴功率是指泵轴所需的功率。当泵直接由电动机带动时，它即是电动机传给泵轴的功率，以 N 表示，单位为 W 或 J/kg。而每秒钟液体从泵所得到的功，称为泵的有效功率，以 N_e 表示，单位为 W 或 J/kg，显然

$$N = \frac{N_e}{\eta} \tag{2.1}$$

而有效功率 N_e 可由式 (2.2) 计算。

$$N_e = QH\rho g \tag{2.2}$$

式中：N——轴功率，W；

N_e——有效功率，W；

Q——泵在输送条件下的流量，m^3/s；

H——泵在输送条件下的扬程，m；

ρ——被输送液体的密度，kg/m^3；

g——重力加速度，m/s^2。

2. 离心泵的特性曲线

从前面的讨论可以看出，对一台特定的离心泵，在转速一定的情况下，其扬程 H、轴功率 N 和效率 η 都与其流量 Q 有一一对应的关系，其中以扬程与流量之间的关系最为重要。这些关系的图形表示就称为离心泵的特性曲线（由于扬程受阻力损失影响的复杂性，这些关系一般都通过实验来测定）。离心泵的特性曲线一般由离心泵的生产厂家提供，标绘于泵的产品说明书中，其测定条件一般是20℃清水，转速也固定。

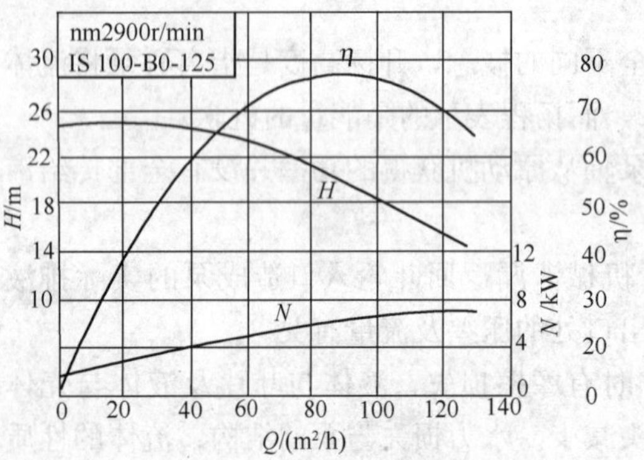

图 2.4　离心泵特性曲线

图 2.4 所示的是某离心泵在转速为 2900r/min 时的特性曲线，由 H-Q、N-Q 和 η-Q 三条曲线组成。

（1）H-Q 曲线：表示泵的扬程与流量的关系。不同型号的离心泵，H-Q 曲线的形状有所不同。

从 H-Q 特性曲线中可以看出，随着流量的增加，泵的扬程是下降的，即流量越大，泵向单位质量流体提供的机械能越小。但是，这一规律对流量很小的情况可能不适用。

（2）N-Q 曲线：表示泵的轴功率与流量的关系。离心泵的轴功率随流量的增大而上升，流量为零时轴功率最小。故离心泵启动时，应关闭泵的出口阀门，使电机的启动功率最小，以保护电机。

（3）η-Q 曲线：表示泵的效率与流量的关系。当 $Q=0$ 时，$\eta=0$；随着流量的增大，效率随之而上升达到一个最大值；而后随流量再增大时效率便下降。说明离心泵在一定转速下有一最高效率点，称为离心泵的设计点。泵在与最高效率相对应的流量及扬程下工作最为经济，所以与最高效率点对应的 Q、H、N 值成为最佳工况参数。离心泵的铭牌上标出的性能参数就是指该泵在最高效率点运行时的工况参数。根据输送条件的要求，离心泵往往不可能正好在最佳工况下运转，因此一般只能规定一个工作范围，称为泵的高效率区，通常为最高效率的 92%左右。选用离心泵时，应尽可能使泵在此范围内工作。

需要指出的是，离心泵的特性曲线与转速有关，因此在特性曲线图上一定要标出泵的转速。

3. 离心泵特性曲线的实验测定

实验可在如图 2.5 所示的装置中进行。在截 1-1′面与 2-2′间列伯努利方程：

$$z_1+\frac{p_1}{\rho g}+\frac{u_1^2}{2g}+H=z_2+\frac{p_2}{\rho g}+\frac{u_2^2}{2g}+\sum H_{f(1-2)}$$

实验中要测定的数据通常为：泵进口处压强 p_1，出口处压强 p_2，流量 Q 和轴功率 N。

测定开始时，先将出口阀关闭，此时流量 $Q=0$，所得压头称为封闭压头（或封闭扬程），同时测得轴功率 N。然后逐渐开启阀门，改变其流量。这样就可得出一系列的流量 Q、扬程 H 及相应的轴功率，从而做出 H-Q 及 N-Q 曲线。

根据 N、Q 及 H 值，即可计算 η，从而做出 η-Q 曲线。

将上述 H-Q、N-Q 及 η-Q 曲线绘制在同一张坐标纸上，即为一定形式的离心泵在一定转数下的特性曲线。它们分别反映了这台泵的扬程、轴功率以及效率与流量的关系。

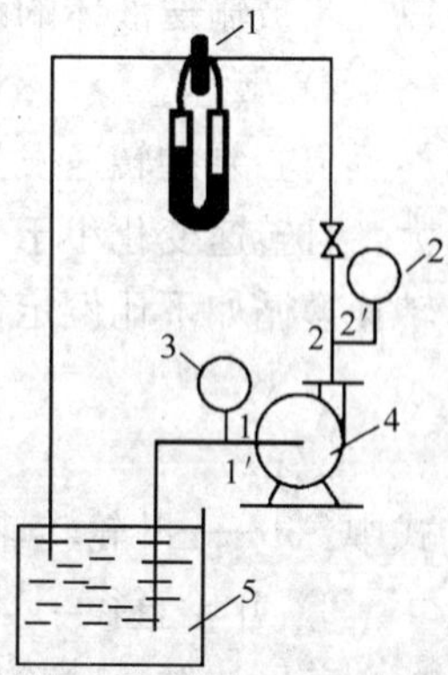

图 2.5　离心泵特性曲线的测定装置

1. 流量计；2. 压力表；3. 真空表；4. 离心泵；5. 贮槽

例 2.1　采用图 2.5 的实验装置来测定离心泵的性能。泵的吸入管与排出管具有相同的直径，两测压口间垂直距离为 0.5m。泵的转速为 2900r/min。以 20℃清水为介质测得以下数据：流量为 15L/s，泵出口处表压为 255kPa，入口处真空表读数为 26.7kPa，功率表测得所消耗功率为 6.2kW，泵由电动机直接带动，电动机的效率为93%，试求该泵在输送条件下的扬程、轴功率、效率。

解：(1) 泵的扬程。在真空表和压力表所处位置的截面分别以 1-1′和 2-2′表示，列伯努利方程式，即

$$z_1+\frac{p_1}{\rho g}+\frac{u_1^2}{2g}+H=z_2+\frac{p_2}{\rho g}+\frac{u_2^2}{2g}+\sum H_{f(1-2)}$$

其中 $z_2-z_1=0.5\text{m}, p_1=-26.7\text{kPa}$(表压)$, p_2=255\text{kPa}$(表压)$, u_1=u_2$。

因两测量口的管路很短，其间流动阻力可忽略不计，即 $\sum H_{f(1-2)}=0$，所以

$$H=0.5+\frac{255\times10^3+26.7\times10^3}{1000\times9.81}=29.2(\text{m})$$

(2) 泵的轴功率。功率表测得的功率为电动机的消耗功率，由于泵由电动机直接带动，传动效率可视为 100%，所以电动机的输出功率等于泵的轴功率。因电动机本身消耗部分功率，其效率为 93%，于是电动机输出功率为

$$\text{电动机消耗功率}\times\text{电动机效率}=6.2\times0.93=5.77(\text{kW})$$

$$\text{泵的轴功率为 } N=5.77(\text{kW})$$

(3) 泵的效率。

根据式 (2.1) 得知

$$\eta=\frac{N_e}{N}=\frac{QH\rho g}{N}=\frac{15\times29.2\times1000\times9.81}{1000\times5.77\times1000}\times100\%=74.4\%$$

4. 影响离心泵特性曲线的主要因素

1) 流体的性质

(1) 液体的密度：离心泵的扬程和流量均与液体的密度无关，有效功率和轴功率随

密度的增加而增加，这是因为离心力及其所做的功与密度成正比，但效率又与密度无关。

离心泵的扬程与液体的密度无关，离心泵的进出口压差近似正比于离心泵的扬程。但是因为离心泵输送液体的密度增大使离心泵的泵壳内液体质量增加，叶轮旋转所产生的离心力增大，导致离心泵的出口压力上升，所以离心泵的出口压力正比于离心泵输送液体的密度。

(2) 液体的黏度：黏度增加，泵的流量、扬程、效率都下降，但轴功率上升。所以，当被输送液体的黏度有较大变化时，泵的特性曲线要进行修正。

2) 转速

离心泵的转速发生变化时，其流量、压头和轴功率都要发生变化，当液体的黏度不大，且转速变化小于20%时，可认为泵的效率不变，此时泵的流量、压头、轴功率与转速遵循如下比例定律：

$$\frac{Q_2}{Q_1}=\frac{n_2}{n_1};\frac{H_2}{H_1}=\left(\frac{n_2}{n_1}\right)^2;\frac{N_2}{N_1}=\left(\frac{n_2}{n_1}\right)^3 \tag{2.3}$$

式中：n——叶轮转速，r/min。

3) 叶轮直径

前已述及，叶轮尺寸对离心泵的性能也有影响。当切割量小于20%时，遵循如下切割定律：

$$\frac{Q_2}{Q_1}=\frac{D_2}{D_1};\frac{H_2}{H_1}=\left(\frac{D_2}{D_1}\right)^2;\frac{N_2}{N_1}=\left(\frac{D_2}{D_1}\right)^3 \tag{2.4}$$

式中：D——叶轮直径，m。

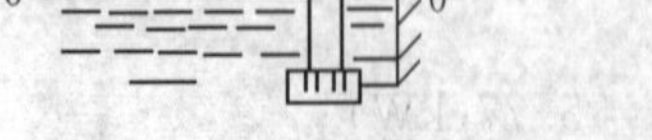

图 2.6　离心泵吸液示意图

三、离心泵的安装高度

1. 离心泵的汽蚀现象

在图2.6的0-0′与1-1′截面间无外加机械能，离心泵是靠贮槽液面与泵入口处之间的压力差（p_0-p_1）吸入液体。当p_0一定时，泵的安装位置离液面的高度（即安装高度H_g）愈高，p_1愈低。实际上，离心泵中压力最低处常位于叶轮内缘叶片的背部（图中K-K'面）。当安装高度达到一定值，使K处压力p_K等于或小于同温度下液体的饱和蒸气压时，液体在该处汽化并产生气泡。含气泡的液体进入叶轮的高压区后，气泡在高压作用下迅速凝聚或破裂。气泡的消失将产生局部真空，这时周围液体以高速涌向气泡中心，产生压力极大、频率极高的冲击，致使叶轮表面损伤。此外，气泡中夹带的少量氧气等活泼气体造成化学腐蚀，又加剧了叶轮的损伤。运转一定时间后，叶轮表面出现斑痕及裂缝，甚至呈海绵状脱落，使叶轮损坏。这种现象称为离心泵的汽蚀。

离心泵一旦发生汽蚀，泵体会强烈震动并发出噪声，液体流量、压头（出口压力）

及效率明显下降，严重时甚至吸不上液体。为避免汽蚀现象，泵的安装位置不能过高，以保证泵内最低压力大于操作温度下液体的饱和蒸气压。

2. 汽蚀余量

由于实际操作中，不易测出最低压力的位置，通常以泵入口处1-1′截面考虑。为防止汽蚀现象发生，离心泵入口处液体的静压头与动压头之和大于操作温度下的液体的饱和蒸气压头，其超出部分称为离心泵的汽蚀余量，以 Δh 表示，即

$$\Delta h=\frac{p_1}{\rho g}+\frac{u_1^2}{2g}-\frac{p_T}{\rho g} \tag{2.5}$$

式中：p_1——泵入口处的绝对压力，Pa；

u_1——泵入口处的液体流速，m/s；

p_T——操作温度下液体的饱和蒸气压，Pa。

前已指出，为避免汽蚀现象发生，离心泵入口处压力不能过低，而应有一最低允许值 $p_{1,允}$。此时所对应的汽蚀余量称为允许汽蚀余量，以 $\Delta h_允$ 表示，即

$$\Delta h_允=\frac{p_{1,允}}{\rho g}+\frac{u_1^2}{2g}-\frac{p_T}{\rho g} \tag{2.6}$$

$\Delta h_允$ 一般由泵制造厂通过汽蚀实验测定，并作为离心泵的性能列于泵产品样本中。泵正常工作时，实际汽蚀余量 Δh 必须大于允许汽蚀余量 $\Delta h_允$，标准中规定应大于0.5m以上。

3. 离心泵的允许安装高度

离心泵的允许安装高度是指贮槽液面与泵吸入口之间所允许的垂直距离，以 $H_{g,允}$ 表示。在图2.6中，在0-0′、1-1′截面间列伯努利方程，可得允许安装高度

$$H_{g,允}=\frac{p_0-p_{1,允}}{\rho g}-\frac{u_1^2}{2g}-\sum H_{f(0-1)} \tag{2.7}$$

式中：p_0——贮槽液面上方的压力，Pa；

$\sum H_{f(0-1)}$——吸入管路的压头损失，m。

将式（2.6）代入，并整理得

$$H_{g,允}=\frac{p_0-p_T}{\rho g}-\Delta h_允-\sum H_{f(0-1)} \tag{2.8}$$

根据提供的允许汽蚀余量 $\Delta h_允$，即可确定离心泵的允许安装高度，实际安装时，为安全计，应再降低0.5～1m。也可以根据现场实际安装与允许安装高度比较，判断安装是否合适：若 $H_{g,实}$ 低于 $H_{g,允}$ 则说明安装合适，不会发生汽蚀现象，否则，需要调整安装高度。

必须指出，$\Delta h_允$ 与流量有关，且随流量的增加而增大，因此在计算泵的允许安装高度时，应选用较大的吸入管径，管路尽可能地短，减少吸入管路的弯头、阀门等管件，而将调节阀安装在排出管线上。

例2.2　用离心泵将密闭贮槽中60℃热水送至高位槽中，贮槽中水面上方的真空度

为 20kPa。在操作条件下，吸入管路中的压头损失估计为 1.8m，泵的允许汽蚀余量为 2.0m。试确定泵的安装高度。已知 60℃时水的饱和蒸汽压为 1.992×10^4 Pa，密度为 983.1kg/m³。

解： 已知 $p_0=101.3-20=81.3$kPa，$\sum h_{f(0-1)}=1.8$m，$\Delta h_{允}=2$m，代入式（2.8），可得泵的允许安装高度

$$H_{g,允}=\frac{p_0-p_T}{\rho g}-\Delta h_{允}-\sum h_{f(0-1)}=\frac{81.3\times10^3-1.992\times10^4}{983.1\times9.81}-2-1.8\ (\text{m})=2.56\ (\text{m})$$

为安全计，再降低 0.5m，故实际安装高度为 2.56−0.5（m）=2.06（m）。

例 2.3 用离心油泵将密闭容器中 30℃的丁烷送出，要求输送量为 $9\text{m}^3/\text{h}$，容器液面上方的绝对压力为 340kPa。液面降到最低时，在泵入口处中心线以下 2.5m。已知 30℃丁烷的密度为 580kg/m^3，饱和蒸汽压为 304kPa，吸入管路为 ϕ50mm×3mm，估计吸入管路的总长为 15m（包括所有局部阻力的当量长度），摩擦因数取为 0.03。所选用油泵的允许汽蚀余量为 2.8m，问此泵能否正常工作？

解： 判断泵能否正常操作，实际上是比较实际安装高度与允许安装高度的大小。

流速
$$u=\frac{Q}{\frac{\pi}{4}d^2}=\frac{9/3600}{0.785\times0.044^2}\text{m/s}=1.64\text{m/s}$$

吸入管路阻力
$$\sum H_{f(0-1)}=\lambda\frac{l+\sum l_e}{d}\frac{u^2}{2g}=0.03\times\frac{15}{0.044}\times\frac{1.64^2}{2\times9.81}\ (\text{m})=1.4\ (\text{m})$$

则允许安装高度为

$$H_{g,允}=\frac{p_0-p_T}{\rho g}-\Delta h_{允}-\sum H_{f(0-1)}=\frac{(340-304)\times10^3}{580\times9.81}-2.8-1.4=2.13(\text{m})$$

题中已知容器内的液面降低到最低时，安装高度为 2.5m，比允许安装高度大，说明实际安装位置太高，不能保证整个输送过程中不发生汽蚀现象。所以应将泵的位置至少下降（2.5−2.13）m=0.37m；也可以提升容器的位置；或提高容器内的压力。

四、离心泵的工作点与流量调节

当把一台泵安装在特定的管路中时，实际的压头与流量不仅与离心泵本身的特性有关，还与管路的特性有关，即由泵的特性与管路的特性共同决定。因此，讨论泵的工作情况，不应脱离管路的具体情况。

1. 管路特性曲线

如图 2.7 所示管路输送系统，设贮槽与高位槽中液位恒定，二者间为稳定流动系统。

在截面 1-1′和 2-2′间列伯努利方程，有

$$H_e=\Delta z+\frac{\Delta p}{\rho g}+\frac{\Delta u^2}{2g}+\sum H_f \tag{2.9}$$

若贮槽与高位槽的截面较大，则$\frac{\Delta u^2}{2g}\approx 0$。对于特定的管路系统，$\Delta z$、$\Delta p$ 为常数，令 $A=\Delta z+\frac{\Delta p}{\rho g}$，则式（2.9）简化为

$$H_e = A + \sum h_f \tag{2.10}$$

假定输送管路的直径不变，则管路系统的压头损失

$$\sum H_f = \lambda \frac{l+\sum l_e}{d}\frac{u^2}{2g}$$

$$= \lambda \frac{l+\sum l_e}{d}\frac{1}{2g}\left(\frac{Q}{\frac{\pi}{4}d^2}\right)^2 = \lambda \frac{8}{\pi^2 g}\frac{l+\sum l_e}{d^5}Q^2$$

对于特定的管路，$l+\sum l_e$，d 一定，且认为流体流动进入阻力平方区，λ 变化较小，可视为常数。令

$$B = \lambda \frac{8}{\pi^2 g}\left(\frac{l+\sum l_e}{d^5}\right)$$

则式（2.10）可写为

$$H_e = A + BQ^2 \tag{2.11}$$

式（2.11）称为管路特性方程，表达了管路所需要的外加压头与管路流量之间的关系。若将此关系标绘在坐标图上，即可得图 2.8 所示的 H_e-Q 曲线，称为管路特性曲线，表示在特定的管路系统中，输送量与所需压头的关系，反映了被输送液体对输送机械的能量要求。

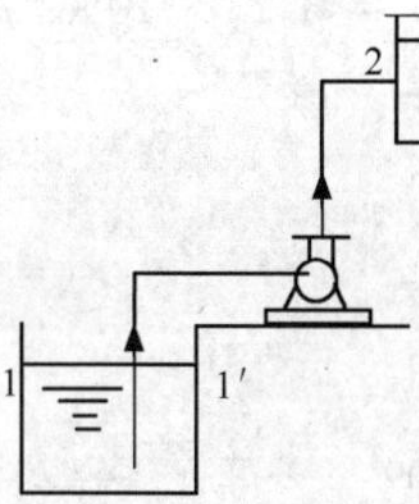

图 2.7　管路输送系统简图

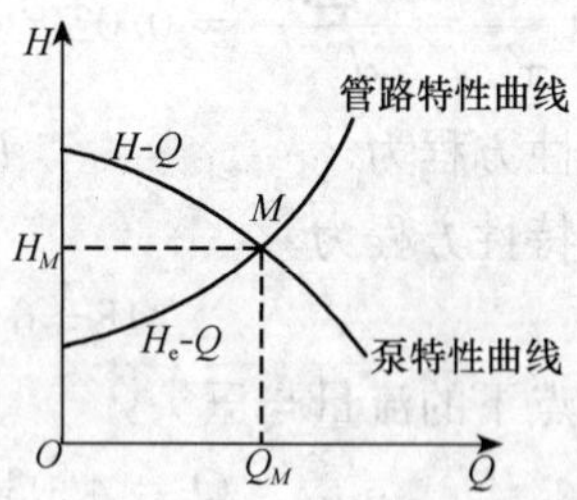

图 2.8　管路特性曲线与工作点

管路特性曲线仅与管路的布局及操作条件有关，而与泵的性能无关。曲线的截距与两贮槽间液位差 Δz 及操作压力差 Δp 有关，曲线的坡度与管路的阻力有关。高阻力管路系统的特性曲线较陡峭，低阻力管路系统的特性曲线较平坦。

2. 工作点

输送液体是靠泵和管路系统相互配合完成的，所以当离心泵安装在一定管路中工作时，泵所提供的压头及流量必须与管路要求供给的压头及流量相一致。若将泵特性曲线

H-Q 与管路特性曲线 H_e-Q 绘制在同一坐标图上，如图 2.8 所示，则两条曲线有一个交点 M，称 M 点为离心泵的工作点。显然，工作点所对应的流量和压头既能满足输送管路的要求，又为泵所提供，即供需达到平衡。M 点反映了离心泵在特定管路中的真实工作状态，其流量为 Q_M，压头为 H_M。若该点所对应的效率在离心泵的高效率区，则该工作点是适宜的。

工作点所对应的流量与压头，可利用上述图解求取，也可由

管路特性方程 $$H_e = f\ (Q) \tag{2.12}$$

泵的特性方程 $$H_e = \phi\ (Q) \tag{2.13}$$

联立求解。

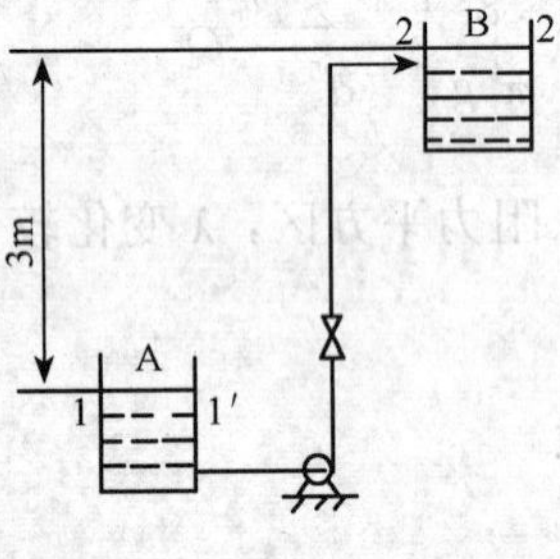

图 2.9 离心泵输送水示意图

例 2.4 如图 2.9 所示，用离心泵将水由贮槽 A 送往高位槽 B，两槽均为敞口，且液位恒定。已知输送管路为 ϕ45mm×2.5mm，在泵出口阀门全开的情况下，整个输送因统的总长为 20m（包括所有局部阻力的当量长度），摩擦因数可取为 0.02。查该离心泵的样本，在输送范围内其特性方程为 $H=18-6\times10^5Q^2$（Q 的单位为 m^3/s，H 的单位为 m）。水的密度可取为 $1000kg/m^3$，试求离心泵在管路中的工作点。

解： 由式（2.11），管路特性方程为

$$H_e = A + BQ^2$$

其中

$$A = \Delta z + \frac{\Delta p}{\rho g} = 3(\mathrm{m})$$

$$B = \lambda \frac{8}{\pi^2 g} \frac{l + \sum l_e}{d^5} = 0.02 \times \frac{8}{3.14^2 \times 9.81} \times \frac{20}{0.04^5}(\mathrm{s^2/m^5}) = 3.23 \times 10^5(\mathrm{s^2/m^5})$$

故管路特性方程为 $$H_e = 3 + 3.23\times10^5 Q^2$$

而离心泵特性方程为 $$H = 18 - 6\times10^5 Q^2$$

二式联立 $$18 - 6\times10^5 Q^2 = 3 + 3.23\times10^5 Q^2$$

可得工作点下的流量与压头：

$$Q = 4.03\times10^{-3}(\mathrm{m^3/s});\ H = 8.25(\mathrm{m})$$

点（Q，H）即为离心泵在管路中的工作点。

3. 离心泵的流量调节

由于生产任务的变化，管路需要的流量有时是需要改变的，这实际上就是要改变泵的工作点。由于泵的工作点由管路特性和泵的特性共同决定，因此改变泵的特性和管路特性均能改变工作点，从而达到调节流量的目的。

1）改变管路特性

最简单的调节方法是在离心泵排出管线上安装调节阀．改变阀门的开度，就能改变管路的阻力状况，从而使管路特性曲线发生变化。

在图 2.10 中，离心泵原工作点为 M 点，关小出口阀门，$\sum l_e$ 增大，管路特性曲线变陡（图中曲线 1），泵的工作点由 M 点变为 M_1，流量由 Q_M 减少为 Q_{M_1}，流量下降，泵所提供的压头上升；反之，开大出口阀门，$\sum l_e$ 减小，即管路中局部阻力减少，管路特性曲线平坦（图中曲线 2），泵的工作点变为 M_2 点，流量由 Q_M 增大到 Q_{M_2}，流量上升，泵所提供的压头下降。

此种流量调节方法方便随意，但不经济，实际上是人为改变管路阻力来适应泵的特性，且使泵在低效率点工作。但也正是由于其方便性，在实际生产中被广泛采用。

2）改变泵特性曲线

在讨论离心泵性能时已指出，改变泵的转速或叶轮直径可以改变泵的性能。由于切削叶轮为一次性调节，因而通常采用改变泵的转速来实现流量调节。

如图 2.11 所示，泵原来的转速为 n，工作点为 M 点。现将泵的转速提高到 n_1，则泵的特性曲线上移，泵的工作点由 M 变为 M_1 点，流量由 Q_M 增大为 Q_{M_1}，流量和压头均能增加；若将转速降至 n_2，则泵的特性曲线下移，泵的工作点由 M 点变为 M_2 点，流量由 Q_M 减少为 Q_{M_2}。切削离心泵叶轮直径带来的工作点变化与转速的影响相同。

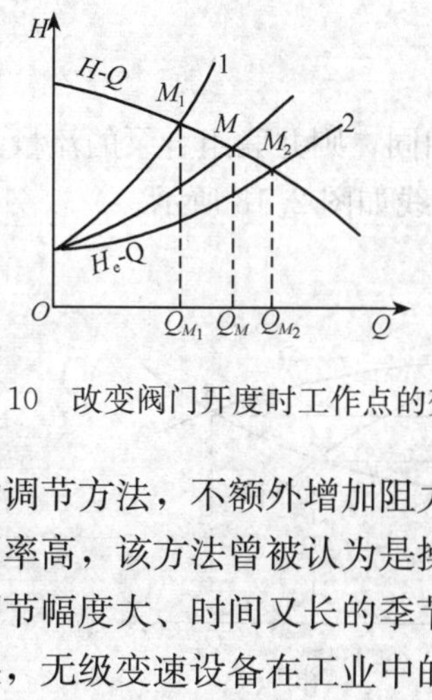

图 2.10　改变阀门开度时工作点的变化

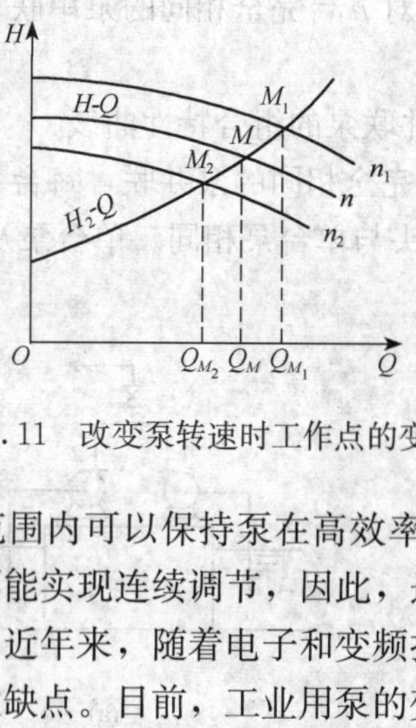

图 2.11　改变泵转速时工作点的变化

这种调节方法，不额外增加阻力，且在一定的范围内可以保持泵在高效率下工作，能量利用率高，该方法曾被认为是操作不方便，且不能实现连续调节，因此，过去一般只是在调节幅度大、时间又长的季节性调节中使用。近年来，随着电子和变频技术的成熟与发展，无级变速设备在工业中的应用克服了上述缺点。目前，工业用泵的变频调速已成为一种调节方便且节能的流量调节方法。

4. 离心泵的串、并联操作

在实际生产中，有时单台泵无法满足生产要求，需要几台泵组合运行。组合方式可以有串联和并联两种方式。下面讨论的内容限于多台性能相同的泵的组合操作。基本思路是多台泵无论怎样组合，都可以看做是一台泵，因而需要找出组合泵的特性曲线。

1）串联泵的组合特性曲线

两台完全相同的泵串联，每台泵的流量与扬程相同，则串联组合泵的扬程为单台泵的 2 倍，流量与单台泵相同。单台泵及组合泵的特性曲线如图 2.12 所示。

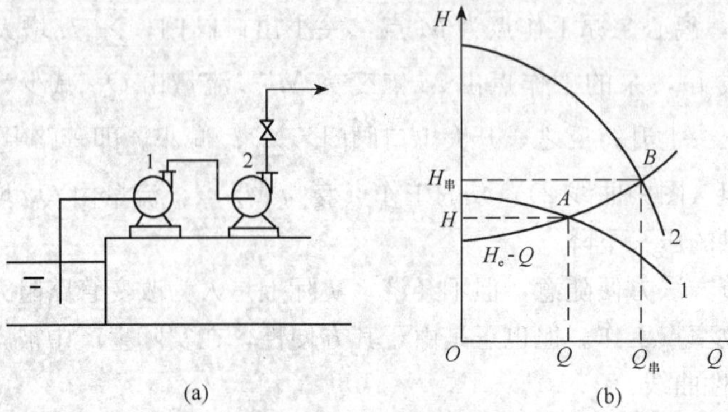

图 2.12　离心泵的串联操作

该图说明：

(1) 组合泵的 H-Q 曲线与单台泵相比，Q 不变，H 加倍。

(2) 管路特性一定时，采用两台泵串联组合，实际工作压头并未加倍，但流量却有所增加。

(3) 关小出口阀，使流量与原先相同，则实际压头就是原先的 2 倍。

(4) 对 n 台完全相同的泵串联，组合泵的特性方程：

$$H = n(A - BQ^2) \tag{2.14}$$

2) 并联泵的组合特性曲线

两台完全相同的泵并联，每台泵的流量和压头相同，则并联组合泵的流量为单台的 2 倍，压头与单台泵相同。单台泵及组合泵的特性曲线如图 2.13 所示。

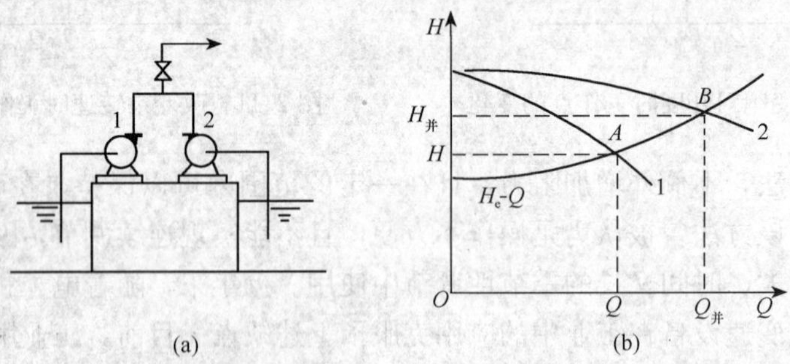

图 2.13　离心泵的并联操作

该图说明：

(1) 组合泵的 H-Q 曲线与单台泵相比，H 不变，Q 加倍。

(2) 管路特性一定时，采用两台泵并联组合，实际工作流量并未加倍，但压头却有所增加。

(3) 开大出口阀，使压头与原先相同，则流量加倍。

(4) n 台完全相同的泵串联，组合泵的特性方程为

$$H = A - B\frac{Q^2}{n^2} \tag{2.15}$$

3）组合方式的选择

单台泵不能完成输送任务可以分为两种情况：

（1）扬程不够，$H_e \leqslant \Delta z + \dfrac{\Delta p}{\rho g}$。

（2）扬程合格，但流量不够。

对于情形（1），必须采用串联操作；对于情形（2），应根据管路的特性来决定采用何种组合方式。如图 2.14所示，对于高阻管路，串联比并联组合获得的 Q 增值大；但对于低阻管路，则是并联比串联获得的 Q 增量多。

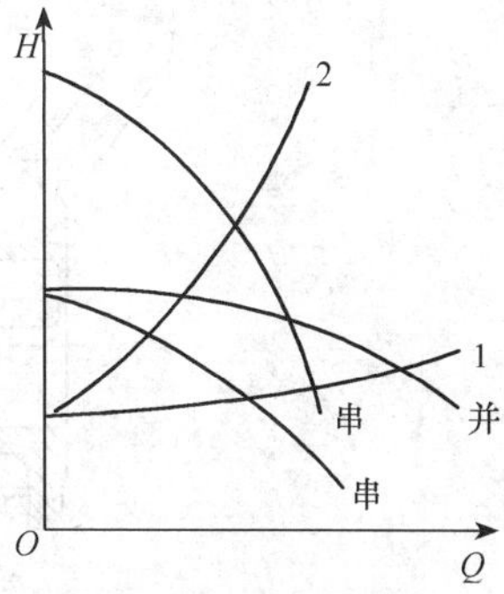

图 2.14　组合方式的选择

五、离心泵的类型和选用

1. 离心泵的类型

离心泵种类繁多，相应的分类方法也多种多样，例如，按液体的性质可分为水泵、耐腐蚀泵、油泵、杂质泵、屏蔽泵、液下泵和低温泵等。各种类型的离心泵按其结构特点各自成为一个系列，并以一个或几个汉语拼音字母作为系列代号，在每一系列中，由于有各种不同的规格，因而附以不同的字母和数字来区别。以下仅对化工厂中常用离心泵的类型做一简单说明。

1）清水泵（IS 型、D 型、sh 型）

清水泵是应用最广的离心泵，在化工生产中用来输送清水以及物理、化学性质类似于水的清洁液体。

最普通的清水泵是单级单吸式，其系列代号为 IS，称为 IS 型水泵，结构如图 2.15 所示。泵体和泵盖都是用铸铁制成。全系列扬程范围为 5～125m，流量范围为 6.3～400m^3/h。这类泵的结构特点是泵体和泵盖为后开门结构型式，优点是检修方便，不用拆卸泵体、管路和电机，只需拆下加长联轴器的中间联接件即可退出转子部件进行检修。

如果输送液体的流量较大而所需的压头并不高时，则可采用双吸式离心泵，双吸式离心泵的叶轮有两个入口，如图 2.16 所示。由于双吸式叶轮的宽度与直径之比加大，且有两个吸入口，故输送液体流量较大。我国生产的双吸式代号为 sh，全系列扬程范围为 9～125m，流量范围为 20～1260m^3/h。

如果要求的压头较高而流量并不太大时，可采用多级泵。如图 2.17 所示，在一根轴上串联多个叶轮，从一个叶轮流出的液体通过泵壳内的导轮，引导液体改变流向，同时将一部分动能转变为静压能，然后进入下一个叶轮入口，液体从几个叶轮中多次接受能量，故可达到较高的压头。我国生产的多级泵系列代号为 D，称为 D 型离心泵。一般自 2～9 级，最多可达 12 级，全系列扬程范围为 14～540m，流量范围为 10.8～450m^3/h。

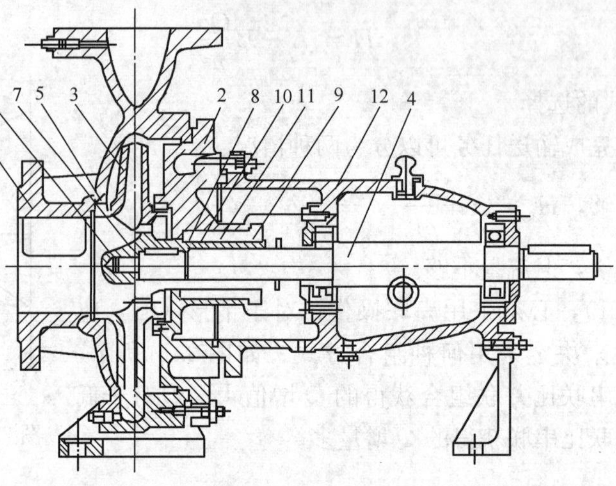

图 2.15　IS 型离心泵结构

1. 泵体；2. 泵盖；3. 叶轮；4. 轴；5. 密封环；6. 叶轮螺母；
7. 止动垫圈；8. 轴盖；9. 填料压盖；10. 填料环；11. 填料；12. 悬架轴承部件

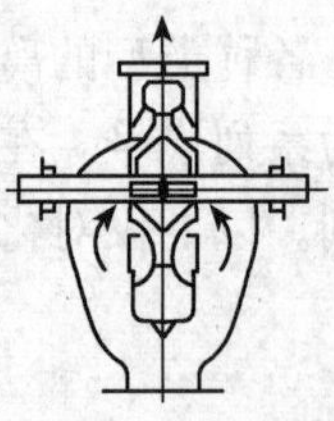

图 2.16　双吸泵示意图

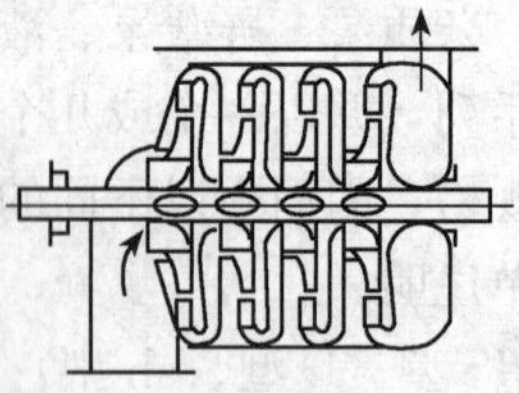

图 2.17　多级泵示意图

2）耐腐蚀泵（F 型）

输送酸、碱等腐蚀性液体时采用耐腐蚀泵，其特点是与液体接触的部件（即过流部件）用耐腐蚀材料制成。各种材料制造的耐腐蚀泵在结构上基本相同，其系列代号为F。在 F 后面再加一个字母表示材料代号。例如，

灰口铸铁——材料代号为 H，用于输送浓硫酸；

高硅铸铁——材料代号为 G，用于输送压强不高的硫酸或以硫酸为主的混酸；

铬镍合金钢——材料代号为 B，用于输送常温低浓度的硝酸，氧化性酸液、碱液和其他弱腐蚀性液体；

铬镍钼钛合金钢——材料代号为 M，最适用于硝酸及常温的高浓度的硝酸；

聚三氟氯乙烯塑料——材料代号为 s，适用于 90℃以下的硫酸、硝酸、盐酸和碱液。

F 型泵的另一个特点是密封要求高，既要防止空气从填料函漏入泵内，又不能让腐蚀性液体从填料函漏出过多。由于填料本身被腐蚀的问题也难彻底解决，所以 F 型泵常根据需要采用设备密封装置。

F 型泵全系列扬程范围为 15～300m，流量范围为 2～400m^3/h。耐腐蚀泵还可用玻璃、陶瓷、硬橡胶等制造，多为小型，不属于 F 型系列。

3）油泵（Y型）

输送石油产品的泵称为油泵。石油产品的特点之一是易燃易爆，因此要求油泵必须有良好的密封性能。当输送200℃以上的热油时，还要求其具有良好的冷却措施，故热油泵的轴密封装置和轴承都装有冷却水夹套，运转时通冷水冷却。

我国生产的油泵系列代号为Y，有单吸和双吸（YS）、单级和多级（2～6级），全系列扬程范围为32～2000m，流量范围为2～600m^3/h。效率约为50%上下或更低。

4）杂质泵（P型）

输送悬浮液及黏稠的浆液等常用杂质泵。其系列代号为P，又细分为污水泵PW、砂泵PS、泥浆泵PN等。对这类泵的要求是不易堵塞，容易拆卸，耐磨。它在构造上的特点是要求叶轮流道宽，叶片数目少，常采用半敞式或敞式叶轮。有些泵壳内衬以耐磨的铸钢护板。

5）屏蔽泵（PBG型）

屏蔽泵是一种无泄漏泵，泵和驱动电机都被密封在一个被泵送介质充满的压力容器内，此压力容器只有静密封，并由一个电线组来提供旋转磁场并驱动转子。这种结构取消了传统离心泵具有的旋转轴密封装置，故能做到完全无泄漏。近年来屏蔽泵发展很快，在化工生产中常用以输送易燃、易爆、剧毒及具有放射性的液体。其缺点也是效率较低，约为26%～50%。

6）液下泵（FY型）

液下泵在化工生产中作为一种化工过程泵或流程泵有着广泛的应用，液下泵经常安装在液体贮槽内，对轴封要求不高，适用于输送化工过程中各种腐蚀性液体和高凝固点液体。既节省了空间又改善了操作环境。其缺点是效率不高。

2. 离心泵的命名

离心泵型号包括：吸入口直径（英寸或毫米）、泵名、扬程、叶轮是否已被车削。

在泵的产品目录或样本中，泵的型号是由字母和数字组合而成，以代表泵的系列类型、规格等，现举例说明。

1）IS型单级单吸离心泵

IS型泵适用于输送清水或物理、化学性质类似于清水的其他液体，温度不高于80℃。其性能范围：流量Q为6.3～400m^3/h；扬程H为5～125m。

lS型泵是根据国际标准ISO—2858所规定的性能和尺寸设计的。本系列共29种。

型号意义：例如IS80—65—160。

IS——国际标准单级单吸清水离心泵；80——泵入口直径，mm；65——泵出口直径，mm；160——泵叶轮名义直径，mm。

2）BL型单级单吸离心泵

BL型泵适用于输送清水或物理、化学性质类似于清水的其他液体。这类泵的叶轮轴直接使用加长的轴。从而省去轴承及轴承座，故有结构简单，体积小，重量轻，装卸方便等优点。

型号意义：例如，2BL—6A。

2——泵入口直径，in（1in＝25.4mm）；BL——单级单吸悬臂式离心泵；6——泵的比转数除以10的整数值；A——该型号泵的叶轮直径比基本型号2BL—6的小一级，即基本型号叶轮经第一次车削。

3）DF型耐腐蚀离心泵

DF型泵是卧式、单吸、多级分段式离心泵。适用于输送温度为－20～105℃、不含固体颗粒、有腐蚀性的液体。泵的进口压力小于600kPa。

型号意义：例如，DF85—67×5。

DF——多级耐腐蚀离心泵；85——泵设计点流量值，m^3/h；67——泵设计点单级扬程值；5——泵的级数（即叶轮数）。

IS型离心泵的性能可从有关手册及附表中查到。为了选用方便，泵的生产厂家有时还对同一类型的泵提供系列特性曲线，图2.18为IS型离心泵的系列特性曲线。该图是把同一类型的各型号泵与高效率范围相对应的一段 H-q 曲线，绘制在一张总图上。图中扇形面的上方弧线代表基本型号，下方弧线代表叶轮直径比基本型号小一级的型号A。若扇形面有三条弧形线，则中间弧形线代表型号A，下方弧形线代表叶轮直径比基本型号小二级的型号B。

3. 离心泵的选用

离心泵的选用，通常可按下列原则进行：

（1）根据被输送液体的性质和操作条件，初步确定离心泵的类型。

（2）根据具体管路提出的流量和扬程的要求确定离心泵的型号。若有几种型号的泵同时在较高效率范围内满足管路的具体要求，则应按效率较高和 Δh 较小的原则选择一个型号。

（3）泵的型号确定后，查出该泵的所有性能参数，以便确定实际安装高度。若输送液体的密度与水的密度不同，还要校核泵的轴功率。

即选择哪一种类型的离心泵，要根据所输送的液体性质来决定。例如，液体的温度、黏度、腐蚀性、固体粒子含量以及是否易燃易爆等性质都是选用离心泵类型的重要依据。

离心泵的类型确定以后，便可在离心泵样本中查阅该类型泵的系列特性曲线，根据管路要求的流量 Q 和扬程 H 来选定合用的离心泵。

在化工生产中，输送液体的流量和压头往往是变化的，例如冷却器中的冷却水用量，冬季和夏季就会有较大的差别，化工装置的负荷也经常需要调整。将液体送到高压设备中，应考虑设备中压力的波动。此外，液体黏度随季节的变化也对泵所需要供给液体的扬程产生影响。因此，在选用泵时，应按最大流量和压头为准，并注意留有余地，还要符合节约原则，所选的离心泵应稍大一些。但若选得过大，一方面增加泵的投资（设备费高），另一方面使离心泵经常在远离设计点的条件下工作，则泵的效率降低，动力消耗（操作费高）增大，会造成很大的浪费。

总之，选择离心泵时，应该选择流量、扬程范围较接近于生产所需的范围，且在该条件下效率较高，Δh 较小和操作稳定的一个型号，同时也应考虑泵的价格。

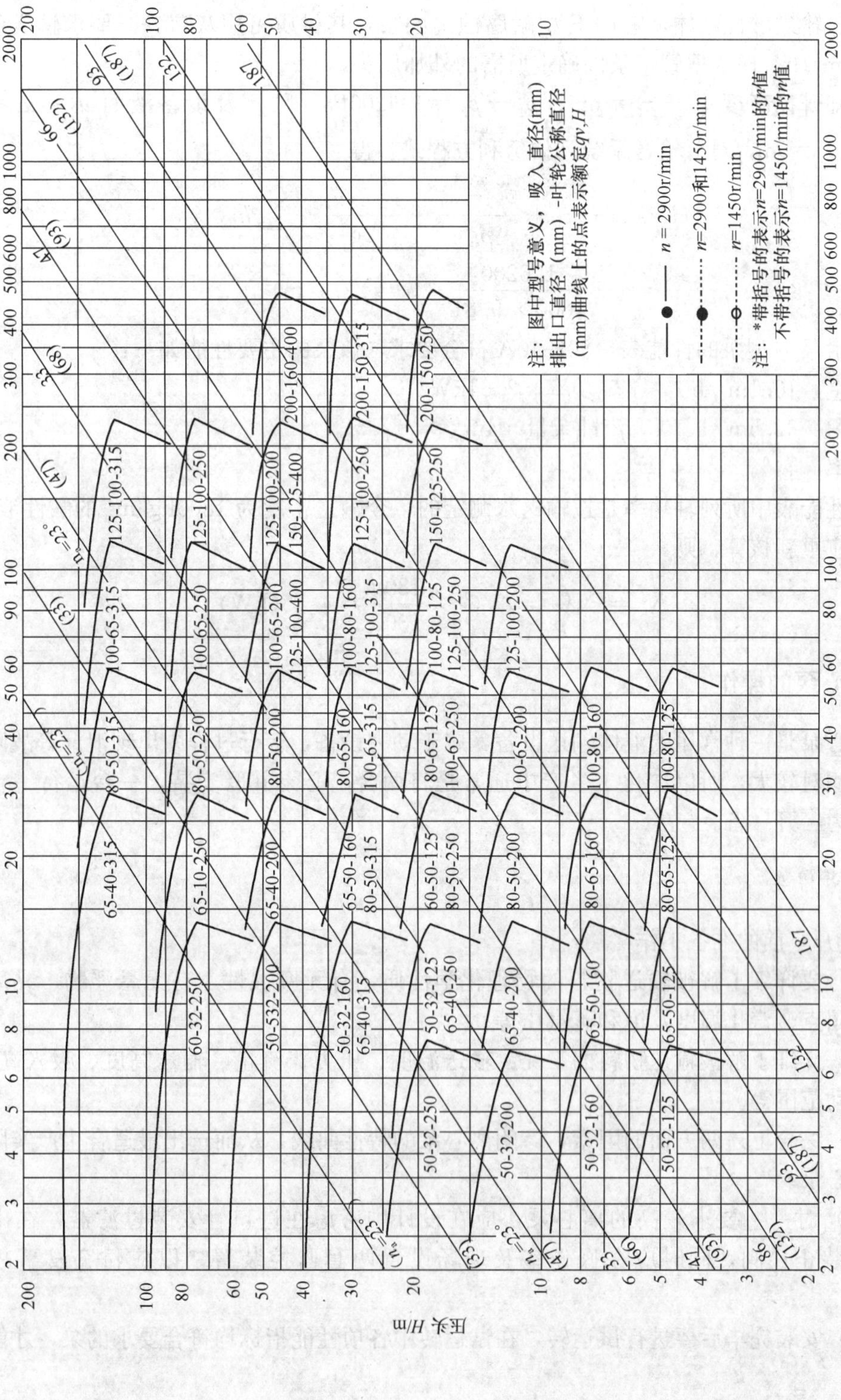

图 2.18　IS 型离心泵的系列特性曲线

例 2.5 用离心泵将混酸（以硫酸为主）自常压的容器送到表压为 196.2kPa 的设备内，要求最大的输送量为 $13m^3/h$，液体升扬高度为 6m，全部压头损失为 5m。混酸密度为 $1800kg/m^3$。试选出合适的离心泵型号。

解： 输送酸性液体，宜用 F 型耐腐蚀离心泵，其材质可用灰口铁。要求输送的流量为 $13m^3/h$，现依据管路条件确定所需的外加压头。

已知升扬高度 $z_2-z_1=6m$；$p_1-p_2=196200Pa$；贮槽及设备液面 $u_2\approx u_1\approx 0$；$\sum h_{f(1-2)}=5m$，对该输送系统列伯努利方程式，得

$$H=z_2-z_1+\frac{p_2-p_1}{\rho g}+\frac{u_2^2-u_1^2}{2g}+\sum h_{f(1-2)}$$

$$=6+\frac{196200}{1800\times 9.81}+5=22.1(m)$$

查附录 F 型泵的性能表，50F-40A 符合要求，该泵的主要性能如下：

流量　13.1m^3/h　　轴功率　2.64kW

扬程　32.5m　　汽蚀余量　4m

效率　44%

因性能表中所列轴功率是按输送水测定的，今输送密度为 $1800kg/m^3$ 的酸性液体，轴功率应重新核算，则

$$N'=N\frac{\rho'}{\rho}=2.64\times\frac{1800}{1000}=4.75(kW)$$

六、离心泵的操作

离心泵是一种常用的液体输送设备，属于动力设备，运行过程中出现泄漏等故障的可能性相对较大，所以在化工生产中通常是将两台离心泵并联安装，一台运行一台备用，称为一开一备。

1. 开停车

1）开车前的准备工作

（1）要详细了解被输送物料的物理化学性质，有无腐蚀性、有无悬浮物、黏度大小、凝固点、汽化温度及饱和蒸汽压等。

（2）详细了解被输送物料的工况：输送温度、压力、流量、输送高度、吸入高度、负荷变动范围等。

（3）综合上述两方面的因素，参阅离心泵的特性曲线，从而选出最适合生产实际使用的离心泵。

（4）对一些要求较高的离心泵，应在设计中考虑在进口管安装过滤器，在出口阀后安装止逆阀，同时应在操作室及现场设置两套监控装置，以应付突发事故的发生。

（5）安装完毕后要进行试运转，在试运转中各项性能指标均符合要求的泵，才能投入生产。

2）开车程序

（1）开泵前应先打开泵的入口阀及密封液阀，检查泵体内是否已充满液体。

（2）泵启动时，应关闭出口阀，使启动功率最小。

（3）在确认泵体内已充满液体且密封液流动正常时，通知接料岗位，启动离心泵。

（4）慢慢打开泵的出门阀，通过流量及压力指示，将出口阀调节至需要流量。

3）停车程序

（1）与接料岗位取得联系后，慢慢关离心泵的出口阀。

（2）按电动机按钮，停止电机运转。

（3）关闭离心泵进口阀及密封液阀。

4）两泵切换

在生产过程中经常遇到两台泵切换的操作，应先起动备用泵，慢慢打开其出口阀，然后缓慢关闭原运行泵的出口阀，在这过程中要保持与中央控制室的联系，维持离心泵输出流量的稳定，避免因流量波动造成系统停车。

2. 日常运行与维护

1）运行过程中的检查

（1）检查被抽出液罐的液面，防止物料抽空。

（2）检查泵的出口压力或流量指示是否稳定。

（3）检查端面密封液的流量是否正常。

（4）检查泵体有无泄漏。

（5）检查泵体及轴承系统有无异常声及振动。

（6）检查泵轴的润滑油是否充满完好。

2）离心泵的维护

（1）检查泵进口阀前的过滤器，看滤网是否破损，如有破损应及时更换，以免焊渣等颗粒进入泵体；定时清洗滤网。

（2）泵壳及叶轮进行解体、清洗重新组装。调整好叶轮与泵壳的间隙。叶轮有损坏及腐蚀情况的应分析原因并进行及时处理。

（3）清洗轴封、轴套系统。更换润滑油，以保持良好的润滑状态。

（4）及时更换填料密封的填料，并调节至合适的松紧度；采用设备密封的应及时更换动环和密封液。

（5）检查电机。长期停车后，再开车前应将电机进行干燥处理。

（6）检查现场及遥控的一、二次仪表的指示是否正确及灵活好用，对失灵的仪表及部件进行维修或更换。

（7）检查泵的进、出口阀的阀体，是否有因磨损而发生内漏等情况，如有内漏应及时更换阀门。

七、离心泵常见故障及处理

1. 运行中出现振动

(1) 管路支撑不稳，泵底座或地脚螺栓松动是造成振动常见的原因，必须紧固各处螺栓，避免出现松动。

(2) 液体内有气体。仔细检查水泵及进水管路各密封面连接螺栓有否松动，密封垫是否损坏，泵体及管路系统零件有否损坏。

(3) 泵与电机轴不同心，应进行调整，用皮带转动时，转动带过松或接头接触不良，也会引起振动。泵叶轮不平衡运行中叶轮磨损或个别叶轮流道堵塞易造成振动，有时也因轴弯曲、叶轮不良失去平衡而引起振动。

2. 运行中出现噪声增大

(1) 轴承噪声：声源轴承安装部位，一般用铁棒或螺丝刀抵住轴承安装部位，用耳听，为哗啦哗啦声。

(2) 电机噪声：一般是尖啸声，只能更换电动机。

(3) 汽蚀噪声：声源在泵壳内，噼啪劈啪声。

3. 电机发烫

(1) 电机外壁发烫，可能超电流运行，可关小出口阀门，调节到额定电流内运行，也可能是电机线圈质量问题，那只能更换电机。

(2) 转动零件出现摩擦，摩擦阻力加大，也可能超电流使电机发烫。应停机检查转子是否灵活。

(3) 电机轴承处发热，可能轴承缺油或损坏，需维修或更换轴承。

第三节　其他类型泵

一、往复泵

(一) 往复泵的结构类型及工作原理

图 2.19 表示单缸单作用往复泵的工作原理，由活塞（或柱塞）、泵缸和单向阀构成了主体。此泵不采用活塞而用柱塞。活塞为扁的圆盘，而柱塞为长的圆柱，后者可以承受更大的轴向力，故适用于较高的操作压力。当柱塞在外力的作用下从左侧向右运动时，泵缸内的工作容积增大而形成低压，排出阀在压出管内液体的压力作用下关闭，吸入阀则被泵外液体的压力推开，将液体吸入泵缸内。当柱塞移到右端。工作室的容积最大，吸入行程结束。随后，柱塞便自右向左移动，泵缸内液体受到挤压，压力增大，使吸入阀关闭，而排出阀打开，将液体排出。柱塞移至左端时，排液结束，完成了一个工作循环。接着柱塞又向右移动，开始另一个工作循环。

（二）往复泵的性能

往复泵即靠柱塞在泵缸左右两端间作往复运动而吸入和压出液体。柱塞在两端点间移动的距离称为冲程。柱塞往复一次的容积，叫做冲程容积。

如上所述具有一个泵缸的往复泵，在一个循环中，即柱塞往复一次仅吸入和排出液体各一次，称之为单缸单作用或单动泵。

单缸单作用泵在吸入过程中无液体排出，所以排液是不连续的，加之柱塞做直线运动并非恒速，在排出过程中的排液量也将随之波动。这种泵的流量曲线如图 2.20（a）所示。

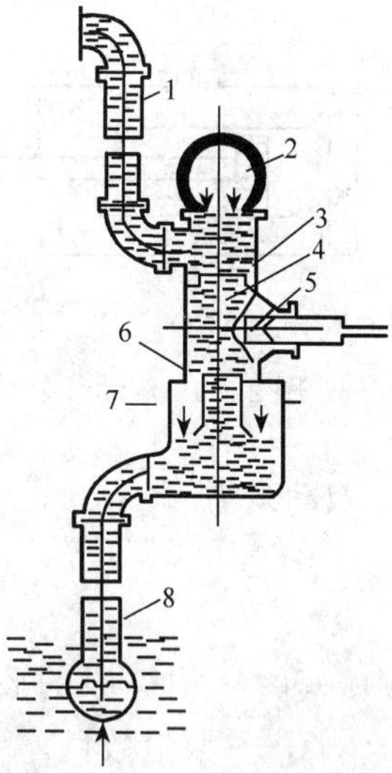

图 2.19　往复泵的作用原理

1. 压出管路；2. 压出空气室；3. 压出活门；4. 缸体；5. 柱塞；6. 吸入活门；7. 吸入空气室；8. 吸入管路

泵的排液量不均匀，还会额外引起惯性阻力，增加动力消耗。为改善流量的不均匀性，于是有单缸双作用、双缸双作用或三个单缸单作用泵并联操作的三作用泵等多种型式，图 2.21 为一单缸双作用往复泵的简图。活塞左侧和右侧都有吸入阀（在下方）排出阀（在上方）。活塞向右移动时，左侧吸入阀开启，右侧吸入阀关闭，液体经左侧的吸入阀进入左侧的工作室。同时，左侧的排出阀关闭，右侧的排出阀开启，液体从右侧的工作室排出，当柱塞向左移动时，情况就反过来。单缸双作用泵在每一个工作循环中，吸液和排液各两次，整个循环中均有液体吸入和排出，使排液连续，但流量仍波动较大，如图 2.20（b）所示。三缸单动往复泵的流量曲线如图 2.22 所示。然而与单缸单作用泵相比，其排液流量波动程度要小得多。为使流量平稳，还可在泵缸排出和吸入端增设空气室，如图 2.19 中 2 和 7 所示。当一侧压力较高排液量较大时，将有一部分液体压入该侧的空气室内暂存起来。当该侧压力下降至一定程度，流量减少时，在空气室内压力作用下，可将室内的液体压出，补充到排出液中。这样，依靠空气室内空气的压缩和膨胀作用进行缓冲调节，使泵的流量更为平稳。

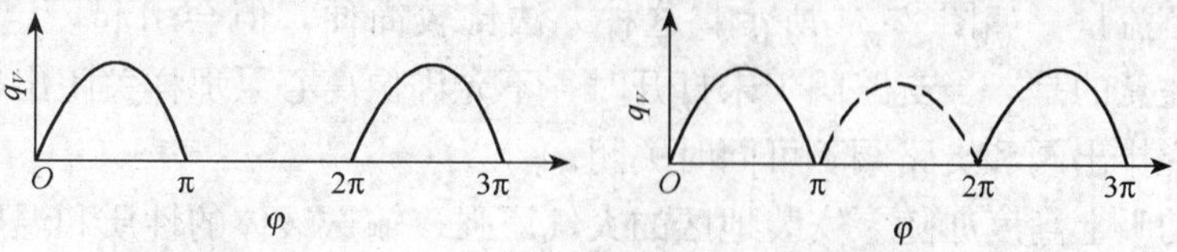

图 2.20　往复泵的流量曲线

单动往复泵的工作过程是由交替进行的吸入和排出两个冲程组成的循环过程。活塞每往复一次完成一个工作循环。在阀件启闭无滞后，容积效率等于 1 的理想情况下，则单作用泵的平均理论流量 Q_T 为

$$Q_T = \frac{ZFSn_r}{60} \tag{2.16}$$

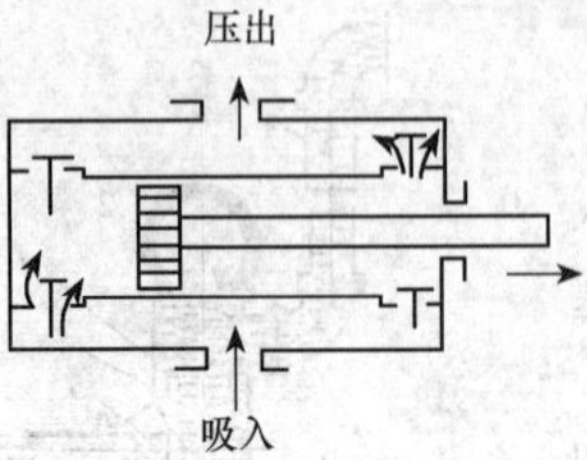

图 2.21　双动往复泵

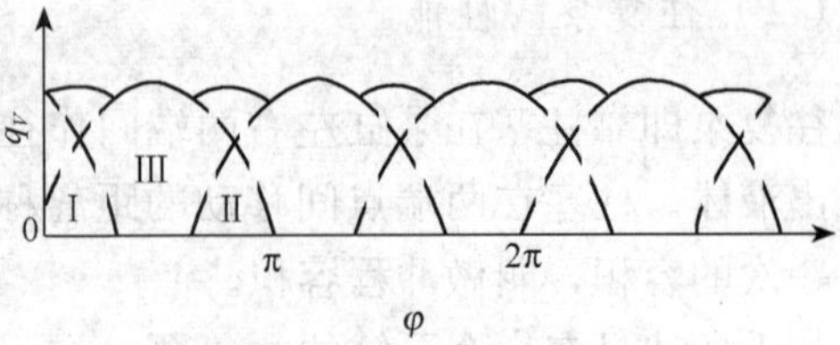

图 2.22　三缸单动往复泵的流曲线量

双动泵为

$$Q_T = \frac{Z(2F - f)Sn_r}{60} \tag{2.17}$$

式中：Q_T——往复泵的平均理论流量，m^3/s；

Z——泵缸数目；

F——活塞面积，m^2；

S——活塞冲程，m；

n_r——活塞往复频率，1/min；

f——活塞杆截面积，m^2。

实际上，由于阀件不能及时开关，活塞与泵体间存在间隙；且随压头增高而使泄漏量增大等原因，往复泵的实际流量小于理论流量。

往复泵系正位移泵，其实际流量只与活塞面积、活塞冲程以及单位时间内往返次数有关，与管路的情况无关；而泵的压头只取决于管路系统的实际需要，而与流量无关。往复泵的工作点如图 2.23 所示。可见，对于往复泵只要泵的设备强度及原动机功率允许，管路系统需要多高的压头便可提供多高的压头。所以，在化工生产中，当要求压头较高而流量不大时，常采用往复泵。

往复泵的流量调节，可通过改变冲程的大小或单位时间内活塞往复的次数来实现。改变冲程的大小是通过改变曲柄的长度或偏心轮的偏心度实现的；而改变活塞的往复次数则由调节转速或动力蒸气的压力来完成。但是，一般常采用安装回流支路或称为旁路的办法来调节流量，如图 2.24 所示。这种办法比较简便，但会引起一定的能量损失。此外，必须注意的是，当支路阀 1 未打开时，不允许像离心泵那样关闭出口阀而启动往复泵，或者说排出阀和支路阀不可同时关闭。

往复泵的吸上高度亦随泵安装地区的大气压强、输送液体的性质和温度而变，所以往复泵的吸上高度也有一定的限制。但是，往复泵的低压是靠工作室的扩张来造成的，所以在启动之前，泵内无须充满液体，即往复泵有自吸作用。

基于以上特点，对流量小而扬程高、离心泵无法达到的高压情况，采用往复泵是适宜的；当排出压力相当大，使活塞杆无法承受时，则可采用柱塞来代替活塞，且可直接利用蒸气传动。输送高黏度液体时的效果也比离心泵好，但不能输送腐蚀性液体和有固体粒子的悬浮液。

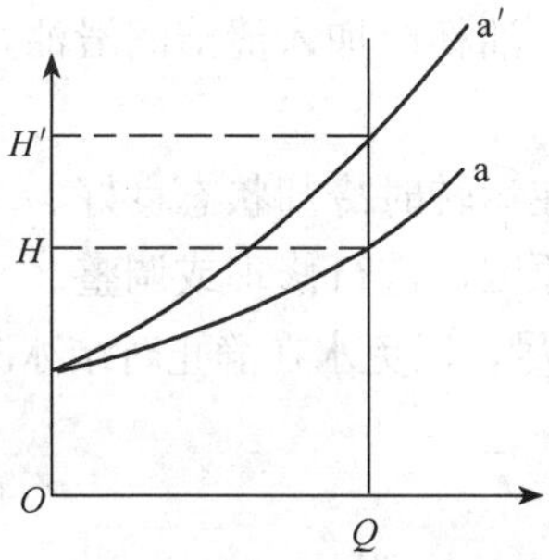

图 2.23　往复泵的工作点

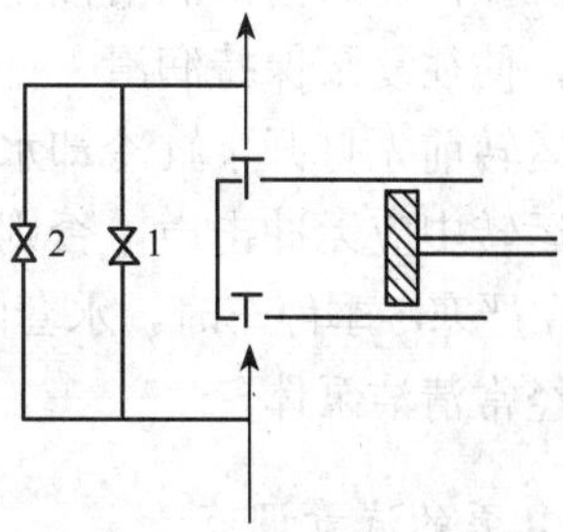

图 2.24　往复泵旁路调节流量示意图
1. 旁路阀；2. 安全阀

（三）往复泵的日常运行与操作

1. 往复泵的运转特点

(1) 往复泵的排出压力取决于管路特性，最大排出压力取决于泵的强度、密封和配备的原动机功率。

(2) 流量与排出压力无关，而取决于泵缸的结构尺寸、活塞行程及往复运动的频率。

(3) 往复泵适用于输送高压、小流量和高黏度液体。

(4) 往复泵活塞的瞬时速度是变化的、不均匀的。因此，往复泵的瞬时流量也是不均匀的、脉动的。为了改善泵的排液不均匀性，可用双动泵或三缸泵。为了进一步使往复泵的流量均匀和操作平稳，在泵入口和排出口处设有空气室，其构造如图 2.20 所示。吸入空气室的出口与泵入口连接，室内上方的空气有一定的压强。在操作中，若泵缸吸液量逐渐减小，小于吸入管平均流量时，则多余液体便贮存于空气室中，使室内气体压强增大，当吸液量逐渐增大，大于吸入管的平均流量时，空气室内所贮存的多余液体，在室内气体的压力下，进入泵入口，室内气体膨胀恢复原来的压强。这样，依靠空气室内空气的压缩与膨胀的作用进行调节，使吸入管中的流量几乎保持稳定不变。排出空气室的作用是使排出管中的流量保持稳定，其作用原理与吸入空气室相同。

(5) 往复泵具有自吸能力，启动前可以不用灌液，实际操作中为避免干摩擦，一般在初次启动前注满液体。

(6) 在活塞移动时，往复泵吸入的液体不能倒流，必须排出，故属于正位移泵。

2. 往复泵的运转

往复泵和离心泵一样，吸上高度也有一定的限度，应按照泵性能和实际操作条件确定实际安装高度。启动前先用液体灌满泵体，以排出泵内存留的空气，缩短启动过程，避免干摩擦。由于往复泵属于正位移泵，在开动前，必须先将出口阀门打开，否则，泵内的压强将因液体排不出而急剧升高，造成事故。往复泵在运行中应注意以下问题：

(1) 开车前要严格检查往复泵进、出口管线及阀门、盲板等，如有异物堵塞管路，一定要予以清除。

(2) 机体内加入清洁润滑油至油窗上指示刻度。油杯内加入清洁润滑油，并微微开启针形阀，使往复泵保持润滑。

(3) 运转前先打开泵缸冷却水阀门，确保泵缸在运转时冷却状态良好。

(4) 运转中应无冲击声，否则应立即停车找出原因，进行修理或调整。

(5) 在严寒冬季停车时，水套内的冷却水必须放尽，以免水在静止时结冰冻裂泵缸。

(6) 经常清洁泵体。

3. 往复泵的流量调节

由于往复泵的流量与管路特性曲线无关，故往复泵不能采用出口阀门来调节流量。往复泵的流量调节方法有两种。

(1) 旁路调节。若流量的调节范围不大，可采用安装回流旁路的方法进行调节，如图 2.25 所示。液体经吸入管路阀进入往复泵内，经排出管路排出，一部分液体经旁路阀返回吸入管路。往复泵的出口增加旁路，并没有改变往复泵的总流量，只是使部分液体经旁路分流，从而改变了主管路中液体的流量。这种调节方法虽简单，但造成额外的能量损失，效率降低。安全阀的作用是当排出管的压力超过一定限度时，阀自动开启，使部分液体回流，以减小泵及管路所承受的压力。安装回流支路来调节流量的方法适用于所有正位移泵。

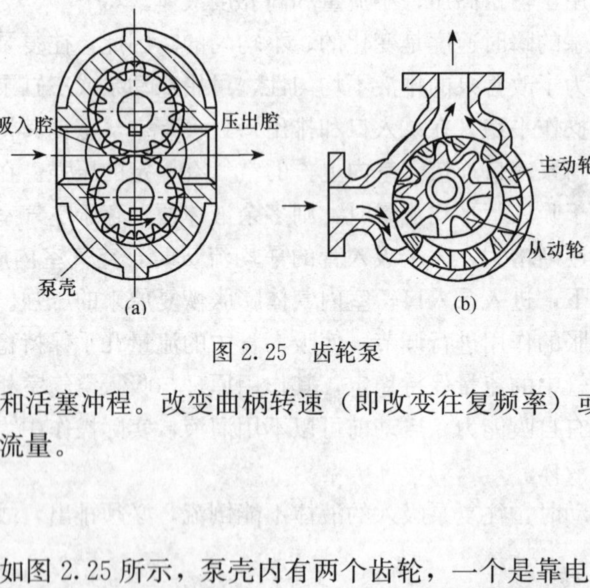

图 2.25 齿轮泵

(2) 改变转速和活塞冲程。改变曲柄转速（即改变往复频率）或改变活塞的冲程，均可改变往复泵的流量。

二、齿轮泵

齿轮泵的结构如图 2.25 所示，泵壳内有两个齿轮，一个是靠电机带动旋转，称为主动轮，另一个是靠与主动轮相啮合而转动，称为从动轮。两齿轮与泵体间形成吸入和排出两个空间。当齿轮按图中所示的箭头方向转动时，吸入空间内两轮的齿互相拨开，形成了低压而将液体吸入，液体分两路在齿轮与壳体的空隙间被齿轮推动前进，并随齿轮转动达到排出空间。由于排出空间两个齿轮的齿互相合拢，齿端与外壳间缝隙很小，使液体不致返回，于是形成高压由排液口排出。

齿轮泵可用于输送黏稠液体以至膏状物，例如，向离心油泵的填料涵灌注封油。但不能输送有固体颗粒的悬浮液。

三、螺杆泵

螺杆泵按螺杆的数目可分为单螺杆泵、双螺杆泵、三螺杆泵和五螺杆泵。

图 2.26 所示的双螺杆泵实际是齿轮泵的变型，利用两根相互啮合的螺杆来压送液体。当所需的压强很高时可采用较长的螺杆。螺杆泵（图 2.27）的效率较齿轮泵高，运转时无噪声、无振动、流量均匀，特别适用于高黏度液体的输送。

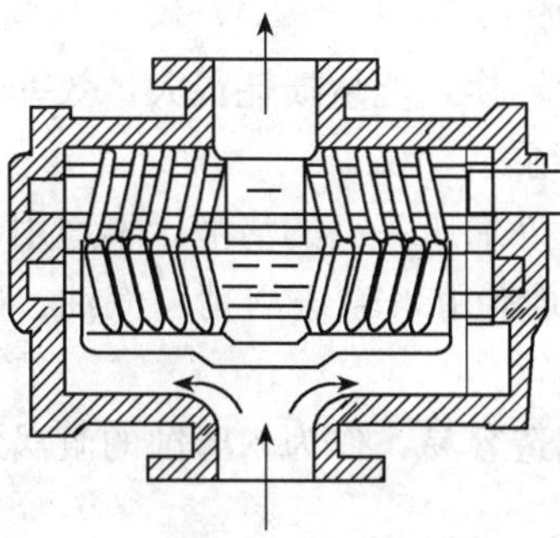

图 2.26　双螺杆泵

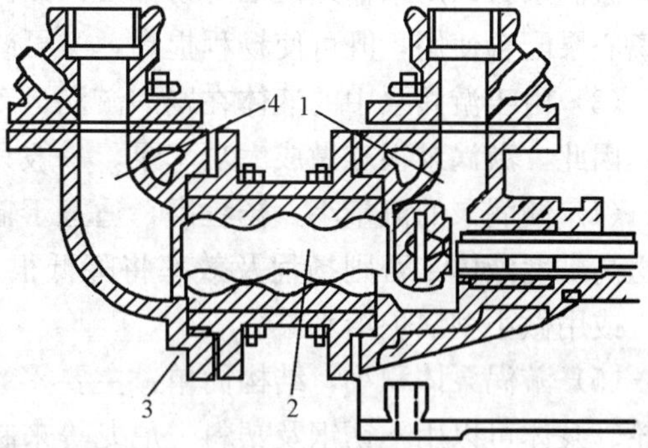

图 2.27　螺杆泵

1. 吸入口；2. 螺杆；3. 泵壳；4. 压出口

四、漩涡泵

（一）漩涡泵的结构、原理

漩涡泵是一种特殊类型的离心泵，如图 2.28 所示，由泵壳 2 和叶轮 4 组成，叶轮 4 是一个圆盘，四周铣有凹槽而构成叶片 5 成辐射状排列，叶片数目可多达几十片，在泵壳 2 内旋转，壳内有引水流道 3，叶轮旋转时，在边缘区形成高压强，因而构成一个与叶轮周围垂直的径向环流。在径向环流的作用下，液体自吸入至排出的过程中可多次进入叶轮并获得能量，漩涡泵的效率相当低，一般为 20%～50%。

液体在漩涡中所获得的能量，与液体在流动过程中进入叶轮的次数有关。当流量减少时，流道内液体的运动速度减小，液体流入叶轮的平均次数增多，泵的压头必然增大；流量增大，情况则相反。因此，漩涡泵的 H-Q 特性曲线呈陡降形。如图 2.29 所示。

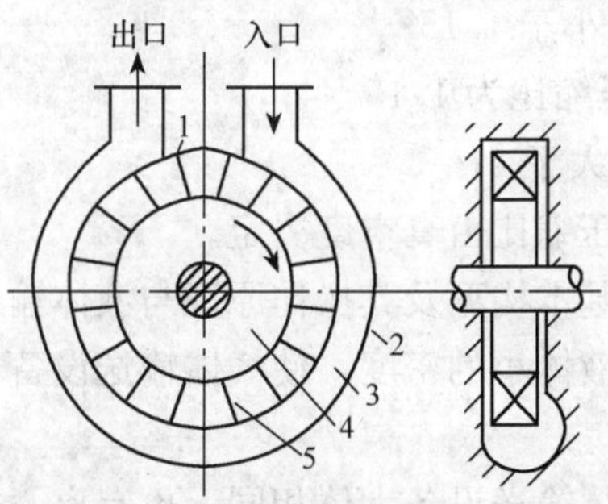

图 2.28　漩涡泵的结构示意图

1. 隔舌；2. 泵壳；3. 流道；4. 叶轮；5. 叶片

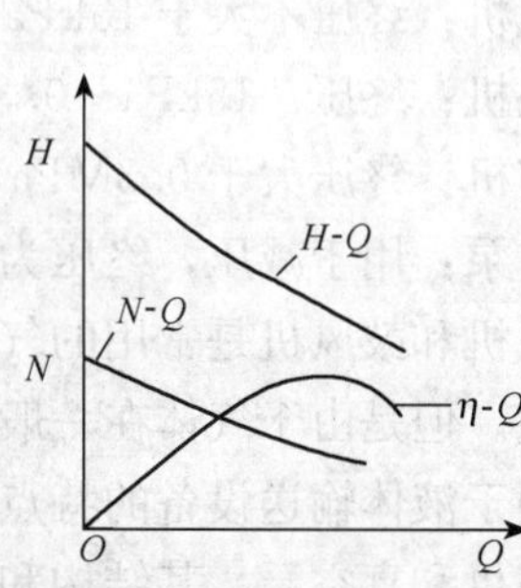

图 2.29　漩涡泵的特性曲线

（二）漩涡泵的特点

(1) 漩涡泵是结构最简单的高扬程泵，与叶轮直径和转速相同的离心泵相比，它的扬程要比离心泵高2～4倍。与相同扬程的容积式泵相比，它的尺寸要小得多，结构也简单得多。

(2) 大多数漩涡泵具有自吸能力，有些漩涡泵还能输送气液混合物。在石油化工厂中，漩涡泵可以用来输送汽油等易挥发产品。但漩涡泵的吸入性能不如离心泵，如将它与离心泵配合使用，既可使扬程提高，又可改善吸入能力。

(3) 由于漩涡泵中的液体在剧烈漩涡运动中进行能量转换，能量损耗很大，效率较低，因此，漩涡泵很难做成大功率泵，一般只适于小功率泵。

(4) 漩涡泵的流量小，扬程高，适宜于输送流量小，外加压头高的清液。不适用于输送高黏度液体，否则扬程及效率将降低很多。漩涡泵通常用来输送酒精、汽油、碱液，或用做小型锅炉给水泵。

(5) 漩涡泵体积小，结构简单，主要零、部件加工制造容易，作为耐磨蚀的漩涡泵叶轮、泵体可以用不锈钢及塑料、尼龙等来制造。

第四节　气体输送设备

气体输送设备在化工生产中具有广泛的应用。气体输送设备的结构和原理与液体输送设备大体相同。但气体具有可压缩性和比液体小得多的密度（约为液体密度的1/1000左右），从而使气体输送具有某些不同于液体输送的特点。

对于一定的质量流量，气体由于密度很小，其体积流量很大，因此，气体输送管路中的流速要比液体输送管路中的流速大得多。由前可知，液体在管道中的经济流速为1～3m/s，而气体为15～25m/s，约为液体的10倍。这样，若利用各自最经济流速输送同样的质量流量，经过同管长后气体的阻力损失约为液体阻力损失的10倍。换句话说，气体输送管路对输送设备所提出的压头要求比液体管路大得多。

气体输送设备按其终压（出口压力）或压缩比（气体加压后与加压前绝对压力之比）可分为通风机、鼓风机和压缩机及真空泵。

通风机：终压不大于15kPa（表压），压缩比小于1.15；

鼓风机：终压：15kPa～0.3MPa（表压），压缩比为1.15～4；

压缩机：终压大于0.3MPa（表压），压缩比大于4；

真空泵：用于减压，终压为当地大气压，其压缩比由真空度决定。

通风机和鼓风机是常用的气体输送设备，其基本构型及其操作原理与液体输送设备颇为类似。但是由于气体在一般压力下具有远比液体小的密度，使气体输送设备又具有某些不同于液体输送设备的特点。

压缩机和真空泵，其结构和作用原理亦与液体输送设备大体相同，也有离心式、旋转式、往复式及喷射式等类型，但因气体具有可压缩性，且在受压后体积和温度都有显著变化，这些变化对气体压缩设备的结构、形状有很大影响。如气体在压缩过程中所接受的能量有很大一部分转变为热能，导致气体温度急剧升高，故压缩机内一般都有冷却装置。

一、离心式通风机

（一）离心通风机的工作原理与结构

工业上常用的通风机主要有离心通风机和轴流通风机两种型式。轴流式通风机所产生的风压很小，一般只作通风换气之用。用于气体输送的，多为离心通风机。离心通风机的工作原理和离心泵一样，在蜗壳中有一高速旋转的叶轮，叶轮旋转时所产生的离心力将气体压力增大而排出。离心通风机的结构与单级离心泵也大同小异。图 2.30 表示一离心通风机。

它的机壳也是蜗壳形，壳内逐渐扩大的气体通道及其出口的截面则有方形和圆形两种，一般中、低压通风机多是方形，高压的多为圆形。通风机叶轮上叶片数目较多且长度较短，叶片有平直的，有后弯的，亦有前弯的。图 2.31 所示为一低压通风机所用的平叶片叶轮。中、高压通风机的叶片是弯曲的，因此，高压通风机的外形与结构更像单级离心泵。根据所生产的压头大小，可将离心式通风机分为三种

低压离心通风机：出口风压低于 0.9807×10^3 Pa（表压）。

中压离心通风机：出口风压为 $0.9807\times10^3\sim2.942\times10^3$ Pa（表压）。

高压离心通风机：出口风压为 $2.942\times10^3\sim14.7\times10^3$ Pa（表压）。

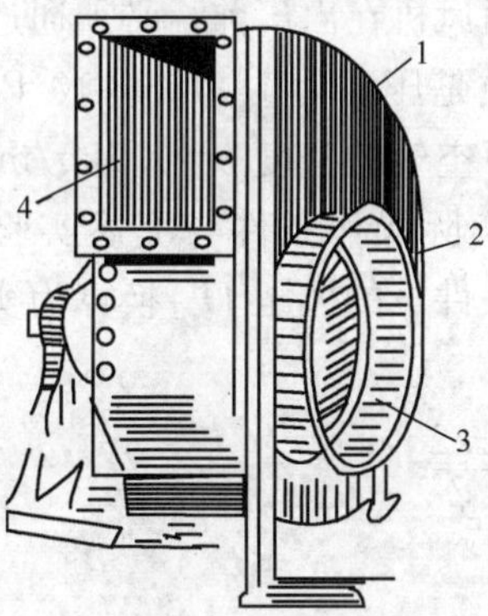

图 2.30　离心通风机

1. 机壳；2. 叶轮；3. 吸入口；4. 排出口

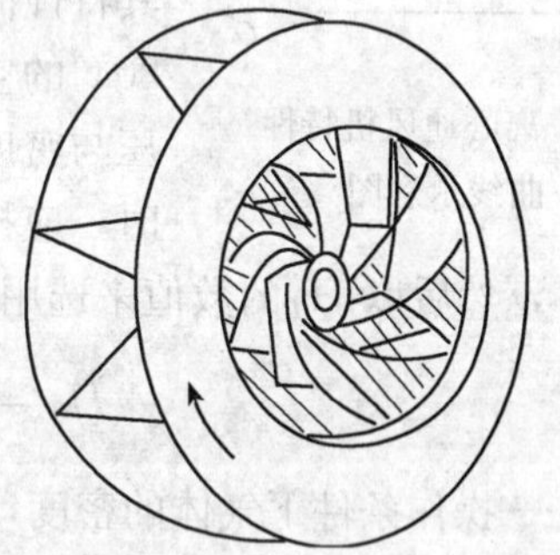

图 2.31　低压通风机的叶轮

（二）离心通风机的性能参数与特性曲线

离心通风机的主要性能参数有风量、风压、轴功率和效率。

1. 风量

风量是单位时间内从风机出口排出的气体体积，并以风机进口处气体的状态计，以符号 Q 表示，单位为 m^3/s 或 m^3/h。

2. 风压

风压是指单位体积的气体经过风机时所获得的能量，以 H_T 表示，单位为 $J/m^3=N/m^2$，即表示所提高的风压。

由于气体通过风机的压力变化较小，在风机内的气体可视为不可压缩流体，对风机进出截面（分别以下标 1，2 表示）作能量衡算，可得风机的压头为

$$H_T=(z_2-z_1)+\frac{p_2-p_1}{\rho g}+\frac{u_2^2-u_1^2}{2g}+\sum h_{f(1-2)} \tag{2.18}$$

为使用上的方便，习惯上以 $1m^3$ 气体为计算基准，于是式（2.18）即改为

$$H_T=\rho g(z_2-z_1)+(p_2-p_1)+\frac{\rho(u_2^2-u_1^2)}{2g}+\rho g\sum h_{f(1-2)}$$

上式中 ρg（z_2—z_1）与 $\rho g\sum h_{f(1-2)}$ 都不大，当气体直接由大气进入风机，u_1 也较小，若均予忽略不计，则上式又可简化为

$$H_T=(p_2-p_1)+\frac{\rho u_2^2}{2}=H_p+H_K \tag{2.19}$$

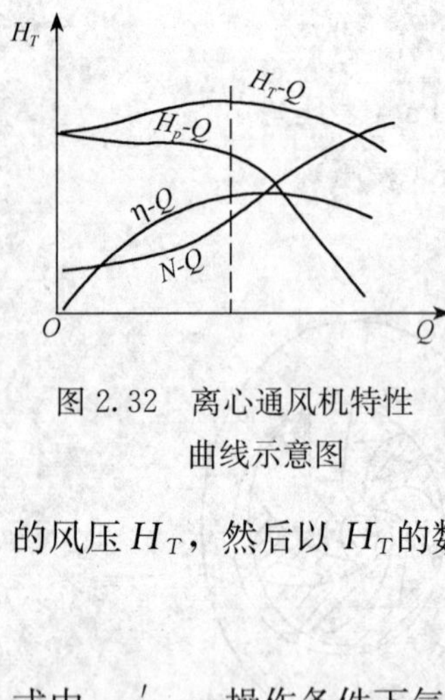

图 2.32　离心通风机特性曲线示意图

从式（2.19）可以看出，通风机的压头由两部分组成，其中（p_2—p_1）称为静风压 H_p；$\rho u_2{}^2/2$ 称为动风压 H_K，两者之和为全风压 H_T。图 2.32 中所示 H_T-Q 和 H_p-Q 曲线即分别表示全风压和静风压与流量的关系。

和离心泵一样，通风机在出厂前，必须通过实验测定其特性曲线，实验介质是压强为 1.0133×10^5 Pa，温度为 20℃的空气，该条件下空气的密度 $\rho=1.2kg/m^3$。由于风压与密度有关，故若实际操作条件与上述实验条件不同时，应按下式将操作条件下的风压 H'_T 换算为实验条件下的风压 H_T，然后以 H_T 的数值来选用风机。

$$H_T=H'_T\frac{\rho}{\rho'}=H'_T\frac{1.2}{\rho'} \tag{2.20}$$

式中：ρ'——操作条件下气体的密度，kg/m^3；

H_T'——操作条件下气体的风压，N/m^2。

3. 轴功率与效率

离心通风机的轴功率为

$$N=\frac{N_TQ}{1000\eta} \tag{2.21}$$

式中：N——轴功率，kW；

Q——风量，m^3/s；

H_T——风压或全风压，N/m^2；

η——效率，因按全风压定出，故又称全压效率。

应用式（2.21）计算轴功率时，式中的 Q 与 H_T 必须是同一状态下的数值。

风机的轴功率与被输送气体的密度有关，风机性能表上所列出的轴功率均为实验条件下即空气的密度为 1.2kg/m^3 时的数值，若所输送的气体密度与此不同，可按式（2.22）进行换算，即

$$N' = N\frac{\rho'}{1.2} \tag{2.22}$$

式中：N'——气体密度为 ρ' 时的轴功率，kW；

N——气体密度为 1.2kg/m^3 时的轴功率，kW。

因此，风机的全压效率符合下列关系，即

$$\eta = \frac{H_T Q}{1000 \times N} = \frac{H'_T Q}{1000 \times N'} \tag{2.23}$$

（三）离心通风机的选用

离心通风机的选用和离心泵的情况相类似，其选择步骤为：

（1）根据能量衡算式，计算输送系统所需的操作条件下的风压 H'_T 并按式（2.20）将 H'_T 换算成实验条件下的风压 H_T。

（2）根据所输送气体的性质（如清洁空气，易燃、易爆或腐蚀性气体以及含尘气体等）与风压范围，确定风机类型。若输送的是清洁空气，或与空气性质相近的气体，可选用一般类型的离心通风机。

（3）根据实际风量 Q（以风机进口状态计）与实验条件下的风压 H_T，从风机样本或产品目录中的特性曲线或性能表选择合适的机号，选择的原则与离心泵相同，不再详述。

（4）若所输送气体的密度大于 1.2kg/m^3 时，需按式（2.22）计算轴功率。

例 2.6　已知空气的最大输送量为 14500kg/h，在最大风量下输送系统所需的风压为 1600Pa（以风机进口状态计）。由于工艺条件的要求，风机进口与温度为 40℃、真空度为 196Pa 的设备连接。试选合适的离心通风机。当地大气压强为 93.3×10^3 Pa。

解： 按式（2.20）将输送系统所需的操作条件下的风压 H'_T 换算为实验条件下的风压 H_T，即

$$H_T = H'_T\frac{1.2}{\rho'}$$

由本书附录查得空气在 1.0133×10^5 Pa、40℃下的密度为 1.128kg/m^3，当地压强下 40℃时的密度为

$$\rho' = 1.128\times(93300-196)/101330 = 1.04(\text{kg/m}^3)$$

所以
$$H_T = 1600\times\frac{1.2}{1.04} = 1846(\text{Pa})$$

风量按风机进口状态计，即

$$Q = 14500/1.04 = 13940(\text{m}^3/\text{h})$$

根据风量 $Q=13940m^3/h$ 和风压 $H_T=1846Pa$，由附表 22 查得 4-72-11NO. 6C 型离心通风机可满足要求。该风机性能见表 2.1。

表 2.1　风机性能

转速/(r/min)	风压/Pa	风量/(m^3/h)	效率/%	所需功率/kW
2000	1941.8	14100	91	10.0

二、鼓风机

在化工生产中常用的鼓风机有离心式和旋转式两种类型。

(一) 离心式鼓风机

离心鼓风机又称透平鼓风机，其主要构造和工作原理与离心通风机类似，但由于单级鼓风机不可能产生很高的风压（出口表压强一般不超过 5.07×10^4 Pa)。故压头较高的离心鼓风机都是多级的，如图 2.33 所示为一台五级离心鼓风机。离心鼓风机的出口表压强一般不超 294×10^3Pa。

(二) 罗茨鼓风机

罗茨鼓风机的工作原理与齿轮泵类似。如图 2.34 所示，机壳内有两个渐开摆线形的转子，两转子的旋转方向相反，可使气体从机壳一侧吸入，从另一侧排出。转子与转子、转子与机壳之间的缝隙很小，使转子能自由运动而无过多泄漏。

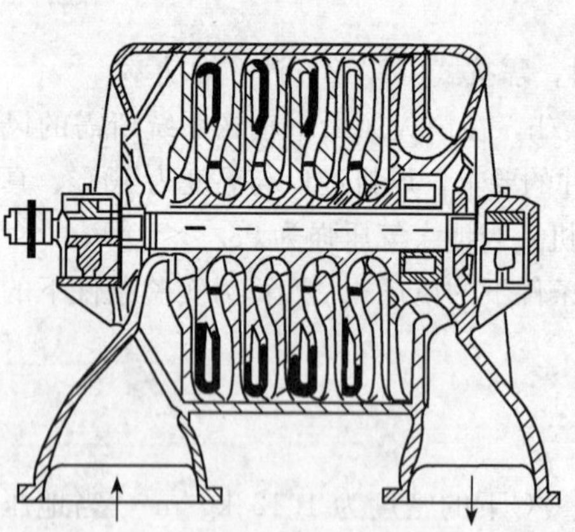

图 2.33　五级离心鼓风机

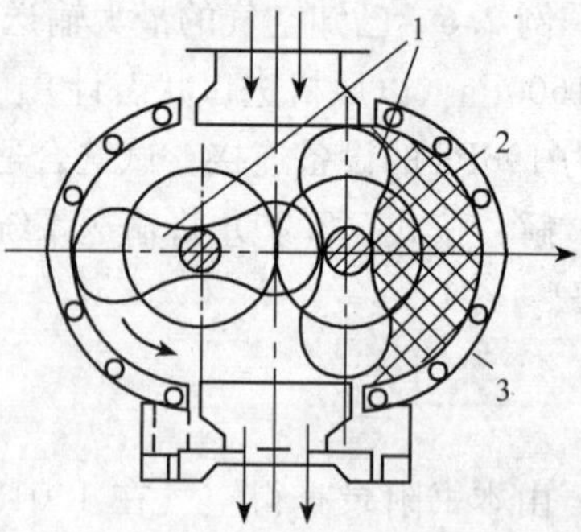

图 2.34　罗茨鼓风机

1. 工作转子；2. 所输送的气体体积；3. 机壳

属于正位移型的罗茨鼓风机风量与转速成正比，与出口压强无关。该风机的风量范围为 2～500m^3/min，出口表压可达 80kPa，在 40kPa 左右效率最高。

该风机出口应装稳压罐，并设安全阀。流量调节采用旁路，出口阀不可完全关闭。操作时，气体温度不能超过 85℃，否则转子会因受热膨胀而卡住。

三、压缩机

（一）离心式压缩机

1. 离心压缩机的工作原理、主要构造和型号

离心压缩机又称透平压缩机，其结构、工作原理与离心鼓风机相似，只是叶轮的级数更多。通常10级以上。叶轮转速高，一般在5000r/min以上。因此可以产生很高的出口压强。由于气体的体积变化较大，温度升高也较显著，故离心压缩机常分成几段，每段包括若干级，叶轮直径逐段缩小，叶轮宽度也逐级有所缩小。段与段间设有中间冷却器将气体冷却，避免气体终温过高。

离心压缩机的主要优点：体积小，重量轻，运转平稳，排气量大而均匀，占地面积小，操作可靠，调节性能好，备件需要量少，维修方便，压缩绝对无油，非常适宜处理那些不宜与油接触的气体。

主要缺点：当实际流量偏离设计点时效率下降，制造精度要求高，不易加工。

近年来在化工生产中，除了要求终压特别高的情况外，离心压缩机的应用已日趋广泛。

国产离心压缩机的型号代号的编制方法有许多种。有一种与离心鼓风机型号的编制方法相似，例如，DA35-61型离心压缩机为单侧吸入，流量为350m^3/min，有6级叶轮，第一次设计的产品。另一种型号代号编制法，以所压缩的气体名称的头一个拼音字母来命名。例如，LT185-13-1，为石油裂解气离心压缩机。流量为185m^3/min，有13级叶轮，第1次设计的产品。离心压缩机作为冷冻机使用时，型号代号表示出其冷冻能力。还有其他的型号代号编制法，可参看其使用说明书。

2. 离心压缩机的性能曲线与调节

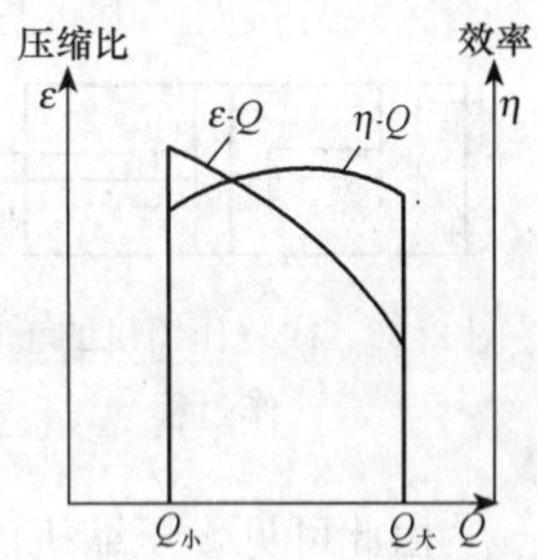

图2.35 离心压缩机性能

离心压缩机的性能曲线与离心泵的特性曲线相似，是由实验测得。图2.35为典型的离心压缩机性能曲线，它与离心泵的特性曲线很相像，但其最小流量Q不等于零，而等于某一定值。离心压缩机也有一个设计点，实际流量等于设计流量时，效率η最高；流量与设计流量偏离越大，则效率越低；一般流量越大，压缩比ε越小，即进气压强一定时，流量越大，出口压强越小。

当实际流量小于性能曲线所表明的最小流量时，离心压缩机就会出现一种不稳定工作状态，称为喘振。喘振现象开始时，由于压缩机的出口压强突然下降，不能送气，出口管内压强较高的气体就会倒流入压缩机。发生气体倒流后，使压缩机内的气量增大，至气量超过最小流量时，压缩机又按性能曲线所示的规律正常工作，重新把倒流进来的气体压送出去。压缩机恢复送气后，机内气量减少，至气量小于最小流量时，压强又突然下降，压缩机出口处压强较高的气体又重新倒流入压缩机内，重复出现上述的现象。这样，周而复始地进行气体的倒流与排出。在这个过程中，压缩机和排气管系统产生一

种低频率高振幅的压强脉动，使叶轮的应力增加，噪声加重，整个机器强烈振动，无法工作。由于离心压缩机有可能发生喘振现象，它的流量操作范围受到相当严格的限制，不能小于稳定工作范围的最小流量。一般最小流量为设计流量的70%～85%。压缩机的最小流量随叶轮的转速的减小而降低，也随气体进口压强的降低而降低。

离心压缩机的调节方法有：

(1) 调整出口阀的开度。方法很简便，但使压缩比增大，消耗较多的额外功率，不经济。

(2) 调整入口阀的开度。方法很简便，实质上是保持压缩比，降低出口压强，消耗额外功率较上述方法少，使最小流量降低，稳定工作范围增大。这是常用的调节方法。

(3) 改变叶轮的转速。是最经济的方法。有调速装置或用蒸汽机为动力时应用方便。

（二）往复式压缩机

1. 往复式压缩机的基本结构和工作原理

往复式压缩机的基本结构和工作原理与往复泵相似。但因为气体的密度小、可压缩，故压缩机的吸入和排出活门必须更加灵巧精密；为移除压缩放出的热量以降低气体的温度，必须附设冷却装置。

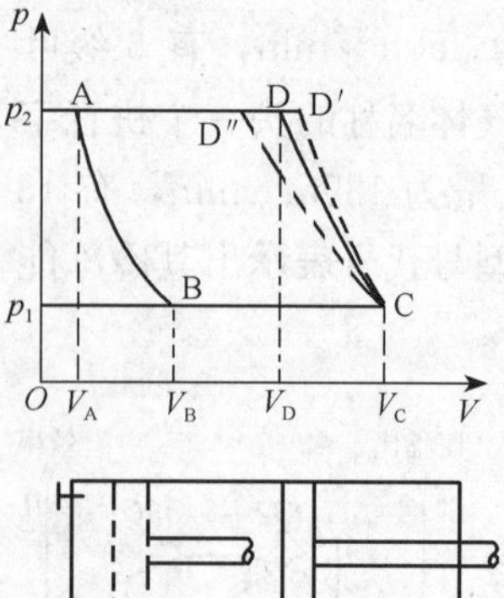

图 2.36　往复压缩机的工作过程

图2.36为单作用往复式压缩机的工作过程。当活塞运动至气缸的最左端（图中A点），压出行程结束，但因为设备结构上的原因，虽则活塞已达行程的最左端，汽缸左侧还有一些容积，称为余隙容积。由于余隙的存在，吸入行程开始阶段为余隙内压强为 p_2 的高压气体膨胀过程，直至气压降至吸入气体 p_1（图中B点）吸入活门才开启，压强为 p_1 的气体被吸入缸内。在整个吸气过程中，压强 p_1 基本保持不变，直至活塞移至最右端（图中C点），吸入行程结束。当压缩行程开始，吸入活门关闭，缸内气体被压缩。当缸内气体的压强增大至稍高于 p_2（图中D点），排出活门开启，气体从缸体排出，直至活塞移至最左端，排出过程结束。

由此可见，压缩机的一个工作循环是由膨胀、吸入、压缩和排出四个阶段组成的。四边形ABCD所包围的面积，为活塞在一个工作循环中对气体所做的功。

根据气体和外界的换热情况，压缩过程可分为等温（CD″）、绝热（CD′）和多变（CD）三种情况。由图可见，等温压缩消耗的功最小，因此压缩过程中希望能较好冷却，使其接近等温压缩。实际上，等温和绝热条件都很难做到，所以压缩过程都是介于两者之间的多变过程。如不考虑余隙的影响，则多变压缩后的气体温度 T_2 和一个工作循环所消耗的外功 W 分别为

$$T_2 = T_1\left(\frac{p_2}{p_1}\right)^{\frac{k-1}{k}} \tag{2.24}$$

和
$$W = p_1 V_c \frac{k}{k-1}\left[\left(\frac{p_2}{p_1}\right)^{\frac{k-1}{k}} - 1\right] \tag{2.25}$$

式中：k 称为多变指数，$K=1.25$；V_c为吸入容积。

式（2.24）和式（2.25）说明，影响排气温度 T_2和压缩功 W 的主要因素是：

（1）压缩比愈大，T_2和 W 也愈大。

（2）压缩功 W 与吸入气体量（即式中的 p_1V_c）成正比。

（3）多变指数 k 愈大则 T_2和 W 也愈大。压缩过程的换热情况影响 k 值，热量及时全部移除，则为等温过程，相当于 $k=1$；完全没有热交换，则为绝热过程，$k=\gamma$；部分换热则 $1<k<\gamma$。值得注意的是 γ 大的气体 k 也较大。空气、氢气等 $\gamma=1.4$，而石油气则 $\gamma=1.2$ 左右，因此在石油气压缩机用空气试车或用氮气置换石油气时，必须注意超负荷及超温问题。

压缩机在工作时，余隙内气体无疑地进行着压缩膨胀循环，且使吸入气量减少。余隙的这一影响在压缩比 p_2/p_1大时更为显著。当压缩比增大至某一极限值时，活塞扫过的全部容积恰好使余隙内的气体由 p_2膨胀至 p_1，此时压缩机已不能吸入气体，即流量为零。这是压缩机的极限压缩比。此外，压缩比增高，气体温升很高，甚至可能导致润滑油变质，机件损坏。因此，当生产过程的压缩比大于 8 时，尽管离极限压缩比尚远，也应采用多级压缩。

图 2.37 为两级压缩机示意图。在第一级中气体沿多变线 ab 被压缩至中间压强 p，以后进入中间冷却器等压冷却到原始温度，体积缩小，图中以 bc 线表示。

在第二级压缩中，从中间压强开始，图中以 cd 线表示。这样，由一级压缩变为两级压缩后，其总的压缩过程较接近于等温压缩，所节省的功为阴影面积 bcdd′所代表。

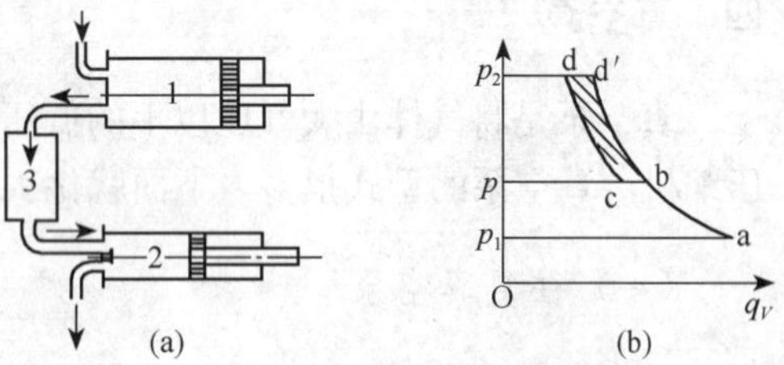

图 2.37　两级压缩示意图

在多级压缩中，每级压缩比减少，余隙的不良影响减弱。

往复压缩机的产品有多种，除空气压缩机外，还有氮气压缩机、氢气压缩机、石油气压缩机等，以适应各种特殊需要。

往复式压缩机的选用主要依据是生产能力和排出压强（或压缩比）两个指标。生产能力用 m^3/min 表示，以吸入常压空气来测定。在实际选用时，首先根据所输送气体的特殊性质，决定压缩机的类型，然后再根据生产能力和排出压强，从产品样本中选用合适的压缩机。

与往复泵一样，往复式压缩机的排气量也是脉动的。为使管路内流量稳定，压缩机出口应连接气柜。气柜兼起沉降器作用，气体中夹带的油沫和水沫在气柜中沉降，定期排放。为安全起见，气柜要安装压力表和安全阀。压缩机的吸入口需装过滤器，以免吸入灰尘杂物，造成机件的磨损。

2. 往复压缩机排气量调节

往复压缩机排气量调节有下述几种方法：

(1) 补充余隙调节法。调节原理是在汽缸余隙的附近，装置一个补充余隙的容积，打开余隙调节阀时，补充余隙便与汽缸余隙相通，实质上等于增大汽缸余隙，使汽缸容积系数降低，减小吸气量，从而减小排气量。这是大型压缩机常用的经济的调节方法，但结构较复杂。

(2) 顶开吸入阀调节法。在吸入阀处安装一顶开阀门装置，在排气过程中，强行顶开吸入阀，使部分或全部气体返回吸入管道，以减小送气量。具有结构简单、经济的特点，空载启动时常应用此法。

(3) 旁路回流调节法。在排气管与吸气管之间安装旁路阀。调节旁路阀，使排出气体的一部分或全部回到吸入管道，减小送到排出管的气量。可以连续调节，但功率消耗不会因排气量减小而降低，所以不经济，一般在启动时短时间应用，或在操作中为调节或稳定各中间压强时应用。

(4) 降低吸入压强调节法。部分关闭吸入管路的阀门，使吸入气体压强降低，密度下降，使质量流量降低，达到调节的目的。可以连续调节，但不经济。在压缩可燃性气体时，如果吸入管路压强降至低于大气压强，空气可能漏入造成事故。一般适用于空气压缩机站。

(5) 改变转速调节法。最直接而经济的方法，适用于蒸汽机或内燃机带动的压缩机。当用电动机为动力时，需设置变速电机或变速箱。

(6) 改变操作台数调节法。当选用的压缩机台数较多时，可根据工作需要，决定工作台数，以增加或减小全系统的排气量。可与计划检修配合，便于维修，经济实用。

四、真空泵

真空泵是将气体由大气压以下的低压经过压缩而排向大气的设备，实际上，也是一种压缩机。真空泵的型式很多，下面就化工厂中常用的几种真空泵及其特点做简要介绍。

(一) 往复真空泵

往复真空泵的构造和作用原理虽与往复压缩机基本相同，但因其在低压下操作，气缸内外压差很小，所用吸入和排出阀门必须更加轻巧而灵活。为了降低余隙的影响，真空泵气缸左右两端之间设有平衡气道，活塞排气阶段终了，平衡气道连通很短时间，使残留于余隙中的气体可以从活塞一侧流到另一侧，以降低其压力，从而提高容积系数值。

往复式真空泵属于干式真空泵。若其抽吸气体中含有大量蒸汽，则必须将可凝性气体通过冷凝或其他方法除去之后再进入泵内。

(二) 旋转真空泵

1. 液环真空泵

液环真空泵常用的有水环真空泵，主要用于抽吸气体，特别在抽吸腐蚀性气体时更为常用。

水环真空泵如图 2.38 所示。

2. 滑片真空泵

另一种典型的旋转真空泵为滑片真空泵，如图 2.39 所示。

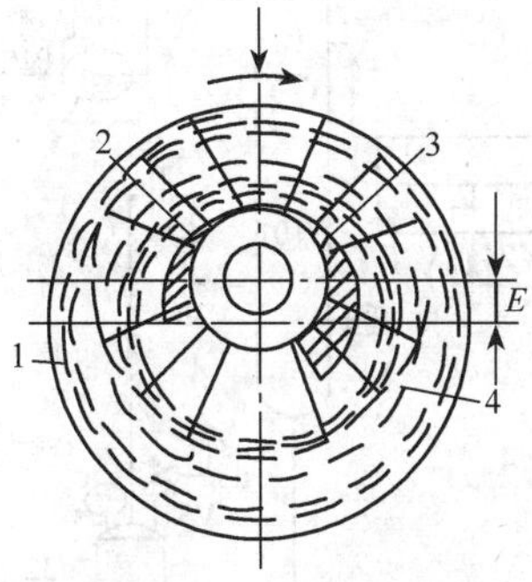

图 2.38　水环真空泵

1. 水环；2. 排气口；3. 吸入口；4. 转子

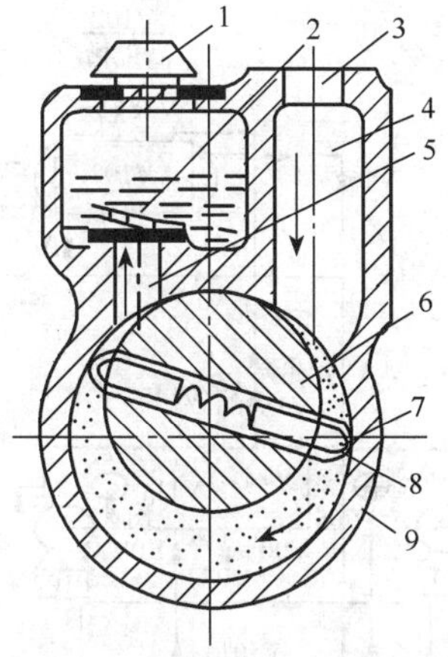

图 2.39　滑片真空泵的工作原理

1. 排气口；2. 排气阀片；3. 吸气口；4. 吸气管；5. 排气管；6. 转子；7. 旋片；8. 弹簧；9. 泵体

（三）喷射泵

喷射泵是利用流体流动时，静压能与动压能相互转换的原理来吸送流体的。它可用于吸送气体，也可吸送液体。在化工生产中，喷射泵常用于抽真空，故又称喷射式真空泵。喷射泵的工作流体可以用蒸汽（称蒸汽喷射泵），也可以用水（称水喷射泵）或其他流体。

图 2.40 所示为一单级蒸汽喷射泵。

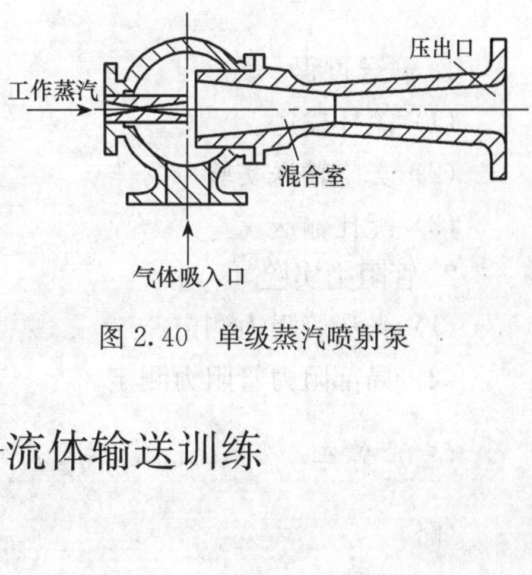

图 2.40　单级蒸汽喷射泵

第五节　技能训练——流体输送训练

一、实训项目

（1）完成液体输送岗位技能训练。

（2）完成气体输送岗位技能训练。

（3）完成设备特性岗位技能训练。

（4）完成离心泵故障联锁投运功能训练。

二、工艺流程（图 2.41）

三、操作规程

（一）开车前准备

（略）。

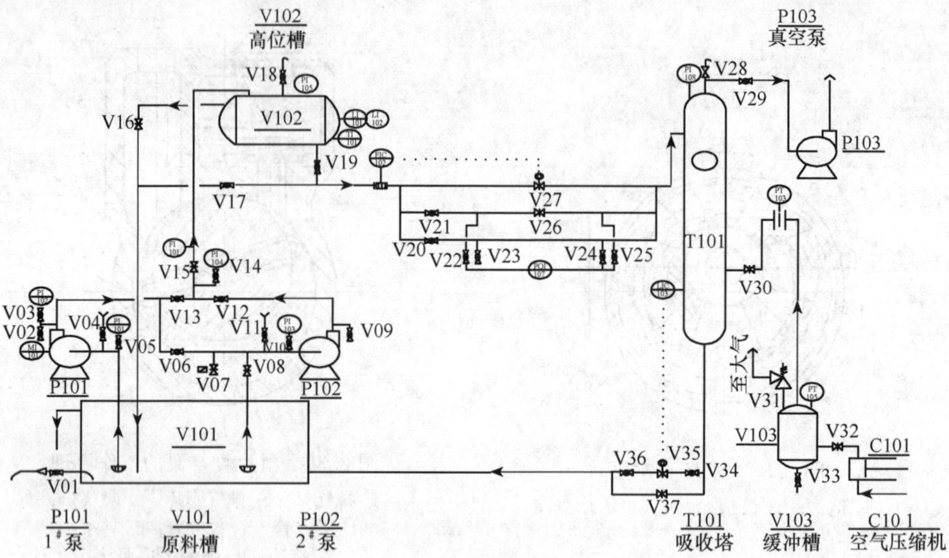

图 2.41　流体输送训练工艺流程

（二）开车

1. 输送过程

（1）流体输送。

（2）真空输送实验。

（3）配比输送。

2. 管阻力实验

（1）光滑管阻力测定。

（2）局部阻力管阻力测定。

（三）停车

（略）。

（四）故障处理技能训练

（1）离心泵进口加水加不满。

（2）真空输送不成功。

（3）吸收塔压力异常。

相关链接

压缩机工国家职业技能鉴定标准

根据国家职业标准，压缩机工共设五个等级，分别为初级、中级、高级、技师、高级技师。取得以高级技能为培养目标的高等职业学校本专业毕业证书人员，可申报压缩机工高级工技能鉴定。

中华人民共和国劳动和社会保障部颁发的“国家职业技能鉴定规范（化工行业特有工种考核大纲）”压缩机工（高级）技能鉴定

一、鉴定要求

1. 适用对象

从事操纵压缩机的操作人员。

2. 申报要求

(1) 文化程度：高中毕业。

(2) 现有技术等级证收级别：中级工技术等级证书，持证五年。

(3) 本工种工作年限：八年。

(4) 身体状况：健康。

3. 考生与考评员比例

(1) 知识：15∶1。

(2) 技能：1∶3。

4. 鉴定方式和时间

(1) 知识：闭卷、笔试，限时 90min。满分 100 分，60 分及格。

(2) 技能：进行逐人抽题口试或笔试，模拟操作，按考核内容确定考试时间。满分 100 分，60 分及格。

二、鉴定内容

1. 知识要求（表 2.2）

表 2.2　知识要求

项目	鉴定范围	鉴定内容	鉴定比重/%
基本知识	基础知识	(1) 具有本工程有关的高中（中专）物理、化学基础知识 (2) 雷诺数、流体阻力与计算 (3) 流体输送机械作用原理及结构 (4) 强化传热的途径 (5) 降低流体阻力的途径 (6) 流量的测量 (7) 蒸发器、冷凝器的型式、应用等 (8) 串联管路和并联管路的布置	30
	安全防护知识	(1) 熟悉上级机关、本企业安全生产法规、消防条例、安全生产规章制度等有关规定 (2) 熟悉压缩装置各种安全设施的基本原理、性能、使用和维护知识 (3) 熟悉本产品生产中原料、成品各种安全设施的基本原理、性能和使用方法	10

续表

项目	鉴定范围	鉴定内容	鉴定比重/%
专业知识	工艺技术知识	(1) 懂得气体压缩过程的基本工作原理、气体压缩循环过程、余隙系数、吸排气量、轴功率以及压缩操作的温度、压力对压缩气体的影响 (2) 气体压缩工艺生产流程选择及其比较 (3) 懂得本工序操作规程，各工种之间关系及相互影响 (4) 熟知本工序所用物料的技术指标及其作用	40
	分析检验知识	懂得本工序分析取样点、控制项目、指标及检测频率、分析方法及误差知识	2
	工具设备知识	(1) 懂得本工序全部设备构造、性能、操作条件、技术要求、选用原则及修理知识 (2) 懂得本工序工具、阀门、容器等拆装和修理知识	10
	电器仪表、计算器具知识	(1) 懂得本工种和相关工种电器、仪表、计量器具等的工作原理、性能、特点、使用和维护知识 (2) 懂得本工种和相关工种信号、连锁、保护系统的构造基本原理、性能特点、设定值	4
相关知识	三废处理知识	(1) 懂得国家环境保护法，本工种和相关工种污染物种类、数量、性质、排放标准 (2) 本工种和相关工种采用环保设施的机理和使用方法，降低三废排放的途径	2
	管理知识	(1) 掌握生产管理、班组管理、安全管理、设备管理的基本知识，具有班组管理经验 (2) 了解国内外有关气体压缩的新技术、新工艺及发展趋势，对压缩过程具有先进管理水平	2

2. 技能要求（表 2.3）

表 2.3　技能要求

项　目	鉴定范围	鉴定内容	鉴定比重/%
操作技能	1. 工艺操作能力	(1) 参与组织同类型压缩装置验收、开工等 (2) 能胜任本工序各岗位正常操作，掌握特殊操作 (3) 能指导中级工操作	30
	2. 应变和事故处理能力	(1) 能迅速处理本工序异常情况和突发性事故 (2) 能发现本工序异常事故隐患和预防事故发生，参与重大事故的原因分析、提出防范措施 (3) 能熟练地使用本工序的消防器材和防护用具	20

续表

项目	鉴定范围	鉴定内容	鉴定比重/%
工艺设备的使用与维护	设备及仪表的使用维护能力	（1）能组织正确执行本工序装置的设备维护保养制度，并能提出改进意见 （2）能正确提出检修项目、内容和要求。修后、单体设备的试车 （3）参与仪表自控调节器和参数整定及各种设定值的修改	20
其他能力	1. 工艺计算能力	（1）能对压缩过程进行物料和热量衡算 （2）能对本压缩过程进行全面技术分析、计算，用来指导改进生产	20
	2. 试图制图能力	（1）能看懂压缩机的装配图 （2）能绘制压缩工序设备结构草图和一般零部件草图	4
	3. 管理能力	能使用先进管理方法并组织本压缩过程的生产专题攻关，不断提高生产水平	3
	4. 语言文字领会与表达能力	（1）参与总结生产经验和撰写技术报告 （2）对工艺技术操作规范等提出修改意见	3

本章小结

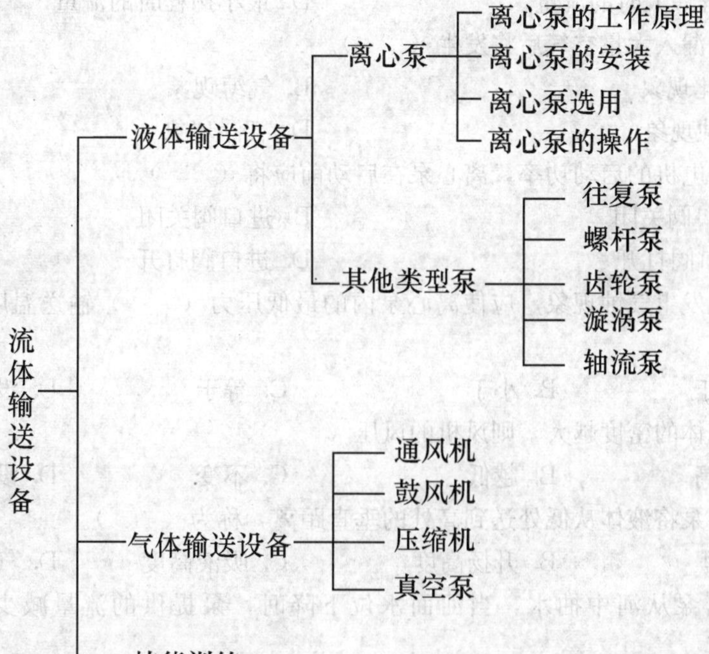

同步测试题

一、填空题

1. 液体输送设备以其工作原理不同，可以分为________________________。

2. 离心泵在启动前必须向泵内________以排除________，否则，叶轮旋转时，由于________的存在，产生的________力很小，泵入口初的________就会很低，吸入液面和泵入口处的________差很小，不能推动液体流入泵内，泵就无法工作。

3. 离心泵的扬程是指________；而升扬高度是指____________________。

4. 气体输送设备按其出口压力或压缩比可以分为 ______________；__________；________；________。

5. 通风机的主要性能有____________________。

二、选择题

1. 当离心泵内充满空气时，将发生气缚现象，这是因为（　　）。

A. 气体的黏度太小　　B. 气体的密度太小

C. 气体比液体更容易起漩涡　　D. 气体破坏了液体的连续性

2. 离心泵铭牌上标明的流量是指（　　）。

A. 效率最高时的流量　　B. 泵的最大流量

C. 扬程最大时的流量　　D. 最小扬程时的流量

3. 离心泵漏入大量空气后将发生（　　）。

A. 汽化现象　　B. 气缚现象

C. 汽蚀现象　　D. 气浮现象

4. 为减少电机的启动功率，离心泵在启动前应将（　　）。

A. 出口阀关闭　　B. 进口阀关闭

C. 出口阀打开　　D. 进口阀打开

5. 为避免发生气蚀现象，应使离心泵内的最低压力（　　）输送温度下液体的饱和蒸汽压。

A. 大于　　B. 小于　　C. 等于　　D. 没关系

6. 输送气体的密度越大，则风机的风压（　　）。

A. 越高　　B. 越低　　C. 不变　　D. 没关系

7. 用离心泵将液体从低处送到高处的垂直距离，称为（　　）。

A. 扬程　　B. 升扬高度　　C. 吸液高度　　D. 气蚀余量

8. 用离心泵从河中抽水，当河面水位下降时，泵提供的流量减少了，其原因是（　　）。

A. 发生了气缚现象　　B. 泵特性曲线变了

C. 管路特性曲线变了　　D. 发生了气蚀现象

9. 离心泵并联操作的目的是（　　）。

A. 增大位能　　B. 增大扬程　　C. 增大流量　　D. 升扬高度

10. 当离心泵输送的液体的黏度增大时，则其（　　）。

A. 扬程减少，流量、效率、轴功率均增大

B. 扬程、流量、效率均降低，轴功率增大

C. 扬程、效率增大，流量，轴功率减少

D. 扬程、流量、效率均增大，轴功率减少

三、问答题

1. 离心泵的主要结构部件，工作原理。
2. 离心泵启动的基本步骤。
3. 离心泵切换的基本步骤及注意点。
4. 离心泵流量调节的方法，用出口阀调节流量的基本原理及优点。
5. 正位移泵的特点，流量如何调节？
6. 正位移泵操作的安全注意事项。
7. 简述离心式压缩机的优缺点。
8. 简述往复式压缩机的工作原理。
9. 什么是喘振？如何防止喘振？
10. 什么叫汽蚀现象？汽蚀现象有什么破坏作用？
11. 发生汽蚀现象的原因有哪些？如何防止汽蚀现象的发生？
12. 为什么启动前一定要将离心泵灌满被输送液体？
13. 离心泵在启动和停止运行时泵的出口阀应处于什么状态？为什么？
14. 一台离心泵在正常运行一段时间后，流量开始下降，可能会由哪些原因导致？
15. 离心泵出口压力过高或过低应如何调节？
16. 离心泵入口压力过高或过低应如何调节？
17. 若两台性能相同的离心泵串联操作，其输送流量和扬程较单台离心泵相比有什么变化？若两台性能相同的离心泵并联操作，其输送流量和扬程较单台离心泵相比有什么变化？

四、计算题

1. 某离心泵以 $71m^3/h$ 的送液量输送密度为 $850kg/m^3$ 的溶液，在压出管路上压力表读数为 0.32MPa，吸入管路上真空表读数为 220mmHg，两表之间的垂直距离为 0.6m，泵的进出口管径相等。两测压口间管路的流动阻力可忽略不计，如泵的效率为 60%，求该泵的轴功率。（1mmHg＝133.32Pa）

2. 一离心泵将河水送到 25m 高的常压水塔中去。泵的进出口管径均为 60mm，管内流速为 2.5m/s，测得该流速下泵入口真空表读数为 3×10^4 Pa，出口压力表读数为 2.6×10^5 Pa，两表之间的垂直高度为 0.4m，河水取 $1000kg/m^3$。试求：

(1) 泵在该流量下所提供的扬程，m；

(2) 该流量下整个管路的能量损失，mH_2O；

(3) 写出该管路的特性曲线方程。

3. 一离心泵在转速为 1450r/min 时，流量为 $22m^3/h$，扬程为 25m，现将转速调至 1300r/min 时，此时泵的流量和扬程分别为多少？

4. 用内径 100mm 的钢管从江中取水，送入蓄水池。池中水面高出江面 30m，管路的长度（包括管件的当量长度）为 60m。水在管内的流速为 1.5m/s。今仓库里有下列四种规格的离心泵，试从中选一台合用的泵（表 2.4）。已知管路的摩擦因数为 0.028。

表 2.4　四种规格离心泵相关参数

泵	Ⅰ	Ⅱ	Ⅲ	Ⅳ
流量 V/(L/s)	17	16	15	12
扬程 H/mH_2O	42	38	35	32

5. 某离心泵用 20°C 清水做性能实验，测得流量为 $580m^3/h$ 时，泵出口压力表的读数为 300kPa，吸入口真空表的读数为 200mmHg。两表之间垂直高度为 0.4m，试求该流量下的扬程（m）。

6. 某车间丁烷贮槽内贮存温度为 30°C 的丁烷溶液，贮槽液面压强为 3.2atm（绝），槽内最低液面高度在泵进口管中心线以下 2.4m。已知 30°C 时丁烷的饱和蒸汽压为 3.1atm，相对密度为 0.58，泵吸入管路的压头损失为 1.6m，泵的汽蚀余量为 3.2m。试问该泵的安装高度能否保证正常操作？（$1atm=1.013\times10^5Pa$）

7. 现库房存有一台 $n=1200$rpm，$Q=94.5m^3/h$，$H=22$m 的离心泵，欲用此泵将贮槽内相对密度为 1.12 的溶液送到高位槽内。高位槽内液面的表压强为 0.405×10^5Pa，地面贮槽的液面表压强为零，两槽液面高差为 13m，需要送液体量为 $92m^3/h$。输送管路均为 ϕ140mm×4.5mm 的钢管，计算长度为 150m，摩擦因数为 0.03。试问该泵是否合用？

8. 用离心泵将水从贮槽输送至高位槽中，两槽均为敞口，且液面恒定。现改为输送密度 $1200kg/m^3$ 为的某水溶液，其他物性与水相近，若管路状况不变，试说明：

(1) 输送量有无变化？

(2) 压头有无变化？

(3) 泵的轴功率有无变化？

(4) 泵出口处压力有无变化？

9. 用离心泵向设备送水。已知泵特性方程为 $H=40-0.01Q^2$，管路特性方程为 $He=25+0.03Q^2$，两式中 Q 的单位均为 m^3/h，H 的单位为 m。试求：

(1) 泵的输送量。

(2) 若有两台相同的泵串联操作，则泵的输送量又为多少？

10. 某单级空气压缩机每小时将 $360m^3$的空气压缩到 0.7MPa（表压）。设空气的压缩过程为：(1) 绝热压缩；(2) 等温压缩；(3) 多变压缩。问该压缩机所消耗的功率各为多少 kW？压缩后的空气温度各为多少 K？空气的进口温度为 20°C，大气压为 736mmHg。（1mmHg=133.32Pa）

第二篇

传　　热

第三章　传　　热

知识目标

（1）了解各类换热器的结构、特点及应用。

（2）理解三种传热基本方式、传热推动力与热阻、影响传热过程的主要因素。

（3）掌握热传导、对流传热、辐射传热的基本规律及传热过程计算。

能力目标

（1）能根据工艺条件正确地调节、使用换热器。

（2）能正确选择传热效果好的换热器。

（3）能找出常用传热设备的故障并加以解决。

第一节　案例引入

一、生产案例

炼油厂气体分馏车间脱丙烷塔工艺流程，如图 3.1 所示。炼油厂气体分馏车间脱丙烷塔的进料预热器及塔底再沸器均为列管式换热器，选用饱和水蒸气作为加热介质，通过间壁给物料加热，原料液经过预热器后温度达到进料要求，釜液经过再沸器加热后部分汽化并返回塔内，提供塔内必需的上升气体。

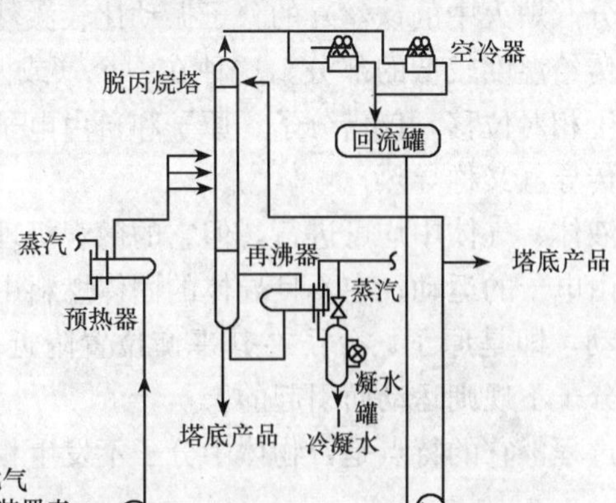

图 3.1　气体分馏装置脱丙烷塔工艺流程图

脱丙烷塔顶选用空冷器，以空气作为冷却介质，对管内气体进行冷凝。

二、传热在化工生产中的应用

传热即热量传递，凡存在温度差的地方，必有热量传递，传热是自然界和工程技术领域中极普遍的一种传递过程。

化学工业与传热关系十分密切，许多化工过程和操作都涉及加热或冷却。例如，化学反应通常要在一定的温度下进行，为了达到和保持所要求的温度，就需要向反应器输入或移出一定的热量。此外，化工设备的保温、生产中热能的合理利用、废热的回收以及如何强化传热过程，提高传热效率，都必须以传热的基本规律为依据，才能达到既节省能源又改善劳动条件。

归纳起来，传热在化工生产中的应用主要有以下几个方面：

(1) 物料的加热、冷却或冷凝，使物料达到指定的温度。如合成氨的操作温度为470～520℃，为了达到要求的反应温度，需对原料进行加热。

(2) 回收利用热量或冷量，综合利用热能。如合成生产中，合成塔出口气体温度很高，原料气需降温后才能进入分离设备，可通过设置废热锅炉生产蒸汽，达到回收余热，合理利用热能的目的。

(3) 化工设备和管路的保温、保冷，减少热量或冷量的损失。

化工生产中遇到的传热问题，通常有两大类：一类是要求强化传热，提高完成某一换热任务的传热速率，减小传热设备的传热面积，从而减小设备尺寸，降低设备费用；另一类是削弱传热，以减少热损失，如高温设备、低温设备及管路的保温隔热等，要求传热速率越低越好。

三、传热的基本方式

根据传热机理的不同，传热基本方式有三种。

(一) 热传导

把一根长铁丝的一端插入炉火中，不一会儿，铁丝的另一端就有烫手的感觉，这因为物体中温度较高部分（炉火中的铁丝）的分子振动比较激烈而与相邻的分子碰撞，将其热能以动能的形式传给温度较低的部分。这种在一个（或两个紧密接触）物体内部，物体各部分之间不发生相对位移，仅借分子、原子和自由电子等微观粒子的热运动而引起的热量传递称为热传导（又称导热）。

热传导在固体、液体、气体中均可进行，但它的微观机理因物态而异。在金属固体中，热传导起因于自由电子的运动；在不良导体的固体燃料中和大部分液体中，热传导是通过晶格结构的振动，即是原子、分子在其平衡位置附近的振动来实现的；在气体中，热传导则是由于分子不规则运动而引起的。

对于纯热传导的过程，它的特点是：物体中分子不发生相对位移。

(二) 热对流

流体各部分之间发生相对位移所引起的热传递过程称为热对流。在流体中产生热对流的原因有二：一是因流体中各处的温度不同而引起密度的差别，使轻者上浮、重者下沉，流体质点产生相对位移，这种热对流称为自然对流，例如，用水壶烧开水时，虽然炉火只加热水壶的底部，但最后全壶的水都会沸腾。二是因泵（风机）或搅拌等外力所致的质点强制运动，这种热对流称为强制对流。

热对流只发生在流体中，并且流体的质点有明显的相对位移。

（三）热辐射

因热的原因而产生的电磁波在空间的传递，称为热辐射。自然界中的一切物体都在不停地向外发射辐射能，同时又不断地吸收来自其他物体的辐射能，并将其转变为热能。物体之间相互辐射和吸收能量的总结果称为辐射传热。

辐射传热的特点是：它不需要物体为媒介来传递热量，而且它不仅有能量的传递，还有能量形式的转换，即在放热处，热能转变为辐射能，以电磁波的形式向空间传递；当遇到另一个能吸收辐射能的物体时，即被其部分地或全部地吸收而转变为热能。

凡是温度在绝对零度以上的物体都能发射辐射能，但只有在物体的温度很高时，辐射传热才能成为主要的传热方式。

实际上，上述三种基本传热方式，在传热过程中常常不是单独存在的，而是两种或三种传热方式的组合，并以其中一种或两种为主。

四、工业中的换热方式

根据冷、热两种流体在换热器内的接触情况，工业中的换热方式有以下三种。

（一）直接接触式换热

直接接触式换热的特点是冷、热两流体在换热器中直接接触，如图 3.2 所示。直接接触式换热仅适用于允许两股流体直接接触混合的场合。

（二）蓄热式换热

蓄热式换热是在蓄热器中实现热交换的一种换热方式。蓄热器内装有固体填充物（如耐火砖等），如图 3.3 所示。操作时热、冷流体交替流过蓄热器，利用固体填充物来积蓄和释放热量而达到换热的目的。

由于这类换热设备的操作是间歇交替进行的，并且难免在交替时发生两股流体的混合，所以在化工生产中使用的不太多。

（三）间壁式换热

这是生产中使用最广泛的一种换热形式。冷、热两流体被固体壁面（传热面）所隔开，分别在壁面两侧流动，互相不接触，不混合，传热时，热流体先将热量传给固体壁面，再由壁面传给冷流体，如图 3.4 所示的套管式换热器就是一种间壁式换热器。

间壁式换热器适用于两股流体间需要进行热量交换而又不允许直接相混的场合。

化工生产中最常遇到的换热过程是间壁式换热，本章重点讨论间壁式换热。

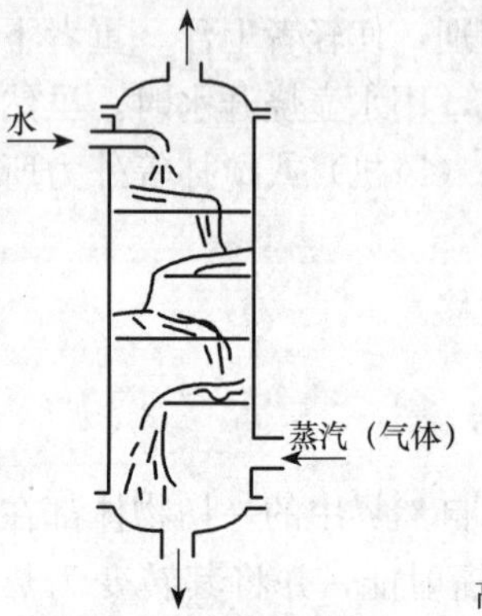

图 3.2　直接接触式换热

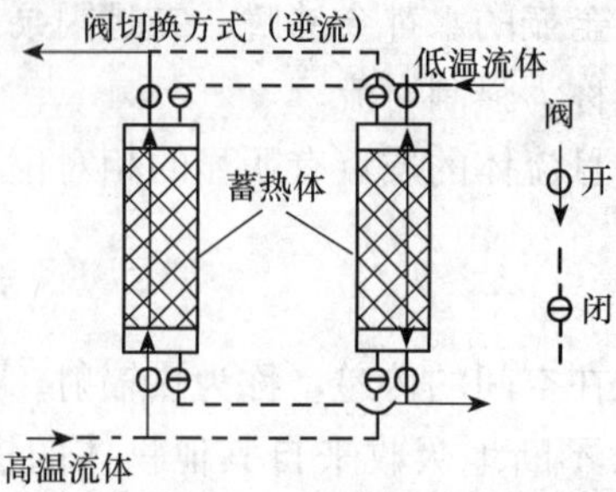

图 3.3　蓄热式换热器

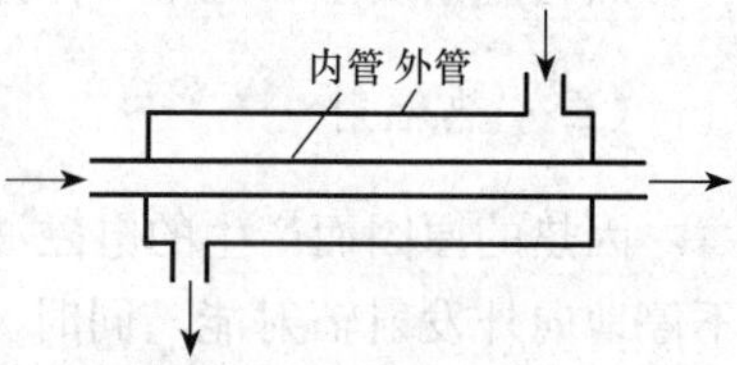

图 3.4　套管式换热器

五、稳定传热与不稳定传热

在传热系统中温度分布仅随位置改变，不随时间而改变的传热过程称为稳定传热。连续生产过程中的传热多为稳定传热。

若传热系统中温度分布不仅随位置改变，而且随时间变化的传热过程称为不稳定传热。工业生产中间歇操作的换热设备和连续生产时设备的启动和停车过程，都为不稳定的传热过程。

化工生产过程中的传热多为稳定传热，本章只讨论稳定传热。

六、热速率方程式

在换热器中传热的快慢用传热速率表示。传热速率 Q 是指单位时间内通过传热面的热量，单位为 W。两股流体间之所以能进行热量交换，是因为它们之间有温度差，温度差是热量传递的推动力。如果以 T 表示热流体的温度，t 表示冷流体的温度，那么温度差 T-t 就是推动力，用 Δt 表示，单位为 K 或℃。实践证明：冷、热两股流体单位时间内所交换的热量 Q 与传热面积 A 成正比，与温度差成正比，即 $Q \propto A\Delta t$。

把上述比例式改写成等式，以 K 表示比例常数，则得

$$Q = KA\Delta t \tag{3.1}$$

式（3.1）称为传热速率方程式，式中 K 称为传热系数，其单位可由式（3.1）移项推导得

$$K = \frac{Q}{A\Delta t}\text{，单位 W/(m}^2\cdot\text{℃) 或 W/(m}^2\cdot\text{K)} \tag{3.2}$$

传热系数的意义是当温度差为 1K 时，在单位时间内通过单位面积所传递的热量。显然，K 值的大小是衡量换热器性能的一个重要指标，K 值越大，表示在单位传热面积上在单位时间内传递的热量越多。

将式（3.1）改写为 $$q=\frac{Q}{A}=\frac{\Delta t}{\frac{1}{K}} \tag{3.3}$$

式中：$\frac{1}{K}$——传热过程的总阻力，简称热阻，用 R 表示。即

$$R=\frac{1}{K}$$

由式（3.3）可知，单位传热面积上的传热速率与传热推动力 Δt 成正比，与热阻 R 成反比。因此，提高换热器传热速率的途径为提高传热推动力和降低传热阻力。

七、载热体及其选择

参与传热的流体称为载热体，在传热过程中，温度较高而在传热过程中放出热量的载热体，称为热载热体或加热剂；温度较低，在传热过程中得到热量的载热体称为冷载热体或冷却剂、冷凝剂。

化工生产中使用最广泛的载热体是水和饱和水蒸气。若选择其他物质作为载热体，应考虑以下原则：

（1）载热体应能够满足工艺上要求达到的加热（或冷却）温度。

（2）载热体的温度易调节控制。

（3）载热体的毒性小，不易燃、易爆，不易腐蚀设备。

（4）价格便宜，来源容易。

工业上常用的几种载热体及其温度范围如表 3.1 所示。

表 3.1 常用载热体及其温度范围

项目	载热体名称	温度范围/℃	特 点
加热剂	饱和水蒸气	100～180	给热系数大，冷凝相变热大；温度易于调节；加热温度不能太高
	热水	40～100	工业上可利用废热水的余热；加热温度低，也不易调节
	烟道气	>500	温度高，但加热不易均匀；给热系数小，热容小
	熔盐 $KNO_3$53%，$NaNO_2$40%，$NaNO_3$7%	142～530	加热温度高，且均匀，热容小
	联苯混合物（如道生油含联苯 26.5%，联苯醚 73.5%	15～255（液态） 255～380（蒸气）	适用温度范围广，且易于调节；容易渗漏，渗漏蒸气易燃
	矿物油（包括各类气缸油）	<350	价廉，易得；黏度大，给热系数小，易分解，易燃
冷却剂	冷水	5～80	来源广，价格便宜，调节方便；温度受地区、季节与气温的影响
	空气	>50	取之不尽，用之不竭；给热系数小，温度受季节和气候的影响较大
	冷冻盐水（氯化钙溶液）	−15～0	成本高，只适用于低温冷却

第二节　热　传　导

一、热传导的基本概念和定律

（一）傅里叶定律

热传导主要是由于宏观静止物体内部微观粒子的相互碰撞或不规则运动而引起的热量传递。

不良导体的固体及大部分液体，其热传导是由于相邻分子的碰撞；气体内部主要是由于不规则的分子热运动；在金属内部则是由于自由电子的运动，故金属的导热能力最强。

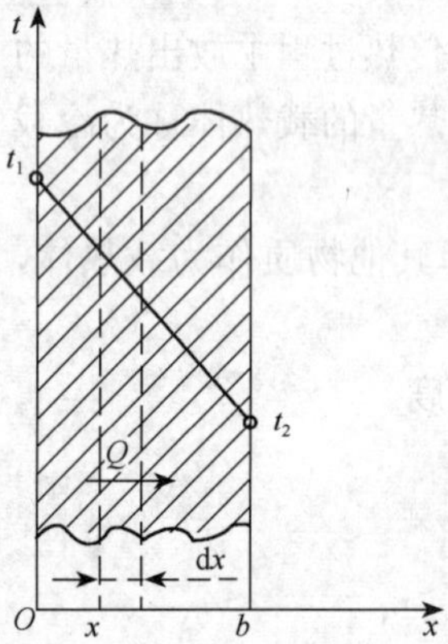

图 3.5　傅立叶定律的推导

那固体热传导的传热速率（简称导热速率）与什么因素有关呢?

取一块厚度为 b，各部分组成都是均匀的平板，如图 3.5 所示，假设热量以热传导的方式从温度为 t_1 的壁面一侧传到温度为 t_2 的另一侧（设 $t_1>t_2$）。若我们沿着热流方向在平板上取一微分长度 $\mathrm{d}x$，则实验测定瞬间的导热速率为 $\mathrm{d}Q$。

实验表明：物体的导热速率与传热过程的温度差、传热面积成正比，与传导的距离成反比，即

$$\mathrm{d}Q=-\lambda A\mathrm{d}t/\mathrm{d}x \tag{3.4}$$

式（3.4）称为傅里叶定律。稳定传热时，传导的热量不随时间的改变而变化，故傅里叶定律可表示为

$$Q=-\lambda A\mathrm{d}t/\mathrm{d}x \tag{3.5}$$

式中：Q——导热速率，其方向与温度梯度的方向相反，W；

$-\mathrm{d}t/\mathrm{d}x$——称为温度梯度，是随传热距离变化而引起的温度变化率，℃/m；负号表示传热的方向与温度升高的方向相反；

λ——导热系数，W/(m・℃) 或 W/(m・K)；

A——传热面积，m^2。

若以 q 表示单位时间通过单位传热面积所传递的热量（称为热通量），单位为 $\mathrm{W/m^2}$，则傅里叶定律可表示为

$$q=\mathrm{d}Q/A=-\lambda\mathrm{d}t/\mathrm{d}x \tag{3.6}$$

（二）导热系数 λ

式（3.5）可改写为

$$\lambda=\frac{Q}{A\dfrac{\mathrm{d}t}{\mathrm{d}x}}=\frac{q}{\dfrac{\mathrm{d}t}{\mathrm{d}x}} \tag{3.7}$$

由式（3.7）可知，导热系数在数值上等于单位温度梯度下的热通量。因此，导热系数 λ 是一个表征物质导热能力大小的量，是物质的物理性质之一。通常，需

要提高导热速率时，可选用导热系数大的材料；反之，要降低导热速率时，应选用导热系数小的材料。导热系数的数值与物质的组成、结构、密度、温度、压强有关。

各种物质的导热系数通常用实验的方法测定。导热系数数值的变化范围很大，一般来说，金属的导热系数最大，非金属固体次之，液体较小，气体最小。工程计算中常见物质的导热系数可从有关手册中查得。表 3.2～表 3.4 中列出某些物质的导热系数，供查用。

1. 固体的导热系数

表 3.2 为常用固体材料的导热系数。金属是良好的导电体，也是良好的导热体，纯金属的导热系数一般随温度的升高而降低，金属材料的纯度对导热系数影响很大，合金的导热系数一般比纯金属要低。

表 3.2 常用固体材料的导热系数

固体材料	温度/℃	导热系数 λ/[W/(m·℃)]	固体材料	温度/℃	导热系数 λ/[W/(m·℃)]
铝	300	230	石棉	0	0.16
镉	18	94	石棉	100	0.19
铜	100	377	石棉	200	0.21
铅	100	33	高铝砖	430	3.1
镍	100	57	建筑砖	20	0.69
银	100	412	镁砂	200	3.8
钢（1%C）	18	45	棉毛	30	0.050
青铜	—	189	玻璃	30	1.09
不锈钢	20	16	云母	50	0.43
熟铁	18	61	硬橡皮	0	0.15
铸铁	53	48	锯屑	20	0.052
石棉板	50	0.17	软木	30	0.043

非金属建筑材料或绝热材料（又称保温材料）的导热系数与物质的组成、结构和致密程度及温度有关。通常 λ 值随密度的增加而增加，也随温度的升高而增大。

2. 液体的导热系数

液体分为金属液体和非金属液体，通常的液体大多数是非金属液体。表 3.3 列出了几种常用液体的导热系数。在非金属液体中，水的导热系数最大，除水和甘油之外，绝大多数液体的导热系数随温度升高而略有降低。

表 3.3 液体的导热系数

液体	温度/℃	导热系数 λ/[W/(m·℃)]	液体	温度/℃	导热系数 λ/[W/(m·℃)]
乙酸（50%）	20	0.35	甘油（40%）	20	0.45
丙酮	30	0.17	正庚烷	30	0.14
苯胺	0～20	0.17	水银	28	8.36
苯	30	0.16	水	30	0.62
乙醇（80%）	20	0.24	硫酸（90%）	30	0.36
甘油（60%）	20	0.38	硫酸（60%）	30	0.43
氯化钙盐水（30%）	30	0.55	—	—	—

3. 气体的导热系数

表 3.4 列出了几种气体的导热系数。气体的导热系数很小，对导热不利，但有利于绝热和保温。工业上所用的保温材料，如软木、玻璃棉等的导热系数之所以很小，就是因为在其空隙中存在大量的空气的缘故。气体的导热系数随温度的升高而增大，这是由于温度升高，气体分子热运动增强，但在相当大的压力范围内，压力对气体的导热系数无明显的影响。

表 3.4 气体的导热系数

气体	温度/℃	导热系数 λ/[W/(m·℃)]	气体	温度/℃	导热系数 λ/[W/(m·℃)]
氢	0	0.17	水蒸气	100	0.025
二氧化碳	0	0.015	氮	0	0.024
空气	0	0.024	氧	0	0.024
空气	100	0.031	乙烯	0	0.17
甲烷	0	0.029	乙烷	0	0.18

二、平壁的热传导

（一）单层平壁的稳定热传导

图 3.5 所示的平壁就是一个由均匀物质组成的平壁，如前所述，其导热速率，即单位时间内所传递的热量可以由傅里叶定律表述，若单层平壁的壁厚为 b，导热系数为 λ，平壁两侧的温度为 t_1、t_2，平壁内的温度只沿 x 轴方向发生变化即为定态一维平壁热传导，温度梯度为 $\mathrm{d}t/\mathrm{d}x$。

根据傅里叶定律可知：

$$Q=-\lambda A\,\mathrm{d}t/\mathrm{d}x$$

将上式用高等数学的微分求解，

边界条件：$x=0$，$t=t_1$；$x=b$，$t=t_2$

$$\int_0^b Q\mathrm{d}x=-\lambda A\int_{t_1}^{t_2}\mathrm{d}t$$

$$Q=-\frac{\lambda A}{b}(t_2-t_1)=\frac{(t_1-t_2)}{\dfrac{b}{\lambda A}}=\frac{\Delta t}{R} \tag{3.8}$$

$$q=\frac{Q}{A}=\frac{\lambda}{b}(t_1-t_2) \tag{3.9}$$

式中：$R=b/(\lambda\cdot A)$ ——称为导热热阻，K/W；

$R=b/\lambda$——也称为导热热阻，$(\mathrm{m}^2\cdot\mathrm{K})/\mathrm{W}$。

式（3.9）表明：单位时间内通过单层平壁所传递的热量，与壁面两侧的温差成正比，与传热面积 A 成正比，与壁厚 b 成反比；也表明，传热速率与过程的推动力（t_1-t_2）成正比，与过程的阻力 $b/(\lambda\cdot A)$ 成反比。

例 3.1 有一单层平面壁，厚度为了 10mm，内壁面温度为 573K，外壁面温度为 373K，设已知壁面物质在平均温度下的导热系数为 0.923W/(m·K)，试求该壁面导热时的热流强度。

解：根据热流强度的定义，由式（3.9）得

$$q=\frac{Q}{A}=\frac{\lambda}{b}(t_1-t_2)$$

已知 $\lambda=0.923\mathrm{W/(m\cdot K)}$，$b=10\mathrm{mm}=0.01\mathrm{m}$，$t_1=573\mathrm{K}$，$t_2=373\mathrm{K}$。

将以上各值代入上式，得 $q=\dfrac{0.923}{0.01}(573-373)=18460\ (\mathrm{W/m^2})$。

即每秒通过每米平方壁面上的导热量为 18.46kW/m。

（二）多层平壁的稳定热传导

对于平壁是由多层不同厚度、不同导热材料组成的多层平壁，也可以仿照单层平壁的方法来求算传热速率，而对于稳定传热，各层的导热速率是相等的。

设现有由耐火砖、保温砖、建筑砖构成的多层壁，如图 3.6 所示，其壁厚分别为 b_1、b_2、b_3，导热系数为 λ_1、λ_2、λ_3，假设各层接触良好，接触面上的温度相等并为稳定传热，则

第一层：$$Q=\lambda_1 A\frac{t_1-t_2}{b_1},t_1-t_2=\frac{Qb_1}{\lambda_1 A}$$

第二层：$$Q=\lambda_2 A\frac{t_2-t_3}{b_2},t_2-t_3=\frac{Qb_2}{\lambda_2 A}$$

第三层：$$Q=\lambda_3 A\frac{t_3-t_4}{b_3},t_3-t_4=\frac{Qb_3}{\lambda_3 A}$$

将上面各式相加

$$t_1 - t_4 = \frac{Q}{A}\left(\frac{b_1}{\lambda_1} + \frac{b_2}{\lambda_2} + \frac{b_3}{\lambda_3}\right)$$

即

$$Q = \frac{A(t_1 - t_4)}{\frac{b_1}{\lambda_1} + \frac{b_2}{\lambda_2} + \frac{b_3}{\lambda_3}} \tag{3.10}$$

对 n 层

$$Q = \frac{A(t_1 - t_n + 1)}{\frac{b_1}{\lambda_1} + \frac{b_2}{\lambda_2} + \frac{b_3}{\lambda_3} + \cdots + \frac{b_n}{\lambda_n}} \tag{3.11}$$

例 3.2 某炼油厂，加热炉炉墙由耐火砖和普通砖砌成，如图 3.7 所示，耐火砖厚度为了 500mm，导热系数为 1.63W/(m·℃)，普通砖厚度为 250mm，导热系数为 0.69W/(m·℃)，炉墙内、外壁温度分别为1000℃和 50℃。试求：(1) 单位时间内单位面积的传热量。(2) 两层砖分界处的温度。

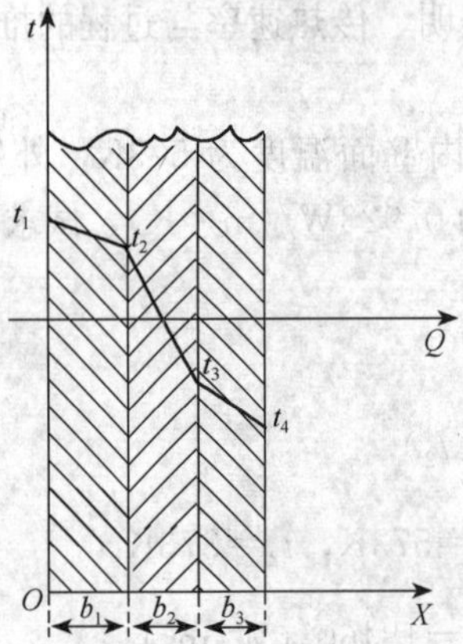

图 3.6　多层平壁速率方程的推导

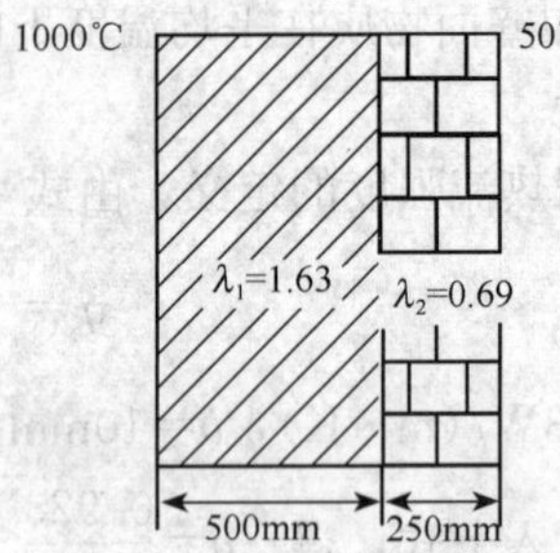

图 3.7　加热炉炉墙示意图

解: (1) 根据式 (3.11) 得

$$\frac{Q}{A} = \frac{t_1 - t_3}{\frac{b_1}{\lambda_1} + \frac{b_2}{\lambda_2}} = \frac{1000 - 50}{\frac{0.5}{1.69} + \frac{0.25}{0.69}} = 1420(\mathrm{W/m^2})$$

(2) 计算两层分界处温度。

根据

$$q = \frac{Q}{A} = \frac{t_1 - t_2}{\frac{b_1}{\lambda_1}} = \frac{1000 - t_2}{\frac{0.5}{1.63}} = 1420$$

$$t_2 = 1000 - 1420 \times \frac{0.5}{1.63} = 1000 - 436 = 564(℃)$$

三、圆筒壁的热传导

化工生产中所所采用的容器、设备、管道多为圆筒形的，热量在这种圆筒形的壁面上进行的传递，同样可以用傅里叶定律进行求算，与平壁热传导的不同点是圆筒壁的导热面积 A 为一个随半径 r 不同的变量。

（一）单层圆筒壁的稳定传热

设一单层圆筒壁，内半径为 r_1，外半径为 r_2，内外温度分别为 t_1、t_2，筒长为 l，在任一半径 r 处取一厚度为 $\mathrm{d}r$ 的薄层。

$$A = 2\pi r \cdot l$$

通过该薄层圆筒壁的热传导速率

$$Q = -\lambda A \frac{\mathrm{d}t}{\mathrm{d}r} = -\lambda \cdot 2\pi r l \frac{\mathrm{d}t}{\mathrm{d}r} \tag{3.12}$$

分离变量积分整理得到单层圆筒壁的热传导速率方程式

$$Q = \frac{2\pi \cdot \lambda \cdot l(t_1 - t_2)}{\ln \dfrac{r_2}{r_1}} = \frac{t_1 - t_2}{\dfrac{1}{2\pi l\lambda}\ln \dfrac{r_2}{r_1}} = \frac{\Delta t}{R} \tag{3.13}$$

式中：$R = \dfrac{1}{2\pi l\lambda}\ln \dfrac{r_2}{r_1}$为圆筒壁导热热阻。

单层圆筒壁的热传导速率方程也可写成平壁热传导速率方程的形式

$$Q = \frac{A_m\lambda(t_1 - t_2)}{b} = \frac{A_m\lambda(t_1 - t_2)}{r_2 - r_1} \tag{3.14}$$

式中：

$$A_m = 2\pi r_m \cdot l$$

与圆筒壁的热传导速率方程式比较

$$r_m = \frac{r_2 - r_1}{\ln \dfrac{r_2}{r_1}} \tag{3.15}$$

$$A_m = \frac{2 \cdot \pi l(r_2 - r_1)}{\ln \dfrac{2\pi \cdot l r_2}{2\pi \cdot l r_1}} = \frac{A_2 - A_1}{\ln \dfrac{A_2}{A_1}} \tag{3.16}$$

注意：当$\dfrac{r_2}{r_1} \leqslant 2$时，可用算术平均值 $r_m = \dfrac{r_1 + r_2}{2}$代替对数平均值做近似计算。

（二）多层圆筒壁稳定导热

以三层圆筒壁为例，如图 3.8 所示，假设各层间接触良好，各层的导热系数分别为 λ_1、λ_2和 λ_3。仿照多层平面壁的方法，可写出三层圆筒壁的热传导速率方程式为

$$Q = \frac{\Delta t_1 + \Delta t_2 + \Delta t_3}{R_1 + R_2 + R_3}$$

$$Q=\frac{t_1-t_4}{\frac{1}{2\pi l\lambda_1}\ln\frac{r_2}{r_1}+\frac{1}{2\pi l\lambda_2}\ln\frac{r_3}{r_2}+\frac{1}{2\pi l\lambda_3}\ln\frac{r_4}{r_3}} \tag{3.17}$$

对 n 层圆筒壁

$$Q=\frac{2\pi l(t_1-t_{n+1})}{\sum_{i=1}^{n}\frac{1}{\lambda_i}\ln\frac{r_i+1}{r_i}} \tag{3.18}$$

注意：圆筒壁的热传导速率 $Q_1=Q_2=Q_3=\cdots=Q_n$。

例 3.3　如图 3.9 所示，ϕ50mm×5mm 的不锈钢管，导热系数为 16W/(m·K)，外包厚度为 30mm 的石棉，导热系数为 0.2W/(m·K)。若管内壁的温度为 350℃，保温层外壁温度为 100℃，试计算每米管长的热损失。

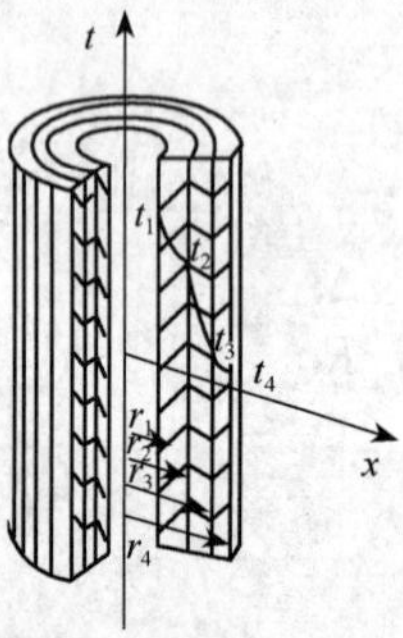

图 3.8　多层圆筒壁导热速率方程式的推导

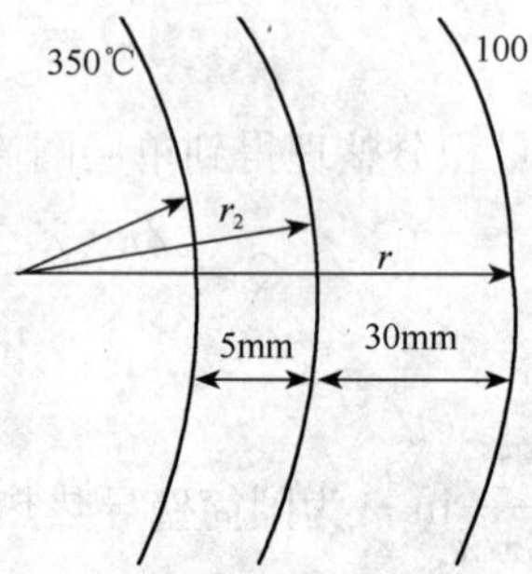

图 3.9　各层温差示意图

解： 不锈钢管的内半径 $r_1=\frac{50-2\times5}{2}=20$（mm）$=0.02$（m），外半径 $r_2=\frac{50}{2}=25\text{mm}=0.025\text{m}$。

根据式(3.18) 得

$$Q=\frac{t_1-t_3}{\frac{1}{2\pi l\lambda_1}\ln\frac{r_2}{r_1}+\frac{1}{2\pi l\lambda_2}\ln\frac{r_3}{r_2}}$$

$$\frac{Q}{l}=\frac{350-100}{\frac{1}{2\pi16}\ln\frac{25}{20}+\frac{1}{2\pi0.2}\ln\frac{(25+30)}{25}}$$

$$=396.8(\text{W/m})$$

即每米管长的热损失为 396.8W/m。

第三节　对流传热

一、对流传热分析

对流传热是指流体中质点发生相对位移而引起的热交换，与流体的流动状况密切相关。

在第一章流体流动中已指出，流体的流动类型有层流和湍流两种。当流体经过壁面流动时，无论湍流程度如何，在靠近壁面处总存在一层层流内层，见图 3.10，在层流内层内，分子的运动极有规则，无相互碰撞，运动近似层流，因此，在层流内层内热量的传递只能是以导热为主，由于流体的导热系数很小，故层流内层的热阻很大，温差也很大，即温度梯度较大。而在层流内层以外的流体主体，分子常常处于湍流状态，分子间剧烈混合、碰撞，各处温差很小，几乎不存在温度梯度，热量的传递主要是因为流体质点之间产生宏观位移而引起的。

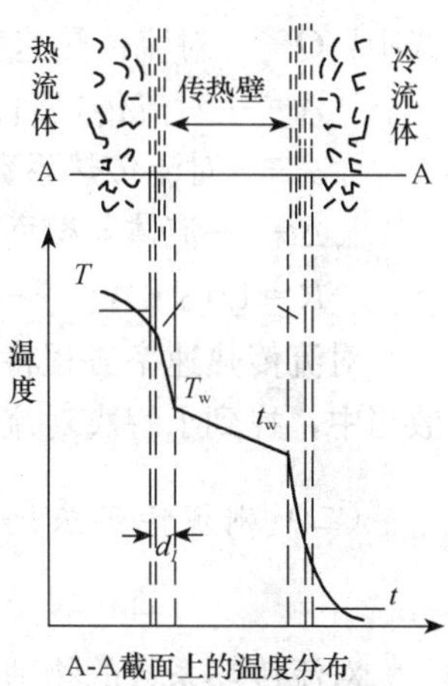

图 3.10 对流传热过程温度的分布

以上分析可知，对流传热的热阻主要集中在层流内层，因此减薄层流内层的厚度是强化对流传热的重要途径。

工业上冷、热两流体之间的换热通常都是通过间壁式换热器完成的，整个过程包括三个步骤。

(1) 热流体以对流传热的方式将热量传给壁面。

(2) 热量以传导的方式通过间壁。

(3) 另一侧壁面以对流传热的方式将热量传给冷流体。

二、对流传热速率方程

(一) 对流传热速率方程

根据前面的分析，我们可以仿照导热速率方程式来推导对流传热速率方程式。

为了便于处理，我们可以把对流传热看作是通过一个传热膜厚度为 δ 膜的传导过程，传热膜的厚度为层流内层的真实厚度和与层流内层以外的热阻相当的虚拟厚度之和，即 $\delta_{膜}=\delta_{层}+\delta_{虚}$，因此我们可以应用傅里叶定律，仿照导热速率方程式写出对流传热的速率方程式：

$$Q=(\lambda/\delta\text{膜})\cdot A\cdot\Delta t$$

对于热流体↔壁面有：$Q=\dfrac{\lambda}{\delta_{膜热}}\cdot A\cdot(T-T_w)$ (3.19)

对于壁面↔冷流体有：$Q=\dfrac{\lambda}{\delta_{膜冷}}\cdot A\cdot(t_w-t)$ (3.20)

因为传热膜的厚度很难确定，故我们人为地引入一个系数 α。

令，则 $\alpha=\dfrac{\lambda}{\delta_{膜}}$，则

$$Q=\alpha A\Delta t=\frac{\Delta t}{\dfrac{1}{\alpha A}}=\frac{\Delta t}{R} \tag{3.21}$$

式 (3.21) 称为对流传热速率方程也称为牛顿冷却定律。

式中：Q——对流传热速率，W；

A——对流传热面积，m^2；

α——对流传热系数，$W/(m^2 \cdot K)$；

Δt——流体与壁面间温度差的平均值，K；

$R=1/(\alpha \cdot A)$ ——对流传热热阻，K/W。

对流传热速率方程将计算对流传热速率的困难、影响因素全部概括到了对流传热系数当中，找到了解决对流传热系数的方法，也就找到了解决对流传热问题的方法。

（二）对流传热系数

$$\alpha = Q/(A \cdot \Delta t),\text{单位}:W/(m^2 \cdot K) \tag{3.22}$$

对流传热系数的物理意义：在单位时间内，当壁面与流体主体的温差为 1K 时，每 $1m^2$ 固体壁面与流体之间所传递热量的数值与其相当。（即当 $A=1m^2$，$\Delta t=1K$，在数值上 $\alpha=Q$）。由此可见对流传热系数反映了对流传热的快慢，α 越大表示对流传热越快。

（三）影响对流传热系数的主要因素

1. 流体的种类

如液体、气体、蒸汽的对流传热系数就不同；

2. 流体的物理性质

对 α 值影响较大的流体物性有密度、黏度、导热系数、比热容等。

3. 流体的运动状况

对同一流体而言，层流、湍流下流体的对流传热系数值各不相同，湍流时的的值大，层流时的 α 值小，这说明了 α 值的大小与流体的速度有关。

4. 流体的对流状况

即自然对流与强制对流的 α 值不同，强制对流时的 α 值大，自然对流时的 α 值小。

5. 流体的相态变化

在传热过程中有相变发生时的 α 值比没有发生相变时的 α 值大得多。

6. 其他因素

传热壁面的形状、位置、大小、管或板、水平或垂直、直径、长度和高度等，这些影响因素比较复杂，但都反映在 α 值的计算公式中。

三、对流传热系数关联式

如前所述，对流传热速率方程形式简单，实际上是将对流传热的复杂性和计算上的困难转移到了对流传热系数中，因此对流传热系数的计算成为解决传热问题的关键。

由于影响对流传热系数的因素太多，要建立一个通式来求各种条件下的 α 值是很困难的。目前工程计算中采用因次分析的方法，组成若干个无因次的特征数和特征准数关联式，然后根据实际情况进行大量实验，提出特定条件下的 α 值计算式。这些特征数及其物理意义列于表 3.5。

表 3.5 对流传热中的准数

准数名称	符号	准数形式	准数的物理意义
努塞尔特特征数	Nu	$\frac{a_1}{\lambda}$	表示对流传热系数的特征数
雷诺特征数	Re	$\frac{l\mathrm{up}}{\mu}$	确定流动状态的特征数
普朗特特征数	Pr	$\frac{c_\mathrm{p}}{\lambda}$	表示物性影响的特征数
格拉斯霍夫特征数	Gr	$\frac{13p_2 g\beta\Delta l}{\mu_2}$	表示自然对流影响的特征数
准数中各物理量的意义			α——对流传热系数，W/(m^2·K)； l——传热面的特征尺寸，可以是管内径或外径，或平板高度等，m； λ——流体的导热系数，W/(m·K)； μ——流体的黏度，Pa·s； u——流体的流速，m/s； c_p——流体的定压比热容，kJ/(kg·K)； ρ——流体的密度，kg/m^3； β——流体的体积膨胀系数，1/K； g——重力加速度，m/s； r——蒸气的冷凝潜热，亦即汽化潜热，J/kg； Δt——温度差，K。

对于强制对流的传热过程，Nu、Re、Pr 之间的关系大多数为指数函数的形式，即

$$Nu = CRe^m Pr^n \tag{3.23}$$

这种特征数之间的关系式称为特征准数关联式，式（3.23）中 C、m、n 都是针对各种具体条件进行实验测定的。

传热系数关联式是一种经验公式，所以应用这些关联式求解 α 值时就不能超出实验条件的范围，使用时就必须注意它的适用范围，具体地说，主要指下面三个方面。

（1）应用范围。指所引用的计算式中各特征数如 Re、Pr 等可适用的数值范围。

（2）定性温度。指关联式中各特征数中流体的物性应按什么温度查定，通常以流体在换热器进、出口处温度的算术平均值作为定性温度。

（3）特征尺寸。即特征数中有关传热面的几何尺寸 l 是代表换热器哪一个部位的尺寸。在竖壁（平壁或管壁）与流体的自然对流传热时，它表示竖壁的高度；在强制对流

的情况下，如果是管内的对流传热，则为管子的内径 $d_{内}$，如果是管外对流传热，则为管子的外径 $d_{外}$，对非圆形管道则应取当量直径 $d_{当}$。

（一）流体在圆形直管中作强制湍流且无相变发生

实验表明，气体或低黏度（小于2倍常温的水的黏度）的液体，在圆形直管内作强制湍流且无相变时，其对流传热系数关联式的形式为

$$Nu = 0.023Re^{0.3}Pr^{n} \tag{3.24}$$

或

$$\alpha = 0.023\frac{\lambda}{d_{内}}\left(\frac{d_{内}up}{\mu}\right)^{0.3}\left(\frac{\mu c_p}{\lambda}\right)^{n} \tag{3.25}$$

当流体被加热时，式中 $n=0.4$；当流体被冷却时，$n=0.3$。

1. 应用范围

$Re>10000$，$0.7<Pr<120$，管长与管径之比$\frac{L}{d_{内}\geqslant 60}$，若$\frac{L}{d_{内}}<60$ 时，需进行修正，可将式（3.24）求得的 α 值乘以一个系数 ϕ 加以修正，$\phi=\left(1+\frac{d_{内}}{L}\right)0.7$。

2. 特征尺寸

Nu、Re 特征数中的 l 取管内径 $d_{内}$。

3. 定性温度

取流体进、出口温度的算术平均值。

例 3.4 某油品在管内径为 100mm 的直管内被加热，流速为 2.5m/s，密度为 860kg/m^3，比热为 2kJ/(kg·℃)，油品的平均温度为 60℃，在该温度条件下该油品的物性参数为：$\lambda=0.135$W/(m·℃)，$\mu=0.0155$（N·s)/m^2 试求管内油品的对流传热系数 α。

解： 根据题意

$$Re=\frac{dup}{\mu}=\frac{0.1\times 2.5\times 860}{0.0155}=1.387\times 10^4$$

$$Pr=\frac{c\mu}{\lambda}=\frac{2\times 10^3\times 0.0155}{0.135}=229$$

$$\alpha=0.023\frac{\lambda}{d_{内}}\left(\frac{d_{内}up}{\mu}\right)^{0.2}\left(\frac{\mu c_p}{\lambda}\right)n=0.023\frac{0.135}{0.1}\times(1.387\times 10^4)^{0.8}\times 229^{0.4}$$

$$=562[\text{W/(m}^2\cdot℃)]$$

（二）提高对流传热系数的途径

如前所述，影响传热系数的因素很多，有流体的种类、性质、流动状态等等。从理论上讲，改善这些因素都能提高对流传热系数，都能提高传热速率，但是，在一定的工

艺条件下，有许多因素是不能随意改变的。在流体无相变情况下，其中可能而且比较容易实现的是改变流体的流动状态。

从式（3.25）可以看出，当流体一定、温度一定的情况下，气体的各个物理特性 ρ、c、μ、λ 都是一个定值，这时，式（3.25）可以改写为

$$\alpha = \mathrm{B}\frac{\mu^{0.8}}{d^{0.2}} \tag{3.26}$$

式（3.26）中 B 为一常数。这个公式表明，传热系数与流体流速 $\mu^{0.8}$ 成正比，与管道直径 $d^{0.2}$ 成反比，即增加流速和减小管径都能增大对流传热系数，但以增大流速更为有效。这一规律不仅对式（3.25）表示的强制湍流下的圆形直管适用，对其他情况下流体无相变时的对流传热也大致相同。不过，随着流速的增加，流体阻力也将迅速增加，因此设计时要选择一个最适宜的流速。

如前所述，工业上对流传热的情况很多，α 的计算式各不相同，而且都比较复杂，现将化工生产中最常用的计算 α 的特征数关联式列于表 3.6 和表 3.7 中，可根据需要自行选用。表 3.8 中列出了一些工业用换热器中对流传热系数 α 的大致范围，可作为估算或核对计算结果时参考。

表 3.6　流体无相变时对流传热系数关联式

<table>
<tr><th colspan="5">传热情况</th><th>对流传热系数计算公式</th><th>适用范围</th><th>备　注</th></tr>
<tr><td rowspan="6">流体无相变</td><td rowspan="6">强制对流</td><td rowspan="6">流体在圆形直管中流动</td><td rowspan="2">湍流</td><td>流体</td><td>$\alpha=0.023(\lambda/d)Re^{0.5}Pr^{n}$
流体被加热时 $n=0.4$
流体被冷却时 $n=0.3$</td><td>$Re\geqslant10000$
$Pr=0.7\sim120$
$l/d>60$</td><td>特征尺寸取管内径 d_i 定性温度取流体进、出口温度算术平均值</td></tr>
<tr><td>空气</td><td>$\alpha=0.020(\lambda/d)Re^{0.5}$</td><td>$Re\geqslant10000$
$Pr=0.7\sim120$
$l/d>60$</td><td>特征尺寸取管内径 d_i 定性温度取流体进、出口温度算术平均值</td></tr>
<tr><td colspan="2">过渡流型</td><td>按湍流公式计算 α 然后乘以校正系数
$f=1-(6\times10^{5})/Re^{2.5}$</td><td>$Re=2300\sim10000$</td><td>特征尺寸取管内径 d_i 定性温度取流体进、出口温度算术平均值</td></tr>
<tr><td colspan="2">层流</td><td>$\alpha=1.86\left(\frac{\lambda}{d}Re^{\frac{1}{2}}Pr^{\frac{1}{2}}\right)\left(\frac{d}{1}\right)^{\frac{1}{2}}\left(\frac{\mu}{\mu_w}\right)\frac{1}{2}$
按上式求得的 α 值以校正因子
$f=0.8(1+0.015Gr^{2}/2)$</td><td>$Gr<25000$

$Gr>25000$</td><td>除 μ_w 按壁温下取值外，其他物性均按液体进、出口平均温度取值</td></tr>
<tr><td colspan="2">弯管</td><td>$\alpha'=\alpha\times\left[1+1.77\left(\frac{d}{R}\right)\right]$</td><td></td><td>$R$ 为弯管的曲率半径</td></tr>
<tr><td colspan="2">流体在套管环隙内流动</td><td>$\alpha=0.02(\lambda/d_c)\left(\frac{d_2}{d_1}\right)^{0.5}Re^{0.5}P_r{}^{1/2}$</td><td>$Re=12000\sim220000$
$\frac{d_2}{d_1}=1.65\sim17$</td><td>也可以用圆管公式，但要用当量直径，且不如本式准确</td></tr>
</table>

表 3.7 流体有相变时对流传热系数关联式

<table>
<tr><th colspan="4">传热情况</th><th>对流传热系数计算公式</th><th>适用范围</th><th>备注</th></tr>
<tr><td rowspan="3">液体有相变</td><td rowspan="3">饱和蒸汽冷凝</td><td colspan="2">垂直管或板</td><td>$\alpha=1.13\left(\frac{r\rho^2 g\lambda^2}{\mu L\Delta t}\right)^{1/4}$
或 $\alpha=1.88Re^{-1/2}$
$Re=\frac{4M}{\mu}$，$M=q_m/b$
$\alpha=0.0077Re^{0.4}$</td><td>$Re<1800$
$Re>1800$</td><td>特征尺寸取管（板）高度 h，定性温度取 $(t_w-t_3)/2$，但 r 取饱和温度时之值，b 为润湿周边</td></tr>
<tr><td rowspan="2">水平管外</td><td>单管</td><td>$\alpha=0.725\left(\frac{r\rho^2 g\lambda^2}{\mu d_o\Delta t}\right)^{2/4}$
或 $\alpha=1.51$，$M=q_m/1$</td><td>—</td><td rowspan="2">特征尺寸取管外径 d_o，定性温度取 $(t_w-t_3)/2$，但 r 取饱和温度时之值，n_T 指总管数，l 为管长</td></tr>
<tr><td>管束</td><td>$\alpha=0.725\left(\frac{r\rho^2 g\lambda^2}{\mu d_o\Delta t}\right)^{2/4}$
或 $\alpha=1.51Re^{-1/2}$但 $M'=q_m/\ln_T^{1/2}$</td><td>—</td></tr>
</table>

表 3.8 α 值的大致范围

传热方式	α 值的大致范围/[W/(m² · ℃)]	传热方式	α 值的大致范围/[W/(m² · ℃)]
水蒸气的滴状冷凝	46000～140000	水的加热或冷却	230～11000
水蒸气的膜状冷凝	4600～17000	油的加热或冷却	58～1700
有机蒸汽的冷凝	580～2300	过热蒸气的加热或冷凝	23～110
水的沸腾	580～52000	空气的加热或冷却	1～58

第四节 传热过程计算

传热过程的计算主要有设计型和操作型两类问题。设计型计算是根据给定生产要求的热流量和工艺条件等，确定换热设备的传热面积以及其他结构尺寸，从而设计或选用合适的换热器。操作型计算是根据所给定换热器的结构参数以及物系操作条件，通过计算确定其传热效果，以判断其是否满足生产任务的要求或预测生产过程中某些参数的变化对换热器传热能力的影响，从而改进换热设备的操作条件。这两类问题均需要以总传热速率方程和热流量衡算式为计算基础。

一、热量衡算

化工生产中最常用到的传热操作是热流体经管壁将热量传向冷流体的间壁两侧流体的传热过程，所用的典型设备为间壁式换热器。假设换热器绝热良好，热损失可以忽略时，则在单位时间内热流体放出的热量 $Q_{热}$ 等于冷流体吸收的热量 $Q_{冷}$。即 $Q_{热}=Q_{冷}=Q$，称为热量衡算式。

在一台换热器内，冷、热流体每单位时间所交换的热量是根据生产上换热任务的要求提出的，工艺上对换热器提出的换热要求，称为换热器的热负荷，单位为 J/s。换热器的热负荷是要求换热器具有的换热能力，是对换热器的要求。

传热速率是换热器单位时间能够传递的热量，传热速率是换热器本身的换热能力，是设备的特征。一个能满足生产换热要求的换热器，必须使其传热速率等于或略大于热负荷。在换热器的设计和选型过程中，先计算换热器的热负荷，用热负荷代替传热速率，求得传热面积后，考虑一定的安全余裕量，设计或选择一个能满足生产要求的换热器。

根据工艺条件的不同，有下述几种计算热负荷的方法。

（一）显热法

冷、热两流体在换热过程中不发生相变化，因温度变化而放出或吸收的热量称为显热，此时热负荷的计算式为

$$Q = q_{m热}\, c_{p热}(T_1 - T_2) \tag{3.27a}$$

或

$$Q = q_{m冷}\, c_{p冷}(t_2 - t_1) \tag{3.27b}$$

式中：$c_{p,热}$，$c_{p,冷}$——热、冷流体的平均定压比热容，J/(kg·K)；

T_1，T_2——热流体进、出口温度，K；

t_1，t_2——冷流体进、出口温度，K。

（二）潜热法

冷、热两流体在传热过程中，温度不变，因相态变化而放出或吸收的热量称为潜热，此时热负荷的计算式为

$$Q = q_{m,热}\, r_{热} \tag{3.28a}$$

或

$$Q = q_{m,冷}\, r_{冷} \tag{3.28b}$$

式中：$q_{m,热}$，$q_{m,冷}$——热、冷流体的质量流量，kg/s；

$r_{热}$，$r_{冷}$——热、冷流体的汽化潜热，J/kg。

（三）焓差法

冷、热两流体在传热过程中，无论有无相变过程，都可以用焓差法进行热负荷计算。

$$Q = q_{m,热}(H_1 - H_2) \tag{3.29a}$$

或

$$Q = q_{m,冷}(h_2 - h_1) \tag{3.29b}$$

式中：H_1，H_2——热流体进、出口的焓，J/kg；

h_1，h_2——冷流体进、出口的焓，J/kg。

二、传热平均温度差

用传热速率方程式计算换热器的传热速率时，因传热面各部分的传热温度差不同，必须用平均传热温度差 $\Delta t_{均}$ 代替 Δt，即

$$Q = KA\Delta t_{均} \tag{3.30}$$

式中：$\Delta t_{均}$ 的数值与流体的流动情况及流动方向有关。

（一）恒温传热时的平均温度差

参与传热的冷、热两流体在换热器内的任一位置、任一时间，都保持其各自的温度不变，这种传热过程称为恒温传热，如在蒸发器中，间壁的一侧，液体保持在恒定的沸腾温度 t 下蒸发，间壁的另一侧，加热用的饱和蒸汽在一定的冷凝温度 T 下进行冷凝，因而在传热过程中，每一个截面上的温差也不变。即

$$\Delta t_{均} = T - t \tag{3.31}$$

流体的流向对 $\Delta t_{均}$ 无影响。

（二）变温传热时的平均温度差

在传热过程中，沿着传热面，间壁一侧或两侧流体的温度，随位置的不同而不同，但各点的温度都不随时间而变化，这种传热称为稳定的变温传热，工业上所用的热交换器在大多数情况下都是稳定变温传热。在变温传热时，两流体相互流动的方向不同，对平均温度差的影响不同，分述如下：

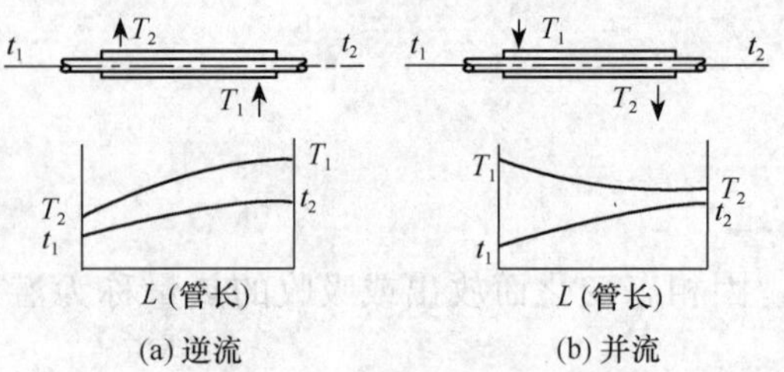

图 3.11　流体的并流与逆流

1. 逆流和并流时的平均温度差

在换热器中，冷、热两流体平行而同向流动，称为并流；两者平行而反向的流动，称为逆流，如图 3.11 所示。

经推导得

$$\Delta t_{\mathrm{m}} = \frac{\Delta t_1 - \Delta t_2}{\ln\dfrac{\Delta t_1}{\Delta t_2}} \tag{3.32}$$

式中：Δt_{m}——对数平均温差，K；

Δt_1、Δt_2——换热器两端冷、热流体的温度差。

计算时，通常把温度差较大者为 Δt_1，较小者为 Δt_2。

对于同样的进、出口条件，$\Delta t_{\mathrm{m},逆} > \Delta t_{\mathrm{m},并}$，并可以节省加热剂或冷却剂的用量，故工业上一般采用逆流。

对于一侧有变化，另一侧恒温，即

$$\Delta t_{\mathrm{m},逆} = \Delta t_{\mathrm{m},并}$$

例 3.5　若热流体进口温度为 120℃，出口温度为 70℃，冷流体进口温度为 30℃，出口温度为 50℃。试比较并、逆流时的平均温度差的大小。

解：并流时：热流体　　120℃→70℃

冷流体　　30℃→50℃

Δt　　90　　20

则
$$\Delta t_1 = 90℃, \Delta t_2 = 20℃$$

$$\Delta t_{m,并} = \frac{\Delta t_1 - \Delta t_2}{\ln \dfrac{\Delta t_1}{\Delta t_2}} = \frac{90-20}{\ln \dfrac{90}{20}} = 46.5(℃)$$

逆流时：热流体　　120℃→70℃

　　　　冷流体　　50℃←30℃

　　　　Δt　　　70　　40

则
$$\Delta t_1 = 70℃, \Delta t_2 = 40℃$$

$$\Delta t_{m,逆} = \frac{\Delta t_1 - \Delta t_2}{\ln \dfrac{\Delta t_1}{\Delta t_2}} = \frac{70-40}{\ln \dfrac{70}{40}} = 53.6(℃)$$

逆流时平均温度差比并流时平均温度差提高 53.6－46.5＝7.1（℃）。

例 3.6　在传热过程中，如果冷流体出口端一侧两流体的温差不小于 15℃，热流体进、出口温度如例 3.5 不变。

（1）试比较并、逆流时冷流体的最高出口温度。

（2）若冷流体采用相同的进口温度，达到相同的换热效果，则逆流操作时冷流体的流量为并流时的多少倍?

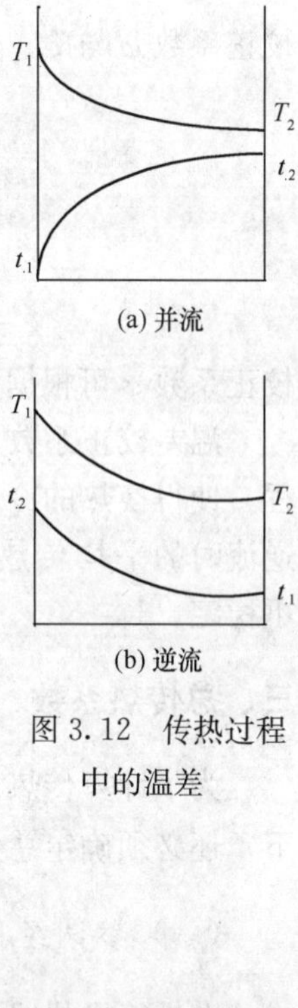

(a) 并流

(b) 逆流

图 3.12　传热过程中的温差

解：（1）如图 3.12（a）所示，对于并流，冷流体出口端一侧两流体的温差为

$$\Delta t = T_2 - t_2$$

根据题意，当 $\Delta t \geqslant 15℃$；$T_2=70℃$时，则冷流体的最高出口温度

$$t_2 = 70-15 = 55\ (℃)$$

如图 3.12（b）所示，对于逆流，冷流体出口端一侧两流体的温差为

$$\Delta t = T_1 - t_2$$

根据题意，当 $\Delta t \geqslant 15℃$；$T_1 = 120℃$时，则冷流体的最高出口温度

$$t_2 = 120 - 15 = 105(℃)$$

即逆流时冷流体的出口温度比并流时冷流体的出口温度高。

（2）根据题意　　$q_{m,并}C_{冷}\ (55-30) = q_{m,逆}C_{冷}\ (105-30)$

$$q_{m,逆} = \frac{1}{3} = q_{m,并}$$

即冷却相同的热流体时，逆流比并流少用 2/3 的冷剂。

从以上的计算结果可以看出：逆流时，冷流体的最终出口温度可能超过热流体的最终出口温度；而并流体时，冷流体的最终出口温度永远低于热流体的最终出口温度。因此，对于冷却同量的热流体，采用逆流时，可以用较少的冷流体带走同样多的热量，降低操作费用。

2. 错流和折流时的平均温度差

在大多数的列管换热器中，两流体并非简单的逆流或并流，因为传热的好坏，除考虑温度差的大小外，还要考虑到影响传热系数的多种因素以及换热器的结构是否紧凑合理等。所以实际上两流体的流向，是比较复杂的多程流动或是相互垂直的交叉流动。

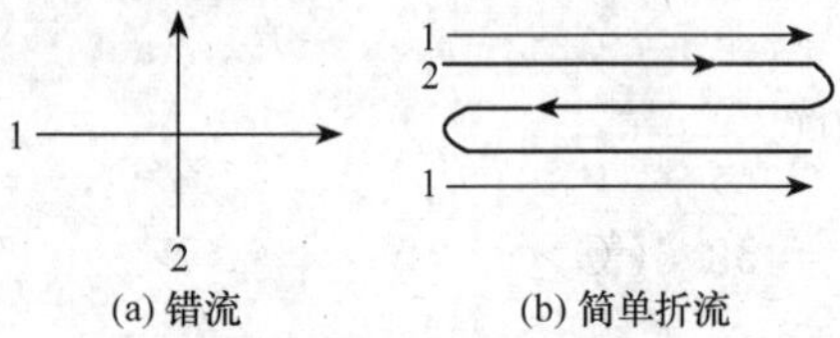

图 3.13 错流和折流示意图

图 3.13 中，图（a）两流体的流向互相垂直，称为错流，图（b）一流体只沿一个方向流动，而另一流体反复折流，称为简单折流。若两股流体均作折流，或既有折流又有错流，则称为复杂折流。对于错流和折流时的平均温度差，可采用安德伍德（Underwood）和鲍曼（Bowman）提出的图算法。该法是先按纯逆流计算出对数平均温度差 $\Delta t_{m,逆}$，然后再根据实际流动情况乘以校正系数 φ，即

$$\Delta t_{m,折} = \varphi \Delta t_{m,逆} \tag{3.33a}$$

或

$$\Delta t_{m,错} = \varphi \Delta t_{m,逆} \tag{3.33b}$$

校正系数 φ 与冷、热两流体的温度变化有关，是 R 和 P 两参数的函数，即

$$\varphi = f(R,P)$$

$$R = \frac{T_1 - T_2}{t_2 - t_1} = \frac{热流体的冷却程度}{冷流体的加热程度} \tag{3.34}$$

$$P = \frac{t_2 - t_1}{T_1 - t_1} = \frac{冷流体的加热程度}{两流体的最初温差} \tag{3.35}$$

校正系数 φ 可根据 R 和 P 两参数从图 3.14 中查得。

温差校正系数 φ 恒小于 1，这是由于在列管换热器内增设了折流挡板及采用多管程，使得换热的冷、热流体在换热器内呈折流或错流，导致实际平均传热温差恒低于纯逆流时的平均传热温差。当 φ 值小于 0.8 时，则传热效率低，经济上不合理，操作不稳定。

三、总传热系数

为了计算传热面积，根据传热速率方程式 $Q = KA\Delta t_m$，在已求得 Q、Δt_m 的情况下，还必须确定总传热系数 K，确定 K 的途径有三种。

（一）参阅经验数据

在进行换热器的传热计算时，常需要先估计传热系数，这可以参阅工艺条件相仿、设备类似而又比较成熟的经验数据，表 3.9 列出了工业换热器中传热系数的大致范围，可供使用时参考。

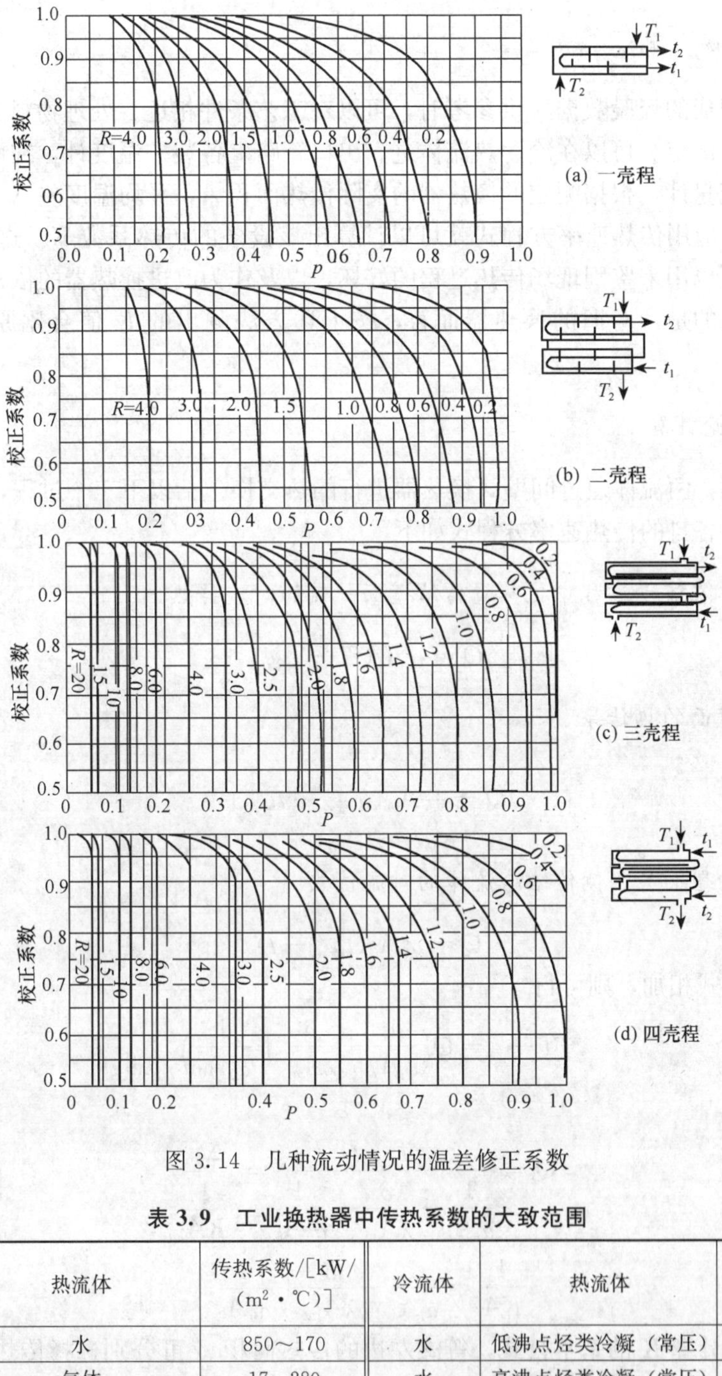

图 3.14　几种流动情况的温差修正系数

表 3.9　工业换热器中传热系数的大致范围

冷流体	热流体	传热系数/[kW/(m² · ℃)]	冷流体	热流体	传热系数/[kW/(m² · ℃)]
水	水	850～170	水	低沸点烃类冷凝（常压）	455～1140
水	气体	17～280	水	高沸点烃类冷凝（常压）	60～170
水	有机溶剂	280～850	气体	水蒸气冷凝	30～300
水	轻油	340～910	水沸腾	水蒸气冷凝	2000～4250
水	重油	60～280	轻油沸腾	水蒸气冷凝	455～1020
有机溶剂	有机溶剂	115～340	重油沸腾	水蒸气冷凝	140～425
水	水蒸气冷凝	1420～4250	—	—	—

（二）现场实测

当缺乏现成的经验数据可供参考时，可以对工艺条件相近、处理物料类似的同类型设备进行实际测定。可以在冷、热流体进、出口管路上各装一温度计，在两种管路的出口处各装一流量计，根据测定的换热器的实际传热面积 A，平均温度差 Δt_m 以及计算出的热负荷 Q，应用传热速率方程式就可以计算出该设备的传热系数 K。这种测定 K 值的方法，还可以用来鉴别现场传热过程的好坏，以及作为改进换热器的依据。

需要指出的是，对旧的换热器而言，按上述方法测出的 K 值会比原设计时的低一些。

（三）理论计算

如前所述，两流体通过间壁式换热器进行的热交换包括以下三个过程，在稳定传热条件下，它们各自的传热速率方程式如下：

1. 热流体在流动过程中把热量传给壁面一侧的对流传热

$$Q=\alpha_i A_i(T-T_{壁i})$$

2. 通过壁面的热传导

$$Q=\frac{\lambda}{\delta}A_m(T_{壁,i}-t_{壁,0})$$

3. 热量由壁面另一侧传给冷流体的对流传热

$$Q=\alpha_0 A_0(t_{壁,0}-t)$$

将上述三式相加，则可得

$$T-t=Q\left(\frac{1}{\alpha_i A_i}+\frac{\delta}{\lambda A_m}+\frac{1}{\alpha_0 A_0}\right)$$

也即

$$Q=\frac{T-t}{\dfrac{1}{\alpha_i A_i}+\dfrac{\delta}{\lambda A_m}+\dfrac{1}{\alpha_0 A_0}}=\frac{\Delta t_m}{\dfrac{1}{KA}}$$

则

$$\frac{1}{KA}=\frac{1}{\alpha_i A_i}+\frac{\delta}{\lambda A_m}+\frac{1}{\alpha_0 A_0} \tag{3.36}$$

式（3.36）是计算 K 的基本公式，等式左边的传热面积 A 可分别选择传热壁面的外表面积 A_0、内表面积 A_i、平均表面积 A_m，总传热系数 K 也与所选面积相对应。

现就式（3.36）进一步说明以下几个问题：

(1) 若 A 取 A_0，则有

$$K_0=\frac{1}{\dfrac{A_0}{\alpha_i A_i}+\dfrac{\delta A_0}{\lambda A_m}+\dfrac{1}{\alpha_0}} \tag{3.37}$$

(2) 若 A 取 A_i，则有

$$K_i = \frac{1}{\frac{1}{\alpha_i} + \frac{\delta A_i}{\lambda A_m} + \frac{A_i}{\alpha_0 A_0}} \tag{3.38}$$

(3) 若 A 取 A_m，则有

$$K_m = \frac{1}{\frac{A_m}{\alpha_i A_i} + \frac{\delta}{\lambda} + \frac{A_m}{\alpha_0 A_0}} \tag{3.39}$$

传热计算中，选择何种面积作为计算基准，结果完全相同。工程上大多数以外表面积为基准，除特别说明外，手册中所列 K 值都是基于外表面积的总传热系数。

若$\frac{d_0}{d_i}<2$，即壁层较薄时，可以近似地认为 $d_{均}=d_i=d_0$，则式 (3.37) 可以简化为平壁公式。

(4) 实际生产中，换热器壁面上总是附有一层污垢，它的热阻本来可以通过 $\sum\frac{\delta}{\lambda}$ 表示出来，但由于垢层导热系数一般都很小，即使很薄的一层也会形成很大的热阻，故通常以 $R_{垢}$ 单独表示，则式 (3.36) 改写为

$$K_0 = \frac{1}{\frac{A_0}{\alpha_i A_i} + \sum\frac{\delta A_0}{\lambda A_m} + \frac{1}{\alpha_0} + R_{垢,i} + R_{垢,0}} \tag{3.40}$$

垢层的厚度和导热系数不好估计，工程上通常以污垢热阻的经验值作为参考来计算传热系数 K，某些常见流体的污垢热阻的经验值可查表 3.10。

表 3.10 常见流体的污垢热阻

流体		污垢热阻 $R/[(m^2\cdot℃)/kW]$	流体		污垢热阻 $R/[(m^2\cdot℃)/kW]$
水 1m/s $t>50℃$	蒸馏水	0.09	水蒸气	优质——不含油	0.052
				劣质——不含油	0.09
				往复机排除	0.176
	海水	0.09	气体	空气	0.26—0.53
	清净的河水	0.21		溶剂蒸汽	0.14
	未处理的凉水塔用水	0.58	液体	处理过的盐水	0.264
	已处理的凉水塔用水	0.26		有机物	0.176
	已处理的锅炉水	0.26		燃料油	1.056
	硬水、井水	0.58		焦油	1.76

(5) 如果传热面为多层平壁，则 $A_m=A_1=A_2=\cdots=A$，固体壁层的热阻可以表示成$\frac{\delta_1}{\lambda_1}+\frac{\delta_2}{\lambda_2}+\frac{\delta_3}{\lambda_3}+\cdots=\sum\frac{\delta}{\lambda}$，则式 (3.36) 改写为

$$K=\frac{1}{\left(\frac{1}{\alpha_i}+\sum\frac{\delta}{\lambda}+\frac{1}{\alpha_0}\right)} \tag{3.41}$$

若固体壁为金属，壁很薄，并可忽略垢层热阻时，由于金属的导热系数较大，所以$\frac{\delta}{\lambda}$与其他项比较可以忽略不计，则式（3.41）改写为

$$K=\frac{1}{\frac{1}{\alpha_i}+\frac{1}{\alpha_0}} \tag{3.42}$$

如果$\alpha_i<\alpha_0$，则式（3.42）中由于分母$\frac{\alpha_i}{\alpha_0}+1>1$，所以$K<\alpha_i$，因此可以得出结论：$K$值比$\alpha_i$、$\alpha_0$中的任一项都小。

如果$\alpha_i\ll\alpha_0$，则式（3.42）中$\frac{1}{\alpha_0}$项可以忽略，所以$K\approx\alpha_i$，因此可以得出结论：当冷、热流体的α相差很大时，K值接近于其中的较小值。

由此可见，传热系数总是接近于较小的α值，或者说由最大热阻所控制，因此，在传热过程中，要想提高K值，必须对影响K值的各项因素进行具体的分析，设法提高最小的α值。

例 3.7 有一用ϕ25mm×2.5mm无缝管制成的列管式换热器，已知管内、管外流体的对流传热系数为$\alpha_i=400\text{W/(m}^2\cdot\text{K)}$，$\alpha_0=10000\text{W/(m}^2\cdot\text{K)}$，忽略垢层热阻，试求：

（1）此换热器的传热系数K值。

（2）将α_i提高1倍时的传热系数。

（3）将α_0提高1倍时的传热系数。

解：由于$\frac{d_0}{d_i}=\frac{0.025}{0.020}=1.25<2$，故可以按平壁公式计算。

$$K=\frac{1}{\frac{1}{\alpha_i}+\sum\frac{\delta}{\lambda}+\frac{1}{\alpha_0}+R_{垢,i}+R_{垢,0}}$$

式中：α_i、α_0已知，$R_{垢,i}$、$R_{垢,0}$可忽略，钢管壁的$\delta=0.0025\text{m}$，$\lambda=46.5\text{W/(m}\cdot\text{K)}$。

（1）计算在该条件下的传热系数

$$K=\frac{1}{\frac{1}{\alpha_i}+\sum\frac{\delta}{\lambda}+\frac{1}{\alpha_0}}=\frac{1}{\frac{1}{400}+\frac{0.0025}{46.5}+\frac{1}{10000}}$$
$$=376.8[\text{W/(m}^2\cdot\text{K)}]$$

（2）将α_i提高1倍，其余不变

$$K=\frac{1}{\frac{1}{\alpha_i}+\sum\frac{\delta}{\lambda}+\frac{1}{\alpha_0}}=\frac{1}{\frac{1}{800}+\frac{0.0025}{46.5+}\frac{1}{10000}}$$
$$=7123[\text{W/(m}^2\cdot\text{K)}]$$

（3）将 α_0 提高 1 倍，其余不变

$$K=\frac{1}{\frac{1}{\alpha_i}+\sum\frac{\delta}{\lambda}+\frac{1}{\alpha_0}}=\frac{1}{\frac{1}{400}+\frac{0.0025}{46.5}+\frac{1}{20000}}$$

$$=384[\mathrm{W/(m^2\cdot K)}]$$

通过这个例题说明了前面得出的结论是正确的。

四、壁温的计算

稳定传热过程中，若忽略热损失，则热流体对壁面的对流传热量与壁面对冷流体的对流传热量相等，即

$$\frac{Q}{A}=\alpha_i(T-T_{壁,i})=\alpha_0(t_{壁,0}-t) \tag{3.43}$$

由式（3.43）可以看出，对流传热系数 α 值大的那一侧，其壁温与流体温度之差就小，换句话说，壁温总是比较接近 α 值大的那一侧流体的温度。

五、传热过程的强化

所谓强化传热，就是设法提高传热的速率。从传热速率方程式 $Q=KA\Delta t$ 可以看出，提高 K、A、Δt 中的哪一项，都可以强化传热过程，但究竟从哪一方面着手更有效，则应做具体分析。

（一）增大传热面积

增大传热面积是提高传热速率的一种有效方法。但简单地增大传热面积，就意味着设备体积增大，金属耗量增加，设备费用相应增加，这不是我们要的强化传热过程的方法。

从设备的结构入手，提高单位体积的传热面积。当间壁两侧 α 值相差很大时，增加 α 值小的那一侧的传热面积，会大大提高换热器的传热速率。例如，石油化工生产中管式炉的加热管以及暖气片和空气冷却器等，在对流传热系数小的一侧增加翅片，不仅扩大了传热面积，而且增加了气体流动时的湍流强度，提高了气体的传热系数，使传热速率显著提高，材料的消耗增加不多，实践证明是提高传热速率的一种有效方法。目前出现的一些新型换热器，如螺旋板式、板翅式、波纹管式等，就具有上述特点。

（二）提高传热过程的平均温差

平均温差是传热过程的推动力。推动力越大，则过程的速率越大，但一般参与传热的流体的温度是生产工艺条件所规定的，可变动的范围有限。例如，饱和水蒸气的温度一般不超过 450K，否则蒸汽压强过高，对设备要求也高，从总的效益来说不经济；冷却水的初始温度在很大程度上取决于气候条件，而其出口温度与水的流量有关，增加水量虽然可降低出口水的温度，增大温差，但相应的操作费用也增加了，而且，对于水源不足的地方来说也是不允许的，这就是说，考虑问题不能单纯从提高传热推动力着眼，

还必须从客观条件、经济角度以及节约能源等全面考虑决定。如果两侧流体都变温，应尽可能从结构上采用逆流或接近逆流的流向以得到较大的传热温度差。

（三）增大传热系数

增大传热系数在强化传热过程中应该是着重考虑的途径，也是提高传热效率的最有效途径之一。从传热系数的计算公式

$$K=\frac{1}{\frac{1}{\alpha_i}+\sum\frac{\delta}{\lambda}+\frac{1}{\alpha_0}+R_{垢,i}+R_{垢,0}}$$

可以看出，要提高 K 值，必须设法提高 α_i、α_0、λ 和降低 δ、$R_{垢,i}$、$R_{垢,0}$。如前所述，提高 K 值的关键在于提高数值较小那一侧流体的 α 值，但当双方的 α 值比较接近时，则应同时予以提高。

根据对流传热的分析，对流传热的热阻主要集中在靠近管壁的层流内层里，在层流内层里的传热以热传导方式进行，而流体的导热系数又很小。针对这些情况，可以相应采取以下一些措施：

1. 提高流速

流速增大，Re 随之增加，层流内层的厚度随之减薄。例如，增加列管式换热器中的管程数和壳体中的挡板数，可提高流体在管程的流速，加大流体在壳程的扰动。

2. 改变流动条件

增加流体的人工扰动，强化流体的湍流程度。如管内装有麻花铁、螺旋圈等添加物，在管外增加折流挡板，它们能增大壁面附近流体的扰动程度，减小层流内层的厚度，增大 α 值。

3. 防止结垢和及时清除垢层

一般垢层的热导率都很小，即使是很薄的一层也会形成比较大的热阻，特别是当换热器使用时间较长、垢层较厚时，垢层热阻将成为影响传热速率的重要因素，因此，防止结垢和以简便的方法进行除垢，也成为强化传热的一个重要课题。例如，增大流速可以减轻垢层的形成和增厚；让易结垢的流体在管内流动，以便于清洗；采用机械或化学的方法清除垢层，也可以采用可拆卸结构的换热器，以便于垢层的清除。

4. 在有相变的传热过程中，减少气膜、液膜的形成

在传热过程中流体发生相变时，应采取一些积极措施，使其尽可能为滴状冷凝或核状沸腾。例如，蒸汽冷凝过程中，在蒸汽中加入微量油酸等，能促进滴状冷凝的形成；在垂直管外挂设若干金属或开多条纵槽等，可以促进冷凝液迅速流下，使对流传热系数显著提高。

显然，强化传热的途径与方法是多方面的，凡是可以利用的因素都应当尽量加以利用和发挥。但强化传热要权衡利弊，综合考虑。如通过提高流速，增加流体的湍流程度以强化传热的同时，都伴随着流体阻力的增加，因此，在采取强化传热措施的时候，要对设备结构、制造费用、动力消耗、检修操作等全面考虑。

第五节 换 热 器

换热器是化工、石油、食品、冶金等许多部门的通用设备。由于生产中对换热器有不同的要求，故换热器的类型很多，设计和选用时可根据生产要求进行选择。

一、换热器的分类

（1）根据换热器的用途可分为加热器、冷却器、冷凝器、蒸发器、分凝器和再沸器等。

（2）根据换热器的传热原理可分为混合式换热器、蓄热式换热器、间壁式换热器。

（3）根据换热器所用材料可分为金属材料换热器、非金属材料换热器。

间壁式换热器应用较多，本节重点讨论此类换热器的类型、结构、特点和设计计算等。

二、间壁式换热器的类型

根据换热面的型式，间壁式换热器主要有管式、板式和翅片式三大类型。

（一）管式换热器

1. 列管式换热器（管壳式换热器）

列管式换热器是化工生产中应用最广泛、最典型的间壁式换热器，其结构简单，坚固，制造容易，主要由壳体、管束、管板、折流挡板和封头等组成，如图 3.15 所示，封头与管板之间的空间构成流体的分配室。管内流动的流体称管程流体。管外流动的流体称壳程流体。管束的壁面为传热面。

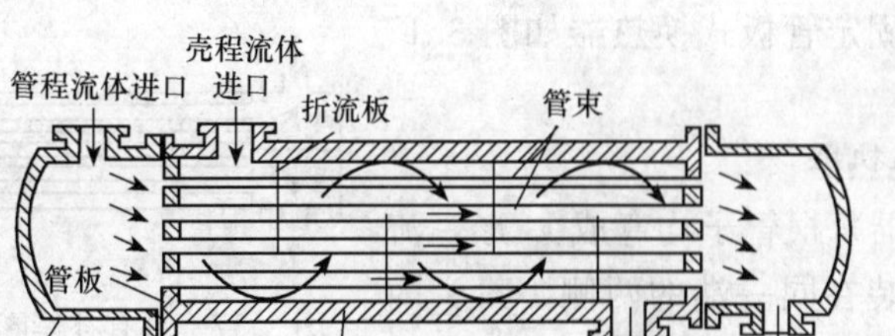

图 3.15 固定管板式列管换热器

进行热交换时，一种流体由封头的连接管处进入，在管内流动；另一种流体在管束和壳体之间的空隙中流动。如果两种流体都是一次流过的换热器称为单程列管式换热器。若将全部管子分为若干组，流体每次只流过一组管子，然后回流进入另一组管子，最后由封头的出口管流出，这种换热器称为多管程列管式换热器，流体每流过一组管子称为一程，同理，流体每流过一次壳体称为一个壳程。

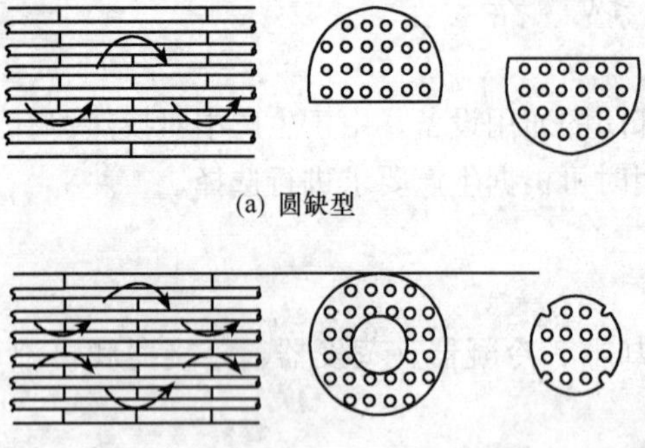

(a) 圆缺型

(b) 盘环型

图 3.16 换热器的折流挡板

流体在换热器中的流动速度对对流传热系数的影响较大，提高流速，可以提高对流传热系数，提高传热效果。为了提高壳程流体的流速，可以在壳体内安装横向或纵向折流挡板，其作用是提高壳程流体的流速，迫使流体按规定路径多次错流，防止流体短路，增加壳程流体的湍动程度。折流挡板有圆缺形和圆盘形两种型式，如图 3.16 所示。应当指出的是，管程、壳程数多，有利于提高对流传热系数，但能量损失增加，传热温度差小，所以壳程、管程数不宜过多，管程以 2、4、6 程最为多见，壳程以单、双壳程为多。

列管式换热器最大的特点是：单位体积设备所提供的传热面积大，传热效果好，结构简单，操作弹性大，可用多种材料制造，适用性较强，在大型装置中普遍采用。

当冷热流体的温度差大于 50℃时，必须考虑温差热应力对设备变形、管子弯曲、甚至毁坏换热器等情况的影响，应采取热补偿措施消除或减少热应力。根据热补偿的方法不同，列管式换热器主要有以下几种型式。

1）固定管板式

固定管板式换热器两端管板的和壳体制成一体，当两流体的温度差较大时，在外壳的适当位置上焊上一个补偿圈（或称膨胀节）。当壳体和管束热膨胀不同时，补偿圈发生缓慢的弹性变形来补偿因温差应力引起的热膨胀。

特点：结构简单，造价低廉，但壳程清洗和检修困难，壳程必须是洁净不易结垢的物料。

具有补偿圈的固定管板式换热器如图 3.17 所示。

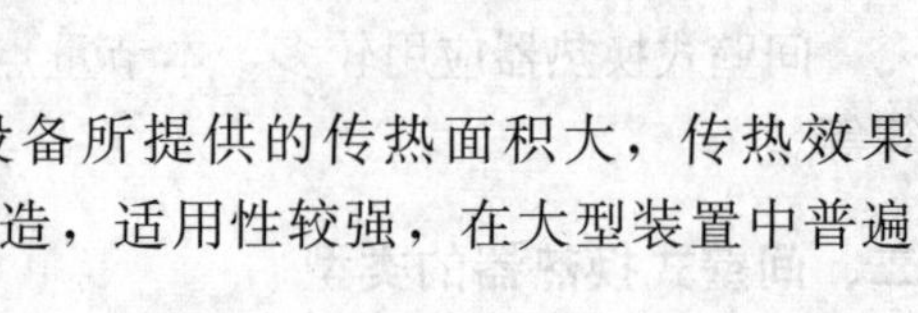

图 3.17 具有补偿圈的固定管板式换热器

1. 挡板；2. 补偿圈

2）U 形管式换热器

U 形管式换热器每根管子均弯成 U 形，流体进、出口分别安装在同一端的两侧，封头内用隔板分成两室，每根管子可自由伸缩，来解决热补偿问题。

特点：结构简单，质量轻，适用于高温和高压的场合。管程清洗困难，管程流体必须是洁净和不易结垢的物料。

U 形管式换热器的结构型式如图 3.18 所示。

3）浮头式换热器

换热器两端的管板，一端不与壳体相连，该端称浮头。管子受热时，管束连同浮头可以沿轴向自由伸缩，完全消除了温差应力。

特点：结构复杂、造价高，便于清洗和检修，完全消除温差应力，应用普遍。

浮头式换热器的结构型式如图 3.19 所示。

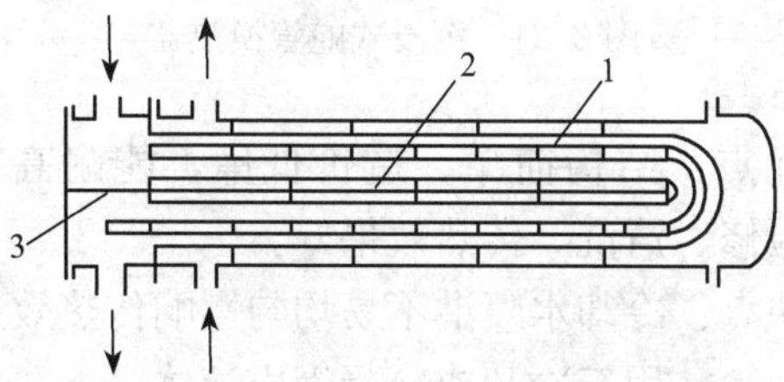

图 3.18　U 形管式换热器

1. U 形管；2. 壳程挡板；3. 管程挡板

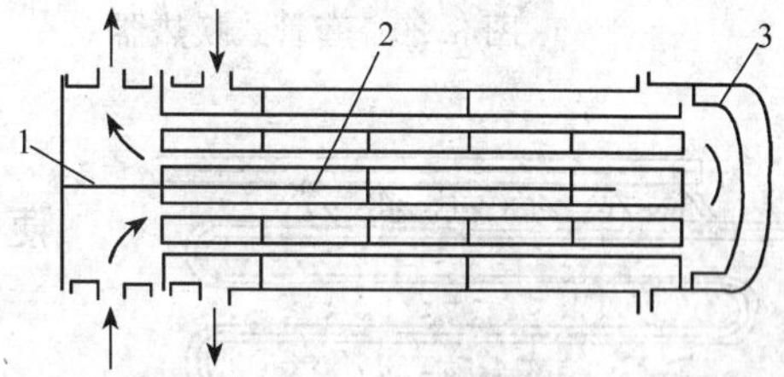

图 3.19　浮头式换热器

1. 管程隔板；2. 壳程挡板；3. 浮头

2. 套管式换热器

结构：由直径不同的直管制成的同心套管，可根据换热要求，将 n 段套管用 U 形管连接，目的增加传热面积。冷热流体可以逆流或并流。

优点：结构简单，应用方便。能耐高压，传热系数较大。传热面积可根据需要增减，能保持完全逆流使对数平均温度差最大。

缺点：结构不紧凑，金属消耗量大，管间接头较多，易泄漏，占地面积较多。

用途：适用于流量不大、所需传热面积不多而要求压强较高的场合。

套管式换热器的型式如图 3.20 所示。

3. 蛇管式换热器

1）沉浸式蛇管换热器

结构：蛇管多以金属管弯制而成，或制成适应容器要求的形状，沉浸在容器中，冷热两流体分别在蛇管内、外流动进行热交换。

优点：结构简单，造价低廉、能承受高压，可用耐腐蚀材料制造。

缺点：传热面积小，蛇管外对流传热系数较小，检修和清洗不便。

为了提高传热系数，可在容器内安装搅拌器。蛇管换热器形状如图 3.21 所示。

2）喷淋式换热器

结构：蛇管成行地固定在支架上，热流体在蛇管内流动，冷却水从最上面的淋水管喷淋下来，被冷却的流体自最上面的管子流入，从最下面的管子流出，与喷淋而下的冷却水进行热交换。喷淋流下的冷却水可收集再进行重新分配。

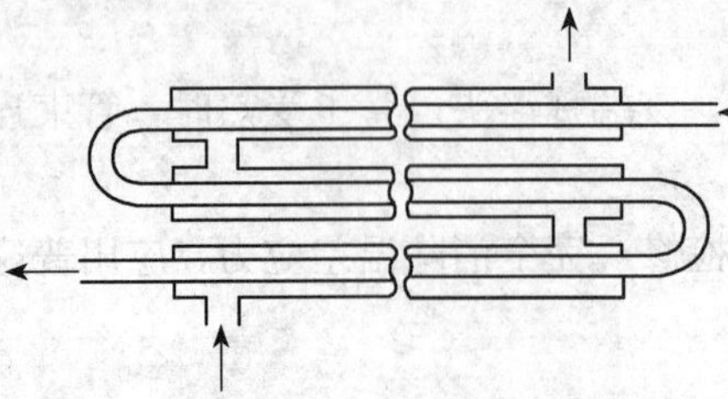

图 3.20　套管式换热器

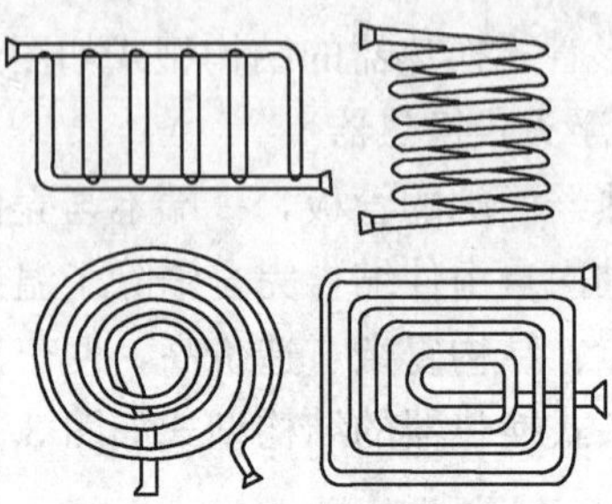

图 3.21　沉浸式蛇管换热器

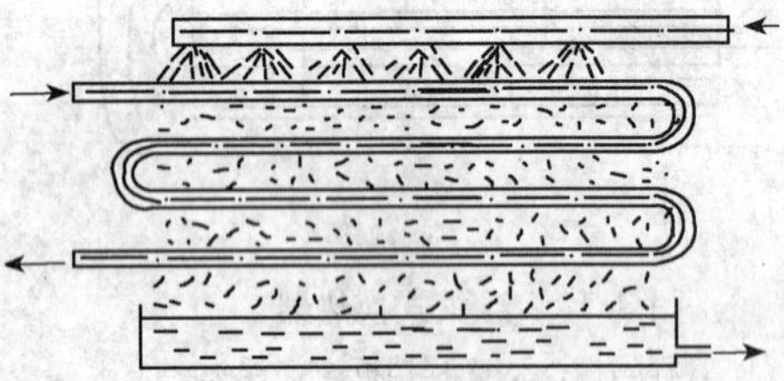

图 3.22　喷淋式换热器

优点：结构简单、造价低廉，能耐高压，便于检修、清洗，传热效果好。

缺点：冷却水喷淋不易均匀影响传热效果。

用途：用于冷却或冷凝管内液体。

喷淋式换热器的结构型式如图 3.22 所示。

4. 翅片式换热器

当两流体的对流传热系数相差很大时，在传热系数较小的一侧加翅片可以强化传热。当用水蒸气加热空气时，此传热过程的热阻主要由空气侧的对流传热热阻决定。故在空气侧加装翅片，增加了传热面积，强化了传热效果。

特点：管外安装翅片，增加了传热面积，提高了管外流体的湍动，增大了传热效果。

用途：广泛应用于空气冷却器上。

常见的几种翅片形式如图 3.23 所示。

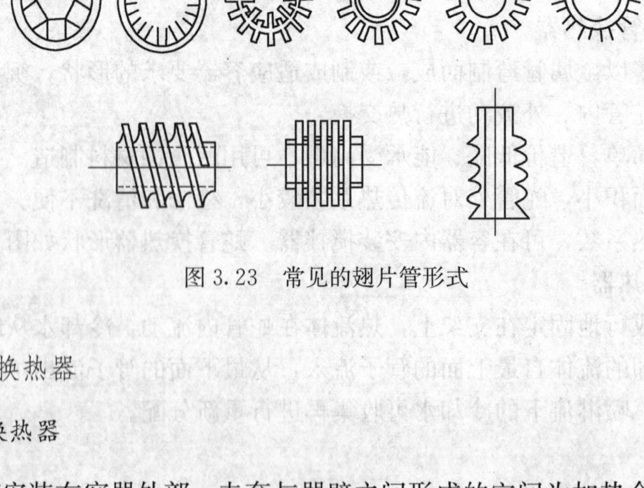

图 3.23　常见的翅片管形式

（二）板式换热器

1. 夹套式换热器

结构：夹套安装在容器外部，夹套与器壁之间形成的空间为加热介质和冷却介质的通道。

特点：结构简单，加工方便，传热面积小，传热效率低，广泛用于反应釜的加热和冷却。

夹套式换热器的结构型式如图 3.24 所示。

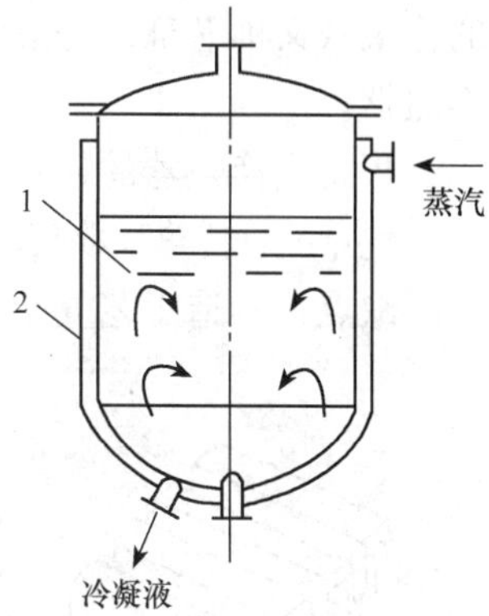

图 3.24　夹套式换热器

1. 容器；2. 夹套

2. 螺旋板式换热器

螺旋板式换热器是由两张间距一定的平行的薄金属板卷制而成，构成一对互相隔开的螺旋形流道。冷热两流体以螺旋板为传热面相间流动，两板之间焊有定距柱以维持流道间距，同时也可增加螺旋板的刚度。在换热器中心设有中心隔板，使两个螺旋通道隔开。在顶、底部分分别焊有盖板或封头和两流体的出入接管。

优点：结构紧凑，总传热系数较高，不易结垢和堵塞，能利用温度较低的热源。

缺点：操作压强和温度不能太高，螺旋板维修困难，流体阻力较大。

螺旋板式换热器的结构型式如图 3.25 所示。

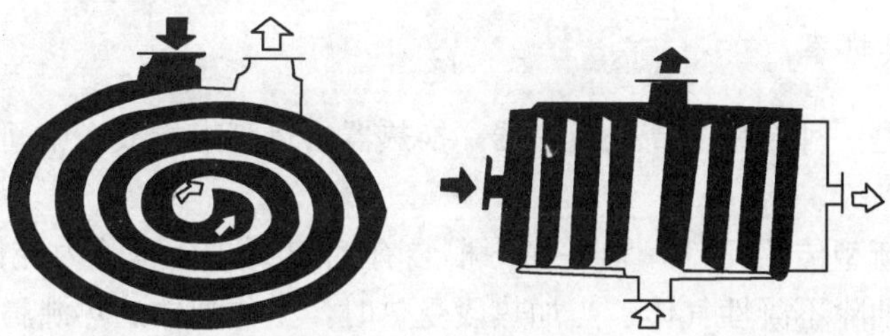

图 3.25　螺旋板式换热器

3. 平板式换热器

平板式换热器，主要由一组长方形的薄金属板平行排列、夹紧组装在支架上而构成。两相邻板片的边缘衬有垫片，压紧后板间形成流体通道，且可用垫片的厚度调节通道的大小。每块板的四个角上各开一个圆孔，其中有一对圆孔和板面上的流通道相通，另外一对圆孔则不相通，它们的位置在相邻的板上是错开的，以分别形成两流体的通道。冷热流体交错地在板片两侧流过，通过板片进行换热。板上可被压制成多种形状的波纹，可增加刚性，提高湍动程度，增加传热面积，易于液体的均匀分布。

优点：传热系数高，结构紧凑，安装检修方便。

缺点：处理量小，操作压强和温度不高，易渗漏。

4. 板翅式换热器

板翅式换热器是一种更为紧凑、轻巧、高效的换热器。基本结构是由两块平行的薄金属板间夹入波纹状或其他形状的金属翅片，两边以侧条密封，组成一个换热单元。将各基本单元进行不同的叠积和适当地排列，并用钎焊固定，即可制成并流、逆流或错流的板束（又称芯部）。然后将带有流体进、出口的集流箱焊接到板束上，就成为板翅式换热器。

板翅式换热器的翅片形式如图 3.26 所示。

优点：总传热系数高，传热效率好，结构紧凑，轻巧牢固，适应性强，操作范围广。

缺点：制造工艺复杂，检修清洗困难。要求介质对铝无腐蚀性。

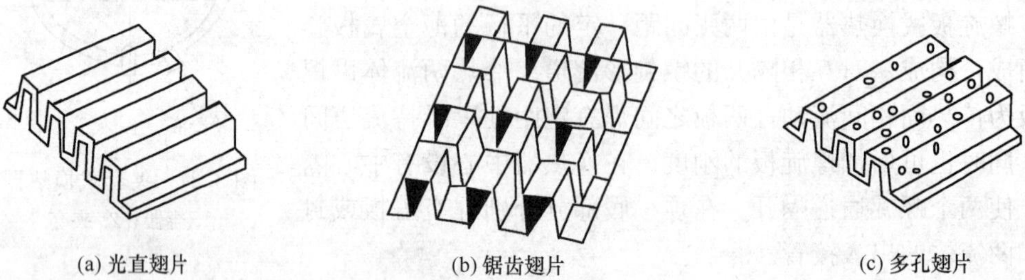

图 3.26　板翅式换热器的翅片形式

（三）热管换热器

热管换热器是一种新型的高效换热器，换热器由热管束构成，中间用隔板把冷热流体隔开。

热管是一种新型传热元件，它是在一根装有毛细吸芯金属管内充以适量的某种液体，然后封闭并抽除不凝性气体。当加热段受热时，工作液体遇热沸腾，产生的蒸汽流至加热段再次沸腾。如此过程反复循环，热量则由加热段传至冷却段。

特点：结构简单，使用寿命长，工作可靠，应用范围广，蒸汽流动阻力小，管壁温度均匀。

用途：适用于气-气、气-液和液-液间的换热过程。

热管换热器的结构如图 3.27 所示。

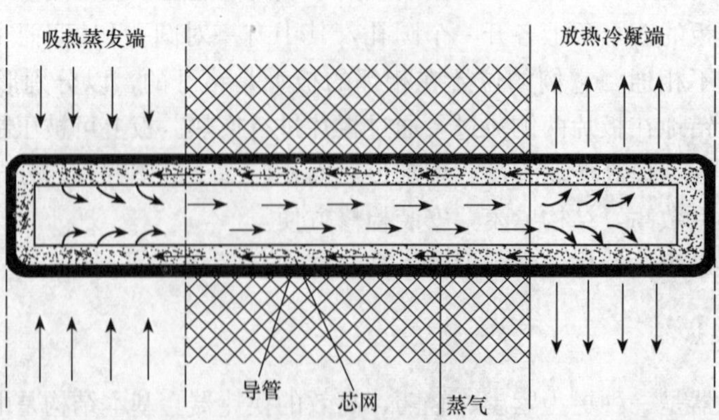

图 3.27　热管换热器

三、列管式换热器的设计与选型

换热器的设计即是通过传热过程计算确定经济合理的传热面积以及换热器的结构尺寸，以完成生产工艺中所要求的传热任务。换热器的选用也是根据生产任务，计算所需的传热面积，选择合适的换热器。由于参与换热流体特性的不同，换热设备结构特点的差异，因此为了适应生产工艺的实际需要，设计或选用换热器时需要考虑多方面的因素，进行一系列的选择，并通过比较才能设计或选用出经济上合理和技术上可行的换热器。

本节将以列管式换热器为例，说明换热器选用或设计时需要考虑的问题。

（一）流体通道的选择

流体通道的选择可参考以下原则进行：

（1）不洁净和易结垢的流体宜走管程，以便于清洗管子。

（2）腐蚀性流体宜走管程，以免管束和壳体同时受腐蚀，而且管内也便于检修和清洗。

（3）高压流体宜走管程，以免壳体受压，并且可节省壳体金属的消耗量。

（4）饱和蒸汽宜走壳程，以便于及时排出冷凝液，且蒸汽较洁净，不易污染壳程。

（5）被冷却的流体宜走壳程，可利用壳体散热，增强冷却效果。

（6）有毒流体宜走管程，以减少流体泄漏。

（7）黏度较大或流量较小的流体宜走壳程，因流体在有折流板的壳程流动时，由于流体流向和流速不断改变，在很低的雷诺数（$Re<100$）下即可达到湍流，可提高对流传热系数。但是有时在动力设备允许的条件下，将上述流体通入多管程中也可得到较高的对流传热系数。

在选择流体通道时，以上各点常常不能兼顾，在实际选择时应抓住主要矛盾。如首先要考虑流体的压力、腐蚀性和清洗等要求，然后再校核对流传热系数和阻力系数等，以便做出合理的选择。

（二）流体流速的选择

换热器中流体流速的增加，可使对流传热系数增加，有利于减少污垢在管子表面沉积的可能性，即降低污垢热阻，使总传热系数增大。然而流速的增加又使流体流动阻力增大，动力消耗增大。因此，适宜的流体流速需通过技术经济核算来确定。充分利用系统动力设备的允许压降来提高流速是换热器设计的一个重要原则。在选择流体流速时，除了经济核算以外，还应考虑换热器结构上的要求。

表 3.11～表 3.13 给出了工业上的常用流速范围。除此之外，还可按照液体的黏度选择流速，按材料选择允许流速以及按照液体的易燃、易爆程度选择安全允许流速。

表 3.11　列管换热器中常用的流速范围

流体种类		一般流体	易结垢液体	气体
流速	管程	0.5～3.0	＞1.0	5.0～30
	壳程	0.2～1.5	＞0.5	3.0～15

表 3.12　列管式换热器中不同黏度液体的常用流速

液体黏度/(mPa·s)	＞1500	1500～500	500～100	100～35	35～1	＜1
最大流速/(m/s)	0.6	0.75	1.1	1.5	1.8	2.4

表 3.13　列管式换热器中易燃易爆液体的安全允许速度

液体名称	乙醚、二硫化碳、苯	甲醇、乙醇、汽油	丙酮
安全允许速度/(m/s)	＜1	＜2～3	＜10

（三）流体两端温度的确定

若换热器中冷、热流体的温度都由工艺条件所规定，则不存在确定流体两端温度的问题。若其中一流体仅已知进口温度，则出口温度应由设计者来确定。例如用冷水冷却一热流体，冷水的进口温度可根据当地的气温条件做出估计，而其出口温度则可根据经济核算来确定：为了节省冷水量，可使出口温度提高一些，但是传热面积就需要增加；为了减小传热面积，则需要增加冷水量。两者是相互矛盾的。一般来说，水源丰富的地区选用较小的温差，缺水地区选用较大的温差。不过，工业冷却用水的出口温度一般不宜高于45℃，因为工业用水中所含的部分盐类（如 $CaCO_3$、$CaSO_4$、$MgCO_3$ 和 $MgSO_4$ 等）的溶解度随温度升高而减小，如出口温度过高，盐类析出，将形成传热性能很差的污垢，而使传热过程恶化。如果是用加热介质加热冷流体，可按同样的原则选择加热介质的出口温度。

（四）管径、管子排列方式和壳体直径的确定

小直径管子能使单位体积的传热面积大，因而在同样体积内可布置更多的传热面。或者说，当传热面积一定时，采用小管径可使管子长度缩短，增强传热，易于清洗。但是减小管径将使流动阻力增加，容易积垢。对于不清洁、易结垢或黏度较大的流体，宜采用较大的管径。因此，管径的选择要视所用材料和操作条件而定，总的趋向是采用小直径管子。

管长的选择是以合理使用管材和清洗方便为原则。国产管材的长度一般为6m，因此管壳式换热器系列标准中换热管的长度分为1.5、2、3或6m几种，常用3m或6m的规格。长管不易清洗，且易弯曲。此外，管长 L 与壳体 D 的比例应适当，一般 $L/D=4\sim6$。

管子的排列方式有等边三角形、正方形直列和正方形错列三种，如图3.28所示。等边三角形排列比较紧凑，管外流体湍动程度高，对流传热系数大；正方形直列比较松

散，对流传热系数较三角形排列时低，但管外壁清洗方便，适用于壳程流体易结垢的场合；正方形错列则介于上述两者之间，对流传热系数较直列高。

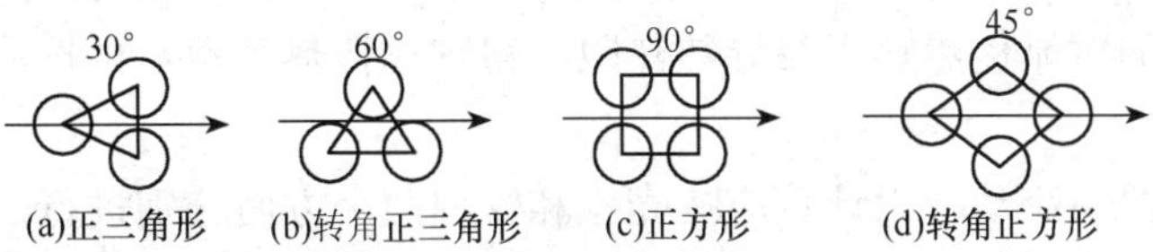

图 3.28 管子的排列方式

管子在管板上的间距 t 跟管子与管板的连接方式有关：胀管法一般取 $t=(1.3\sim1.5)d_0$，且相邻两管外壁的间距不小于 6mm；焊接法取 $t=1.25d_0$。

换热器壳体内径应等于或稍大于管板的直径。通常是根据管径、管数、管间距及管子的排列方式用作图法确定。

（五）管程和壳程数的确定

当流体的流量较小而所需的传热面积较大时，需要管数很多，这可能会使流速降低，对流传热系数减小。为了提高流速，可采用多管程。但是管程数过多将导致流动阻力增大，平均温差下降，同时由于隔板占据一定面积，使管板上可利用的面积减少。设计时应综合考虑。采用多管程时，一般应使各程管数大致相同。

当列管式换热器的温差修正系数 $\varphi\Delta t<0.8$ 时，可采用多壳程，如壳体内安装与管束平行的隔板。但由于在壳体内纵向隔板的制造、安装和检修都比较困难，故一般将壳体分为两个或多个，将所需总管数分装在直径相等而较小的壳体中，然后将这些换热器串联使用。

（六）折流板

折流板又称折流挡板，安装折流板的目的是为了提高壳程流体的对流传热系数。其常用型式有弓形折流板、圆盘形折流板以及螺旋折流板等，如图 3.29 所示。常用型式为弓形折流板。折流板的形状和间距对壳程流体的流动和传热具有重要影响。

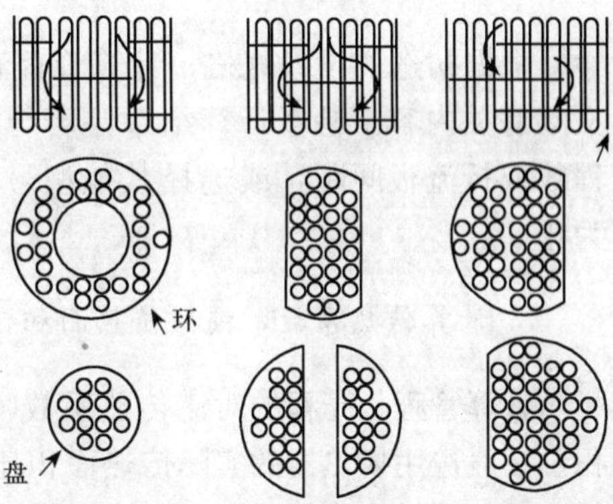

图 3.29 折流挡板的形式

通常弓形缺口的高度约为壳体直径的 10%～40%，一般取 20%～25%。两相邻折流板的间距也需选择适当，间距过大，则不能保证流体垂直流过管束，流速减小，对流传热系数降低；间距过小，则流动阻力增大，也不利于制造和检修。一般折流板的间距取为壳体内径的 20%～100%。

（七）换热器中传热与流体流动阻力计算

有关列管式换热器的传热计算可按已选定的结构型式，根据传热过程各个环节分别计算出两侧流体的对流传热热阻及导热热阻，得到总传热系数，再按前述内容进行换热器传热计算。

列管式换热器中流动阻力计算应按壳程和管程两个方面分别进行。它与换热器的结构型式和流体特性有关。一般对特定型式换热器可按经验方程计算，计算式比较繁杂，具体内容可参阅有关的换热器设计教科书或手册。

（八）列管式换热器的选用和设计的一般步骤

列管式换热器的选用和设计计算步骤基本上是一致的，其基本步骤如下：

1. 估算传热面积，初选换热器型号

（1）根据传热任务，计算传热速率。

（2）确定流体在换热器中两端的温度，并按定性温度计算流体物性。

（3）计算传热温差，并根据温差修正系数不小于 0.8 的原则，确定壳程数或调整加热介质或冷却介质的终温。

（4）根据两流体的温差，确定换热器的型式。

（5）选择流体在换热器中的通道。

（5）依据总传热系数的经验值范围，估取总传热系数值。

（7）依据传热基本方程，估算传热面积，并确定换热器的基本尺寸或按系列标准选择换热器的规格。

（8）选择流体的流速，确定换热器的管程数和折流板间距。

2. 计算管程和壳程流体的流动阻力

根据初选的设备规格，计算管程和壳程流体的流动阻力，具体的计算方法可参考文献有关内容。检查计算结果是否合理和满足工艺要求。若不符合要求，再调整管程数或折流板间距，或选择其他型号的换热器，重新计算流动阻力，直到满足要求为止。

3. 计算传热系数，校核传热面积

计算管程、壳程的对流传热系数，确定污垢热阻，计算传热系数和所需的传热面积。一般选用换热器的实际传热面积比计算所需传热面积大 10%～25%，否则另设总传热系数，另选换热器，返回第一步，重新进行校核计算。

上述步骤为一般原则，可视具体情况作适当调整，对设计结果应进行分析，发现不合理处要反复计算。在计算时应尝试改变设计参数或结构尺寸甚至改变结构型式，对不同的方案进行比较，以获得技术经济性较好的换热器。

四、换热器常见故障及处理办法

（一）换热器的使用

换热器是化工生产中的主要设备之一，安全正确对地操作才能使其安全运行，发挥较大的效能。换热器有多种结构形式，在此只介绍列管式换热器和板式换热器的使用。

1. 列管式换热器的正确使用

(1) 投产前应检查压力表、温度计、安全液位计以及有关阀门是否齐全好用。

(2) 输进蒸气前，先打开冷凝水排放阀门和放空阀门，排除积水和污垢；打开放空阀，排除空气和不凝性气体。

(3) 换热器投产时，先打开冷态工作液体阀门和放空阀向其注液，当液面达到规定位置时缓慢或分数次开启蒸汽或其他加热剂阀门，做到先预热后加热，防止骤冷骤热损坏换热器降低其使用寿命。

(4) 经常检查冷、热流体的进出口温度、压力变化，发现温度、压力有超限度变化时，要立即查明原因，消除故障。

(5) 定时分析介质成分变化，以确定有无内漏，以便及时处理。

(6) 定时检查换热器有无渗漏，外壳有无变形及振动现象，若有应及时处理。

(7) 定时排放不凝性气体和冷凝液，根据换热效率下降情况应及时除掉结垢，提高传热效率。

2. 板式换热器的正确使用

(1) 进入该换热器的冷、热流体如果含有大颗粒泥沙和纤维质，必须提前过滤，防止堵塞狭小的间隙。

(2) 用海水作冷却介质时，要向海水中通入少量的氯气，以防止微生物滋长堵塞间隙。

(3) 当传热效率下降20%～30%时，要清理结垢和堵塞物，清理方法是用竹板铲除或用高压水冲洗，冲洗时波纹板片要垫平，以防变形，严禁使用钢刷刷洗。

(4) 拆卸和组装波纹板片时，不要将其弄伤或掉出，如发现有脱落部分，应用胶粘好。

(5) 使用换热器，要防止骤冷骤热，使用压力不可超过铭牌规定。

(6) 使用中发现垫口渗漏时应及时冲洗结垢，调紧螺栓，如无效果，应解体组装。

(7) 经常查看压力表和温度计数值，掌握运行状况。

（二）换热器的维修

换热器经过一定的生产周期使用后，必须进行检查和维修，才能保证换热器有较高的传热效率，维持正常生产。

换热器停车后，放净流体，拆开端盖（管箱），若是浮头式换热器或U形管式换热器则应抽出管束。首先应进行清扫，常用压缩空气、水或蒸汽清扫。清扫干净后，如发现加热管结垢，再装上端盖进行酸洗。酸液的浓度一般配制成6%～8%，酸洗过程中酸液浓度会逐渐下降，要及时补进浓酸以保持上述浓度，当浓度不再下降时，说明已经洗净垢层了。然后用水洗净酸液，直至排出的水呈中性为止。

酸洗后打开端盖进行检查，看胀管端是否有松动，焊缝是否有腐蚀等。

酸洗时一定要注意做好防护措施（如穿戴防酸工作服、防酸手套、眼镜等），注意安全，防止事故发生。

如果有些污垢不能清洗干净，也可采用机械清扫工具进行清扫或采用加有石英砂的高压水进行了喷刷。

清洗干净后，要进行水压试验，试验时如发现加热管泄漏，则要更换。首先，拆下旧管，洗净管板孔，换入新管后重新胀牢，对更换有困难的加热管也可以采用堵塞不用的办法，即用铁塞将两端管口塞住，但堵塞量不能过多，一般不得超过总管数的10%，否则减少传热面积过多，满足不了生产需要。如果仅是胀管端泄漏，则可采用空心铁塞，即在铁塞中心钻孔。这样虽然减少了加热管的横截面，但并没有减少传热面积。

检修后进行水压试验，试验压力应按设计图纸上技术要求的规定进行，试压时要缓慢升压并注意观察，有无破裂；有无渗漏；试压有无残余变形，确认合格方可验收，再投入生产。

（三）换热器常见故障与处理方法

列管式换热器及板式换热器常见故障与处理方法见表3.14和表3.15。

表3.14　列管式换热器常见故障与处理方法

故障名称	产生原因	处理方法
传热效率下降	列管结垢和堵塞 壳体内不凝气体或冷凝液增多 管路或阀门有堵塞	清洗管子 排放不凝气体或冷凝液 检查清理管路、阀门
发生振动	壳程介质流速过快 管路振动所引起 管束与折流板结构不合理 机座刚度较小	调节进汽量 加固管路 改进设计 适当加固
管板与壳体连接处发生裂纹	焊接质量不好 外壳歪斜，联络管线拉力或推力过大 腐蚀严重，外壳壁减薄	清除补焊 重新调整找正 鉴定后修补
管束和张口渗漏	管子被折流板磨破 壳体和管束温度过大 管口腐蚀或胀接质量差	用管堵堵死或换管 补胀或焊接 换新管或补胀

表 3.15　板式换热器常见故障与处理方法

故障名称	产生原因	处理方法
密封垫处渗漏	胶垫未放正或扭曲歪斜 螺栓紧固力不均匀或紧固力小 胶垫老化或有损伤	重新组装 紧固螺栓 更换新垫
内部介质渗漏	波纹板有裂纹 进出口胶垫不严密 侧面压板腐蚀	检查更新 检查修理 补焊、加工
传热效率下降	波纹板结垢严重 过滤器或管路堵塞	解体清理 清理

第六节　技能训练——传热操作训练

一、实训项目

(1) 完成换热体系岗位技能训练。
(2) 完成换热器岗位技能训练。
(3) 完成换热流程岗位技能训练。
(4) 完成现场工控岗位技能训练。
(5) 完成化工仪表岗位技能训练。
(6) 完成故障处理技能训练。

二、工艺流程（图 3.30）

三、操作规程

(一) 开车前准备

(略)。

(二) 开车

(1) 列管式换热器开车。
(2) 板式换热器开车。
(3) 列管式换热器（并流）、板式换热器串联开车。
(4) 列管式换热器（逆流）、板式换热器并联开车。
(5) 套管式换热器开车。

(三) 停车操作

(略)。

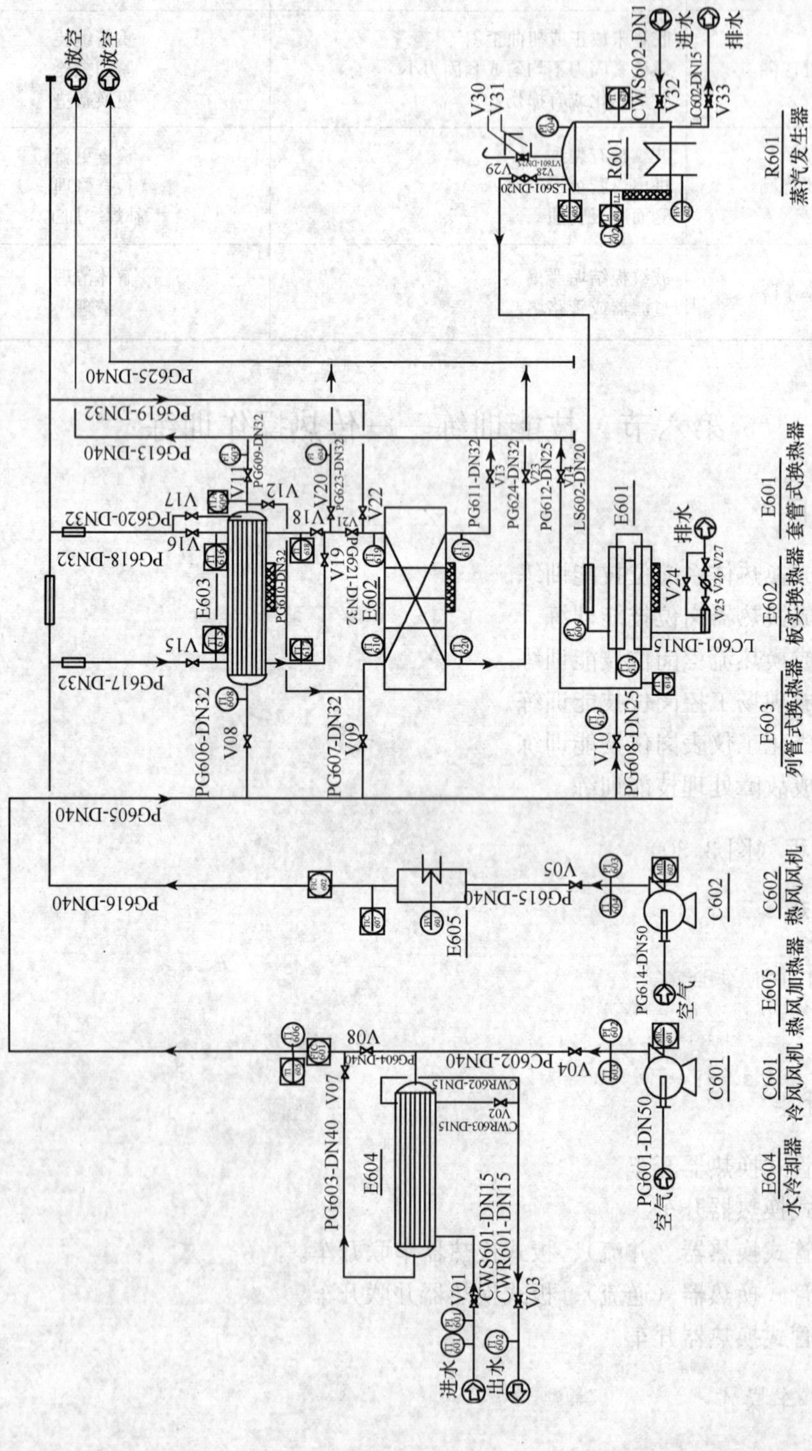

图 3.30 传热工艺流程图

（四）故障处理技能训练

（1）水冷却器出口冷风温度异常。

（2）蒸汽冷凝水系统异常。

（3）列管式换热器冷风出口流量、热风出口流量与进口流量有差异。

本章小结

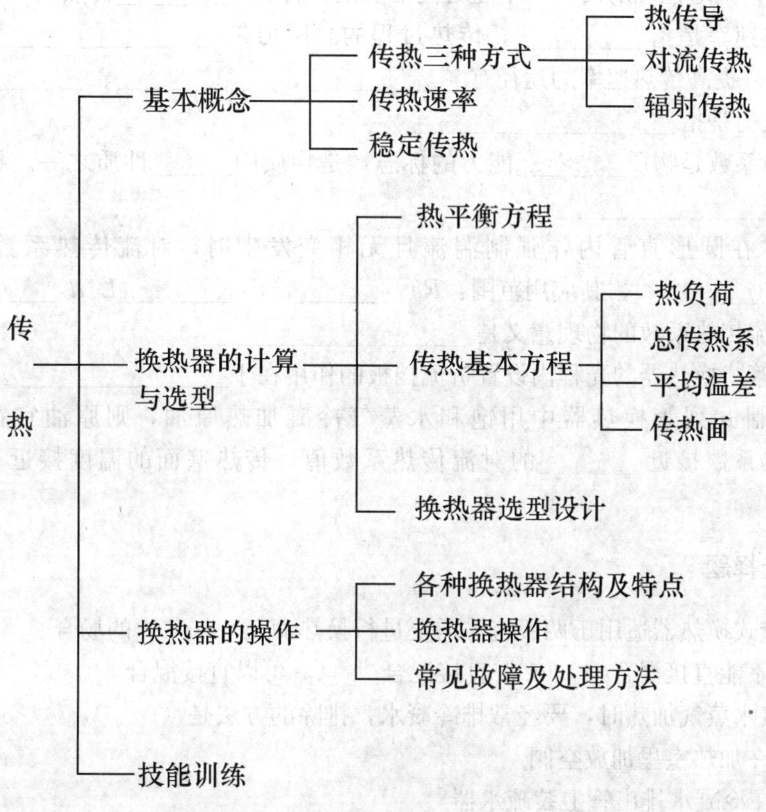

同步测试题

一、填空题

1. 热量传递是由于物体内部或系统内部两部分之间的________而引起的。传递的方向总是由________处自动向__________处部动。________越大，则热能传递越大，当趋向一致时，则热量传递就停止了。

2. 参与传热的流体称为______，在传热过程中，温度较高而放出热量的流体称为________________。

3. 列管式换热器主要由________、________、________和________组成，______

程流体由封头一端进入，经分配室分配至管内，从另一端封头出去，此类换热器称为__________。若在换热器的分配室设置隔板，将管束的全部管子平均分成若干组，流体每次只通过一组管子，然后折回进入另一组管子，如此反复多次，最后从封头的出口管流出，则此类换热器称为__________。

4. 壳程流体由______的进口管流入，在__________的空隙中流过，从______的另一端出口管流出。

5. 在传热过程中，温度分布不仅随位置的改变而且随时间的改变而改变的，称为______传热，只随位置的改变而不随时间而变的，称为________传热。

6. 传热速率是指________，传热过程的总阻力是________，________是过程的推动力，提高传热速率的途径有__________、__________、__________。

7. 热负荷是指______________。

8. 导热系数是物质______能力的标志，是物质的______性质之一。导热系数大的物质，则____________。

9. 流体在圆形直管内作强制湍流且无相变发生时，对流传热系数的公式为______________，其应用范围：Re________，Pr________ L/d__________。

10. 对流传热系数的物理意义是______________

11. 列管式换热器的壳程内设置折流挡板的作用在于____________。

12. 在卧式列管换热器中用饱和水蒸气冷凝加热原油，则原油宜在______流动，总传热系数接近______的对流传热系数值，传热壁面的温度接近于______温度。

二、单项选择题

1. 间壁式换热器适用于两股流体需要进行换热而又（　　）的场合。

A. 不能直接混合　　B. 需直接混合　　C. 可以直接混合

2. 间接水蒸气加热时，要经常排冷凝水，排除的方法是（　　）。

A. 在加热室里加放空阀

B. 在冷凝水排出管上装疏水器

C. 在冷凝水排出管上装放空阀

3. 冷热两流体的进出口温度相同，其余换热条件相同，则逆流、并流时所需换热器的面积（　　）。

A. $A_{逆}<A_{并}$　　B. $A_{逆}=A_{并}$　　C. $A_{逆}>A_{并}$

4. 若要求冷流体被加热时不能超过某一温度或热流体被冷却时不能低于某一温度，则适宜采用（　　）操作。

A. 逆流　　B. 并流　　C. 错流　　D. 折流

5. 物质的导热系数从大到小的排列顺序为（　　）。

A. 气体>液体>非金属固体>金属固体

B. 金属固体>非金属固体>液体>气体

C. 液体>非金属固体>金属固体>气体

6. 金属导热系数一般随温度的升高而（　　）。

A. 不变　　B. 升高　　C. 降低

7. 除水和甘油外，绝大多数液体的导热系数随温度升高而略有减小，一般纯液体的导热系数（　　）其他溶液的导热系数。

A. 大于　　B. 小于　　C. 一样

8. 在多层平壁中，温度差大的壁层，其热阻（　　）。

A. 小　　B. 大　　C. 不能确定

9. 计算对流传热系数时，流体所涉及的物性参数由定性温度查得，所谓定性温度是指（　　）。

A. 进出口端冷热两流体温度的算术平均值

B. 冷、热流体进出口温度的对数平均值

C. 冷、热流体进出口温度的算术平均值

10. 若 $\alpha_1 \gg \alpha_2$，则 K 值接近于（　　）。

A. α_1　　B. α_2　　C. α_1、α_2 的平均值

11. 通过间壁式换热器利用烟道气加热沸腾的水，则壁温接近于（　　）。

A. 烟道气一侧的温度

B. 沸腾水一侧的温度

C. 两侧温度的平均值

12. 在与传热有关的特征数中，普朗特数反映的是（　　）。

A. 流体的流动类型及湍流程度

B. 流体因温度差而引起的自然对流强度

C. 与传热有关的流体的物性

三、分析简答题

1. 对在间壁式换热器中传热的过程，为强化传热，试分析哪些方案在工程上是可行的。

2. 试分析 $Q=q_m c_p \Delta t$，$Q=KA\Delta t_m$，$Q=q_m c_p \Delta T$ 三个计算式中温度差的区别。

3. 如何选择流体走管程还是走壳程？

4. 如何正确开停换热器？为什么？

5. 本章介绍了哪些换热器？各有什么特点？

6. 传热基本方式有哪些？各自的特点是什么？

四、计算题

1. 有一面墙，厚度为 360mm，面积为 $20m^2$，设其内壁温度为 303℃，外壁温度为 273℃，砖的导热系数为 0.8W/(m·K)，试计算这墙每小时向外界散失的热量。

2. 某燃烧炉顺序地由耐火砖、保温砖、和建筑砖砌成，其壁厚分别为 240、120 和 240mm，导热系数分别为 0.9W/(m·K)、0.2W/(m·K) 和 0.7W/(m·K)，燃烧稳

定后，炉膛内壁温度为 1210K，最外层温度为 320K，试求每秒钟每平方米壁面的热损失，并求各砖层接面处的温度。

3. 某平壁燃烧炉是由一层耐火砖与一层普通砖砌成，两层的厚度均为 100mm，其导热系数分别为 0.9W/(m・℃) 及 0.7W/(m・℃)。待操作稳定后，测得炉膛的内表面温度为 700℃，外表面温度为 130℃。为了减少燃烧炉的热损失，在普通砖外表面增加一层厚度为 40mm、导热系数为 0.06W/(m・℃) 的保温材料。操作稳定后，又测得炉内表面温度为 740℃，外表面温度为 90℃。设两层砖的导热系数不变，试计算加保温层后炉壁的热损失比原来的减少百分之几？

4. 水在内径 17mm、长 2m 的管中以 2m/s 的速度流过，温度从 298K 下降至 288K，试求管壁对水之传热膜系数。

5. 用蒸汽将管内的空气从 293℃ 回热至 313℃，已知管子规格为 ϕ25mm×2mm，管长 1.5m，设已知在平均温度下空气的密度为 1.29kg/m^3，导热系数为 0.0267W/(m・℃)，比热为 1.005kJ/(kg・K)，黏度为 1.86×10^{-5} Pa・s，空气在管中的流速为 10m/s，试求管壁对空气的传热膜系数。

6. 有一列管式换热器，由 38 根 ϕ25mm×2.5mm 的无缝钢管组成。苯在管内流动，由 20℃被加热至 80℃，苯的流量为 8.32kg/s。外壳中通入水蒸气进行加热。试求管壁对苯的传热系数。当苯的流量提高 1 倍，传热系数有何变化。

7. 利用一冷凝器来冷凝 80℃ 的某塔顶上升的蒸气，已知冷却水的进口温度为 20℃，进出口温度差控制在 15℃之内，试求冷、热两流体的平均温度差。

8. 今欲利用石油裂解中裂解产物的热量来预热原油，已知原油从 28℃ 预热至 180℃，热裂解产物的温度则从 300℃降至 200℃，试求热裂解产物与原油成并流和逆流时的平均温度差。

9. 某一列管换热器由 ϕ25mm×2.5mm 的钢管组成，热空气流经管程，冷却水在管间与空气呈逆流流动。已知管内侧空气的 $x_i=50\text{W/(m}^2\cdot℃)$，管外侧水的 $x_0=1000\text{W/(m}^2\cdot℃)$，钢的 λ 为 45W/(m・℃)。试求基于管外表面积的总传热系数 K。忽略污垢热阻。

10. 在一列管换热器中，用初温为 30℃的原油将重油由 180℃冷却到 120℃，已知重油和原油的流量分别为 1×10^4 kg/h 和 1.4×10^4 kg/h。比热容分别为 2.17kJ/(kg・℃) 和 1.92kJ/(kg・℃)，传热系数 $K=418\text{kJ/(m}^2\cdot\text{h}\cdot℃)$。试分别计算并流和逆流时换热器所需的传热面积。

11. 在一套管换热器中，用冷却水将 1.25kg/s 的苯由 78℃冷却至 40℃，冷却水在 ϕ25mm×2.5mm 的管内中流动，其进出口温度分别为 20℃和 35℃。已知水和苯的对流传热系数分别为 $0.85\text{kW/(m}^2\cdot℃)$ 和 $1.7\text{kW/(m}^2\cdot℃)$，又两侧污垢热阻忽略不计，试求所需的管长和冷却水消耗量。

12. 现有一单程列管式换热器，管子尺寸 ϕ25mm×2.5mm，管长 3.0m，共 40 根，拟用来将 1.7×10^4 kg/h 的苯从 30℃加热到 70℃，壳程为 120℃饱和水蒸气冷凝，水蒸气冷凝的 $x=10^4\text{W/(m}^2\cdot℃)$。考虑管内苯侧污垢热阻为 8.33×10^{-4} $(\text{m}^2\cdot\text{K})/\text{W}$，管外侧污垢热阻及热损失均忽略不计。试问该换热器是否合用。

第三篇

混合物的分离

第四章　非均相混合物的分离

知识目标

（1）了解非均相混合物分离的主要方法、主要特点与工业应用。
（2）理解沉降、过滤及分离设备的结构、原理。
（3）掌握重力沉降、离心分离、过滤的基本计算。

能力目标

（1）能根据物料性质及生产要求选择分离方法。
（2）能根据物料性质及生产要求选用分离设备。

第一节　案例引入

一、生产案例

碳酸氢氨生产工艺流程，如图 4.1 所示。氨水和二氧化碳在碳化塔中进行反应，生成含有碳酸氢氨的悬浮液，然后通过离心机和过滤机将液体和固体分离开，再通过气流干燥器将水分进一步除去，干燥后的气固混合物由旋风分离器和袋滤器进行分离，得到最终产品。此工艺多处用到非均相混合物的分离操作，包括气固分离和液固分离，使用了离心机、过滤机、旋风分离器以及袋滤器等非均相混合物分离的分离设备。

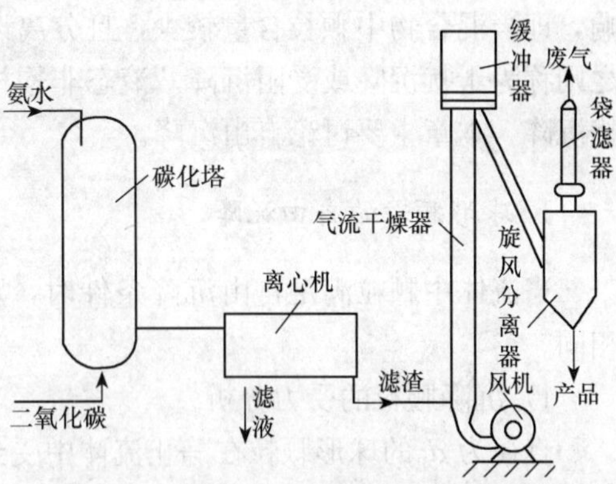

图 4.1　为碳酸氢氨生产流程示意图

二、非均相混合物常见的分离方法

非均相混合物里处于分散状态的物质称为分散物质（或分散相），如含尘气体中的尘粒、悬浮液中的固体颗粒；包围着分散物质而处于连续状态的物质称为分散介质（或连续相），如含尘气体中的气体，悬浮液中的液体。

由于非均相混合物中的分散相与连续相具有不同的物理性质（如密度），故可用机械的方法将它们分离，要实现这种分离必须使分散相与连续相发生相对运动，工业上最常用的方法是沉降法与过滤法。

三、非均相混合物分离在生产中的应用

（1）对连续相或分散相进一步加工的需要。如碳酸氢氨生产中，从悬浮液中分离出碳酸氢氨。

（2）回收有价值的物质。如碳酸氢氨生产中，由旋风分离器分离出最终产品。

（3）除去对下一工序有害的物质。如气体在进压缩机前，必须除去其中的液滴或固体颗粒，在离开压缩机后也要除去油沫或水沫。

（4）劳动保护和环境卫生。如碳酸氢氨生产中，在废气最终排放前，由袋滤器除去其中的粉尘。

第二节　沉　　降

密度不同的两相在外力作用下发生相对运动而实现分离的操作称为沉降。若外力为重力，称为重力沉降；若外力为离心力，称为离心沉降。

一、重力沉降

重力沉降是利用流体中的固体颗粒受地球吸引力场的作用而发生的沉降过程。实现沉降的先决条件是颗粒和流体之间存在着密度差。例如，城市污水处理厂进水中的沙砾在重力作用下慢慢沉到沉砂池底部，从水中分离出来。

（一）沉降速度

在沉降系统中，颗粒之间的距离足够大，任一颗粒不受其他颗粒的干扰和器壁的影响，即当混合物中颗粒含量较少，且分离设备尺寸足够大的情况下，称为自由沉降；反之则称为干扰沉降或受阻沉降。液态非均相物系中，当分散相浓度较高时，往往发生干扰沉降。本章主要讨论自由沉降。

1. 球形颗粒的自由沉降

当流体中颗粒满足自由沉降条件时，颗粒的沉降和单个颗粒在静止流体中的沉降相同。

1）沉降颗粒的受力分析

直径为 d_p 的球形颗粒在静止流体中受到的力有：

（1）竖直向下的重力：$F_g=\frac{\pi}{6}d^3\rho_s g$，其中 ρ_s 为颗粒密度。

（2）竖直向上的浮力：$F_b=\frac{\pi}{6}d^3\rho g$，其中 ρ 为流体密度。

（3）若 $F_g>F_b$，则颗粒竖直向下运动，受到和运动方向相反的阻力 F_d。

阻力大小的计算仿照管路阻力的计算：

$$F_d = \xi A \frac{\rho u_0^2}{2} = \zeta \frac{\pi}{4} d^2 \frac{\rho u_0^2}{2} \tag{4.1}$$

式中：F_d——流体对颗粒的阻力；

ξ——阻力系数，无因次；

A——颗粒在运动方向上的投影面积，m^2；

u_0——颗粒的沉降速度，m/s。

2）沉降速度

根据牛顿第二定律，F_g、F_b、F_d三个力的代数和等于颗粒质量 m 与其加速度 a 的乘积：

$$F_g - F_b - F_d = ma$$

即

$$\frac{\pi}{6} d^3 \rho_s g - \frac{\pi}{6} d^3 \rho g - \zeta \frac{\pi}{4} d^2 \frac{\rho u_0^2}{2} = \frac{\pi}{6} d^3 \rho_s a \tag{4.2}$$

由式（4.2）可知，颗粒开始沉降瞬间，因 $u=0$，则 $F_d=0$，故此时颗粒具有加速度 a，且为最大值。随着 u 不断增大，F_d也不断增大，当 u 增大到阻力等于净重力（重力减去浮力）时，上述合力为零，即加速度为零，此时颗粒便开始做匀速沉降运动，故颗粒的沉降可分为加速和匀速两个阶段（图 4.2）。

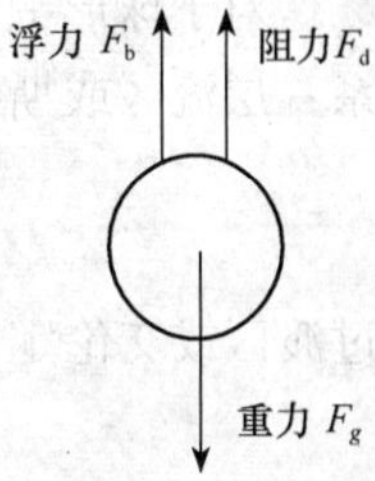

图 4.2　沉降颗粒的受力情况

由于工业沉降处理颗粒一般很小，所以颗粒与流体接触面积 A 相对很大，阻力随速度增加很快，颗粒受力很快达到平衡，故加速时间很短，通常忽略，可认为沉降过程是匀速的。即加速度 $a=0$。则由式（4.2）得

$$\frac{\pi}{6} d^3 \rho_s g - \frac{\pi}{6} d^3 \rho g = \zeta \frac{\pi}{4} d^2 \frac{\rho u_0^2}{2}$$

整理得

$$u_0 = \sqrt{\frac{4d(\rho_s - \rho) g}{3\rho\zeta}} \quad (\text{m/s}) \tag{4.3}$$

式（4.3）即为在重力作用下，颗粒的沉降速度通式。

3）阻力系数

由式（4.3）不难看出，在计算颗粒沉降速度 u 时，首先要知道阻力系数 ξ。通过因次分析法可知 ξ 是颗粒与流体相对运动时雷诺数 Re 的函数：$\xi = f$（Re_0）。

$$Re_0 = \frac{d u_0 \rho}{\mu} \tag{4.4}$$

式中：μ——流体的黏度，Pa · s。

d——颗粒的直径，m。

ρ——流体的密度，kg/m^3。

$\xi = f$（Re_0）函数关系需由实验测定。其实验数据如图 4.3 所示。

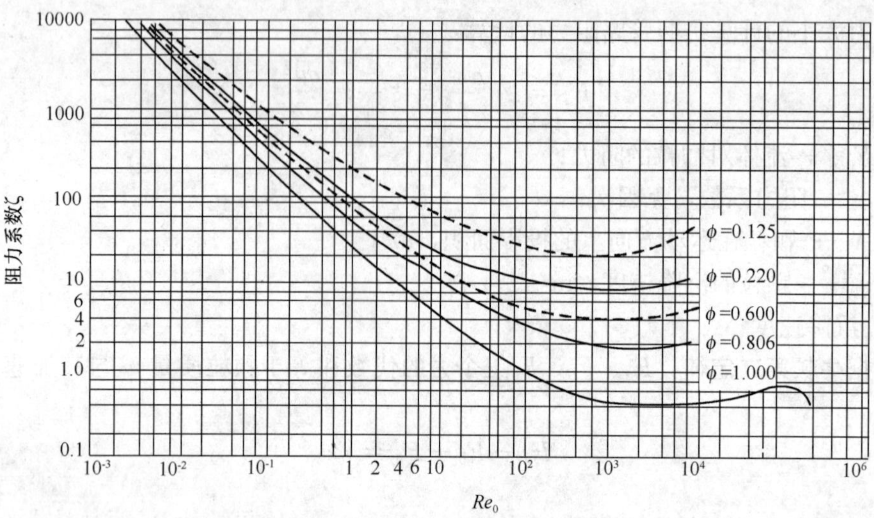

图 4.3　球形颗粒沉降的阻力系数

对于球形颗粒根据曲线变化规律可分为三个区域，各区域曲线分别有不同的函数关系：层流区或斯托克斯定律区（$10^{-4}<Re\leqslant 2$）

$$\zeta=\frac{24}{Re} \tag{4.5}$$

过渡区或艾伦定律区（$2<Re<10^3$）

$$\zeta=\frac{18.5}{Re^{0.6}} \tag{4.6}$$

湍流区或牛顿定律区（$10^3\leqslant Re<2\times10^5$）

$$\zeta=0.44 \tag{4.7}$$

将式（4.5）～式（4.7）分别代入式（4.3）即得颗粒在不同区域的沉降速度计算公式：

层流区：
$$u_0=\frac{(\rho_s-\rho)}{18\mu}gd^2\,(\mathrm{m/s}) \tag{4.8}$$

式（4.8）称为斯托克斯公式。

过渡区：

$$u_0=0.27\sqrt{\frac{(\rho_s-\rho)}{\rho}gdRe^{0.6}}\,(\mathrm{m/s}) \tag{4.9}$$

式（4.9）称为艾伦公式。

湍流区：

$$u_0=1.74\sqrt{\frac{(\rho_s-\rho)}{\rho}gd}\,(\mathrm{m/s}) \tag{4.10}$$

式（4.10）称为牛顿公式。

对于气体介质，式（4.8）～式（4.10）中 $\rho_s-\rho\approx\rho_s$，故三式可以进一步简化。

生产中非均相混合物中的颗粒大多是非球形颗粒，由于体积相同的非球形颗粒的表面积大于球形颗粒的表面积，因此非球形颗粒沉降时的阻力大于球形颗粒，非球形颗粒的沉降速度小于球形颗粒的沉降速度，非球形颗粒与球形颗粒的偏离程度用球形度（ϕ_s）表示

$$\phi_s = \frac{S}{S_p} \tag{4.11}$$

式中：S——与实际颗粒体积相同的球形颗粒的表面积，m^2；

S_p——实际颗粒的表面积，m^2。

计算非球形颗粒沉降速度时，雷诺数及式（4.3）中的 d 要用颗粒的当量直径 d_e 代替。即将 d_e 看做是与一个颗粒体积相等的圆球直径，故：

$$d_e = \sqrt[3]{\frac{6V_p}{\pi}} \tag{4.12}$$

式中：V_p——任意形状一个颗粒的体积，m^3；

d_e——体积当量直径，m。

2. 沉降速度的计算

在计算沉降速度时，需确定流型，即需知道 Re 值，然后才能确定使用哪一个计算公式。如果事前能够确认沉降处在哪个区，则直接就用该区的公式进行计算；如果不能确定流动处在哪个区，则应采用试差法：即先假定流动处于层流区，用斯托克斯公式求出沉降速度 u_0，然后再计算 Re，看与层流区 Re 是否相符，若不相符，则重新假设流型并用相应的公式计算 u_0，重新验算 Re，直到确认所用的公式正确为止。

例 4.1　试计算直径 d 为 90μm，密度 ρ_s 为 3000kg/m³ 的固体颗粒，分别在 20℃的水和空气中的自由沉降速度。

解：（1）在 20℃水中的沉降速度：

假设颗粒在层流区沉降，故应用式（4.8）试算。

查得 20℃水 $\rho = 998.2 kg/m^3$。

$$\mu = 1.005 Pa\cdot s$$

$$u_0 = \frac{(\rho_s - \rho)}{18\mu} g d^2 (m/s)$$

$$= \frac{(9\times10^{-5})^2(3000-998.2)}{18\times1.005\times10^{-3}}\times9.81$$

$$= 8.79\times10^{-3}(m/s)$$

核算：

$$Re = \frac{du_0\rho}{\mu}$$

$$= \frac{9\times10^{-5}\times8.79\times10^{-3}\times998.2}{1.005\times10^{-3}}$$

$$= 0.7857$$

$$10^{-4} < Re \leqslant 2$$

故原设滞流区正确，求得 u_0 有效。

(2) 在 20℃空气中的沉降速度：

查得 20℃空气：$\rho=1.205\text{kg/m}^3$。

$$\mu = 1.81\times10^{-5}\,\text{Pa}\cdot\text{s}$$

因水黏度约为空气的 10^5 倍，固假设颗粒在过渡区沉降，应用式（4.9）试算。

$$u_0 = 0.27\sqrt{\frac{(\rho_s-\rho)}{\rho}gdRe^{0.6}}$$
$$= 0.27\sqrt{\frac{(\rho_s-\rho)}{\rho}gd\left(\frac{du\rho}{\mu}\right)^{0.6}}$$

则

$$u_0 = \frac{0.154g^{\frac{1}{1.4}}d^{\frac{1.6}{1.4}}(\rho_s-\rho)^{\frac{1}{1.4}}}{\rho^{\frac{0.4}{1.4}}\mu^{\frac{0.6}{1.4}}}$$
$$\approx \frac{0.154\times9.81^{\frac{1}{1.4}}\times(9\times10^{-5})^{\frac{1.6}{1.4}}(3000)^{\frac{1}{1.4}}}{(1.205)^{\frac{0.4}{1.4}}\times(1.81\times10^{-5})^{\frac{0.6}{1.4}}}$$
$$= 0.582(\text{m/s})$$

核算：$$Re=\frac{du_0\rho}{\mu}=\frac{9\times10^{-5}\times0.582\times1.205}{1.81\times10^{-5}}=3.48$$

故 $2<Re<10^3$，原设过渡区正确，所求 u 有效。

（二）重力沉降设备

1. 降尘室

常用来分离含尘气体中粒径较大的颗粒，作预分离用。最常见的降尘室如图 4.4（a）所示。

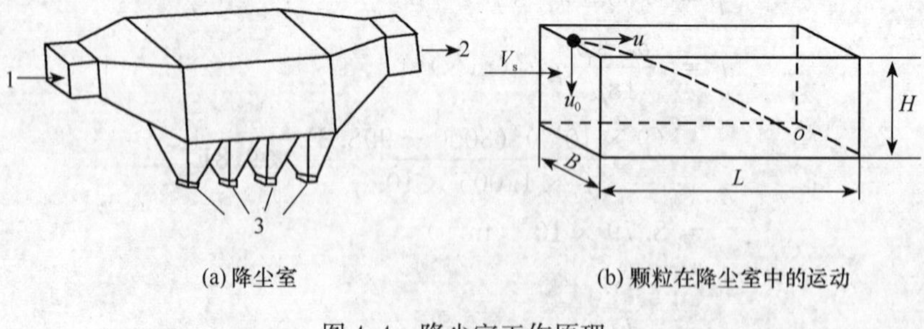

图 4.4 降尘室工作原理

1. 气体入口；2. 气体出口；3. 集尘斗

1）工作原理

如图 4.4（b）所示，气体入室后，因流通截面扩大而速度减慢，气流中的尘粒一方面随气流沿水平方向运动，其速度与气流速度 u 相同，另一方面，在重力作用下，以

沉降速度 u_0垂直向下运动。只要气体在降尘室内所经历时间大于尘粒从室顶沉降到室底所用时间，尘粒便可分离出来。

2）降尘室的计算

颗粒在降尘室的停留时间为

$$t=\frac{L}{u} \tag{4.13}$$

位于降尘室最高点的颗粒降至室底所需要的沉降时间为

$$t_0=\frac{H}{u_0} \tag{4.14}$$

显然，颗粒要在降尘室中分离出来，则停留时间要大于沉降时间，即

$$t\geqslant t_0 \text{ 或} \frac{L}{u}\geqslant\frac{H}{u_0} \tag{4.15}$$

气体水平通过降尘室的速度为

$$u=\frac{q_V}{\mathrm{HB}} \tag{4.16}$$

将式（4.16）代入式（4.15）并整理得

$$q_V\leqslant BLu_0 \tag{4.17}$$

式中：L——降尘室的长度，m；

B——降尘室的宽度，m；

H——降尘室的高度，m；

u——气体在降尘室的水平通过速度，m/s；

u_0——尘粒的沉降速度，m/s；

q_V——降尘室的生产能力 m^3/s。

由式（4.17）可知降尘室的生产能力只与降尘室的底面积及颗粒沉降速度有关，而与降尘室高度无关。

因此，降尘室都做成扁平型，为提高气体处理量，室内以水平隔板将降尘室分割成若干层，称为多层降尘室。其结构如图 4.5 所示。n 块水平隔板将降尘室分为（n+1）

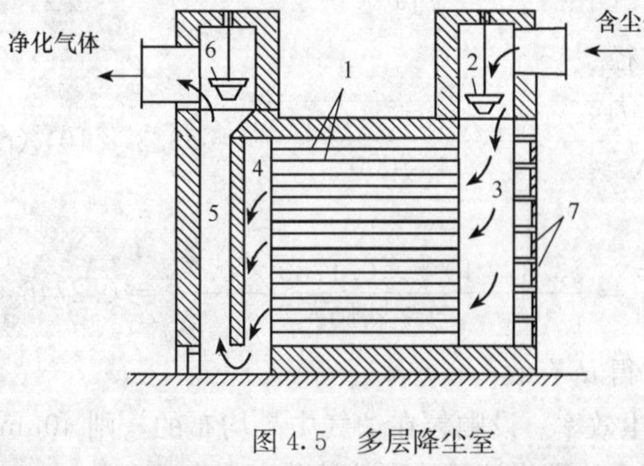

图 4.5　多层降尘室

1. 隔板；2、6. 调节闸阀；3. 气体分配道；4. 气体集聚道；5. 气道；7. 清灰口

层，则降尘室底面积相当于原来的（$n+1$）倍，气体处理量也变为原来的（$n+1$）倍，即多层降尘室的气体处理量为

$$q_V \leqslant (n+1)BLu_0 \tag{4.18}$$

应用式（4.17）可解决降尘室计算的如下几个问题：

（1）若已知气体处理量、物性数据及要求除去的最小颗粒直径，则可计算降尘室的底面积 BL。

（2）若已知降尘室的底面积、物性数据及要求除去的最小颗粒直径，则可计算气体处理量。

（3）若已知降尘室的底面积、物性数据及气体处理量，则可计算最小颗粒直径。

降尘室结构简单，流动阻力小，但其体积庞大，分离效率低，通常只适用于分离粒径大于 50μm 的较粗颗粒，故作为预除尘使用。多层降尘室虽能分离较细颗粒且节省地面，但清灰比较麻烦。

气体在降尘室内流通截面上的均布非常重要，分布不均必有部分气体在室内停留时间过短，其中所含颗粒来不及沉降而被带出室外。为使气体均匀分布，降尘室进出口通常都做成锥形。此外，为防止操作过程中已被除下的尘粒又被气流重新卷起，降尘室的操作气速往往很低，保证气体在层流区流动，以防止气流湍动将已沉降的颗粒重新卷起。

例 4.2 拟采用降尘室去除炉气中所含球形固体颗粒，降尘室底面积为 $14m^2$，宽和高均为 2m，操作条件下气体的密度为 $0.75kg/m^3$，黏度 2.6×10^{-5} Pa·s，固体的密度为 $3000kg/m^3$，要求生产能力为 $2.5m^3/s$，试求：

（1）理论上能完全捕集下来的最小颗粒直径。

（2）粒径为 40μm 颗粒的除尘效率（即回收百分率）。

（3）如欲使粒径为 9μm 的颗粒能够完全除去，在原降尘室中需设几层水平隔板。

解：（1）理论上能完全捕集下来的最小颗粒直径。

在该降尘室内能完全分离出来的最小颗粒的沉降速度为

$$u_0 = \frac{q_V}{BL} = \frac{2.5}{14} = 0.1786(\text{m/s})$$

设沉降在滞流区，临界粒径

$$d_c = \sqrt{\frac{18\mu}{g(\rho_s-\rho)}u_0} \approx \sqrt{\frac{18\times2.6\times10^{-5}\times0.1786}{9.81\times3000}} = 53.3\times10^{-6}(\text{m}) = 53.3(\mu\text{m})$$

核算沉降流型

$$Re = \frac{d_c u_0 \rho}{\mu} = \frac{53.3\times10^{-6}\times0.1786\times0.75}{2.6\times10^{-5}} = 0.2746 < 2$$

原设沉降滞流区正确，求得 d_c 有效。

（2）40μm 颗粒的降尘效率。设颗粒在炉气中是均布的，则 40μm 颗粒在降尘室内的沉降高度与降尘室高度之比即为该尺寸颗粒被分离下来的分数。

由以上计算可知，40μm 颗粒沉降必在滞流区，所以

$$u_0=\frac{d^2(\rho_s-\rho)g}{18\mu}\approx\frac{(40\times10^{-6})^2\times3000\times9.81}{18\times2.6\times10^{-5}}=0.1006(\mathrm{m/s})$$

气体通过降尘室的时间至少应为

$$t=t_0=\frac{H}{u_0}=\frac{2}{0.1786}=11.2(\mathrm{s})$$

粒径 40μm 的颗粒在通过降尘室的时间内沉降高度为：

$$H'=u_0{}'t=0.1006\times11.2=1.127(\mathrm{m})$$

则回收率
$$\eta=\frac{H'}{H}=\frac{1.127}{2}=0.5635=56.35\%$$

(3) 需设置的水平隔板数。由前计算可知，9μm 颗粒沉降必在滞流区，故

$$u_0=\frac{d^2(\rho_s-\rho)g}{18\mu}\approx\frac{(9\times10^{-6})^2\times3000\times9.81}{18\times2.6\times10^{-5}}=0.0051(\mathrm{m/s})$$

$$n=\frac{q_V}{Au_0}-1=\frac{2.5}{14\times0.0051}-1=34.01$$

现取 34 层隔板，隔板间隔为

$$h=\frac{H}{n+1}=\frac{2}{35}=0.057(\mathrm{m})$$

2. 沉降槽

沉降槽也称增浓器或澄清器，是用来提高悬浮液浓度并同时得到澄清液的重力沉降设备，沉降槽可间歇操作或连续操作。

间歇沉降槽通常为带有锥底的圆槽，需要处理的悬浮料浆在槽内静止足够时间以后，增浓的沉渣由槽底排出，清液则由上部排出管排出。

连续沉降槽是底部略成锥状的大直径浅槽，其结构如图 4.6 所示。浆料经中央进料管送到液面以下 0.3～1.0m 处，在尽可能减小扰动的条件下，迅速分散到整个横截面上，清液向上流动，经内槽顶端四周的溢流堰连续排出，清液称为溢流；固体颗粒下沉至底部槽底有缓慢旋转的耙将沉渣聚拢到底中央的排渣口连续排出，这种稠浆称为底流。

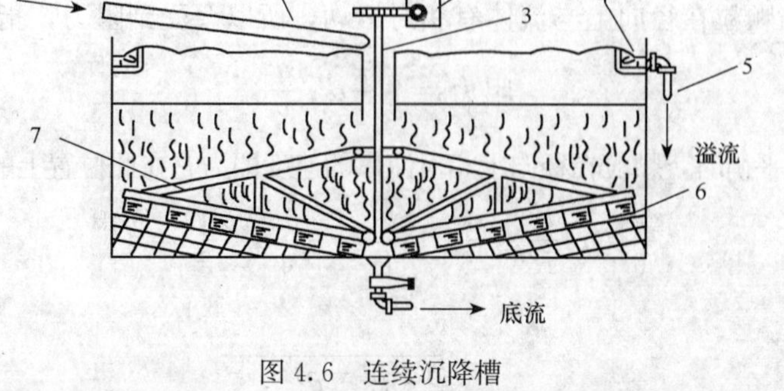

图 4.6　连续沉降槽

1. 进料槽道；2. 转动机构；3. 料井；4. 溢流槽；5. 溢流管；6. 叶片；7. 转耙

沉降槽有澄清液体和增浓悬浮液的双重功能，为了获得澄清液体，在澄清区的任何瞬间液体向上的流速必须小于需要完全分离出来的最小颗粒的沉降速度。因此沉降槽应有足够的横截面积，保证澄清液向上及增浓液向下的通过能力。为了把沉渣增浓到指定程度，沉降槽加料口以下应有足够的高度，以保证压紧沉渣所需要的时间。

连续沉降槽的直径，小者几米，大者可达数百米，高度为2.5～4m。它适用于处理量大而固相含量不高，颗粒不太细微的悬浮料浆经该设备处理的底流泥浆中还含有50%左右的液体。

二、离心沉降

在惯性离心力场中依靠离心力的作用，使流体中的颗粒和流体产生相对运动，发生沉降称为离心沉降。由重力沉降可知，当颗粒较小时，重力沉降速度较小，需要较大的沉降设备。离心沉降可大大提高沉降速度，设备尺寸较小，对于两相密度差较小，颗粒粒度较细的非均相物系，有较好的分离效果。

离心沉降设备分为两类：一类是设备静止不动，悬浮物系作旋转运动的离心设备，如旋风分离器和旋液分离器；另一类是设备本身旋转的离心设备，称为离心机。气、固非均相物系的离心沉降通常是在旋风分离器中进行；液、固悬浮物系一般在旋液分离器或离心机中进行。

（一）离心沉降速度

当流体带着颗粒旋转时，若颗粒密度大于流体密度，惯性离心力场中颗粒在径向上受到三个力的作用。

（1）离心力。当颗粒密度大于流体密度时，惯性离心力会将颗粒沿切线方向甩出，即颗粒在径向上与流体发生相对运动而背离中心。

$$\text{离心力}=\frac{\pi}{6}d^3\rho_s\frac{u_i^2}{R}$$

（2）浮力。周围流体对颗粒有一个指向中心的作用力，相当于颗粒在重力场中所受浮力。

$$\text{浮力}=\frac{\pi}{6}d^3\rho\frac{u_i^2}{R}$$

（3）阻力。颗粒在径向上与流体有相对运动，所以会受到阻力，指向中心。

$$\text{阻力}=\xi\frac{\pi}{4}d^2\frac{\rho u_r^2}{2}$$

当此三力达平衡时，颗粒在径向上相对流体的速度即为它在此位置上的离心沉降速度。

即
$$\frac{\pi}{6}d^3\rho_s\frac{u_i^2}{R}-\frac{\pi}{6}d^3\rho\frac{u_i^2}{R}-\xi\frac{\pi}{4}d^2\frac{\rho u_r^2}{2}=0$$

解得
$$u_r=\sqrt{\frac{4d(\rho_s-\rho)}{3\rho\zeta}\cdot\frac{u_i^2}{R}} \tag{4.19}$$

式中：ρ_s，ρ——分别为球形颗粒的密度和流体的密度，kg/m^3；

d——球形颗粒直径，m；

u_i——流体的切向速度，m/s；

u_r——离心沉降速度，m/s；

R——球形颗粒至轴心的距离，m；

ξ——阻力系数，无因次。

式（4.19）与式（4.3）比较，它在形式上与重力沉降速度表达式一样，只是用离心加速度替代了重力加速度。离心沉降同样存在三种沉降类型。各区沉降速度仍可用式（4.8）～式（4.10）的表达式计算，只需用离心加速度替代重力加速度。

颗粒的离心沉降速度与重力沉降速度尽管有相似关系式，但二者有明显区别：

（1）离心沉降速度不是颗粒的绝对速度，而是绝对速度在径向上的分量，其方向背离旋转中心沿半径向外。而重力沉降速度方向向下。

（2）离心沉降速度不是定值，它随颗粒在离心力场中的位置而改变，即可以通过选择合适的转速与半径控制和改变离心分离的强度与效果。而重力沉降速度则是恒定的。

把离心加速度与重力加速度的比值，称为离心分离因数，用 K_C表示，即

$$K_C = \frac{u_i^2}{gR} = \frac{R\omega^2}{g} \approx \frac{Rn^2}{900} \tag{4.20}$$

式中：w——角速度（$\omega=2\pi n/60$），m^2/s；

n——转速，r/min。

离心分离因数的物理意义是离心力为重力的倍数，是离心分离设备的一个重要性能参数。该值可控制得很大，因为颗粒的离心力由旋转而产生，转速越大，则离心力越大；而颗粒所受的重力却是固定的。因此，利用离心力作用的分离设备不仅可以分离出比较小的颗粒，而且设备的体积也可缩小很多。

（二）离心分离设备

1. 旋风分离器

1）基本结构与工作原理

旋风分离器是利用离心沉降原理从气流中分离出颗粒的设备。旋风分离器上部为圆筒形、下部为圆锥形；含尘气体从圆筒上侧的矩形进气管以切线方向进入，受器壁约束向下进行旋转运动，称为外旋流。在惯性离心力作用下颗粒被抛向器壁，与气流分离，碰到器壁后落下，滑向出灰口。净化后气体到达底部后，折而向上，成为内层的上旋的气流，称为内旋流或气芯，然后从顶部的中央排气管排出。气体在器内的运动状况如图 4.7所示。

旋风分离器的压力由器壁向中心逐渐降低，到达气芯处降至负压，低压气芯一直延伸至排灰口。所以，在工作过程中排灰口必须密封，否则空气会漏入器内，使沉降到灰斗中的尘粒重新卷起。

旋风分离器构造简单，造价低，操作范围广，分离效率高，是最常采用的除尘设

备。对于粒径为 5～75μm 的颗粒可获得较好除尘效果；对于 5μm 以下的粉尘，一般旋风分离器捕集效率不高，可用袋式除尘器或湿法除尘处理。旋风分离器不适于处理黏度较大、湿度较高及腐蚀性灰尘。旋风分离器各部分的尺寸有一定的比例，只要规定出其中一个主要尺寸，如图 4.8 所示，筒体直径 D 或进气口宽度 B，则其他部分尺寸亦可确定。

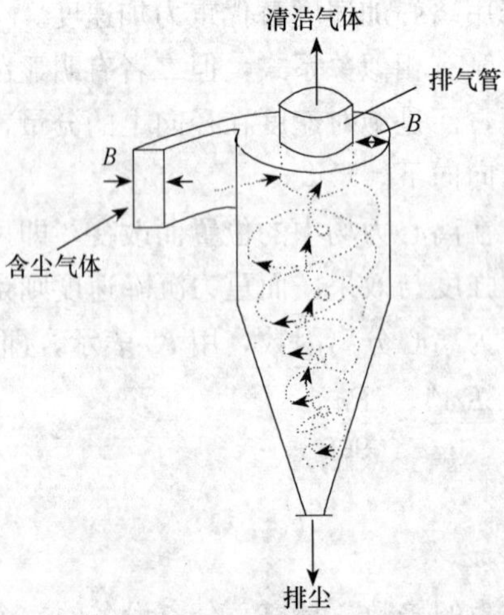

图 4.7　旋风分离器工作原理

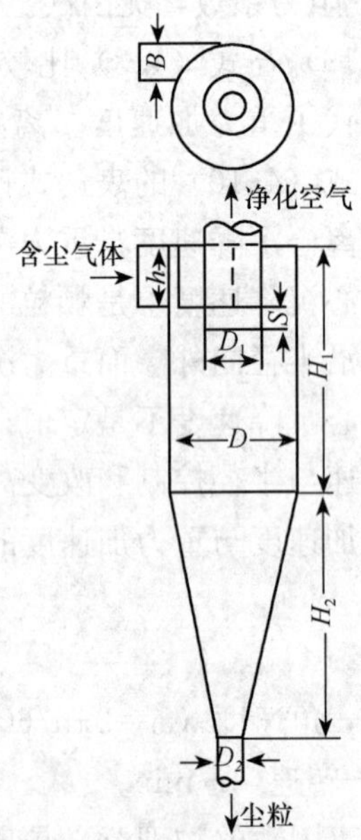

图 4.8　标准旋风分离器

$h=\frac{D}{2}$　$B=\frac{D}{4}$　$D_1=\frac{D}{2}$　$H_1=2D$

$H_2=2D$　$S=\frac{D}{8}$　$D_2=\frac{D}{4}$

2）性能指标

评价旋风分离器的主要指标是临界粒径和气体流经旋风分离器的压降

（1）临界粒径。旋风分离器能够分离出的最小颗粒直径称为临界粒径。

推导临界粒径的三个假设条件：

① 气流进入旋风分离器的切向速度恒定，且等于进口速度。

② 颗粒向壁沉降，必须穿过厚度等于进气口宽度 B 的气流层，方能到达壁面。

③ 颗粒与气流的相对运动为层流。

$$d_c=\sqrt{\frac{9\mu B}{\pi N\rho_s u_i}} \tag{4.21}$$

式中：d_c——临界粒径，m；

B——进气口宽度，m；

N——旋转圈数，标准旋风分离器，$N=5$；

u_i——气体的切向速度，m/s，等于气体的进口速度。

(2) 压降 Δp。气体流经旋风分离器的压降是由气体流经器内时的膨胀、压缩、旋转、转向及对器壁的摩擦而消耗的能量。

$$\Delta p = \zeta \frac{\rho u_i^2}{2} \tag{4.22}$$

式中：ζ——阻力系数，对于标准型旋风分离器，$\zeta=8.0$。

旋风分离器压降一般控制在 500～2000Pa，进口气速 15～25m/s 为宜。

3) 旋风分离器的类型

工业上常见的旋风分离器类型有：

(1) XLT/A 型：具有倾斜螺旋面进口的旋风分离器，其结构如图 4.9 所示，这种进口结构一定程度上减小上涡流的影响，提高分离效率，气流阻力较低。

(2) XLP 型：采用蜗壳式进口，并带有旁路分离室的旋风分离器。根据器体及旁路分离室形状不同 XLP 型分 A、B 两种类型。图 4.10 所示为 XLP/B 型，“旁室”结构迫使被上旋风带到顶部的细微尘粒聚结并由旁路进入下行的主气流而得以捕集。这种结构不仅提高了分离效率，还降低了气流阻力。

(3) 扩散式（XLK 型）：扩散式旋风分离器的结构如图 4.11 所示，其主要特点是具有上小下大的外壳，并在底部装有挡灰板（又称反射屏）挡灰板 a 为倒置的漏斗形，顶部中央有孔，下沿与器壁底圈留有缝隙，沿壁而下落的尘粒经此缝隙降至集尘箱 b 内，

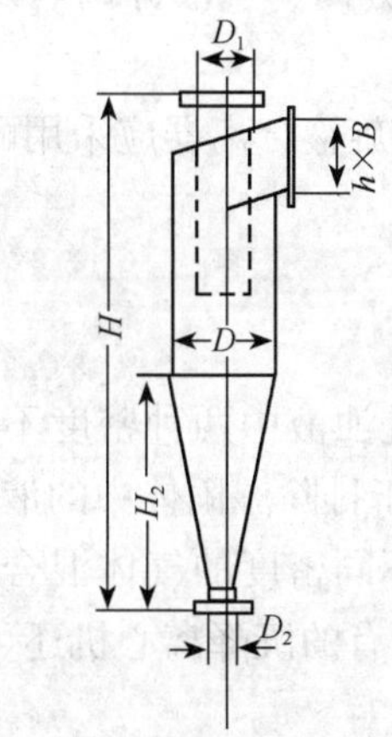

图 4.9　XLT/A 型旋风分离器

$h=0.66D$　$B=0.26D$

$D_1=0.6D$　$D_2=0.3D$

$H_2=2D$　$H=(4.5\sim4.8)\ D$

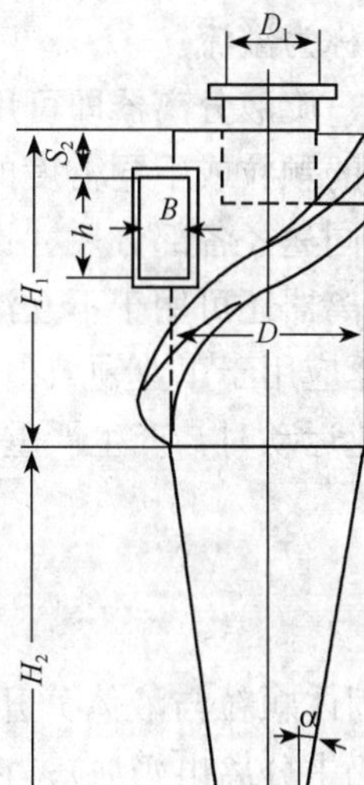

图 4.10　XLP/B 型旋风分离器

$h=0.6D$　$B=0.3D$　$D_1=0.6D$

$D_2=0.43D$　$H_1=1.7D$

$H_2=2.3D$　$S=0.28D+0.3h$

$S_2=0.28D$　$\alpha=14°$

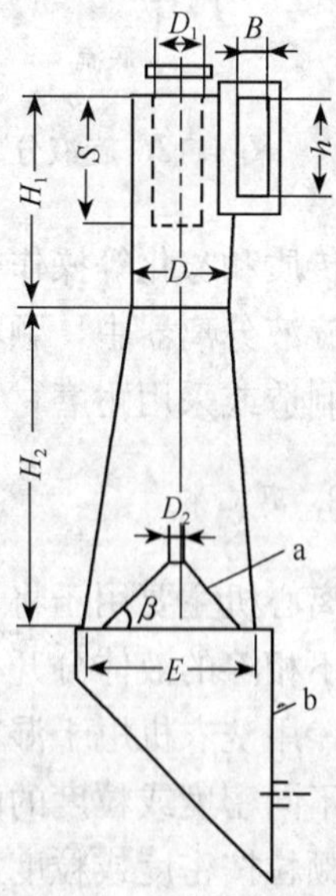

图 4.11　扩散式旋风分离

$h=D$　$B=0.26D$　$D_1=0.5D$

$D_2=0.1D$　$H_1=2D$　$H_2=3D$

$S=1.1D$　$E=1.65D$　$\beta=45°$

气流主体则被挡灰板隔开，少量进入集尘箱内的气体，经挡灰板顶部的中央孔返回器内，与气流主体混合后经排气管排出。挡灰板有效的防止了已经沉下的细粉被重新卷起，因而提高了除尘效率。

4）旋风分离器的选用

选旋风分离器时通常先确定其类型，然后再根据气体处理量和允许压降选定具体型号。如果处理量较大可以采用多个旋风分离器并联操作。

2. 旋液分离器

旋液分离器又称水力旋流器，是利用离心沉降原理从悬浮液中分离出固体颗粒的设备。其结构与操作原理和旋风分离器相似，如图 4.12 所示。但是由于固液间密度差较小，所以旋液分离器的结构特点是直径小，而圆锥部分长。在一定的切向进口速度下，小直圆筒有利于增大惯性离心力，可以提高沉降速度；锥形部分加长，可增大液流的行程，延长了悬浮液在器内的停留时间。

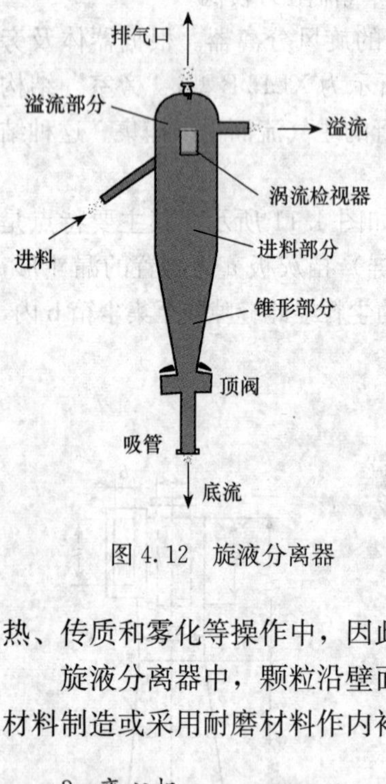

图 4.12　旋液分离器

悬浮液经入口管切向进入圆筒，向下作螺旋运动，增浓液从底部排出管排出称为底流，清液或含有细微颗粒的液体成为上升的内旋流，从顶部中心管排出称为溢流。

旋液分离器即可用于悬浮液增浓也可用于不同粒径的颗粒或不同密度的颗粒分级。根据增浓或分级的不同途径各部分尺寸比例也有相应的变化。同时旋液分离器还可用于不互溶液体的分离、气液分离以及传热、传质和雾化等操作中，因此广泛应用于工业领域中。

旋液分离器中，颗粒沿壁面快速运动时，产生严重磨损，故旋液分离器应采用耐磨材料制造或采用耐磨材料作内衬。

3. 离心机

离心机主要用于将悬浮液中的固体颗粒与液体分开；或将乳浊液中两种密度不同，又互不相溶的液体分开（例如从牛奶中分离出奶油）；它也可用于排除湿固体中的液体，例如，用洗衣机甩干湿衣服；特殊的超速管式分离机还可分离不同密度的气体混合物；利用不同密度或粒度的固体颗粒在液体中沉降速度不同的特点，有的沉降离心机还可对固体颗粒按密度或粒度进行分级。

离心机大量应用于化工、石油、食品、制药、选矿、煤炭、水处理和船舶等部门。

1）三足式离心机

如图 4.13 所示，三足式离心机因为底部支撑为三个柱脚，以等分三角形的方式排列而得名。转鼓支撑在装有缓冲弹簧的拉杆上，以减轻由于加料或其他原因造成的冲击。三足式离心机按出料方式分为三足式上卸料离心机、三足式下卸料离心机；按构造特点分为普通三足式离心机、刮刀三足式离心机、吊袋三足式离心机；按工作原理可分为三足式过滤离心机、三足式沉降离心机。

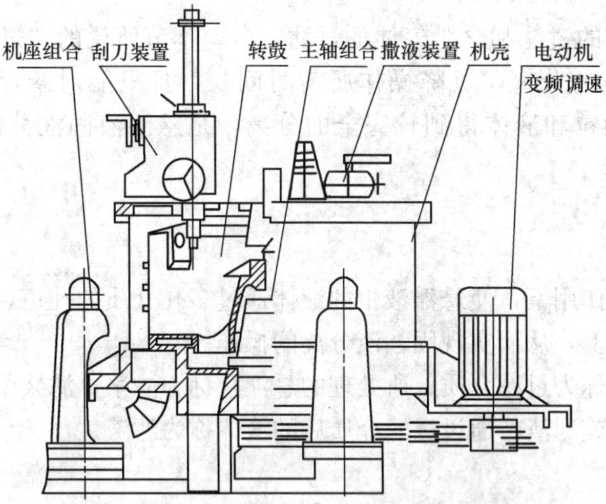

图 4.13　三足式离心机

国内生产的三足式离心机分离因数为 450～1170，转鼓直径为 450～1500mm，有效容积为 0.02～0.4m^3，转速为 730～1950r/min。

三足式离心机造价低廉，抗震性好，结构简单，操作方便，适应性强，适用于过滤周期较长，处理量不大，要求滤饼含液量较低的场合。缺点是操作周期长，生产能力低。

2）碟式离心机

碟式离心机转速为 4700～6500r/min，分离因数可达 4000～10000。可用于分离细颗粒的悬浮液，也可用于乳浊液分离，又称碟式液体分离机。

如图 4.14 所示，内装有许多倒锥形碟片，以缩短沉降距离，碟片由垂直轴带动而高速旋转。悬浮液或乳浊液由中心管进入碟片组底部，在其经碟片孔道上升时，在倒锥形碟片间分成若干薄液层。在惯性离心力下，密度大的悬浮颗粒或重液流向盘的外沿，由重液出口和固体出口流出；而密度小的轻液沿盘向上流向中央孔道，由轻液出口流出。

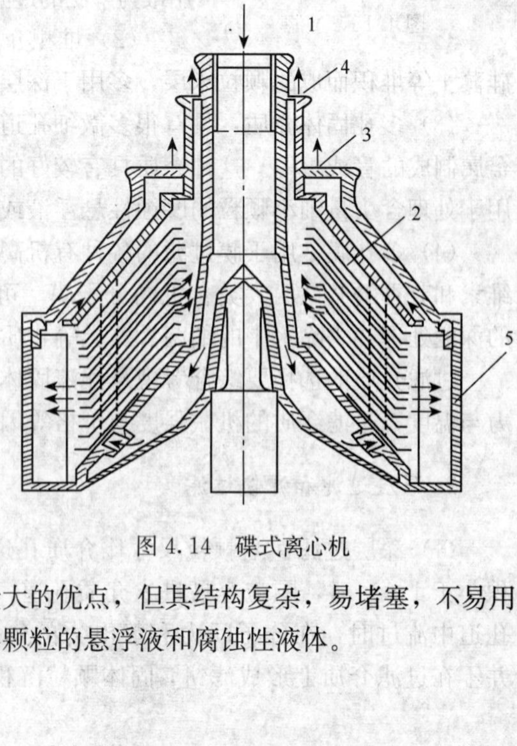

图 4.14　碟式离心机

碟式离心机具有分离效率高，转鼓容量大的优点，但其结构复杂，易堵塞，不易用耐腐蚀材料制造，所以不适用于分离大悬浮颗粒的悬浮液和腐蚀性液体。

第三节 过 滤

过滤有悬浮液的过滤和含尘气体的过滤之分，本节所说的“过滤”系指悬浮液的过滤。对于悬浮液的分离，沉降操作所需时间长，且只能对悬浮液进行初步分离，而过滤可使固体颗粒和液体得到较完全的分离，是悬浮液固液分离最有效的单元操作之一。

一、基本概念

过滤是在外力作用下，使悬浮液中的液体通过多孔介质的孔道，而悬浮液中的固体颗粒被截留在介质上，从而实现固、液分离的操作。

其中多孔介质称为过滤介质；所处理的悬浮液称为滤浆；滤浆中被过滤介质截留的固体颗粒称为滤饼或滤渣；通过过滤介质后的液体称为滤液。

1. 过滤介质

过滤介质起着支撑滤饼的作用，并能让滤液通过，对其基本要求是具有足够的机械强度和尽可能小的流动阻力，同时，还应具有相应的耐腐蚀性和耐热性（图 4.15）。工业上常用的过滤介质：

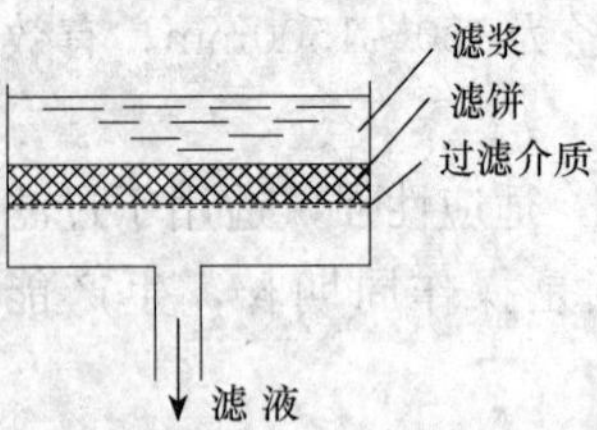

图 4.15 过滤

（1）织物介质：又称滤布，是用棉、毛、丝、麻等天然纤维及合成纤维织成的织物以及由玻璃丝或铜、不锈钢等金属丝织成的滤网。能截留颗粒的最小直径为 5～65μm，是工业上应用最为广泛的过滤介质。

（2）堆积介质：由各种固体颗粒如细砂、木炭、石棉、硅藻土等堆积而成的颗粒床层，多用于深层过滤中。如城市和工厂给水的粗滤。

（3）多孔固体介质：具有很多微细孔道的固体材料，如多孔陶瓷、多孔塑料、多孔金属制成的管或板等。这种介质具有较好的耐腐蚀性，能截留 1～3μm 的微细颗粒，适用于处理含少量细小颗粒的腐蚀性悬浮液或其他一些特殊场合。

（4）多孔膜：用于膜过滤的各种有机高分子膜和无机材料膜。广泛使用的是醋酸纤维素和芳香酰胺系两大类有机高分子膜。可用于截留 1μm 以下的微小颗粒，常用于水的深度处理，去除水中的细菌、藻类等物质。

过滤介质的选择要综合考虑悬浮液固体颗粒含量与粒度，液体有无腐蚀性，操作压力与温度，过滤介质的机械强度与价格等因素。

2. 深层过滤和滤饼过滤

（1）深层过滤：当颗粒尺寸比介质孔道的尺寸小得多且含量很少（液体中颗粒体积小于 1%）时，颗粒容易进入介质孔道。但由于孔道弯曲细长，颗粒随流体在曲折孔道中流过时，在分子间力和静电力的作用下附着在孔道壁上。因此，深层过滤时并不在过滤介质上形成滤饼，固体颗粒沉积于过滤介质的内部。这种过滤适合于处理固体颗粒含量极少的悬浮液，常以较厚粒状床层作为过滤介质。例如，自来水的净化、污水处理等。

(2) 滤饼过滤：悬浮液中颗粒的尺寸大多都比介质的孔道大，显然会在介质表面形成滤饼。但过滤介质细微孔道的直径往往大于一部分悬浮颗粒的直径，所以过滤初期往往会有一部分细小颗粒穿过过滤介质而使滤液浑浊。随着过滤的进行，颗粒会迅速在孔道内发生“架桥”(图 4.16)，颗粒在介质上逐步堆积，形成了一个颗粒层，称为滤饼。在滤饼形成之后，它便成为对其后的颗粒起主要截留作用的介质。因此，不断增厚的滤饼才是真正有效的过滤介质，穿过滤饼的液体则变为澄清的液体。

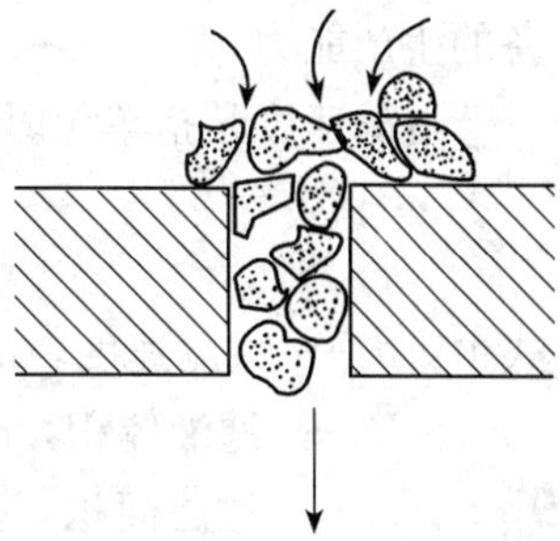

图 4.16　架桥现象

滤饼可分为可压缩滤饼和不可压缩滤饼两种。若滤饼由刚性颗粒（如晶体颗粒）组成，当滤饼上压力增大，固体颗粒的大小和形状、滤饼层中孔道的大小都保持不变，这种滤饼称为不可压缩滤饼。可压缩滤饼由非刚性颗粒（如胶体颗粒）组成，滤饼受压后空隙率明显减小，过滤阻力随过滤压力提高而明显增大，过滤压力越大，这种情况会越严重。

化工生产中处理多是含固体颗粒较多的悬浮液，故本节只讨论滤饼过滤。

3. 助滤剂

当悬浮液中所含的颗粒都很细，过滤时这些细小颗粒进入介质的孔道中会将孔道堵死，或所形成的滤饼在过滤压力下空隙很小，使液体的透过性很差，即过滤阻力大，使过滤困难。为上述两个问题，工业过滤时常采用助滤剂。

助滤剂的作用是改变滤饼结构，使之较为疏松且不被压缩，则可提高过滤与洗涤速率。助滤剂多为刚性较好的多孔性粒状或纤维状材料，如常用的硅藻土、膨胀珍珠岩、纤维素等。助滤剂用量一般为固体颗粒质量的 0.5%以下。

可先把助滤剂单独配成悬浮液进行过滤，在过滤介质表面先形成一层助滤剂，然后再进行正式过滤；也可把助滤剂加入悬浮液中一起过滤，这样得到的滤饼较为疏松，可压缩性减小，滤液容易通过。但若过滤的目的是回收滤渣，由于滤渣与助滤剂不容易分开，就不能采取后一种方法。

二、过滤基本方程式

(一) 过滤基本方程式

过滤基本方程式是反映过滤过程中所得滤液量 V 与所需过滤时间 θ 之间的关系。

1. 过滤速率与过滤速度

过滤速率是指单位时间获得的滤液体积，用 $\frac{dV}{d\theta}$ 表示，单位为 m^3/s，表明了过滤设备的生产能力。

过滤速度是指单位时间内通过单位过滤面积的滤液体积，即

$$u=\frac{\mathrm{d}V}{A\mathrm{d}\theta}=\frac{\text{过滤推动力}}{\text{过滤阻力}} \tag{4.23}$$

式中：u——过滤速度，$m^3/(s\cdot m^2)$ 或 m/s；

V——滤液体积，m^3；

A——过滤面积，m^2；

θ——过滤时间，s。

在过滤操作过程中，根据操作压强与过滤速率变化与否，可将过滤分为恒压过滤和恒速过滤。随着过滤过程的进行，滤饼逐渐加厚，如果过滤压力不变，即恒压过滤时，过滤速度将逐渐减小；恒速过滤即在过滤过程中，维持过滤速度不变，显然必须随着滤饼厚度的不断增大而逐渐增加过滤压力。

总之，过滤是一个不稳定的过程。在实际生产中，恒压操作的过滤机较多，所以多为恒压过滤过程。

式（4.23）给出的只是过滤速率的定义式，为计算过滤速度，首先需要掌握过滤过程的推动力和阻力。

2. 过滤推动力

过滤过程中，需要在滤浆一侧和滤液透过一侧维持一定的压差，过滤过程才能进行。过滤过程的总推动力，以 Δp 表示，这一压差用于克服滤液通过滤饼层和过滤介质层的微小孔道时的阻力。这一压差部分消耗在了滤饼层，部分消耗在了过滤介质层，即 $\Delta p=\Delta p_1+p_2$。其中 Δp_1 为滤液通过滤饼层时的压力降，也是通过该层的推动力；Δp_2 为滤液通过介质层时的压力降，也是通过该层的推动力。

3. 过滤阻力

同理，过滤总阻力为滤饼阻力与过滤介质阻力之和，即 $R=R_1+R_2$。

4. 过滤速率基本方程

对不可压缩虑饼

$$\frac{\mathrm{d}V}{\mathrm{d}\theta}=\frac{A^2\Delta P}{r\mu v(V+V_e)} \tag{4.24}$$

式（4.24）即为不可压缩滤饼过滤的基本方程的微分式。

式中：$\frac{\mathrm{d}V}{\mathrm{d}\theta}$——瞬时过滤速率，$m^3$滤液/s；

ΔP——滤液通过滤饼层和过滤介质的总压降，Pa；

V——生成厚度为 L 的滤饼所获得的滤液体积，m^3；

V_e——过滤介质的当量滤液体积，m^3；

r——滤饼的比阻，$1/m^2$；

μ——液体的黏度，Pa·s；

v——单位体积滤液所对应的滤饼体积，m^3滤饼/m^3滤液；

A——过滤面积，m^2。

由式（4.24）可见，在现有过滤设备上进行过滤时，可以通过增大过滤压差 ΔP，增加操作温度，选用低阻力的过滤介质来提高过滤速率$\frac{dV}{d\theta}$。

由于过滤过程中滤饼阻力不断增加，所以要想求出过滤时间 θ 与滤液量 v 之间的关系，需依据具体情况进行积分运算。

（二）恒压过滤

过滤操作可以在恒压变速或恒速变压的条件下进行，但实际生产中无论是连续过滤机还是间歇过滤机，恒压过滤都占主要地位。因此，本章主要讨论恒压过滤方程式。

式（4.24）中的 μ 取决于流体的性质，滤饼比阻 r 取决于滤饼的性质，v 取决于滤浆的浓度和颗粒的性质，均为常数，而对于恒压过滤，ΔP 也为常数。故对式（4.24）分离变量积分得

$$\int_0^V (V+V_e)dV = \frac{A^2\Delta P}{\mu r v}\int_0^\theta d\theta$$

得
$$\frac{V^2}{2}+VV_e = \frac{A^2\Delta P}{\mu r v}\theta$$

令
$$K=\frac{2\Delta P}{\mu r v}$$

则可得恒压过滤方程式：
$$V^2+2VV_e=KA^2\theta \tag{4.25}$$

式（4.25）表示恒压条件下，滤液体积 V 与过滤时间 θ 的关系。

令
$$q=\frac{V}{A}及\ q_e=\frac{V_e}{A}$$

式（4.25）可改写为
$$q^2+2qq_e=K\theta \tag{4.26}$$

式中：q——单位过滤面积获得的滤液体积，m^3/m^2；

q_e——过滤常数，为单位过滤面积获得的虚拟滤液体积（对应过滤介质阻力），m^3/m^2；

K——过滤常数，m^2/s。

恒压过滤方程式中 K 和 q_e 称为过滤常数，其中 K 称为滤饼常数，由物料特性及过滤压强差所决定，单位为 m^2/s；q_e 称为介质常数，单位为 m^3/m^2；过滤常数的值由实验确定。

例 4.3　某悬浮液在过滤面积为 $1m^2$ 的压滤机上进行恒压过滤，得到 $1m^3$ 滤液时用了 2.25min；得到 $3m^3$ 滤液时用了 14.5min。试计算欲得 $10m^3$ 滤液所需的过滤时间。

解：将实验数据带入恒压过滤方程式 $q^2+2qq_e=K\theta$ 可得

$$1+2\times1\times q_e=K\times2.25$$

$$3^2+2\times3\times q_e=K\times14.5$$

两式联合求解得 $K=0.77\text{m}^2/\text{min}$；$q_e=0.37\text{m}^3/\text{m}^2$

则恒压过滤方程为 $q^2+2\times0.37q=0.77\theta$

将欲得滤液体积带入得 $10^2+2\times0.37\times10=0.77\theta$

解得 $\theta=140\ (\text{min})$

三、过滤设备

用于过滤操作的机器与设备，为适应生产的不同要求，有多种形式的过滤设备。根据过滤推动力的不同，可分为过滤机（器）和离心过滤机。

1. 板框压滤机

板框压滤机是间歇式过滤机中应用最广泛的一种加压过滤设备，主要由机头、滤框、滤板和压紧装置构成（图 4.17）。

交替排列的滤板和滤框构成一组滤室（图 4.17）。滤板的表面有沟槽，其凸出部位用以支撑滤布。滤框和滤板的边角上有通孔，组装后构成完整的通道，能通入悬浮液、洗涤水和引出滤液。板、框两侧各有把手支托在横梁上，由压紧装置压紧板、框。板、框之间的滤布起密封垫片的作用。过滤时，洗涤水通道入口关闭，滤浆通道入口开启，由供料泵将悬浮液压入滤框角孔通道进入滤室，在压紧装置作用下滤液穿越两侧滤布，在滤布上形成滤渣，直至充满滤室。滤液穿过滤布并沿滤板沟槽流至板框边角通道，集中排出。

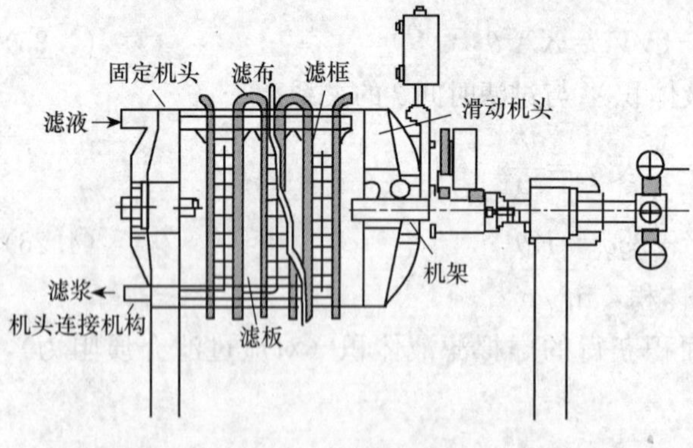

图 4.17　板框压滤机

图 4.18　滤板和滤框

滤板分为洗涤板和非洗涤板。区别在于洗涤板上方角孔连通洗水通道，洗水可直接进入。为了易于识别，常在板和框外缘铸有小钮。若非洗涤板铸 1 钮，滤框铸 2 钮，洗涤板铸 3 钮，则板框的组合方式按钮数排列服从 1—2—3—2—1—2—3…之规律。组装之后的过滤和洗涤原理如图 4.19 所示。

过滤完毕，可通入清洗涤水洗涤滤渣。洗涤时关闭滤浆通道入口和洗涤板的排液出

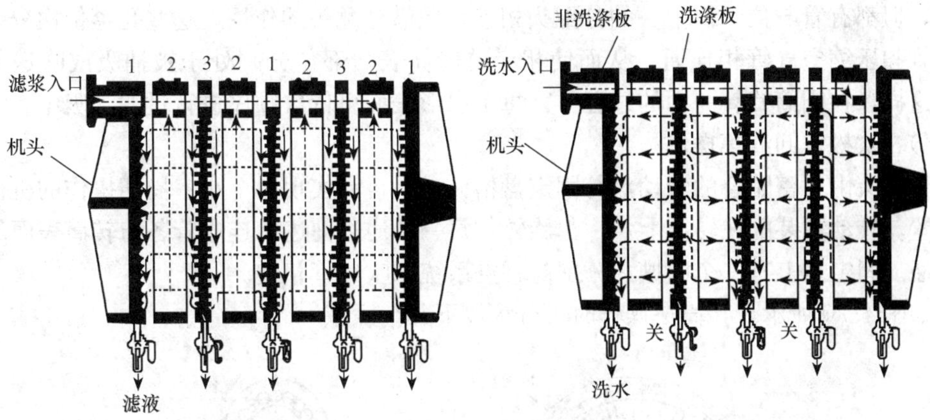

(a) 过滤阶段　　(b) 洗涤阶段

图 4.19　板框过滤机的地过滤与洗涤

口旋塞，洗水从洗涤板的上方角孔流入板间沟槽，横穿两层滤布和全部滤饼厚度，由过滤板下部滤液出口排除。洗涤后，有时还通入压缩空气，除去剩余的洗涤液。随后打开压滤机卸除滤渣，清洗滤布，重新压紧板、框，开始下一工作循环。

滤液的排出方式有明流和暗流之分，若滤液经由每块板底部旋塞直接排出，则称为明流（显然，以上讨论以明流为例）；若滤液不宜暴露于空气中，则需要将各板流出的滤液汇集于总管后送走，称为暗流。

显然在上述过程中洗涤面积为过滤面积的$\frac{1}{2}$，洗涤液穿过的滤饼厚度为过滤终了时滤液穿过厚度的 2 倍。故在相同压差下，板框压滤机的洗涤速率$\left(\frac{dV}{d\theta}\right)_W$为过滤终了时过滤速率$\left(\frac{dV}{d\theta}\right)_E$的$\frac{1}{4}$。

板框压滤机对于滤渣压缩性大或近于不可压缩的悬浮液都能适用。适合的悬浮液的固体颗粒浓度一般为 10%以下，操作压力一般为 0.3～0.6MPa，特殊的可达 3MPa 或更高。过滤面积可以随所用的板框数目增减。板框通常为正方形，滤框的内边长为 200～2000mm，框厚为 16～80mm，过滤面积为 0.5～1200m^2。板与框用手动螺旋、电动螺旋和液压等方式压紧。板和框用木材、铸铁、铸钢、不锈钢、聚丙烯和橡胶等材料制造。

板框压滤机的优点是结构简单，过滤面积大，允许采用较高压差，可适应各种物料和处理量的要求。其缺点是板框拆装和滤饼清除的劳动强度大，生产效率低，滤布磨损严重。近年出现的自动板框压滤机，可减轻劳动强度。

2. 转筒真空过滤机

设备的主体是一个慢速旋转的水平圆筒，其表面有一层金属网作为支承，网的外周覆盖滤布，筒的部分浸入悬浮液中。圆筒沿径向被分割成若干扇形小室，每个小室互不相通，但都有管与位于筒中心的分配头相连。凭借分配头的作用，这些孔道依次分别与真空管和压缩空气管相连通，从而使相应的转筒表面部位分别处于被抽吸或吹送的状态。这样，在圆筒旋转一周的过程中，每个扇形表面可依次顺序进行过滤、吸干、洗涤（吸干）、吹松、卸渣等操作。

分配头由紧密贴合的转动盘与固定盘构成，是自动实现各个小室周期操作的机械错气装置。转动盘装配在转筒上，一起旋转，每一孔通过前述的连通管各与转筒表面的一段相通。固定盘上有三个凹槽，分别与真空系统和吹气管相连。

如图 4.20 所示，转筒在操作时可分为以下几个区域。

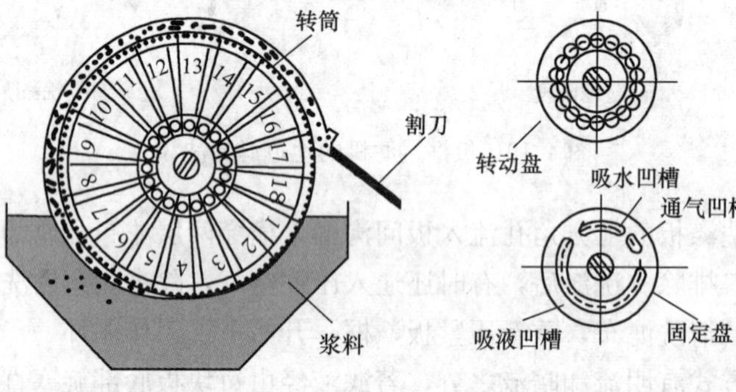

图 4.20　转筒真空过滤机结构及操作原理

(1) 过滤区（1～6 格）。当转动盘上的扇形格与固定盘上的吸液凹槽相对时，这几个小孔对应的连通管及相应的转筒表面与滤液真空管相连，滤液便可经连通管和转动盘上的小孔被吸入真空系统；同时滤饼沉积于滤布的外表面上。

(2) 吸干区（7～11 格）。当扇形格离开悬浮液时，格内仍与真空管相连，滤饼在真空作用下被吸干。

(3) 洗涤（吸干）区（12～14 格）。转动盘转到使这几个小孔与吸水凹槽相对时，这几个小孔对应的连通管及相应的转筒表面与洗水真空管相连，转筒上方喷洒的洗水被从外表面吸入连通管中，经转动盘上的小孔被送入真空系统。滤饼被洗涤后，在同一区域内（14 格）被吸干。

(4) 吹松区（16～17 格）。当这些小孔与通气凹槽相对时，这几个小孔对应的连通管及相应的转筒表面与压缩空气吹气相连，压缩空气经连通管从内向外吹向滤饼，使其松动，以便卸除滤饼。

(5) 卸渣区（18 格）。随着转筒的转动，这些小孔对应表面上的滤饼又与刮刀相遇，被刮下。

继续旋转，这些小孔对应的连通管又重新浸入滤浆中，小孔又与固定盘上的吸液凹槽相对，又重新开始一个操作循环。

每当小孔与固定盘两凹槽之间的空白位置（与外界不相通的部分）相遇时，则转筒表面与之相对应的段停止工作，以便从一个操作区转向另一操作区，不致使两区相互串通。

转筒的过滤面积一般为 5～40m^2，浸没部分约占总面积的 30%～40%。转速通常为0.1～3r/min，可在一定范围内调整。滤饼厚度一般在40mm左右，对于较难过滤的胶质物料，厚度可在10mm以下。滤饼中液体含量一般为30%左右。

转筒过滤机的优点是操作自动，节省人力，生产能力大，对处理量大而容易过滤的料浆特别适宜。其缺点是转筒体积庞大而过滤面积相形之下较小，附属设备多，用真空吸液，过滤推动力不大，悬浮液中温度不能过高，以免滤液的蒸汽压大而使真空度降低。

第四节　非均相混合物分离方法的选择

非均相混合物分离方法的选择，应从生产要求、物系性质以及生产成本等多方面综合考虑。

一、气固混合物的分离

生产中，可以根据被除去颗粒的大小选择分离气固混合物的方法，通常，当粒径＞50μm时用降尘室；粒径＞5μm时用旋风分离器；若分离的粒子直径在5μm以下，可考虑用湿法除尘、静电除尘和袋滤器等。其中文丘里除尘器可除去1μm以上的颗粒，袋滤器可除去0.1μm以上的颗粒，电除尘器可除去0.01μm以上的颗粒，可根据分离要求选择恰当的分离方法。

二、液固混合物的分离

生产中，液固混合物分离的目的，一是为了获得清洁的液体产品，二是为了得到固体产品。通常，如果分离的目的是获得固体产品，当固相含量小于1%（体积分数）时，宜用连续沉降槽、旋液分离器、离心沉降机等分离方法；若颗粒体积分数大于10%，粒径大于50μm宜用离心过滤机；粒径小于50μm，宜用压差式过滤机；若颗粒体积分数大于5%，宜采用转筒真空过滤机；若颗粒体积分数很低，可采用板框压滤机。

如果分离目的是获得清洁液体，本着节能、高效的原则，根据颗粒大小分别选用不同的分离方法。如带有预涂层的板框压滤机可除去5μm以上的颗粒；管式离心机可除去10μm以上的颗粒。为了提高澄清效率，可在料液中加入助滤剂或絮凝剂，若澄清度要求非常高，可用深层过滤作为澄清操作的最后一道工序。

第五节　技能训练——板框压滤机操作

一、实训项目

（1）完成板框压滤机操作岗位技能训练。

（2）完成现场工控岗位技能训练。

（3）完成化工仪表岗位技能训练。

二、工艺流程（图 4.21）

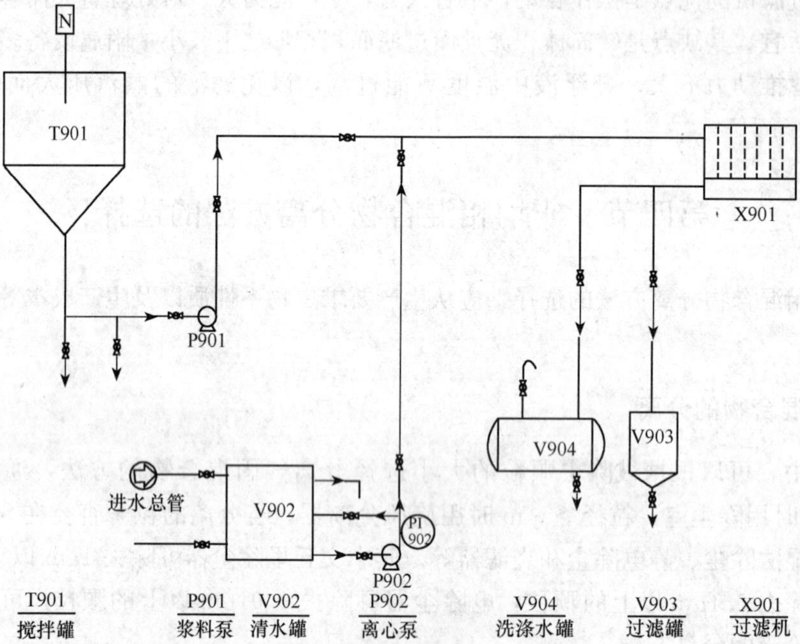

图 4.21　板框压滤机操作示意图

三、操作规程

（一）开车前准备

（1）检查装置所有设备、管道、阀门、仪表、电气等是否处于正常状态。

（2）正确装好滤板、滤框，滤布使用前用水浸湿，滤布要绷紧，不能起皱，滤布紧贴滤板，密封垫贴紧滤布。

（3）准备原料。

（二）开车

（1）开启浆料泵进出口阀、原料进口阀、滤液出口阀，启动浆料泵，注意观察浆料泵出口压力，过滤机入口压力，清液出口流出滤液至滤液槽中。

（2）过滤开始后，随着滤饼层形成，压力将逐渐增加，直至恒压过滤。

（3）过滤结束后，停止浆料泵，关闭滤液槽进口阀。

（4）开始清洗滤饼，关闭清水罐排污阀、洗涤水罐排污阀，向清水罐内一直通入清水，当出现溢流时，开启离心泵的进出口阀及回流阀、清水进口阀放空阀，启动离心泵。

（5）调节离心泵的出口阀和回流阀开度控制洗涤水进口流量，观察洗涤水灌液位，保证一定的洗涤水流量，同时注意压力表的示数变化，保证压力小于工艺规定值，直至清洗出的洗涤液澄清，则洗涤过程结束。

（三）停车

（1）关闭离心泵，将搅拌罐剩余浆料通过排污阀门直接排掉，关闭排污阀，开启进水阀，清洗搅拌罐。

（2）用清水洗净浆料泵。

（3）卸开过滤机，根据工艺要求确定是否回收滤饼。

（4）冲洗滤框、滤板，刷洗滤布，滤布不要折叠。

（5）开启清水罐、洗涤水罐、滤液罐的排污阀，排掉容器内的液体，并清洗洗涤水罐和滤液罐。

（6）进行现场清理，保持各设备、管路洁净。

（7）切断控制台、仪表盘电源。

本章小结

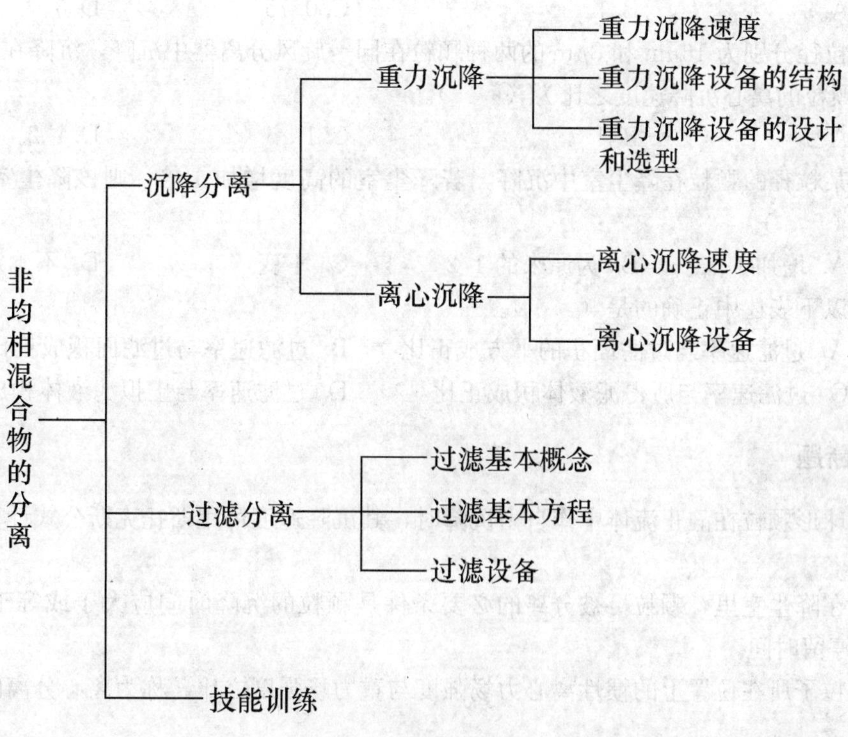

同步测试题

一、填空题

1. 球形颗粒在静止流体中作重力沉降，经历________和________两个阶段。沉降速度是指________阶段，颗粒相对于流体的运动速度。

2. 降尘室内，颗粒可被分离的必要条件是________；而气体的流动应控制在________流型。

3. 在规定的沉降速度下，降尘室的生产能力只取决于__________而与其____无关。

4. 过滤操作有________和________两种典型方式。

5. 过滤常数是由______及________决定的常数；而介质常数 q_e 与 θ_e 是反映____的常数。

二、选择题

1. 在重力场中，固体颗粒在静止流体中的沉降速度与下列因素无关的是（　）。

A. 颗粒几何形状　　B. 颗粒几何尺寸
C. 颗粒与流体密度　　D. 流体的流速

2. 含尘气体通过长 4m，宽 3m，高 1m 的降尘室，已知颗粒的沉降速度为0.25m/s，则降尘室的生产能力为（　）m^3/s。

A. 3　　B. 1　　C. 0.75　　D. 6

3. 粒径分别为 16μm 和 8μm 的两种颗粒在同一旋风分离器中沉降，沉降在滞流区，则两种颗粒的离心沉降速度之比为（　）。

A. 2　　B. 4　　C. 1　　D. 1/2

4. 某粒径的颗粒在降尘室中沉降，若降尘室的高度增加 1 倍，则该降尘室的生产能力将（　）。

A. 增加 1 倍　　B. 为原来的 1/2　　C. 不变　　D. 不确定

5. 以下表述中正确的是（　）。

A. 过滤速率与过滤面积的平方成正比　　B. 过滤速率与过滤面积成正比
C. 过滤速率与所得滤液体积成正比　　D. 过滤速率与虚拟滤液体积成正比

三、判断题

1. 球形颗粒在静止流体中作自由沉降时，其沉降速度可用斯托克斯公式计算。（　）

2. 在降尘室里，颗粒可被分离的必要条件是颗粒的沉降时间应大于或等于气体在室内的停留时间。（　）

3. 粒子所在位置上的惯性离心力场强度与重力场强度之比，称为离心分离因数。（　）

4. 提高离心机分离因数的基本途径是增加转鼓的转速。（　）

5. 过滤操作属于稳态操作。（　）

四、问答题

1. 何为壁效应？什么情况下壁效应的影响可忽略？

2. 滤饼的比阻 r 反映了什么？不可压缩滤饼的 r 取决于什么？可压缩滤饼的 r 取决于什么？

3. 对恒压过滤，通过延长过滤时间 τ 来提高间歇过滤机的生产能力是否可行？为什么？

五、计算题

1. 密度为 1850kg/m^3 的固体颗粒，在 50℃和 20℃水中，按斯托克斯定律做自由沉降时。

（1）它们沉降速度的比值是多少？

（2）若微粒直径增加 1 倍在同温度水中做自由沉降时，此时沉降速度的比值又为多少？

2. 某降尘室长 4m、宽 2m、高 2m，内用隔板分成 25 层，用以除去炉气中的矿尘。已知矿尘的密度为 3000kg/m^3，炉气送入降尘室的密度为 1.29kg/m^3，黏度为 $3.5\times10^{-5}\text{Pa}\cdot\text{s}$，温度为 150℃，尘粒直径在 $10\mu\text{m}$ 以上，问该降尘室每小时可处理炉气多少标准 m^3/h？（炉气压力近似为 101.3kPa）

3. 用一板框压滤机在 147.1kN/m^2（表压）下恒压过滤某悬浮液，要求在 2h 内得滤液 8m^3，若过滤介质阻力可忽略，滤渣不可压缩，过滤常数 $K=1.65\times10^{-5}\text{m}^2/\text{s}$，问：（1）现有一板框压滤机，滤框的规格为长×宽×厚＝810mm×810mm×25mm，共框 18 块，是否合用？（忽略角孔占去面积）。（2）过滤完毕，用清水 0.25m^3 在与过滤相同压力下进行洗涤，问洗涤用了多少时间？

第五章　蒸　　发

知识目标

(1) 了解蒸发的基本原理及分类。
(2) 了解蒸发器的结构、特点及选型。
(3) 掌握单效和多效蒸发的基本流程。
(4) 掌握单效蒸发过程及其计算。

能力目标

(1) 能操作与调节蒸发设备。
(2) 能找出常用蒸发设备故障的原因并加以解决。

第一节　案例引入

一、生产案例

以玉米芯为原料制取木糖醇的生产工艺流程如图 5.1 所示。将原料玉米芯用热水浸泡进行预处理，然后加入硫酸水解，石灰乳中和，经过活性炭脱色及离子交换树脂净化之后得到净化的木糖液。木糖液在镍催化剂存在下，在加氢反应器中催化加氢，反应生成的氢化液送入装有活性炭的过滤器中进行过滤，以滤除催化剂得到澄清的木糖醇溶液。将含 12%木糖醇的氢化液送入蒸发器中进行真空蒸发浓缩至木糖醇浓度达 85%～86%。用泵将木糖醇浓缩液送至结晶机结晶，然后送入离心机离心分离得到木糖醇。

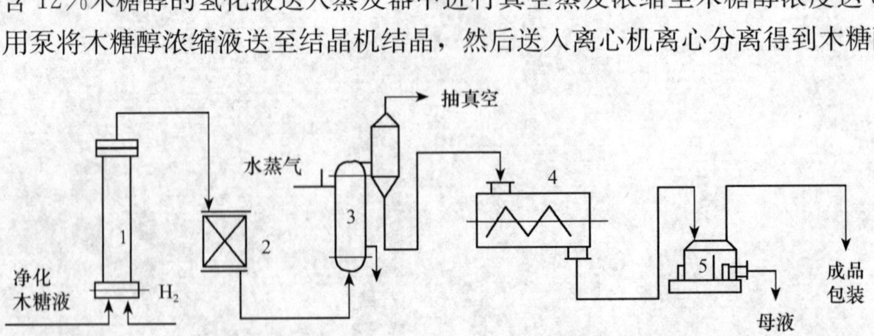

图 5.1　木糖醇生产工艺流程

1. 加氢反应器；2. 过滤器；3. 蒸发器；4. 结晶机；5. 离心机

二、蒸发及其在生产中的应用

工业生产中将采用加热的方法使含有不挥发性溶质的溶液在沸腾状态下使其浓缩的单元操作称为蒸发。用来蒸发操作的设备称为蒸发器。蒸发过程实际上是不挥发性的溶质和挥发性的溶剂分离的过程。

蒸发操作在化工、轻工、医药、食品等行业用途广泛。例如，食糖水溶液的浓缩及各种果汁的浓缩；电解烧碱液经蒸发浓缩再结晶得到固体氢氧化钠；尿素溶液经蒸发浓缩再得到固体尿素颗粒；海水的淡化等操作都属于蒸发操作。蒸发的目的有几个方面：浓缩稀溶液直接制取产品或将浓溶液再处理（如冷却结晶）制取固体产品；浓缩溶液与回收溶剂同时进行；制备纯净溶剂等。

图 5.2 为典型的单效蒸发装置示意图。蒸发器主要由加热室及分离室组成，下部为加热室，上部为分离室。加热室是由许多换热管构成的换热器，管间通入蒸汽作为加热热源，管内为溶液的停留空间，分离室用来进行气液分离。料液经预热器预热后进入蒸发器，在加热室的换热管内受热沸腾汽化。经浓缩后的料液称为完成液，从蒸发器的底部排出，汽化产生的水蒸气经气液分离后送往冷凝器，冷凝而除去。

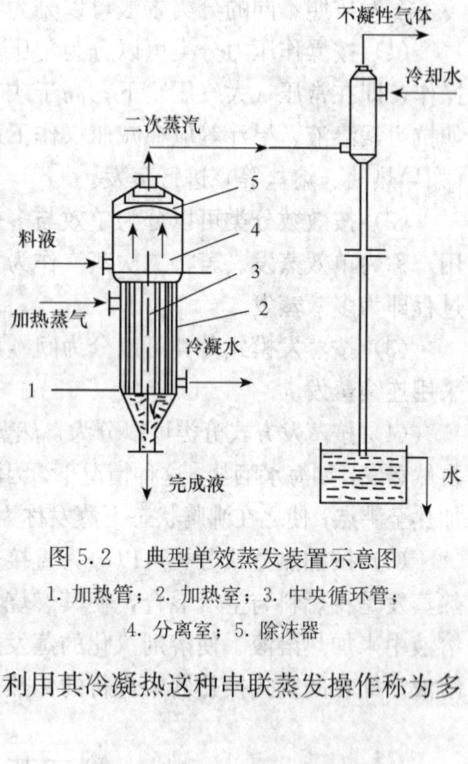

图 5.2　典型单效蒸发装置示意图

1. 加热管；2. 加热室；3. 中央循环管；4. 分离室；5. 除沫器

蒸发操作主要采用饱和水蒸气加热，而被蒸发的物料大多为水溶液，故蒸发时产生的蒸汽也是水蒸气。为了区别，前者称为加热蒸气（若来自锅炉也称为生蒸汽），后者称为二次蒸汽。在操作中一般采用冷凝的方法将二次蒸汽不断地移出，否则蒸汽与沸腾溶液趋于平衡，使蒸发过程无法进行。若将二次蒸汽直接冷凝，而不利用其冷凝热的操作称为单效蒸发。若将二次蒸汽引到下一蒸发器作为加热蒸汽，以利用其冷凝热这种串联蒸发操作称为多效蒸发。

三、蒸发过程的特点

蒸发过程的实质是传热壁面一侧的蒸汽冷凝与另一侧的溶液沸腾间的传热过程，因此，蒸发设备也是一种换热设备。同时，蒸发操作与一般传热过程比较有以下特点。

（一）溶液沸点升高

由于溶液中含有不挥发性溶质，因此，在相同温度下，溶液的蒸汽压比纯溶剂的小，也就是说，在相同压力下，溶液的沸点比纯溶剂的高，溶液浓度越高，这种影响越显著，这在设计和操作蒸发器时是必须考虑的。

（二）物料及工艺特性

物料在浓缩过程中，溶质或杂质常在加热表面沉积、析出结晶而形成垢层，影响传热；有些溶质是热敏性的，在高温下停留时间过长易变质；有些物料具有较大的腐蚀性或较高的黏度等，因此，在设计和选用蒸发器时，必须考虑这些特性。

（三）能量回收

蒸发过程是溶剂汽化过程，由于溶剂汽化潜热很大，所以蒸发过程是一个大能耗的单元操作。因此，节能在蒸发操作中应予以重要考虑。

四、蒸发过程分类

蒸发按照不同的分类方法可以分为不同类型，具体有以下几种。

(1) 按操作压力分类可以分为常压蒸发操作、加压蒸发操作以及减压（真空）蒸发操作，即在常压（大气压）下，高于或者低于大气压操作。很显然，对于热敏性物料，如抗生素溶液、果汁等应在减压操作下进行。而高黏度物料就应采用加压高温热源加热（如导热油、熔盐等）进行蒸发。

(2) 按效数分类可以分为单效与多效蒸发。若蒸发产生的二次蒸汽直接冷凝不再利用，称为单效蒸发。若将二次蒸汽作为下一效加热蒸汽，并将多个蒸发器串联，此蒸发过程即为多效蒸发。

(3) 按蒸发模式分类可以分为间歇蒸发与连续蒸发。工业上大规模的生产过程通常采用连续蒸发。

(4) 按蒸发方式分类可以分为自然蒸发与沸腾蒸发。溶液在低于沸点温度下蒸发称为自然蒸发，如海水晒盐，这种情况下，因溶剂仅在溶液表面汽化，溶剂汽化速率低。将溶液加热至沸点，使之在沸腾状态下蒸发称为沸腾蒸发。工业上的蒸发操作基本上皆是此类。

(5) 按加热方式分类可以分为直接热源加热蒸发与间接热源加热蒸发。直接热源加热蒸发是将燃料与空气混合，使其燃烧产生的高温火焰和烟气经喷嘴直接喷入被蒸发的溶液中来加热溶液、使溶剂汽化的蒸发过程。间接热源加热蒸发容器间壁传给被蒸发的溶液。即在间壁式换热器中进行的传热过程。

第二节　单效蒸发

溶液在由单个蒸发器和附属设备所组成的装置内蒸发，所产生的二次蒸汽不再利用的蒸发操作，称为单效蒸发。在生产规模不大的情况下，多采用单效蒸发。

一、单效蒸发流程

如图 5.2 所示为典型的单效蒸发装置流程示意图。加热蒸气在加热室的管间冷凝，所放出的热量通过管壁传给沸腾的溶液。被蒸发的溶液自分离室加入，经蒸发后的浓缩液由器底排出。汽化产生的二次蒸汽在分离室及其顶部的除沫器中将夹带的液膜加以分离后送往冷凝器与冷却水相混而被冷凝，冷凝液由冷凝器的底部排出。溶液中的不凝性气体用真空泵抽走。

二、单效蒸发的计算

单效蒸发的计算在给定生产任务和操作条件（如进料量、温度和浓度，完成液的浓度，加热蒸汽的压力和冷凝器操作压力）的情况下，通过物料衡算、热量衡算和传热速率方程可以求得溶液蒸发量、加热蒸气消耗量和蒸发器所需传热面积。

（一）溶液蒸发量的计算

图 5.3 为单效蒸发的物料衡算图，若在蒸发过程中，溶质的挥发损失忽略不计，经过蒸发后的溶质则全部浓缩到了完成液当中，此时的物料衡算公式为

$$Fx_{w_0}=(F-W)x_{w_1}\text{ 或 }W=F\left(1-\frac{x_{w_0}}{x_{w_1}}\right)\tag{5.1}$$

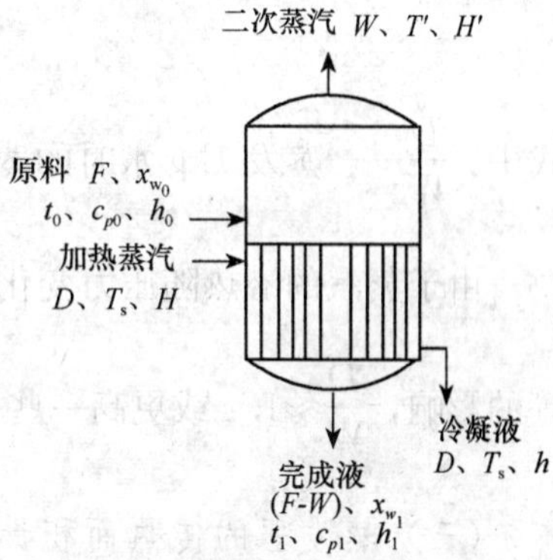

图 5.3　单效蒸发物料衡算、热量衡算示意图

式中：F——原料液的流量，kg/h；

W——单位时间内蒸发的水分量，kg/h；

x_{w_0}——原料液的质量分数；

x_{w_1}——完成液的质量分数。

（二）加热蒸汽消耗量

蒸发操作中，加热蒸汽的热量一般用于将溶液加热至沸点，将水分蒸发为蒸汽以及向周围散失的热量。加热蒸汽消耗量通过热量衡算求得。通常，加热蒸汽为饱和蒸汽，且冷凝后在饱和温度下排出，则加热蒸汽仅放出潜热用于蒸发。若料液在低于沸点温度下进料，对热量衡算式整理得

$$Q=Dr=Fc_{p_0}(t_1-t_0)+Wr'+Q_{损}\tag{5.2}$$

式中：Q——蒸发器的热负荷或传热量，kJ/h；

D——加热蒸汽消耗量；

c_{p0}——原料液比热容，kJ/(kg·℃)；

t_0——原料液的温度，℃；

t_1——溶液的沸点，℃；

r——加热蒸汽的汽化潜热，kJ/kg；

r'——二次蒸汽的汽化潜热，kJ/kg；

$Q_{损}$——蒸发器的热损失。

溶液的比热容可以按下面的经验公式计算：

$$c_p=c_{pW}(1-\text{x})+c_{pB}\text{X}\tag{5.3}$$

式中：c_{pW}——水的比热容，kJ/(kg·℃)；

c_{pB}——溶质的比热容，kJ/(kg·℃)。

由式（5.2）可得加热蒸汽消耗量为

$$D=\frac{Fc_{p0}(t_1-t_0)+Wr'+Q_{损}}{r} \tag{5.4}$$

若溶液为沸点进料，则 $t_1=t_0$，设蒸发器的热损失忽略不计，则式（5.4）可简化为

$$D=\frac{Wr'}{r} \tag{5.5}$$

或

$$\frac{D}{W}=\frac{r'}{r} \tag{5.6}$$

式中：$\frac{D}{W}$——蒸发 1kg 水时的蒸汽消耗量，称为单位蒸汽消耗量。

由于蒸汽的潜热随压力变化不大，即 $r=r'$，故$\frac{D}{W}\approx 1$。但实际上因蒸发器有热损失等的影响，$\frac{D}{W}\approx 1.1$或更高一些。

（三）蒸发器的传热面积计算

根据传热速率方程，蒸发器的传热面积为

$$A=\frac{Q}{K\Delta t_{均}} \tag{5.7}$$

式中：A——蒸发器的传热面积，m^2；

Q——蒸发器的热负荷，W；

$\Delta t_{均}$——传热平均温差，℃；

K——蒸发器的总传热系数，$W/(m^2\cdot ℃)$。

根据热量衡算，蒸发器的热负荷 $Q=Dr$；蒸发过程为加热蒸气冷凝和溶液沸腾之间的恒温传热，$\Delta t_{均}=T-t$；K 值可以按传热一章提供的公式计算，由于管内沸腾对流传热系数值受溶液性质、蒸发器的结构及操作条件等诸多因素的影响，目前还缺乏可靠的计算方法，因此，蒸发器的总传热系数 K 主要通过实验测定或选用经验值。

表 5.1 中列出了常用蒸发器总传热系数的大致范围，供设计计算参考。

表 5.1　常用蒸发器总传热系数 *K* 的经验值

蒸发器型式	总传热系数/[$W/(m^2\cdot K)$]
中央循环管式	580～3000
带搅拌的中央循环管式	1200～5800
悬筐式	580～3500
自然循环	1000～3000
强制循环	1200～3000
升膜式	580～5800
降膜式	1200～3500
刮膜式，黏度 1mPa·s	2000
刮膜式，黏度 100～10000mPa·s	200～1200

例 5.1　在谷氨酸的蒸发过程中，设进料量为 10000kg/h，用压力为 686kPa（绝压）饱和蒸汽将其由质量百分比 15%浓缩为 45%。若蒸发室压力为 20kPa（绝压）。溶液的沸点为 100℃，蒸发器的传热系数为 1200W/(m^2·K)，沸点进料，试求不计热损失时的加热蒸汽消耗量和蒸发器的传热面积。

解：由

$$W = F\left(1-\frac{x_{w_0}}{x_{w_1}}\right) = 10000\times\left(1-\frac{0.15}{0.45}\right) = 6.67\times10^3(\text{kg/h})$$

因为加热蒸气压力为 686kPa（绝压），由饱和水蒸气压表查得：$t=164.2$℃，r=2073kJ/kg，由蒸发室压力为 20kPa（绝压），可查得：r'=2356kJ/kg。

已知沸点进料，且不计热损失，有

$$D = W\times\frac{r'}{r} = 6.67\times10^3\times\frac{2356}{2073} = 7.58\times10^3(\text{kg/h})。$$

蒸发器的传热面积为

$$A = \frac{Q}{K\Delta t_{均}}$$

$$Q = Dr = 7.58\times10^3\times2073 = 15.71\times10^6(\text{kJ/h}) = 4.37\times10^6(\text{W})$$

蒸发器的传热面积为

$$A = \frac{4.37\times10^6}{1200\times(164.2-100)} = 56.7(\text{m}^2)$$

第三节　多效蒸发

由单效蒸发可知，在单效蒸发器中每蒸发 1kg 的水要消耗 1kg 多一些的加热蒸汽。在大规模的工业生产中，要蒸发大量的水分，这必然需要大量的加热蒸汽。为了减少加热蒸汽的消耗量，可以将二次蒸汽用作另一蒸发器的加热蒸汽。由于二次蒸汽的压力和温度低于生蒸汽的压力和温度，因此，多效蒸发时要求后效的操作压力和沸点均较前效的为低，这样采用抽真空的方法可以很方便地降低蒸发器的操作压力和溶液的沸点。每一个蒸发器称为一效，这样，在第一效蒸发器中通入生蒸汽，产生的二次蒸汽引入第二效蒸发器中，第二效的二次蒸汽再引入第三效蒸发器中，以此类推，末效蒸发器的二次蒸汽通入冷凝器冷凝，冷凝器后接真空装置对系统抽真空。于是，从第一效到最末效，蒸发器的操作压力和溶液的沸点以此降低，仅第一效需要消耗生蒸汽，其余效均采用二次蒸汽，这就是多效蒸发的操作原理。

一、多效蒸发的操作流程

多效蒸发操作的流程按加料方式可以分为三种：并流加料法、逆流加料法、平流加料法，分别以三效为例对三种流程加以说明。

（一）并流加料多效蒸发操作流程

并流加料法是最常用的蒸发操作流程，图 5.4 是由三个蒸发器组成的三效并流加料流程。其中，溶液与蒸汽的流向相同，即都由第一效顺序流入最末效，故称为并流加料法。由末效放出完成液，末效二次蒸汽进入冷凝器中冷凝后排出，不凝性气体由真空泵抽走。并流加料法有以下优点：

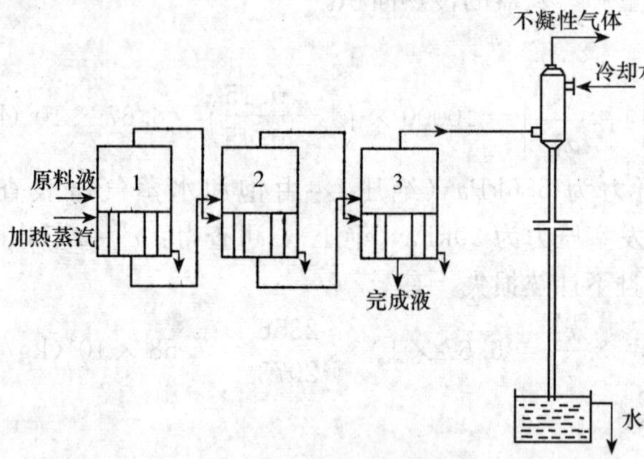

图 5.4　并流加料的三效蒸发装置流程示意图

1. 不需用泵输送液体

因为后效蒸发器的压强要比前效低，故溶液在效间的输送可以利用效间的压强差，而不必另外用泵输送液体。

2. 不必设置预热器

因为后效蒸发器内溶液沸点较前效低，故前效溶液进入后效时，会因过热而自动蒸发（也成为自蒸发或闪蒸），在各效间不必设置预热器，而且可以多产生一部分二次蒸汽。

3. 利于热敏性物料蒸发

并流操作下，料液浓度依次递增，高浓度物料在较低温度下浓缩，利于热敏性物料。

同时，并流加料蒸发辅助设备少，流程紧凑，热量损失少，操作方便，工艺条件稳定。

其缺点是由于后一效浓度比前一效高，但温度却较低，溶液黏度增高，传热系数降低，蒸发逐渐困难，不适于黏度随浓度升高较快的物料蒸发。

（二）逆流加料多效蒸发操作流程

图 5.5 是由三个蒸发器组成的三效逆流加料流程。原料液由末效进入系统，用泵顺次送入前一效，完成液由第一效的底部排出。加热蒸汽的流向仍有第一效顺序加至最后一效，走向与料液相反。因蒸汽与溶液的流动方向相反，故称为逆流加料法。逆流加料法具有以下特点：

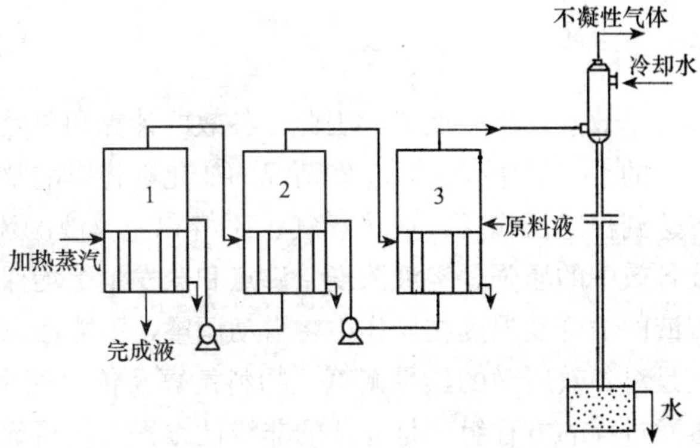

图 5.5　逆流加料的三效蒸发装置流程示意图

1. 各效传热系数大致相同

蒸发的温度随溶液浓度的增大而增高，这样各效的黏度相差很小，传热系数大致相同。

2. 便于减压闪蒸

完成液排出温度较高，可以在减压下进一步闪蒸增浓。

其缺点是：各效间需用泵输送料液，能耗要比并流大，不仅增加操作费用而且还使设备复杂，又由于各效进料温度均低于该效溶液沸点，所以需将料液加热至沸点，与并流相比，产生的二次蒸汽也较少。逆流法适于料液黏度随温度和浓度变化较大的操作，而不宜于热敏性物料。

（三）平流加料多效蒸发操作流程

图 5.6 是由三个蒸发器组成的三效逆流加料流程。加热蒸汽的走向与并流相同，原料液分别加入各效，完成液分别自各效排出，各效溶液流向互相平行。该法适于蒸发易结晶物料，也可用于同时浓缩两种以上不同的水溶液。

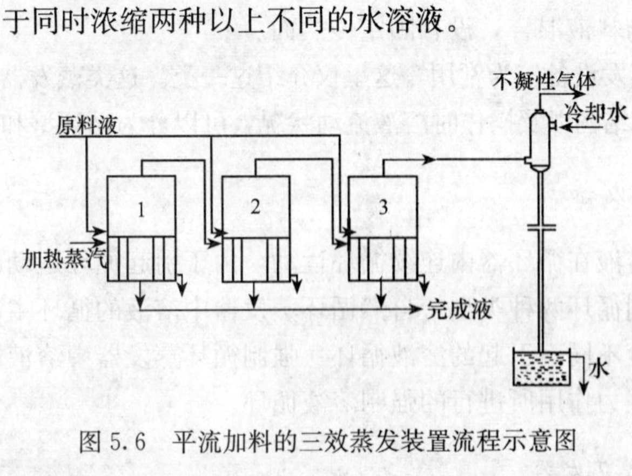

图 5.6　平流加料的三效蒸发装置流程示意图

生产中还有采用并流和逆流相结合的组合流程，也称错流或混流法。这种操作复杂，需配上较高级的自动仪表，才能实现稳定操作。通常工业上都采用顺流或逆流加料法流程，也可采用并流与逆流相结合的流程。

二、多效蒸发的计算

多效蒸发是由多个单效蒸发串联而成，因此，各效的计算和单效相同。但是各效间的工艺参数是相互联系的，多效中任一效蒸发情况的变化都将影响整个蒸发系统。

在多效蒸发装置达到稳定操作时，加热蒸气、原料和完成液的流量与状态（温度、浓度、压强等）以及各效中的压强、溶液浓度、沸点和蒸发量等均保持定值，在规定的操作条件下，各效溶液的浓度及温度在操作中将自动调整，不能任意规定。所以，多效蒸发的计算，原则上是对各效所做的热量衡算、物料衡算及传热速率方程式联立求解，但是由于描述多效蒸发过程的方程组。是复杂的非线性方程组，精确求解难度很大，现已有多种专门解法，可参看有关专著。多效试差法求解原则及计算步骤如下：

（1）根据总物料衡算求出总蒸发水量。

（2）假设各效蒸发水量相等，估计各效的溶液浓度。

（3）假设各效蒸汽压强降相等，估算各效的沸点和总的有效温度差。

（4）由热量衡算式求各效蒸发水量和各效传热量。

（5）分配有效传热温度差，进行试误计算，直至达到要求。

第四节 蒸 发 设 备

一、蒸发设备的结构

工业上蒸发设备有多种类型，就其本质与传热设备没有区别。由于蒸发操作时需不断地除去产生的二次蒸汽，因此蒸发设备除需要加热室外，也要配置分离室以及除沫器。按蒸发操作加热面型式，可将蒸发器可以分为三类。

（1）加热介质与料液由管壁隔开，热量通过管壁传递。

（2）加热介质被限定在非管状元件内，如螺旋管、夹套等进行热量传递。

（3）加热介质与料液混合，没有固定传热面。

其中，第一种蒸发设备较为常用，这里仅介绍这一类。这类蒸发器一般称为间壁式传热蒸发器，按操作室结构以及操作时溶液流动状况，可以分为循环型和单程型两大类。

（一）循环型蒸发器

循环型特点是溶液在循环器内连续循环运动，由于引起循环运动的原因不同，可以分为自然循环和强制循环两种类型。自然循环蒸发器中溶液的循环主要由于加热时设备内各部分溶液的密度不同而引起的溶液循环。强制循环蒸发器中溶液的循环主要由于利用搅拌桨或泵等机械力作用所进行的强制溶液循环。

1. 中央循环管式蒸发器

这种蒸发器是最早使用的蒸发器，因而也称为标准式蒸发器，其结构如图 5.7 所示，它主要由加热室、蒸发室、中央循环管和除沫器组成。加热器由垂直管束构成，通常加热管为 0.6～2m，直径为 25～75mm，长径比为 20～40。管束中央有一根直径较大的管子，称为中央循环管，其截面积一般为管束总截面积的 40%～100%。加热室上方蒸发室，也称为分离室。高度为加热管长的 1.5～2 倍，其直径与加热室壳体的直径相同或稍大。

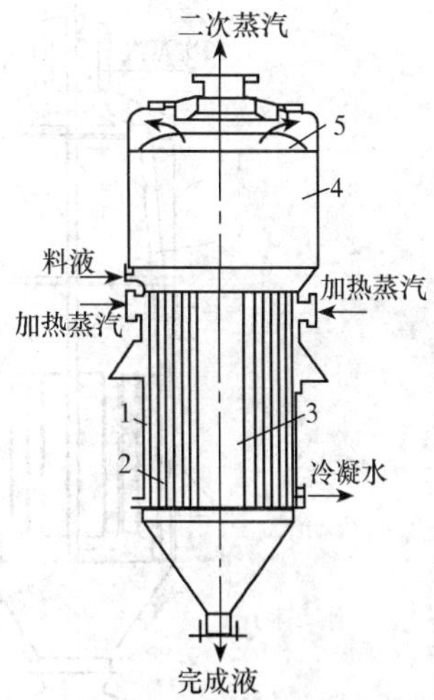

图 5.7 中央循环管式蒸发器

1. 外壳 2. 加热室 3. 中央循环管 4. 蒸发室 5. 除沫器

当加热蒸汽（介质）在管间冷凝放热时，由于加热管束内单位体积溶液的受热面积远大于中央循环管内溶液的受热面积，因此，管束中溶液的相对汽化率就大于中央循环管的汽化率，所以管束中的气液混合物的密度远小于中央循环管内气液混合物的密度。这样造成了混合液在管束中向上，在中央循环管向下的自然循环流动。混合液的循环速度与密度差和管长有关。密度差越大，加热管越长，循环速度越大。但这类蒸发器受总高限制。

中央循环管蒸发器的主要优点是：结构简单、紧凑，制造方便，操作可靠，投资费用少。缺点是：清理和检修不便，溶液循环速度不高，一般仅在 0.5m/s 以下，传热系数小。它适用于黏度适中，结垢不严重，有少量的结晶析出及腐蚀性不大的场合。中央循环管式蒸发器在工业上的应用较为广泛。

2. 悬筐式蒸发器

这种蒸发器与中央循环管式蒸发器同属于自然循环型，是中央循环管式蒸发器的发展，其结构如图 5.8 所示，其加热室是独立部分，像个篮筐，悬挂于蒸发器壳体的下部，可由顶部取出便于清洗和更换。包围管束的外壳外壁面与蒸发器外壳内壁面间留有环隙通道，其作用与中央循环管类似，操作时溶液形成沿环隙通道下降而沿加热管上升的不断循环运动。这种蒸发器中环隙面积与加热管总的截面积之比约为 100%～150%，大于中央循环管式。其优点在于可将加热室取出检修，热损失小，溶液循环效率较高，在 1.1～1.5m/s 之间，提高了传热效率。缺点是结构复杂，单位传热面积上金属消耗量大，占地面积大，加热管中溶液滞留量大。适用于易结晶、易结垢的溶液蒸发。

3. 外加热式蒸发器

外加热式蒸发器将管束较长的加热室安装在蒸发室外面，以降低蒸发器总高度，如图 5.9所示。其主要特点是把加热器与分离室分开安装，这样易于清洗、更换，同时由于循环管没有受到蒸汽的加热，加快了自然循环的速度，溶液的循环速度可达 1.5m/s，它既利于提高传热系数，也利于减轻结垢。另外，将蒸发器与加热器分开，可调节循环速度使料液在管内仅受热而于高出加热管顶端沸腾，避免管子堵塞，同时改善分离雾沫条件。

4. 列文式蒸发器

列文式蒸发器其结构如图 5.10 所示。由图看出在加热室上方增设一段沸腾段（高 2.7～5m），加热室中溶液受此液柱静压强，在加热室中不能沸腾。当溶液上升至沸腾

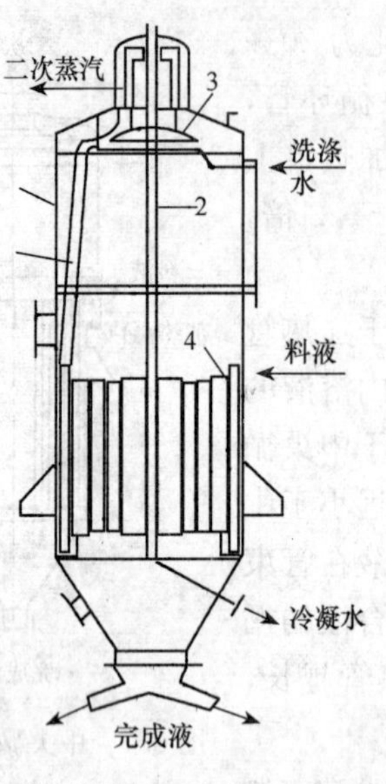

图 5.8 悬筐式蒸发器

1. 外壳；2. 加热蒸汽管；3. 除沫器；4. 加热室；5. 液沫回流器

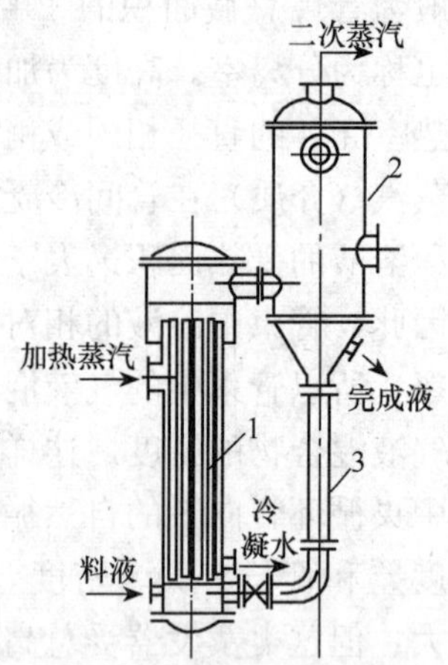

图 5.9 外热式蒸发器

1. 加热室；2. 分离室；3. 循环管

段时，由于静压强的降低而开始沸腾汽化，这样避免了溶质在加热室析出结晶，减少加热室结垢、堵塞现象。另外因为沸腾室中溶液是气液混合物，密度较小；而循环管中溶液是不沸腾的，密度较大，两者密度差即为溶液自然循环的推动力，推动力较大，流动阻力较小，循环速度大为提高，一般可达到 2～3m/s，且传热系数较高。适于有晶体析出的溶液蒸发，但是这类蒸发器设备庞大，金属消耗量大。

5. 强制循环式蒸发器

前述几种蒸发器均属于自然循环蒸发器，它们的不足之处在于溶液的自然循环速度较低，传热效果不好，不适于处理高黏度、易结晶、易结垢溶液，这时可采用强制循环蒸发器，其结构如图 5.11 所示。这种蒸发器在加热室与蒸发室之间有溶液循环管道，在管道上安装循环泵，依靠其作用，迫使溶液沿一定方向循环，循环速度可以提高至 1.5～3.5m/s 之间。由于其加热室与循环管安装在分离室外面，故亦属于外加热式蒸发器。这种蒸发器的传热系数较较自然蒸发器大得多，但需增设动力设备，动力消耗较大。

（二）单程型蒸发器

以上的循环型蒸发器有一个共同的缺点，即蒸发器内溶液的滞留量大，物料在高温下停留时间长，不适于热敏性物料的处理。在单程型蒸发器中，溶液仅通过加热管一次，不做循环。物料沿加热管壁成传热效果最佳的膜状流动，一次通过加热器即达浓缩要求，其停留时间仅数秒或十余秒。另外，离开加热器的物料又得到及时冷却，因此特别适用于热敏性物料的蒸发，对于黏度较大，容易产生泡沫的物料也适用。由于这类蒸发器的加热管上的物料成膜状流动，故又称膜式蒸发器。根据物料在蒸发器内的流动方向和成

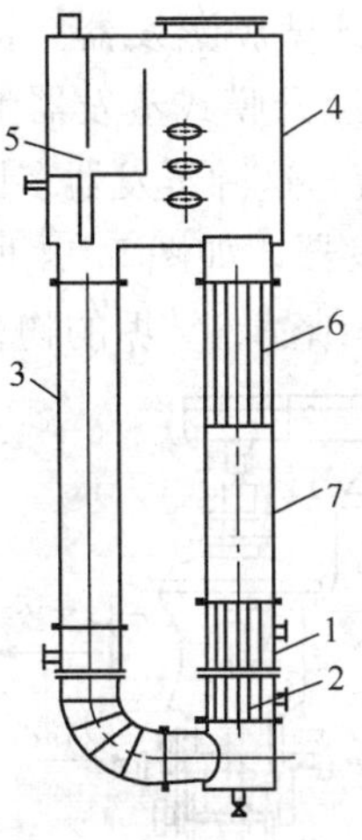

图 5.10　列文式蒸发器

1. 加热室；2. 加热管；3. 循环管；
4. 分离室；5. 除沫器；6. 挡板；7. 沸腾室

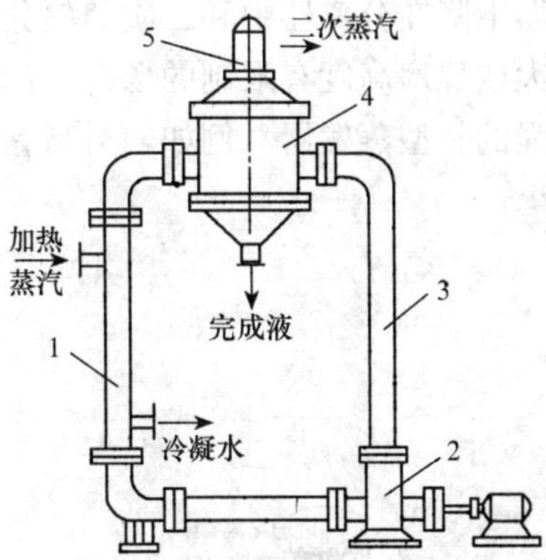

图 5.11　强制循环式蒸发器

1. 加热室；2. 循环泵；3. 循环管；
4. 蒸发室；5. 除沫器

膜原因不同，单程型蒸发器可分为下列几种类型。

1. 升膜式蒸发器

升膜式蒸发器如图 5.12 所示，它的加热室由一根或数根垂直长管组成。通常加热管径为 25～50mm，管长与管径之比为 100～150。管束安装在外壳中。原料液通常预热至接近沸点，然后由蒸发器底部进入加热器管内，加热蒸汽在管外冷凝。当原料液受热后沸腾汽化，生成二次蒸汽在管内高速上升，带动料液沿管内壁成膜状向上流动，并不断地蒸发汽化，加速流动，气液混合物进入分离器后分离，浓缩后的完成液由分离器底部放出。

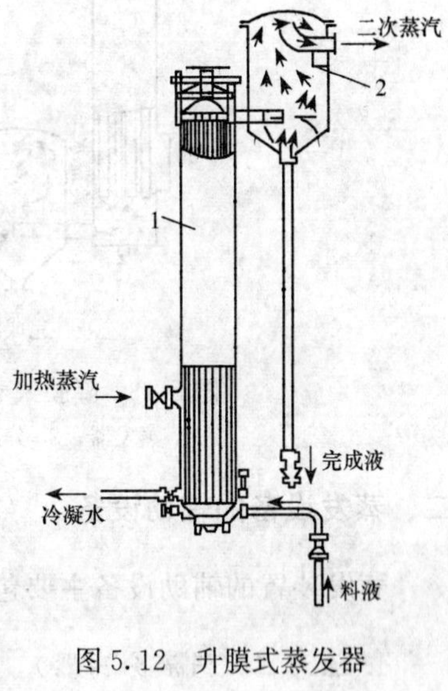

图 5.12　升膜式蒸发器

1. 蒸发器；2. 分离器

常压下，管上端出口处较适宜的气速为 20～50m/s 为宜，减压操作时，速度可达 100～160m/s。若达不到此出口气速的，应改用其他蒸发器。

升膜蒸发器适宜处理蒸发量较大，热敏性，黏度不大及易起沫的溶液，但不适于高黏度、有晶体析出和易结垢的溶液。

2. 降膜式蒸发器

降膜式蒸发器如图 5.13 所示。其与升膜式蒸发器构造基本相同，原料液由加热室顶端加入，经液体分布器分布后，均匀进入加热管内，沿管壁成膜状向下流动，气液混合物由加热管底部排出进入分离室，完成液由分离室底部排出。

降膜式蒸发器可用于蒸发黏度较大，浓度较高的溶液以及热敏性物料的蒸发，但不适于处理易结晶和易结垢的溶液，这是因为这种溶液形成均匀液膜较困难，传热系数也不高。

此外，单程型蒸发器还有升-降膜式蒸发器和刮板式薄膜蒸发器。将升膜和降膜蒸发器安装在同一外壳中即为升-降膜式蒸发器。料液先经升膜式蒸发器上升，然后由降膜式蒸发器下降在分离器中和二次蒸气分离得到完成液，这种蒸发器多用于蒸发溶液黏度变化很大或厂房高度有限制的场合。刮板式薄膜蒸发器，如图 5.14 所示。它是一种适应性很强的新型蒸发器，例如，对高黏、热敏性和易结晶、结垢的物料都适用。

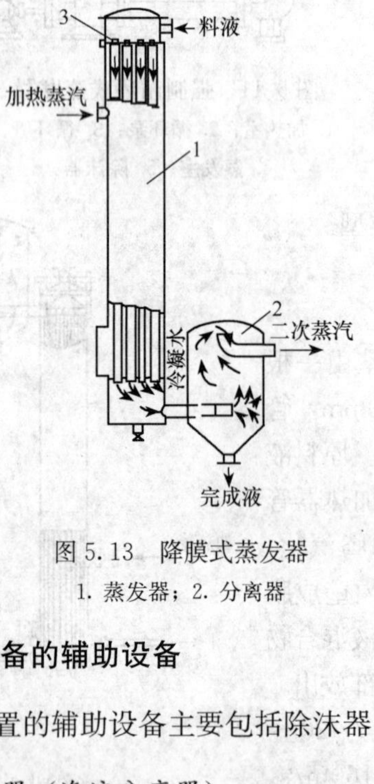

图 5.13 降膜式蒸发器

1. 蒸发器；2. 分离器

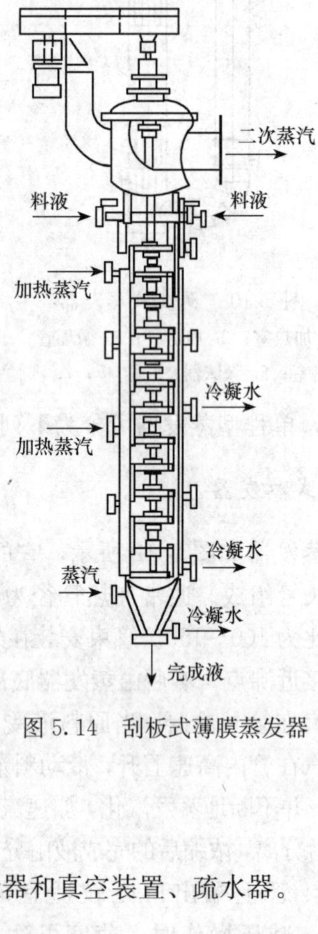

图 5.14 刮板式薄膜蒸发器

二、蒸发设备的辅助设备

蒸发装置的辅助设备主要包括除沫器、冷凝器和真空装置、疏水器。

1. 除沫器（汽液分离器）

蒸发操作时产生的二次蒸汽，在分离室液滴借助重力作用与液体分离后，仍夹带大量液滴，尤其是处理易产生泡沫的液体，夹带更为严重。为了防止产品损失或冷却水被污染，常在分离室的上部与二次蒸汽出口处设置除沫装置。图 5.15 为几种除沫器的结构示意图。它们主要利用液滴惯性来达到液气分离的目的。

2. 冷凝器与真空装置

冷凝器的作用是冷凝二次蒸汽。冷凝器有间壁式和直接接触式两种，倘若二次蒸汽为需回收的有价值物料或会严重污染水源，则应采用间壁式冷凝器，否则通常采用直接接触式冷凝器。后一种冷凝器一般均在负压下操作，这时为将混合冷凝后的水排出，冷

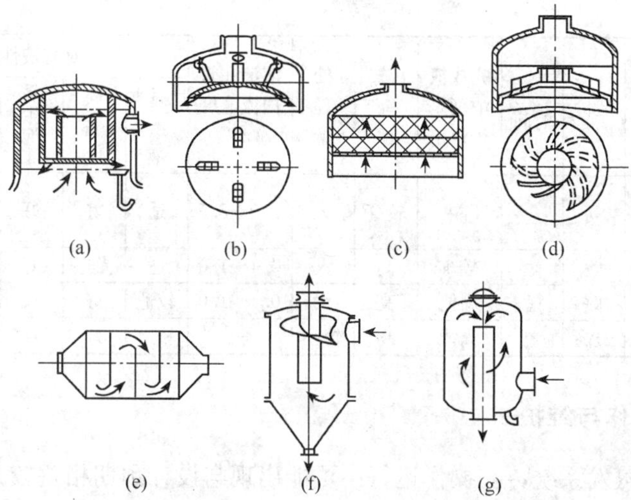

图 5.15 几种除沫器结构示意图

凝器必须设置得足够高。当蒸发器在负压下操作时，无论采用哪一种冷凝器，均需在冷凝器后安装真空装置。需要指出的是，蒸发器中的负压主要是由于二次蒸汽冷凝所致，而真空装置仅是抽吸蒸发系统泄漏的空气、物料及冷却水中溶解的不凝性气体和冷却水饱和温度下的水蒸气等，冷凝器后必须安真空装置才能维持蒸发操作的真空度。常用的真空装置有喷射泵、水环真空泵、往复式或旋转式真空泵等。

3. 疏水器（冷凝水排出器）

蒸发进行时，若利用水蒸气加热，要不断排出加热蒸汽冷凝后生成的冷凝水，以保证良好的传热效果，同时防止水蒸气随冷凝水漏出。正确选择、合理使用疏水器，是节能的重要措施之一。常用的疏水器有三种：浮杯式、膨胀式和热动力式。其中热动力式结构简单，操作性能好，因而在工业生产上广为使用。

三、蒸发设备的选型

选用蒸发器时，要结合生产过程的蒸发任务、需要蒸发溶液的性质、经济性能等方面考虑。选型时首先考虑传热系数高的型号，但有时溶液的物理、化学性质要限制蒸发器的使用。选型时考虑的因素主要有料液性质、生产要求、公用工程条件等。表 5.2 列出常用蒸发器的主要性能，可以作为选型参考。

表 5.2 蒸发器的主要性能

蒸发器形式	总传热系数 稀浓度	总传热系数 高黏度	造价	停留时间	完成液浓度是否恒定	浓缩比	处理量	溶液在管内流速度/(m/s)	对溶液性质的适应性 稀溶液	高黏度	易生泡沫	易结垢	热敏性	有晶体析出
标准式	良好	低	最廉	长	能	良好	一般	0.1～0.5	适	适	适	尚适	尚适	稍适
外热式	高	良好	廉	较长	能	良好	较大	0.4～1.5	适	尚适	较好	尚适	尚适	稍适
列文式	高	良好	高	较长	能	良好	较大	1.5～2.5	适	尚适	较好	尚适	尚适	稍适

续表

蒸发器形式	总传热系数		造价	停留时间	完成液浓度是否恒定	浓缩比	处理量	溶液在管内流速度/(m/s)	对溶液性质的适应性					
	稀浓度	高黏度							稀溶液	高黏度	易生泡沫	易结垢	热敏性	有晶体析出
强制循环式	高	高	高	—	能	较高	大	2.0～3.5	适	好	好	适	尚适	适
升膜式	高	良好	廉	短	较难	高	大	0.4～1.0	适	尚适	好	尚适	良好	不适
将膜式	良好	高	廉	短	尚能	高	大	0.4～1.0	较适	好	适	不适	良好	不适
刮板式	高	高	最高	短	尚能	高	较小	—	较适	好	较好	不适	良好	不适

四、蒸发系统操作与维护

单效或多效蒸发系统，在操作运行中可能出现与设计预期相差较大的情况，其中反应为操作性能低劣的可能有下列几个方面。

（一）蒸汽比耗过大，经济性达不到要求

蒸汽的经济性应符合设计时采用的物料平衡与热量平衡计算结果。实际经济性低于计算值可能是由于下列原因引起的。

（1）循环泵或效间过料泵的漏入密封用水。

（2）过量冲洗。

（3）过量的排放不凝气。

（4）冷却水从气压冷凝器到灌入末效冷凝器中。

（5）加热室内部泄漏，漏入的冷凝液使溶液稀释。

（6）蒸汽向外界漏损，蒸汽从未关严的阀门漏入蒸发器中。

（二）传热系数过低，蒸发能力达不到要求

过低的传热系数使蒸发器的能力下降，可能原因是：

（1）在液侧或汽侧的传热面上结垢。

（2）不凝气排放不足。

（3）凝液排放不及时。

（4）循环不良，液体分布不均匀。

（5）传热温差过低不但直接影响传热，还促使循环恶化。

（6）传热温差过高，使液侧形成膜状沸腾，或使液侧迅速结垢。

（三）过量的雾沫夹带

过量的雾沫夹带，引起产品流失，并使下一效的汽侧结垢，造成过量雾沫夹带的原因可能是：

（1）漏进空气，特别是在蒸发室的液面下漏进空气。

（2）过热溶液的急剧闪蒸。

(3) 蒸发器操作压力的急剧变化。
(4) 蒸发室液面过高。
(5) 蒸发器超负荷工作。

(四) 清洗周期过短

蒸发器的表面总是要结垢的，按垢的组成可以分为水溶性垢和不溶性垢。水溶性垢是蒸发饱和溶液时析出的盐类结晶，可用水或稀的不饱和溶液定期清洗。不溶性垢包括钙、镁、硅等低溶解度的盐类以及有机聚合物等，要定期停车用酸、碱或机械办法清洗。而且清洗周期要定在结垢的初期。因为已结垢的加热管，其流动阻力大于其他管子，因而阻力加大流速下降的管子，又更容易结垢，最后导致整管被积垢堵死，此时清洗就非常困难了。形成清洗周期短于常规的原因有：
(1) 操作压力或蒸发室液面的急剧变化。
(2) 循环速度过低。
(3) 在清洗、冲洗或密封水中引入了硬水或其他污染物。
(4) 传热温差过大。
(5) 不正确的清洗程序。

五、蒸发系统常见事故处理

1. 高温腐蚀性液体或蒸气外泄

泄漏处多发生在设备和管路焊缝、法兰、密封填料、膨胀节等薄弱环节。产生泄漏的直接原因多是开、停车时由于热胀冷缩而造成开裂或者是因管道腐蚀而变薄，当开车、停车时因应力冲击而破裂，致使液体或蒸汽外泄。要预防此类事故，在开车前严格进行设备检验，试压、试漏，并定期检查设备腐蚀情况。

2. 管路、阀门堵塞

对于蒸发易晶析的溶液，常会随物料增浓而出现结晶造成管路、阀门、换热器等堵塞，使物料不能流通，影响蒸发操作的正常进行。因此要及时分离盐泥，并定期洗涤。一旦发生堵塞现象，则要用加压水冲洗，或采用真空抽吸补救。

3. 视镜破裂，造成热溶液外泄

如烧碱这种高温、高浓度溶液极具腐蚀性，易腐蚀玻璃，使其变薄，机械强度降低，受压后易爆裂，使内部热溶液喷溅出伤人。应及时检查，定期更换。

第五节　技能训练——蒸发操作实训

一、实训项目

(1) 完成蒸发岗位技能训练。

（2）完成质量控制岗位技能训练。

（3）完成现场工控岗位技能训练。

（4）化工仪表岗位技能训练。

（5）故障处理技能训练。

二、工艺流程（图 5.16）

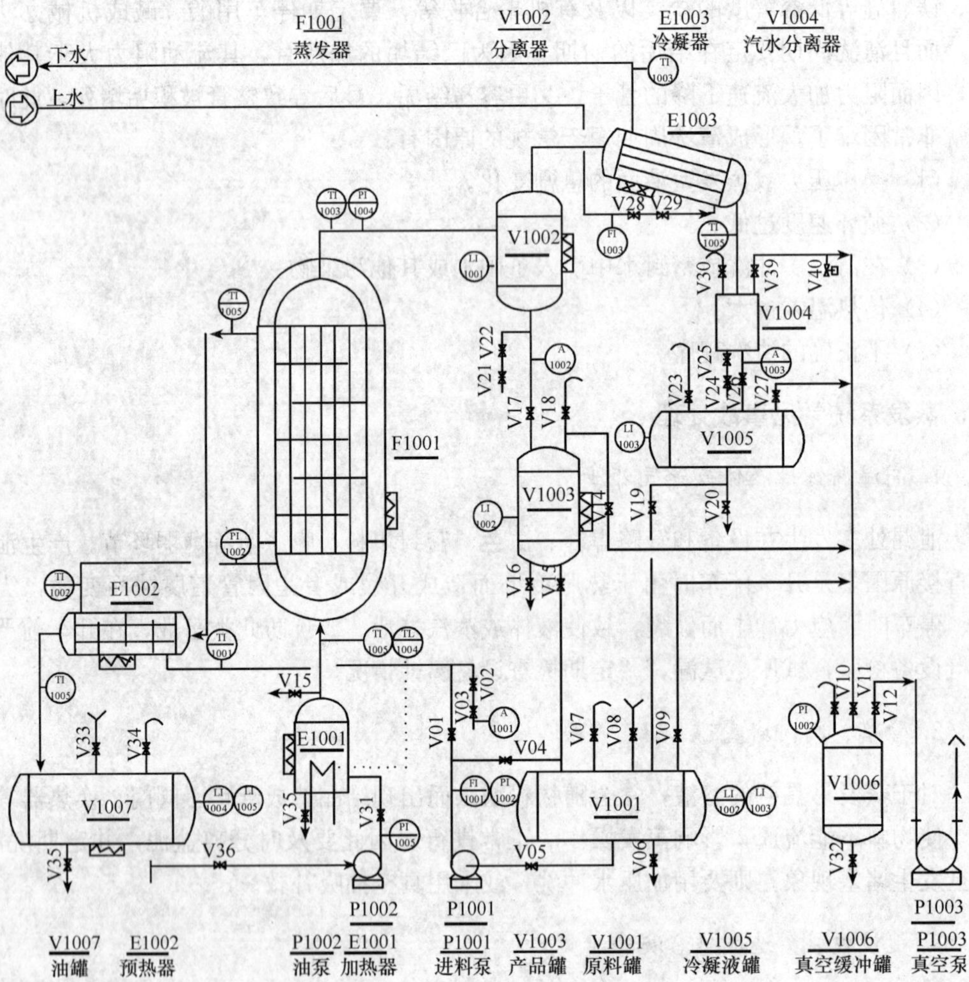

图 5.16　蒸发操作工艺流程

三、操作规程

（一）开车前准备

（1）对装置所有设备、管道、阀门、仪表、电气、保温等按工艺流程图要求和专业技术要求进行检查。

（2）检查所有仪表、设备、电气、阀门、加热介质供应等是否处于正常状态。

（3）试电。

（二）开车

（1）打开进料阀、启动进料泵，当液位没过所有换热管时开加热介质阀门。减压操作需开启真空泵。

（2）当蒸发器顶气相温度稳定（常压操作时通常为100℃左右，具体温度多由设备所在地海拔等因素决定；减压操作时通常为140～150℃，具体温度由工艺要求确定）时，取样分析产品的纯度，当产品达到要求时，继续采出产品；当产品纯度不符合要求时，加大加热介质流量或减少原料流量继续蒸发，直到采出合格的产品。

（3）调整系统压力、温度、流量各工艺参数稳定，建立平衡体系。

（三）停车

（1）系统停止进料，关闭原料泵进出、口阀，停进料泵；停止加热介质供应；停真空泵；减压操作当系统温度降到40℃左右时，缓慢破除真空，系统回复至常压状态。

（2）进行现场清理，保持各设备、管路洁净。

（3）切断控制台、仪表盘电源。做好设备及现场的整理工作。

（四）故障处理技能训练

（1）塔顶冷凝器无冷凝液产生。

（2）真空泵全开时系统无负压。

相关链接

蒸发工国家职业技能鉴定标准

根据国家职业标准，蒸发工共设五个等级，分别为初级、中级、高级、技师、高级技师。取得以高级技能为培养目标的高等职业学校本专业毕业证书人员，可申报蒸发工高级工技能鉴定。

中华人民共和国劳动和社会保障部颁发的“国家职业技能鉴定规范（化工行业特有工种考核大纲）”蒸发工（高级）技能鉴定：

一、鉴定要求

1. 适用对象

适用于化工生产中，操作蒸发器的操作人员。

2. 申报条件

（1）文化程度：高中毕业。

（2）现有技术等级证书级别：中级工技术等级证书，持证四年。

（3）本工种工作年限：六年。技工学校和职业高中本专业毕业生申报高级工为三年。

（4）身体状况：健康。

3. 考生与考评员比例

（1）知识：15∶1。

（2）技能：1∶3。

4. 鉴定方式和时间

（1）知识：闭卷、笔试，限时90min。满分100分，60分及格。

（2）技能：进行逐人抽题口试、笔试或模拟操作，根据考试要求确定时间。满分100分，60分及格。

二、鉴定内容

1. 知识要求（表5.3）

表5.3 知识要求

项目	鉴定范围	鉴定内容	鉴定比重/%
基本知识	基础知识	（1）具有高中以上物理、化学知识，如 ① 电子技术、反射性同位素的初步知识 ② 液体的汽化理论 ③化学基础理论 ④ 相平衡、溶度积、缓冲溶液的基本理论 ⑤ 影响化学反应速率的因素及催化理论 ⑥ 烃类化合物、络合物的基本结构和性质 （2）具有有关的化工基础知识 ① 蒸发设备的分类、结构与特性 ② 强化传热的途径与热绝缘的方法 ③ 蒸发器的物料衡算与热量衡算 ④ 升膜式、降膜式蒸发的流程及传热特点 ⑤ 气液分离器、蒸发冷凝器的型式与特性	11
	安全防护知识	（1）本产品生产中的原料、成品的危害性、爆炸性、毒害性的控制、预防方法 （2）与本产品生产相关的防火、防爆、防静电设施的性能及使用知识	5
专业知识	工艺技术知识	（1）工业常用的蒸发装置的设备结构、工艺流程及相互区别，本工种选用的蒸发装置的优缺点 （2）多效蒸发各种流程，如并流、逆流、平流的原则，二次蒸汽的利用、多效蒸发温度差损失、效数确定的依据 （3）本产品生产工艺规程中，主要技术指标确定的依据 （4）蒸汽压力、温度等技术参数；冷却水、电网供电波动等因素对蒸发作业的影响	40
	设备装置知识	（1）蒸发装置缺陷的定性分析判断，一般零部件的检修常识，如加热管堵漏、管件、阀门的更换等 （2）各类蒸发器的构造、设备能力、适应范围、防腐、保温设施以及防腐、保温的新材料、新技术应用状况 （3）蒸发装置设备的检修内容及设备验收、投产标准	20

续表

项目	鉴定范围	鉴定内容	鉴定比重/%
专业知识	分析检验知识	(1) 蒸发的原料液、浓缩液各分析项目的分析方法 (2) 容量分析常用的基本方法，络合滴定法及仪器分析的初步知识	6
	电器、仪表、计量器具知识	(1) 工业常用干燥装置仪表连锁、自控的一般原理和使用方法 (2) 蒸发装置及辅助设备的电气回路及保护措施 (3) 蒸发装置使用的电器、仪表、计量器具选用的原则和技术要求	6
相关知识	三废处理知识	(1) 本产品生产中三废排放的种类、数量、性质、排放标准 (2) 蒸发装置所采用的环保设施的机理及使用方法，降低三废排放的途径	6
	管理知识	(1) 全面质量管理及现代化管理常用方法的内容 (2) 专业管理的基本内容和要求，如生产管理、设备管理、安全管理	6

2. 技能要求（表 5.5）

表 5.4 技能要求

项目	鉴定范围	鉴定内容	鉴定比重/%
操作技能	工艺操作能力	(1) 正确地进行蒸发工种生产全过程的开、停车和正常操作 (2) 掌握蒸发工种被测参数的技术条件与制定依据，正确判断蒸发生产过程中的一切变化情况，及时调整操作并与有关工种、岗位协调，控制技术操作指标达到先进水平和经济合理	30
	应变及事故处理能力	(1) 正确处理蒸发工种生产过程中的各种异常现象和事故，如突然大减量、真空度消失、突然停电、停蒸汽等 (2) 对蒸发工种同类型装置，或新增设备验收试车和开工生产操作 (3) 严格执行安全检查，保持安全防护装置完备，做到安全生产 (4) 严格执行产品生产工艺流程，正确分析、判断各类事故原因，及时提出预防，消除隐患	30
工具、设备的使用与维护	设备及仪表使用维护能力	(1) 正确使用和维护保养蒸发工种的设备、电器、仪表、计量器具 (2) 开工时，按操作规程要求进行单体吹扫、试压、查漏，经检查合格投料开车，对本工种设备运行中发生的不正常情况，提出能否继续运行的意见，能正确地指出修理部位，采取相应地措施 (3) 掌握本工种所用各类电气、仪表使用知识，能正确判断电气、仪表运行正常与否，及时联系和处理故障 (4) 提出本工种设备的检修、清扫项目和要求，并能在检修后进行验收试车和开车操作	20

续表

项目	鉴定范围	鉴定内容	鉴定比重/%
其他能力	工艺计算能力	蒸发装置的物料、能量计算，生产能力计算，并对生产数据统计分析	8
	识图制图能力	(1) 看懂产品生产工艺流程图、蒸发工种静止设备装配图 (2) 绘制蒸发系统带控制点的工艺流程示意图，绘制蒸发罐(器)等主要设备简图和一般零部件草图	6
	管理能力	(1) 对蒸发过程运用全面质量管理手段进行各项管理工作，并能提出课题、攻关，提高生产水平 (2) 开展班组经济活动，提出并实施保证产品质量、降低消耗定额的措施	3
	语言文字领会与表达能力	(1) 识阅和理解有关的技术资料及管理文件，并能写出技术报告和通报有关情况 (2) 具备培训初、中级工应知、应会的能力	3

本章小结

- 蒸发
  - 基本概念
    - 化工生产中的应用
    - 蒸发过程特点
    - 蒸发分类
  - 蒸发流程与计算
    - 单效蒸发
      - 流程
      - 计算
    - 多效蒸发
      - 流程
      - 计算
  - 蒸发设备操作
    - 蒸发设备
    - 蒸发辅助设备
    - 蒸发选型
    - 蒸发系统操作与维护
    - 蒸发常见事故与防止
  - 技能训练

同步测试题

一、填空题

1. 蒸发是一个主要体现__________基本规律的单元操作，蒸发操作一般都是在溶液的__________下进行。

2. 蒸发的必要条件是＿＿＿＿＿＿＿＿＿＿＿＿＿＿＿＿＿＿＿＿＿＿＿＿。

3. 蒸发操作过程中，通常将作热源用的蒸汽称为＿＿＿＿＿蒸汽，而从溶液中汽化出来的蒸汽称为＿＿＿＿＿蒸汽。若从溶液中汽化出来的蒸汽不再利用而是直接冷凝后排放的蒸发操作称为＿＿＿＿＿蒸发。若将产生的蒸汽引到另一个蒸发器作为加热蒸汽，并将多个这样的蒸发器串联起来，这样的蒸发操作称为＿＿＿＿＿蒸发。

4. 单效蒸发操作中，二次蒸汽温度低于生成蒸汽温度，这是由于＿＿＿＿＿＿和＿＿＿＿＿＿造成的。

5. 与常压蒸发相比，真空蒸发的优点是＿＿＿＿＿＿＿＿＿＿＿＿＿＿＿＿＿＿。

6. 提高蒸发器生产强度的主要途径是＿＿＿＿＿＿＿＿＿＿＿＿＿＿＿＿＿＿＿。

二、分析简答题

1. 某蒸发器在正常操作条件下，可将一定流量的原料液蒸至一定浓度，现发现完成液浓度达不到要求，试分析其可能的原因。

2. 多效蒸发的有几种流程？各有何优缺点？

3. 蒸发时溶液的沸点比二次蒸汽的饱和温度高的原因是什么？

三、计算题

1. 今欲用一单效蒸发器将浓度为20%的NaOH溶液浓缩至25%（均为质量%），已知每小时的处理量为10t，求所需要蒸发的水分的量？

2. 在上题的条件下，若原料液的温度为293K，溶液的沸点为337.2K，加热蒸汽的压强约为200kPa，原料液的比热为3.7kJ/(kg·K)，如忽略设备的热损失，试求加热蒸汽的消耗量？

3. 浓度为20.32%的NaCl水溶液在绝压48.26kPa下沸腾，求溶液沸点升高的数值？

第六章 吸 收

知识目标

(1) 了解吸收设备的结构和特点。

(2) 理解吸收操作的基本概念、吸收传质机理、相平衡应用。

(3) 掌握吸收操作计算及填料塔的设计计算。

能力目标

(1) 能正确选择吸收剂。

(2) 能对吸收过程进行正确地调节与控制。

(3) 能对吸收塔常见故障进行处理。

第一节 案例引入

一、生产案例

图 6.1 所示，在炼焦或制城市煤气的生产过程中，焦炉煤气内常含有少量苯、甲苯类化合物的蒸气，可以通过吸收与解吸操作回收利用。常温下，含苯煤气从吸收塔底部送入，沿塔上升；洗油从吸收塔顶喷淋而下。气、液在塔内逆流直接接触过程中，由于苯类易溶于洗油，而煤气中其他组分难溶于洗油，苯类大量由煤气转移到洗油中。从吸收塔顶部出的脱苯煤气仅含极少量苯，从吸收塔底部引出溶有较多苯类物质的洗油。为

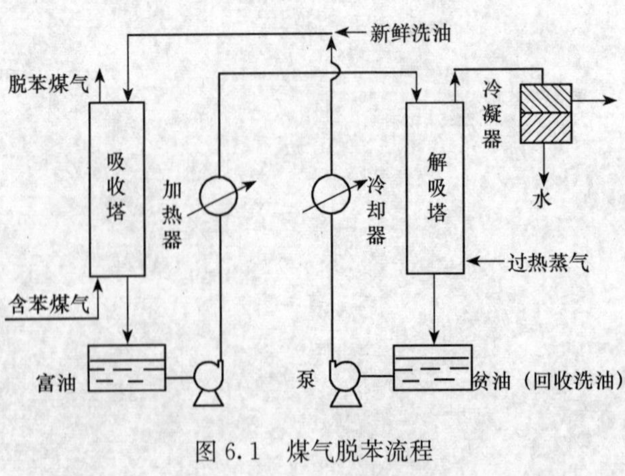

图 6.1 煤气脱苯流程

了回收富油中的苯，并使洗油循环使用，在解吸塔内做与吸收相反的操作——解吸。将富油加压、预热至170℃左右送至解吸塔顶部喷淋而下，解吸塔底通入过热蒸气供热，洗油中的苯在高温下被水蒸气脱出并带出塔顶，由于苯和水的密度差别较大且不互溶，在冷凝器中冷凝并静置一段时间后自动分层，放走冷凝器中的水后，可获得苯类液体产品。从解吸塔底引出脱除了大部分苯的洗油，经加压、冷却后作为循环吸收剂，配入一定比例的新鲜洗油送回吸收塔内继续吸收。

化工生产过程中，需要对反应原料进行净化；对中间产物、粗产品进行提纯和分离。分离方法要根据物系的性质和具体要求而定，对于气相混合物可采用吸收的方法进行分离。

二、吸收及其在生产中的应用

将混合气体与适当液体相接触，气体中的一种或几种组分溶解于液体中形成溶液，而混合气体也得到分离。这种利用混合气体中各组分在某一液体中溶解度的不同而使混合气体得到分离的单元操作称为吸收。例如，利用水处理混有二氧化碳的空气，由于二氧化碳在水中有较大的溶解度，而空气在水中的溶解度较小，因此大部分二氧化碳由空气转入水中与空气分离。

混合气体中，能够被吸收的组分称为吸收质或溶质，一般用A表示；不能够被吸收的组分统称为惰性气体或载体，一般用B表示；吸收操作过程中使用的液体称为吸收剂或溶剂，一般用S表示；吸收操作过程得到的液体称为吸收液或溶液，其中包含吸收剂S和吸收质A；排出的气体称为吸收尾气，其中包含惰性气体B以及未吸收完全的吸收质A。在利用水处理混有二氧化碳的空气这一操作中，吸收质为二氧化碳；溶剂为水；惰性气体为空气。化工生产过程中吸收过程通常在吸收塔中进行，吸收过程如图6.2所示。

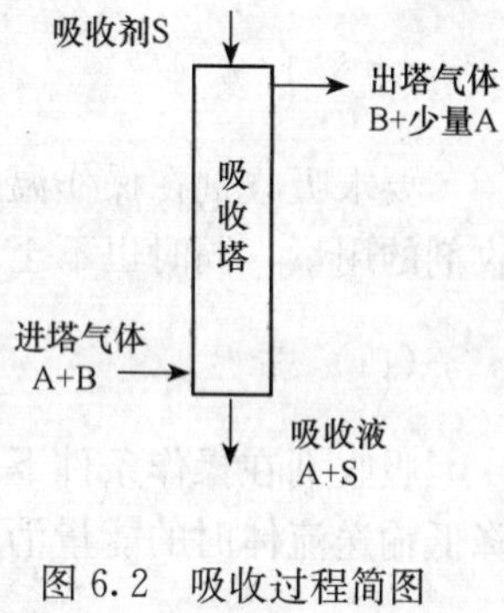

图6.2 吸收过程简图

吸收在实际生产中主要有以下作用：

（一）回收有用气体

例如，以硫酸处理焦炉气回收其中的氨、以洗油处理焦炉气回收其中的芳烃、以液态烃处理裂解气回收烯烃。

（二）净化原料气

例如，合成氨生产过程中原料气中含有的杂质CO_2可以利用水或碱液进行吸收。

（三）治理工业废气

例如，工业生产过程中会有大量酸性气体产生，如CO、CO_2、SO_2、H_2S、HF等，若直接向大气排放会对人类以及环境造成危害，排放前可利用碱液对酸性气体进行吸收处理。

（四）溶液制备

例如，利用水吸收甲醛蒸气可以制备福尔马林溶液；利用水吸收 HCl 和 SO_3 气体可以制备盐酸和硫酸等。

三、吸收剂的选用

吸收操作过程中，所选用吸收剂是否合适，吸收剂性能的好坏关系着吸收操作的效果以及操作费用，因此，在选用吸收剂的过程中应该遵循以下原则：

（一）溶解度

吸收剂对溶质应有较大的溶解度，即较高的吸收能力这样可以节省吸收剂的用量，提高吸收速率；尾气中吸收质的含量可以有效降低。另外，从吸收设备角度考虑，可以减小设备尺寸。

（二）选择性

吸收剂对溶质有较好吸收能力的同时，应该对其他惰性组分的吸收能力较差，这样才能够达到分离混合气体的目的。

（三）挥发性

要求吸收剂在操作温度下具有较低的蒸汽压，即吸收剂不易挥发。这样可以节约吸收剂的用量，同时也不至于在分离出的气体当中引入吸收剂杂质。

（四）黏性

吸收剂在操作条件下应具有较低的黏性，这样可以改善吸收塔内流体的流动状况，降低输送流体时的能量消耗，同时也能减小传热阻力。

（五）化学稳定性

较高的化学稳定性，可以保证在操作条件改变时，吸收剂不变质。

（六）再生性

吸收剂应具有较好的再生能力，这样可以使吸收剂循环使用，节省吸收剂用量同时也可以节省再生费用。

（七）其他

在以上原则基础上，选择吸收剂还应从价格便宜，毒性、腐蚀性较小，不易燃烧，不易起泡等方面考虑。

四、吸收过程分类

吸收过程可以从以下几个角度进行分类：

（一）物理吸收与化学吸收

以吸收过程中溶质与溶剂是否发生明显化学反应为基准来划分。溶质与溶剂不发生明显化学反应，主要由气体单纯溶解于吸收剂中的物理过程称为物理吸收，例如，用水吸收 CO_2 的过程；主要因溶质与溶剂发生明显化学反应而进行的吸收过程称为化学吸收，例如，用碱液吸收 CO_2 的过程。

（二）单组分吸收与多组分吸收

以吸收过程中混合气体中有几个组分进入液相为基准来划分。若混合气体中只有一个组分被溶剂吸收，而其余组分皆不被溶剂吸收，例如合成氨原料气中含有 H_2、N_2、CO 与 CO_2 等几个组分，用水处理合成氨原料气时，只有 CO_2 溶解于水中，这一过程称为单组分吸收；若混合气中若干组分均可被溶剂吸收，如利用洗油处理焦炉气时，苯、甲苯、二甲苯等芳烃组分均可以溶解于溶剂中，这一吸收过程称为多组分吸收。

（三）非等温吸收与等温吸收

以吸收过程中操作温度是否发生变化为基准来划分，气体在溶剂中溶解的过程常伴随热效应，化学吸收过程还会放出反应热，吸收过程中若液相温度发生明显变化则该过程为非等温吸收，例如，用水吸收氯化氢气体的过程；若吸收过程中热效应较小或者吸收设备散热良好，液相温度变化不明显时进行的吸收过程为等温吸收过程。

另外，根据混合气体中溶质的量的大小，还可以将吸收过程分为低浓度吸收与高浓度吸收；根据吸收过程中是否加压，可将吸收过程分为常压吸收与加压吸收。

本章将简要介绍低浓度单组分等温常压吸收过程的原理与相应计算，并以填料塔为例，介绍吸收塔计算。

第二节　气液相平衡

一、相组成的表示方法

组成均相混合物的每一种物质称为该混合物的一个组分，该组分在混合物中的组成可以采用以下几种不同的表示方法来表示。

（一）质量分数与摩尔分数

1. 质量分数

混合物中某种组分的质量占混合物总质量的分数。对于混合物中 A 组分有如下关系：

$$X_{\omega A} = \frac{m_A}{m} \tag{6.1}$$

式中：$X_{\omega A}$——组分 A 的质量分数；

m_A——混合物中组分 A 的质量，kg；

m——混合物的总质量，kg。

若混合物由组分 A、B、…、N 组成，则

$$X_{x_{\omega A}} + X_{x_{\omega B}} + \cdots + X_{x_{\omega N}} = 1 \tag{6.2}$$

2. 摩尔分数

混合物中某种组分的物质的量占混合物总物质的量的分数。对于混合物中 A 组分有如下关系

液相：
$$x_A = \frac{n_A}{n} \tag{6.3}$$

气相：
$$y_A = \frac{n_A}{n} \tag{6.4}$$

式中：x_A、y_A——组分 A 的摩尔分数；

n_A——混合物中组分 A 的物质的量，kmol；

n——混合物的总物质的量，kmol。

若混合物由组分 A、B、…、N 组成，则

液相：
$$x_A + x_B + \cdots + x_N = 1 \tag{6.5}$$

气相：
$$y_A + y_B + \cdots + y_N = 1 \tag{6.6}$$

3. 质量分数与摩尔分数的换算关系

以液相为例：

由
$$x_A = \frac{n_A}{n}, n_A = \frac{m_A}{M_A}, m_A = X_{x\omega A} m$$

可得
$$x_A = \frac{\dfrac{x_{\omega A}}{M_A}}{\dfrac{x_{\omega A}}{M_A} + \dfrac{x_{\omega B}}{M_B}} \tag{6.7}$$

式中：M_A，M_B——混合物中 A、B 组分的摩尔质量，kg/kmol。

（二）质量比与摩尔比

吸收操作过程中，气体的总量与液体的总量都是随着操作的进行而改变，这给利用质量分数与摩尔分数来表示相组成进行计算带来不便，由于操作过程中惰性气体与吸收剂的量始终不变。因此在吸收计算中常采用质量比和摩尔比。

1. 质量比

混合物中某组分的质量与混合物中惰性组分（B）的质量之比称为质量比，对于两组分混合物常用以下式子表示：

$$x_{wA} = \frac{m_A}{m_B} = \frac{x_{\omega A}}{x_{\omega B}} = \frac{x_{\omega A}}{1 - x_{\omega A}} \qquad \text{单位：} kg_A/kg_B \tag{6.8}$$

同理,可得

$$x_{\omega A}=\frac{x_{wA}}{1+x_{wA}} \tag{6.9}$$

2. 摩尔比

混合物中某组分的摩尔数与混合物中惰性组分（B）的摩尔数之比称为摩尔比，对于两组分混合物常用以下式子表示：

$$Y_A=\frac{n_A}{n_B} \tag{6.10}$$

或

$$X_A=\frac{n_A}{n_B} \tag{6.11}$$

式中：Y_A——A 组分在气相中的摩尔比，kmolA/kmolB；

X_A——A 组分在液相中的摩尔比，kmolA/kmolB。

摩尔比和摩尔分数之间的关系

$$Y_A=\frac{y_A}{1-y_A} \tag{6.12}$$

$$X_A=\frac{x_A}{1-x_A} \tag{6.13}$$

$$y_A=\frac{Y_A}{1+Y_A} \tag{6.14}$$

$$x_A=\frac{X_A}{1+X_A} \tag{6.15}$$

3. 质量比与摩尔比之间的换算关系

以液相为例：

$$X_{wA}=\frac{m_A}{m_B}=\frac{n_A M_A}{n_B M_B}=X_A\frac{M_A}{M_B} \tag{6.16}$$

（三）质量浓度与摩尔浓度

1. 质量浓度

单位体积混合物内所含某组分的质量。对于混合物中 A 组分有如下式子：

$$\rho_A=\frac{m_A}{V} \tag{6.17}$$

式中：ρ_A——混合物中 A 组分的质量浓度，kg/m^3；

V——混合物的总体积，m^3。

2. 物质的摩尔浓度

单位体积混合物内某的摩尔数。对于气体混合物，在压强不太高，温度不太低的情况下，可看作理想气体。对于混合物中A组分有如下式子：

$$c_A = \frac{n_A}{V} = \frac{p_A}{RT} \tag{6.18}$$

式中：c_A——混合物中A组分的摩尔浓度，$kmol/m^3$。

p_A——气体混合物中A组分的分压，kPa。

例 6.1 空气和二氧化碳的混合气体中含二氧化碳20%（体积），试以物质的摩尔比、质量比表示二氧化碳的组成。

解：已知 $X_A=0.2$，$M_A=44kg/kmol$，$M_B=28\times79\%+32\times21\%=28.84$（kg/kmol）

由
$$X_A = \frac{x_A}{x_B} = \frac{x_A}{1-x_A}$$

$$= \frac{0.2}{1-0.2} = 0.25 \quad (\text{kmol 二氧化碳 /kmol 空气})$$

$$X_{wA} = \frac{m_A}{m_B} = \frac{n_A M_A}{n_B M_B} = X_A \frac{M_A}{M_B}$$

$$= 0.2 \times \frac{44}{28.84} = 0.305 \quad (\text{kg 二氧化碳 /kg 空气})$$

例 6.2 某吸收塔在常压、25℃下操作，已知原料混合气体中含有CO_2 29%（体积分数），其余为N_2、H_2和CO（可以视为惰性组分），经吸收后，出塔气体中CO_2的含量为1%（体积分数），试分别计算以摩尔分数、摩尔比和摩尔浓度表示的原料混合气体和出塔气体中的CO_2组成。

解：系统可视为由溶质CO_2和惰性组分构成的双组分系统，先分别以下标1、2表示入、出塔的气体状态。

原料混合气

因为理想气体的体积分数等于摩尔分数，因此

$$y_1 = 0.29$$

摩尔比
$$Y_1 = \frac{y_1}{1-y_1} = \frac{0.29}{1-0.29} = 0.408 \quad (\text{kmolCO}_2/\text{kmol 惰性气体})$$

摩尔浓度
$$C_1 = \frac{p_1}{RT} = \frac{101.3\times0.29}{8.314\times298} = 0.0119 \quad (\text{kmolCO}_2/\text{m}^3 \text{ 混合气})$$

出塔气体组成

由题意可知
$$y_2 = 0.01$$

摩尔比
$$Y_1 = \frac{y_2}{1-y_2} = \frac{0.01}{1-0.01} = 0.0101 \quad (\text{kmolCO}_2/\text{kmol 惰性气体})$$

摩尔浓度
$$C_2 = \frac{p_2}{RT} = \frac{101.3\times0.01}{8.314\times298} = 4.09\times10^{-4} \quad (\text{kmolCO}_2/\text{m}^3 \text{ 混合气})$$

二、气体在液体中的溶解度

吸收过程实质是指溶质由气相向液相传递的过程。在一定的温度和压强下，混合气体与吸收剂相接触。气相中的溶质向液相转移，同时液相中的溶质也会从溶剂中逸出回

到气相，直到液相中溶质浓度不再变化。此时，气液两相达到相平衡状态，这是一种动态平衡状态。溶质在液相中的浓度达到最大，将该浓度称为平衡溶解度，简称溶解度，通常以物质的量浓度 c_A或摩尔分数 x_A表示；溶质在气相中的分压称为平衡分压，通常以气相分压 p_A或摩尔分数 y_A表示，两者之间的关系即为相平衡关系。

气液相平衡关系与物质的物性、温度、压力关系密切，可用二维坐标绘成的曲线即溶解度曲线来表示。图 6.3 为二氧化硫在水中的溶解度曲线；图 6.4 为氨在水中的溶解度曲线。

图 6.3 和图 6.4 的横坐标为气相中二氧化硫和氨在气相中的分压（p_A），纵坐标为溶质在液相中的溶解度（g/1000g 水）。从两图中可以看出，相同温度与分压条件下，不同物质溶解度不同；对于同一种溶质，温度相同的条件下，气相中分压越大，溶解度越高；对于同一种溶质，气相分压相同的条件下，温度越低，溶解度越大。由此可知，增加压力、降低温度可以提高气体溶质的溶解度有利于吸收操作。

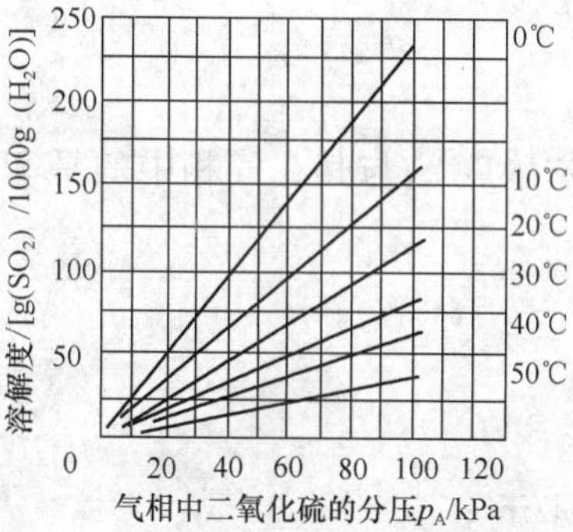

图 6.3　二氧化硫在水中的溶解度曲线

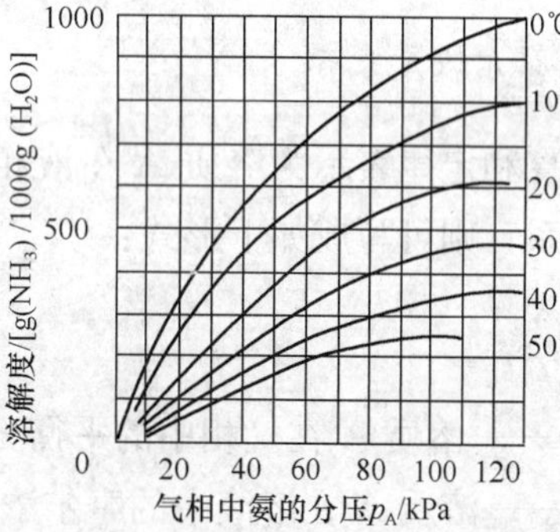

图 6.4　氨在水中的溶解度曲线

三、气液相平衡关系式

（一）亨利定律

当利用吸收操作处理低浓度气体混合物时，所得溶液为稀溶液。这时气液相平衡关系符合亨利定律，即在一定温度下，对于稀溶液，在气体总压不是很高（≤500kPa）的情况下，溶液上方气相中溶质的平衡分压与溶质在液相中的浓度成正比：

$$p_A^* = Ex_A \tag{6.19}$$

式中：p_A^*——溶质 A 在气相中的平衡分压，kPa；

x_A——溶质 A 在溶液中的摩尔分数；

E——亨利系数，kPa。

亨利系数的数值可由实验测得，表 6.1 列出一些气体水溶液的亨利系数值。

表 6.1　一些气体水溶液亨利系数（$E\times10^6$/kPa）

气　体	温　度/℃				
	0	10	20	30	40
H_2	5.87	6.44	6.92	7.39	7.61
O_2	2.58	3.31	4.06	4.81	5.42

续表

气　体	温　度/℃				
	0	10	20	30	40
CO_2	0.0737	0.106	0.144	0.188	0.236
SO_2	0.00167	0.00245	0.00355	0.00485	0.00660
NH_3	0.000208	0.000240	0.000277	0.00321	—

由表6.1的数据可知：不同物质在同一温度下的亨利系数不同；同一物质亨利系数随着温度的升高而增大，气体溶解度随温度升高而减小，温度越高，气体越难溶；在同一溶剂中，难溶气体亨利系数大，易溶气体亨利系数很小。

（二）亨利定律的其他表达形式

由于互为平衡的气液两相组成的表示方法不同，亨利定律还有以下几种表达形式：

1. 用摩尔浓度表示

若将亨利定律表示为溶质A在液相中的摩尔浓度 c_A 与其在气相中的平衡分压 p_A^* 之间的关系，则可写成如下形式：

$$p_A^* = \frac{c_A}{H} \tag{6.20}$$

式中：p_A^*——溶质A在气相中的平衡分压，kPa；

c_A——溶质A在溶液中的摩尔浓度，$kmol/m^3$；

H——溶解度系数，$kmol/(m^3 \cdot kPa)$。

溶解度系数也是温度的函数，对于一定的溶质和溶剂，H 值随着温度的升高而减小。同时，易溶气体的 H 值很大，难溶气体的 H 值很小。

溶解度系数 H 与亨利系数 E 的关系如下：

$$H = \frac{\rho_{剂}}{EM_{剂}} \tag{6.21}$$

式中：$\rho_{剂}$——溶剂的密度，kg/m^3；

$M_{剂}$——溶剂的千摩尔质量，kg/kmol。

2. 用摩尔分数表示

若将亨利定律表示为溶质A在液相中的摩尔分数 x_A 与其在气相中的摩尔分数 y_A 之间的关系，则可写成如下形式

$$y_A^* = \frac{E}{p}x_A = mx_A \tag{6.22}$$

式中：y_A^*——与溶质A的液相组成相平衡的气相中的摩尔分数；

m——相平衡常数，无单位。

m 与亨利系数之间的关系为 $m=E/p$，对于一定的物系 m 是温度与压强的函数，由 m 值大小同样可以比较不同气体溶解度的大小，m 值越大，气体的溶解度越小。

3. 用摩尔比表示

若将亨利定律表示为溶质 A 在液相中的摩尔比 X_A 与溶质 A 在气相中的摩尔比 Y_A 之间的关系，则可写成如下形式：

$$\frac{Y_A^*}{1+Y_A^*} = m\frac{X_A}{1+X_A} \tag{6.23}$$

整理，得

$$Y_A^* = \frac{mX_A}{1+(1-m)X_A} \tag{6.24}$$

式中：Y_A^*——与溶质 A 的液相组成相平衡的气相中的摩尔比。

当溶液很稀时，X_A 必然很小，式（6.20）分母中（$1-m$）X_A 一项可以忽略不计，因此可将上式简化为

$$Y_A^* = mX_A \tag{6.25}$$

式（6.21）表明当溶液中溶质的浓度足够低时，平衡关系在直角坐标系中近似地表示为一条通过原点的直线，其斜率为 m。

四、相平衡关系在吸收操作中的应用

对于一定体系，在温度与压力恒定的情况下，溶质 A 的气相浓度与液相浓度之间的关系如何，要由相平衡关系来确定。表明吸收过程中气、液相平衡关系的图线称为吸收平衡线。在吸收过程中，通常用摩尔比表示溶质 A 在气、液相中的浓度，在直角坐标系中绘制吸收平衡线，如图 6.5 吸收平衡线所示。

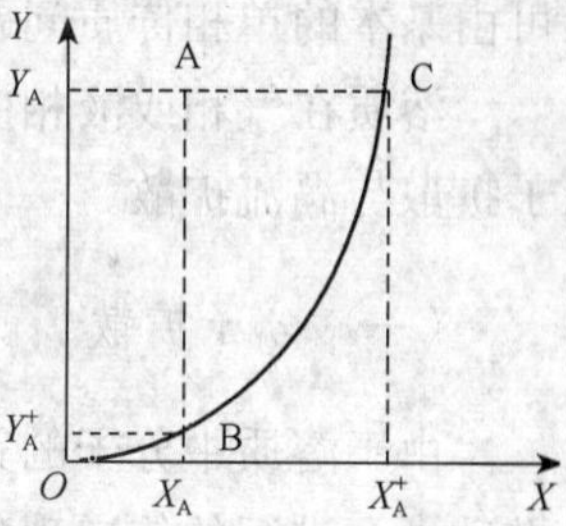

图 6.5　吸收平衡线

（一）判断过程进行的方向

气液两相接触后发生的是吸收过程还是解吸过程，可由 Y_A 与 Y_A^* 的大小关系来判断，气相中溶质的实际组成 Y_A 大于与液相中溶质含量成平衡时的组成 Y_A^*，即 $Y_A > Y_A^*$ 时为吸收过程，若 $Y_A < Y_A^*$ 时过程相反，为解吸过程。图 6.5 中的 A 点为操作点，当 A 点位于平衡线上方，$Y_A > Y_A^*$，则为吸收过程；当 A 点位于平衡线上，$Y_A = Y_A^*$，体系达到平衡，吸收过程停止；当 A 点位于平衡线下方，$Y_A < Y_A^*$ 时为解吸过程。

（二）判断过程的推动力大小

当其他条件一定，操作点距离相平衡线越远，过程进行的越快。在吸收过程中，通常以气相或液相中溶质的摩尔比表示的实际浓度与平衡浓度的偏离程度来表示吸收过程的传质推动力。对于操作点 A 其吸收的气相传质推动力为 $\Delta Y = Y_A - Y_A{}^*$，差值越大，吸收速率越大。

例 6.3　利用水吸收气体混合物（A+B）中的 NH_3 气体（A），已知气体混合物中 NH_3 的含量为 0.05（体积分数），水中已含有 NH_3 气体 0.01（物质的量比），此系统的

平衡关系为 $Y_A^* = 0.23X$，判断传质进行的方向并且计算过程的传质推动力。

解：已知 $y = 0.05$kmolA/kmol（A+B），$X = 0.01$kmolA/kmol 水，$Y_A^* = 0.23X$

传质进行的方向：

$$Y = \frac{y}{1-y} = \frac{0.05}{1-0.05} = 0.0526(\text{kmolA/kmolB})$$

由平衡关系知：$Y_A^* = 0.23X = 0.23 \times 0.01 = 0.0023$（kmolA/kmolB）

因为 $Y > Y_A^*$，故为吸收过程。

传质过程推动力：

以气相浓度差表示：

$$\Delta Y = Y_A - Y_A^* = 0.0526 - 0.0023 = 0.0503(\text{kmolA/kmolB})$$

以上均以气相浓度差表示，也可以液相浓度差表示传质进行方向以及传质过程推动力。

第三节　传质机理与吸收速率

一、传质的基本方式

吸收操作是溶质从气相转移到液相的过程，该过程包括溶质由气相向气液相界面的传递、界面上溶质的溶解和溶质由相界面向液相主体的传递过程。因此，研究传质机理可由基本的单相传质问题出发。

溶质在气相或液相中的传递是通过扩散作用进行的，扩散作用有两种基本方式：分子扩散与涡流扩散。

（一）分子扩散

由于溶质中分子的无规则热运动使溶质在静止或呈层流流动的流体中，以浓度差为推动力，进行的传递现象称为分子扩散。扩散速度主要取决于扩散物质和静止或呈层流流动流体的温度以及某些物理性质。

例如，打开香水瓶盖子在附近就可以闻见香水的气味；将一滴带有颜色的墨水滴入加水的烧杯中，过一段时间整杯水都均匀的带有颜色，这就是气相和液相中分子扩散的表现。

（二）涡流扩散

在传质设备中，流体的流动状态多为湍流，流体质点除沿流动方向运动外，还存在各个方向上的脉动，造成质点间的相互碰撞和混合。由于流体流动，溶质凭借流体质点的湍动和漩涡进行传递的现象称为涡流扩散。涡流扩散速率比分子扩散速率大得多，扩散速率主要取决于流体的流动形态。

例如，将带有颜色的墨水滴入烧杯后，进行搅拌，颜色将更迅速分布于水中，这就是涡流扩散的表现。

在湍流流体中，分子扩散与涡流扩散同时发挥着传质作用，在湍流主体中质点传递的规模和速度远远大于单个分子。因此，涡流扩散的效果应占主要地位。

（三）对流传质

对流传质指发生在流动着的流体与相界面之间的传质过程。在流体进行湍流流动的情况下，对流传质包括湍流主体中发生的涡流扩散和层流内层的分子扩散。

二、吸收机理

吸收是溶质由气相转移到液相的传质过程，它可以分为三个步骤。

（1）溶质由气相主体转移至两相界面，即气相内的物质传递过程。

（2）溶质在两相界面上，由气相转入液相，即两相界面上发生溶解的过程。

（3）溶质由两相界面转移至液相主体，即液相内的物质传递过程。

为了通过阐述传质过程机理，对实际传质过程进行指导，对传质设备进行设计和改进，曾先后提出了几种传质“模型”来阐述传质机理。

双膜理论是目前应用最广泛的传质理论，该理论于1926年由刘易斯和惠特曼共同提出，该理论认为当液体湍流流过固体溶质表面时，固-液间传质阻力全部集中在液体内紧靠两相界面的层流层，此膜所产生的分子扩散阻力恰等于上述过程中实际存在的对流传质阻力。

双膜理论的模型如图6.6所示，双膜理论的几个基本假设如下：

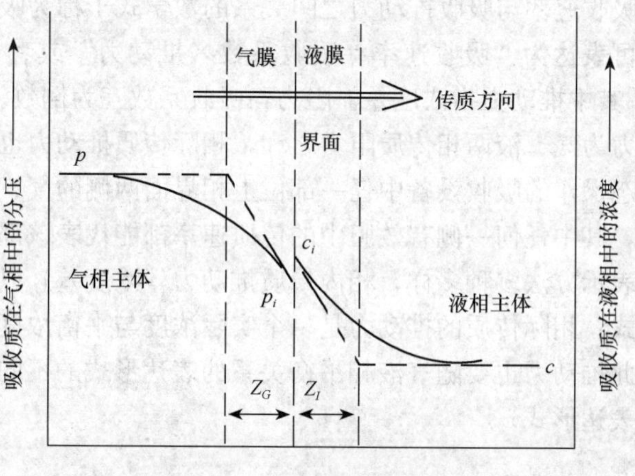

图 6.6 双膜理论模型示意图

（1）相互接触的气、液两流体间存在着稳定的相界面，界面两侧各有一个稳定的气膜和液膜，膜内流体为层流，吸收质以分子扩散方式通过气膜和液膜。

（2）在气、液相界面处，气、液两相达到平衡。

（3）在气膜和液膜以外的气、液两相中心区，由于流体充分湍动，吸收质的浓度是均匀的，即两相中心区内浓度梯度为零，全部浓度变化集中在两个层流膜层内。

通过假设，双膜理论将复杂的相际传质过程归结为两个层流膜的分子扩散过程。在相界面处的溶质在气相中的分压 p_i 与溶质在液相中的浓度 c_i 符合相平衡关系。两相主体中以及相界面外均无阻力存在，整个相际传质过程的阻力全部体现在两个层流膜层内，在两相主体浓度一定的情况下，两膜的阻力便决定了传质速率的大小。因此，双膜理论也可称为双阻力理论。

由图6.6所示气体中的溶质气体A在气相中的分压分布及液相中的浓度分布，根据双膜理论描绘出的传质示意图。由于气膜内的分压差 $p\text{-}p_i$ 作用，气相中的溶质气体从气相主体转移到相界面，并在相界面处溶质气体溶解于液相中，又由于液膜浓度差 $c_i\text{-}c$ 的作用，从相界面转移到液相主体中。图中实线为气、液相中溶质气体的真实浓度分布曲线，虚线是修正浓度分布曲线；主体湍流区的浓度曲线较平缓，而层流区的浓度曲线很陡，这是由于流体湍流部分传质机理为涡流扩散传质能力强，而层流部分传质机理为分子扩散传质能力弱。

双膜理论将复杂的相际传质过程大为简化，对于具有固定相界面的系统及速度不高的两流体间的传质。双膜理论与实际情况是相当符合的，根据双膜理论的基本概念所确定的相际传质速率关系是传质设备设计的主要依据，对实际生产具有重要的指导意义。但对于不具有固定相界面的多数传质设备，不能反应传质过程的实际机理，对于传质过程机理的研究还在继续。

三、吸收速率方程

根据生产任务要求进行吸收设备的设计计算或核算混合气体通过指定设备所能达到的吸收程度，都要用到吸收速率。吸收速率是指单位相际传质面积上单位时间内吸收的吸收质的量。表示吸收速率与吸收推动力之间关系的数学式子称为吸收方程式。

吸收速率关系可表达为“吸收速率＝吸收系数×推动力”或者“吸收速率＝推动力/阻力”的形式。其中推动力指浓度差，阻力与吸收系数互为倒数。

相际传质总阻力为气、液两相传质阻力之和，相际传质推动力也为气、液两相传质推动力之和。在定态操作的吸收设备中任一部位上相界面两侧的气、液膜中的传质速率应是相同的。因此，其中任何一侧有效膜中的传质速率都能代表该部位上的吸收速率。

由于相组成的表示方法多种多样，相内传质推动力（浓度差）以及相应的传质推动力也有多种表达方式；相际传质的推动力是一个实际浓度与平衡浓度的差值，与气液相平衡关系有关。因此推动力也要随气液相平衡关系的表达形式的不同而变化，所以相际传质方程式有多种表达形式。

（一）气膜吸收速率方程式

吸收质由气相主体到相界面处对流传质的吸收速率方程式。

气相组成以摩尔比表示时，相应的气膜吸收速率方程式

$$N_A = k_Y(Y_A - Y_i) \tag{6.26}$$

式中：N_A——吸收速率，kmol/(m^2·s)；

Y_A，Y_i——气相主体和相界面处吸收质A的摩尔比；

k_Y——气膜吸收系数，kmol/(m^2·s)。

气膜吸收系数 k_Y 与操作物系、操作压强、传质温度以及有效层流内层厚度等条件有关。其倒数 $1/k_Y$ 即表示吸收质通过气膜的传质阻力，这种阻力的表达形式是与气膜推动力 $Y_A\text{-}Y_i$ 相对应。

气相组成以摩尔分数表示时，相应的气膜吸收速率方程式

$$N_A = k_y(y_A - y_i) \tag{6.27}$$

式中：y_A，y_i——气相主体和相界面处吸收质 A 的摩尔分数；

k_y——也为气膜吸收系数，单位与 k_Y 相同。

气相组成以吸收质在气相中的分压表示时，相应的气膜吸收速率方程式

$$N_A = k_G(p_A - p_i) \tag{6.28}$$

式中：p_A，p_i——气相主体和相界面处吸收质 A 的分压，kPa；

k_G——也为气膜吸收系数，kmol/(m^2·s·kPa)。

当气相分压不是很高的时候，根据分压定律可得 $p_A = Py_A$ 以 $p_i = P\,y_i$ 及将此关系带入式（6.24）然后与式（6.23）比较可得

$$k_y = Pk_G \tag{6.29}$$

（二）液膜吸收速率方程式

吸收质从相界面到液相主体的对流传质速率方程式。

液相组成以摩尔比表示时，相应的液膜吸收速率方程式

$$N_A = k_X(X_i - X_A) \tag{6.30}$$

式中：X_i，X_A——液相主体和相界面处吸收质 A 的摩尔比；

k_X——液膜吸收系数，kmol/(m^2·s)。

液相组成以摩尔分数表示时，相应的液膜吸收速率方程式

$$N_A = k_x(x_i - x_A) \tag{6.31}$$

式中：x_i，x_A——液相主体和相界面处吸收质 A 的摩尔分数；

k_x——也为液膜吸收系数，单位与 k_X 相同。

液相组成以吸收质在液相中的浓度表示时，相应的液膜吸收速率方程式

$$N_A = k_L(c_i - c_A) \tag{6.32}$$

式中：c_i，c_A——液相主体和相界面处吸收质 A 的浓度，kmol/m^3；

k_L——也为液膜吸收系数，m/s。

因为 $c_A = cx_A$，$c_i = cx_i$（其中 c 为液相中吸收质浓度），将此关系带入式（6.28）然后与式（6.27）比较可知：

$$k_x = ck_L \tag{6.33}$$

（三）吸收总系数及其相应的吸收速率方程式

由于吸收过程两相界面上的浓度难于测定，可以效仿间壁传热中类似问题的处理方法。研究间壁传热的速率时，可以通过冷、热流体主体的温度之差来表示传热的总推动力，相应的系数称为总传热系数。吸收过程同样可以按照此种方法采用两相主体浓度的差值来表示总推动力，写出吸收速率方程式，对应的吸收系数称为总吸收系数，一般以 K 来表示，总吸收系数的倒数即为总阻力。总阻力应为两膜的传质阻力之和。

吸收速率＝总推动力/总阻力＝总吸收系数×总推动力

但是由于吸收过程两相的浓度表示方法有所差异，不能以两浓度相减直接作为传质的总推动力。吸收过程能够自动进行，就是因为两相主体浓度未达到平衡，若任何一相

主体浓度与另一相主体浓度达到平衡时，吸收速率就为零，推动力便为零。因此，吸收过程的总推动力应该用任何一相的主体浓度与平衡浓度的差值来表示。

由于总推动力的具体表示形式不同，吸收速率方程式也有多种表示方法。

1. 以（$Y_A—Y_A^*$）为总推动力的吸收速率方程式

$$N_A = K_Y(Y_A - Y_A^*) \tag{6.34}$$

式中：K_Y——以（$Y_A-Y_A^*$）为总推动力的气相总吸收系数，kmol/(m^2·s)。

2. 以（$y_A-y_A^*$）为总推动力的吸收速率方程式

$$N_A = K_y(y_A - y_A^*) \tag{6.35}$$

式中：K_y——以（$y_A-y_A^*$）表示总推动力的气相总吸收系数，kmol/(m^2·s)。

3. 以（$p_A-p_A^*$）为总推动力的吸收速率方程式

$$N_A = K_G(p_A - p_A^*) \tag{6.36}$$

式中：K_G——以（$p_A-p_A^*$）表示总推动力的气相总吸收系数，kmol/(m^2·s·kPa)。

4. 以（$c_A^*-c_A$）为总推动力的吸收速率方程式

$$N_A = K_L(c_A^* - c_A) \tag{6.37}$$

式中：K_L——以（$c_A^*-c_A$）表示总推动力的液相总吸收系数，m/s。

5. 以（$x_A^*-x_A$）为总推动力的吸收速率方程式

$$N_A = K_X(x_A^* - x_A) \tag{6.38}$$

式中：K_x——以（$x_A^*-x_A$）表示总推动力的液相总吸收系数，kmol/(m^2·s)。

6. 以（$X_A^*-X_A$）表示总推动力的吸收速率方程式

$$N_A = K_X(X_A^* - X_A) \tag{6.39}$$

式中：K_X——以（$X_A^*-X_A$）表示总推动力的液相总吸收系数，kmol/(m^2·s)。

（四）吸收速率控制因素

1. 总系数与单相传质系数之间的关系

若系统符合亨利定律，或在吸收过程中所涉及的浓度区间内平衡关系为直线，则

$$X_i = \frac{Y_i}{m} \qquad X_A = \frac{Y_A^*}{m}$$

将以上两式分别代入式（6.26），得

$$\frac{N_A}{k_X} = \frac{Y_i}{m} - \frac{Y_A^*}{m}$$

或

$$\frac{N_A m}{k_X} = Y_i - Y_A^*$$

气膜速率方程式 $N_A = k_Y (Y_A - Y_i)$ 也可以写为

$$\frac{N_A}{k_Y} = Y_A - Y_i$$

将以上两式相加，可得

$$N_A = \frac{1}{\left(\frac{1}{k_Y} + \frac{m}{k_X}\right)}(Y_A - Y_A^*)$$

与式（6.30）相比较得

$$\frac{1}{K_Y} = \frac{1}{k_Y} + \frac{m}{k_X} \tag{6.40}$$

用类似方法得到

$$\frac{1}{K_y} = \frac{m}{k_x} + \frac{1}{k_y} \tag{6.41}$$

$$\frac{1}{K_G} = \frac{1}{Hk_L} + \frac{1}{k_G} \tag{6.42}$$

$$\frac{1}{K_L} = \frac{1}{k_L} + \frac{H}{k_G} \tag{6.43}$$

$$\frac{1}{K_x} = \frac{1}{k_x} + \frac{1}{mk_y} \tag{6.44}$$

$$\frac{1}{K_X} = \frac{1}{k_X} + \frac{1}{mk_Y} \tag{6.45}$$

2. 气膜控制

由式（6.36）可知，总阻力$\frac{1}{K_Y}$是由气膜阻力$\frac{1}{k_Y}$与液膜阻力$\frac{m}{k_X}$之和组成的。对于溶解度大的易溶气体，相平衡常数 m 很小，当 k_Y 和 k_X 数量级相近的情况下，$\frac{1}{k_Y} \gg \frac{m}{k_X}$，$\frac{m}{k_X}$项很小，可忽略不计，式（6.36）可简化为$\frac{1}{K_Y} \approx \frac{1}{k_Y}$，表明液膜阻力很小，吸收的总阻力集中在气膜内。这种情况下气膜阻力控制着整个吸收过程速率，故称为“气膜控制”。气膜控制时，要提高总吸收系数，应增大气相的湍动程度。

3. 液膜控制

由式（6.41）可知，总阻力$\frac{1}{K_X}$是由气膜阻力$\frac{1}{mk_Y}$与液膜阻力$\frac{1}{k_X}$之和组成的。对于溶解度很小的难溶气体，相平衡常数 m 很大，当 k_Y 和数 k_X 量级相近的情况下，$\frac{1}{k_X} \gg$

$\frac{1}{mk_Y}$，$\frac{1}{mk_Y}$项很小，可忽略不计，式（6.41）可简化为$\frac{1}{K_X}\approx\frac{1}{k_X}$，表明气膜阻力很小，吸收的总阻力集中在液膜内。这种情况下液膜阻力控制着整个吸收过程速率，故称为“液膜控制”。液膜控制时，要提高总吸收系数，应增大液相的湍动程度。

4. 双膜控制

对于中等溶解度的气体，气膜阻力和液膜阻力均不可忽略，总阻力等于气膜阻力和液膜阻力之和，这种双膜阻力控制吸收过程速率的情况称双膜控制。要提高总吸收系数，必须同时增大气相和液相的湍动程度。

正确判断吸收过程属于“液膜控制”还是“气膜控制”可以简化吸收计算过程以及吸收设备设计选型过程。由于吸收过程的推动力所涉及的浓度及范围不同，吸收速率方程呈现了不同的表现形式，在具体应用过程中，还要根据实际情况选择合适的方程式进行计算。

第四节　吸收塔的计算

实际生产过程中，吸收过程是在吸收设备中进行的，常用的吸收设备是塔设备。塔设备主要有板式塔和填料塔两种，大多数吸收过程都在填料塔中进行。本章以气、液连续接触的填料塔为研究对象，对吸收过程进行讨论和分析。

填料塔内装入某种特定形状的固体物即填料，以构成填料层，填料层是塔内实现气、液连续接触的有效场所。填料层的空隙体积占填料总体积的比例很大，气体在填料空隙所形成的曲折的通道中通过，提高了湍流的程度；同时单位体积填料层内有大量的固体表面，液体分布于填料表面呈膜状流下，增大了气液之间的接触面积。

在填料塔内气液两相可以呈逆流也可以呈并流流动。在两相进出口条件相同的情况下，逆流的平均推动力大于并流，能有效地提高吸收过程的速率。同时，逆流时下降到塔底的液体与刚刚进塔的混合气体接触，有利于提高出塔液体的浓度，可以减小吸收剂的用量；上升至塔顶的气体与刚刚入塔的吸收剂相接触，有利于降低出塔气体的浓度，可以提高溶质的吸收率。

但是逆流操作时，向下流动的液体会受到上升气流的作用，上升气流过大会影响液体的顺利下降，因此填料吸收塔的气、液流量要受到限制，这是逆流操作的缺点，但可以通过设计、操作合理来克服，所以逆流操作在吸收过程中比较常见。

吸收计算分为低浓度吸收和高浓度吸收两种，在许多工业吸收操作中，当进塔混合气体中的溶质浓度不高（摩尔分数在5%～10%）时为低浓度吸收，这类吸收过程流经全塔的混合气体、液体流量变化不大，热效率也可以忽略。以下结合低浓度吸收过程的特点讨论分析吸收塔计算。

一、吸收塔的物料衡算和操作线方程

（一）全塔物料衡算

在单组分吸收过程中，吸收质在气液两相中的浓度要沿着塔高的变化不断变化，导

致气液两相的总量也沿着塔高不断变化。但吸收过程中通过吸收塔的惰性气体与吸收剂的量是不变化的，因此，在进行吸收物料衡算时气、液两相组成用摩尔分数来表示计算起来就容易多了。图 6.7所示为一处于定态操作状况下的逆流接触的填料吸收塔，统一将塔底截面用下标“1”代表，塔顶截面用下标“2”代表。图中各符号的意义如下：

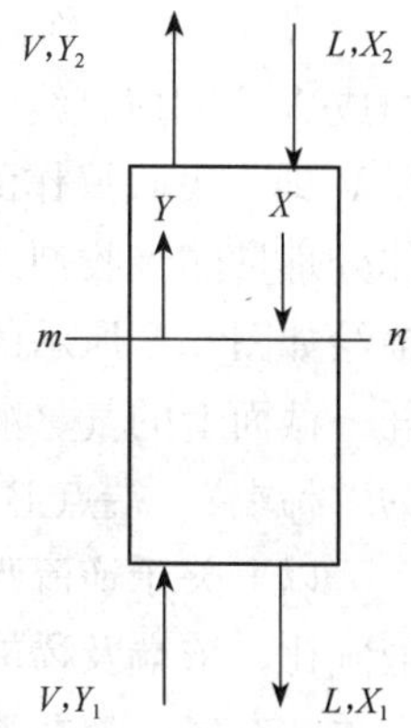

图 6.7　吸收塔的物料衡算

V——单位时间内通过吸收塔的惰性气体量 kmolB/s。

L——单位时间内通过吸收塔的吸收剂的量 kmolS/s。

Y_1，Y_2——分别为进塔及出塔气体中吸收质的摩尔比，kmolA/kmolB。

X_1，X_2——分别为出塔及进塔液体中吸收质的摩尔比，kmolA/kmolS。

对单位时间内进、出吸收塔的吸收质的量做物料衡算，可得

$$VY_1+LX_2=VY_2+LX_1$$

整理，得

$$V(Y_1-Y_2)=L(X_1-X_2)=G_A \tag{6.46}$$

式中：G_A——吸收塔的吸收负荷，即单位时间内全塔吸收的吸收质 A 的量，kmol/s。

一般情况下，进塔混合气的组成与流量是由吸收任务所规定的，如果吸收剂的组成与流量已经确定，则 V、Y_1、L 以及 X_2 皆为已知数。又根据吸收操作的分离指标吸收率 ϕ，可以计算得出气体出塔时应有的浓度 Y_2 为

$$\phi=\frac{\text{被吸收的溶质量}}{\text{入塔气体的溶质量}}=\frac{V(Y_1-Y_2)}{VY_1}=1-\frac{Y_2}{Y_1} \tag{6.47}$$

$$Y_2=Y_1(1-\phi) \tag{6.48}$$

式中：ϕ——混合气体中溶质 A 被吸收的百分率，称为吸收率。

因此，通过全塔物料衡算式（6.42）可以求得塔底排出的吸收液浓度 X_1，于是，在填料层底部与顶部两个截面上的气、液组成 Y_1、X_1 以及 Y_2、X_2 都为已知数。

（二）操作线方程

在逆流操作的吸收塔内，气体自下而上，其组成由 Y_1 变至 Y_2；液体自上而下，其组成由 X_2 变至 X_1。在定态情况下，填料层中各个截面上的气、液浓度 Y 与 X 之间的变化关系，需在填料层中的任一截面与塔的任一截面之间作吸收质的物料衡算。

如图 6.7 所示在吸收塔内任取一截面 m-n 与塔顶截面（或塔底截面）之间作吸收质的物料衡算，以塔顶截面为例，可得：

$$VY+LX_2=VY_2+LX$$

$$Y=\frac{L}{V}X+\left(Y_2-\frac{L}{V}X_2\right) \tag{6.49}$$

式中：Y——m-n 截面上气相中吸收质的摩尔分数；

X——m-n 截面上液相中吸收质的摩尔分数。

式（6.45）称为吸收塔的操作线方程，它表明塔内任一截面上的气相组成 Y 与液相组成 X 之间成直线的关系，此直线通过点 $B(X_1, Y_1)$ 以及点 $T(X_2, Y_2)$，直线的斜率 L/V 即为吸收操作的液气比，是吸收剂与惰性气体摩尔流量的比率，它反映了单位气体处理量的吸收剂的用量。液气比对设备尺寸和操作费用有决定性的影响。将线段 TB 描绘如图 6.8 所示的直角坐标系中，即为操作线。操作线上任意一点，代表了吸收塔内任一截面上的气、液组成，端点 T 代表塔顶 2 截面，此处具有最小的气、液浓度，称为“稀端”，端点 B 代表塔底 1 截面，此处具有最大的气、液浓度，称为“浓端”。

以上关于逆流吸收塔的操作线方程以及操作线，都是由物料衡算得来的，与系统的液气比、浓端及稀端组成有关；与系统的平衡关系、操作温度和压力、塔的结构形式等无关。在气、液并流情况下，吸收塔的操作线方程式以及操作线也可以用同样的方法求得。

在进行吸收操作时，塔内任一截面上溶质在气相中的实际组成总是高于其平衡组成，所以操作线总是位于平衡线的上方。反之，若操作线位于平衡线的下方，则应进行解析操作过程。

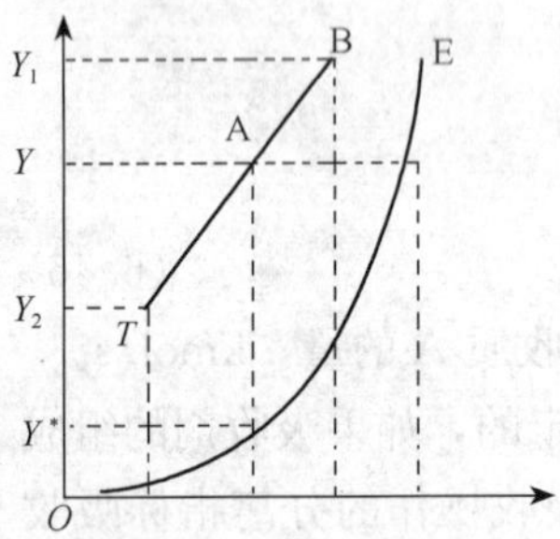

图 6.8　逆流吸收塔的操作线

由图 6.8 所示，操作线上任一点坐标代表塔内某一截面处气、液两相的组成，吸收塔内任一截面处的气液传质推动力是由操作线与吸收平衡线的相对位置决定的。操作线上任意一点与平衡线之间的垂直距离（$Y_A - Y_A^*$）及水平距离（$X_A^* - X_A$）为该塔内该截面处的吸收推动力。在吸收操作过程中，由图中操作线与平衡线之间垂直（或水平）距离的变化情况就可以看出整个过程中吸收推动力的变化情况，距离越远，传质推动力就越大。

二、吸收剂用量与最小液气比

（一）吸收剂用量

在进行吸收塔的设计计算过程中，一般情况下，需要处理的混合气体流量以及气体浓度都由任务规定，吸收剂的入塔浓度可以由工艺条件确定或者由设计者选定。因此，对照全塔物料衡算方程式可知，V、Y_1、Y_2、X_2 均为已知；对照图 6.8 可知图中点 T 已经固定。由于吸收剂的用量 L 尚未确定，图 6.8 中直线的斜率 L/V 也无法确定，因此，不能将点 B 固定，而要在水平直线 $Y = Y_1$ 上移动，横坐标取决于操作线的斜率 L/V。

当吸收剂用量增大，即操作线的斜率 L/V 增大，操作线向远离平衡线的方向即向左移动，如图 6.9（a）中 TC 所示，此时操作线与平衡线之间的距离增大，即各截面上的吸收推动力（$Y_A - Y_A^*$）增大。若在单位时间内吸收同样数量的溶质时，设备尺寸可以减小，设备费用降低，但是超过一定的限度后，效果就变得不是很明显了，因为随着吸收剂用量的增大，出塔液体中吸收质的含量降低，这时溶剂的消耗、输送以及回收再生等操作费用急剧增大。

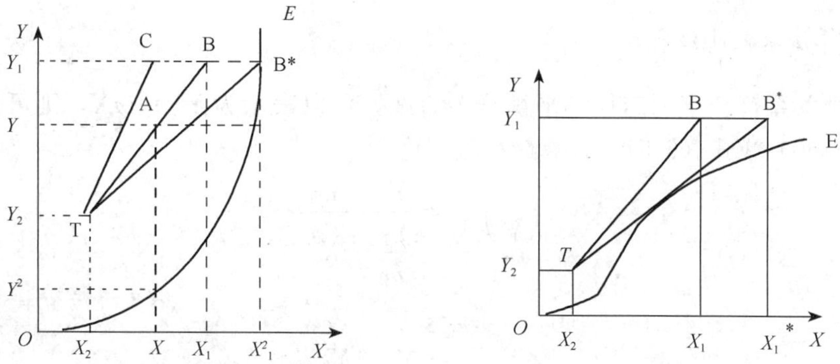

图 6.9　吸收塔的最小液气比

当吸收剂的用量减小，即操作线的斜率 L/V 减小，操作线向靠近平衡线的方向即向右移动。此时操作线与平衡线之间的距离减小，即各截面上的吸收推动力（$Y_A-Y_A^*$）减小，则所需吸收设备尺寸增大，设备费用增大。当吸收剂用量减小到使操作线的端点 B 与平衡线重合为一点时，即点 B^* 处气液两相已经互成平衡，此时传质的推动力为零，因而需要无限大的传质面积。这种极限情况下的吸收剂用量称为最小吸收剂用量用 L_{min} 来表示，相应的极限液气比为最小气液比，可以表示为 $(L/V)_{min}$。显然，对于一定的吸收任务，吸收剂的用量存在一个极限，假如 $L/V\leqslant(L/V)_{min}$，则不能达到设计规定的分离要求。

由以上分析可知，吸收剂用量的大小，从设备费用和操作费用两方面影响到生产过程的经济效益，应该选择一个适宜的液气比，使费用总和最低。根据实际经验可知，一般情况下取操作液气比为最小液气比的 1.1～2.0 倍之间较为合适。即

$$L/V=(1.1\sim2.0)(L/V)_{min} \tag{6.50}$$

或

$$L=(1.1\sim2.0)L_{min} \tag{6.51}$$

（二）最小液气比的求法

最小液气比可以通过图解或者计算来求得。

1. 图解法求最小液气比

一般情况下，如果平衡线如图 6.9（a）所示，可以由图读出与 Y_1 相平衡的 X_1^* 的数值后，用式（6.48）计算最小液气比：

$$\left(\frac{L}{V}\right)_{min}=\frac{Y_1-Y_2}{X_1^*-X_2} \tag{6.52}$$

或

$$L_{min}=V\frac{Y_1-Y_2}{X_1^*-X_2} \tag{6.53}$$

如果平衡线为图 6.9（b）所示曲线，则应过点 T 做平衡线 OE 的切线，找到水平线 $Y=Y_1$ 与此切线的交点 B^*，读出该点的横坐标 X_1^* 的数值，然后按式（6.48）计算最小液气比。

2. 计算法求最小液气比

若平衡关系符合亨利定律，平衡线为直线，可以表示为 $Y^* = mX$，则可以直接利用下式（6.50）或式（6.51）计算最小液气比。

$$\left(\frac{L}{V}\right)_{\min} = \frac{Y_1 - Y_2}{\dfrac{Y_1}{m} - X_2} \tag{6.54}$$

或

$$L_{\min} = V\frac{Y_1 - Y_2}{\dfrac{Y_1}{m} - X_2} \tag{6.55}$$

必须指出，为了保证填料表面能被液体充分润湿，还应考虑到单位时间每平方米塔截面上流下的液体量（称为喷淋密度）不得小于某一最低允许值。如果按式（6.46）或式（6.47)算出的吸收剂用量不能满足充分润湿填料的基本要求，则要采用更大的液气比。

例 6.4 在一填料塔中，用清水逆流吸收混合气体中的丙酮，已知混合气体的流量为 2000m³/h，进塔气体中含丙酮 0.05（摩尔分数，下同），要求吸收率为 90%，操作条件为 101.3kPa、25℃，相平衡关系为 $Y^* = 2.0X$，操作液气比为最小液气比的 1.3 倍。试求吸收剂用量以及出塔水中丙酮的含量。

解： 确定混合气体中惰性气体量和丙酮的比摩尔分数

$$V = \frac{2000}{22.4} \times \frac{273}{273 + 25} \times (1 - 0.05) = 77.7(\text{kmol 惰性气体} /h)$$

$$Y_1 = \frac{y_1}{1 - y_1} = \frac{0.05}{1 - 0.05} = 0.0526(\text{kmol 丙酮} /\text{kmol 惰性气体})$$

$$Y_2 = Y_1(1 - \phi) = 0.0526 \times (1 - 0.90) = 0.00526(\text{kmol 丙酮} /\text{kmol 惰性气体})$$

$$X_2 = 0$$

由题意知，气液平衡关系为直线，则

$$\left(\frac{L}{V}\right)_{\min} = \frac{Y_1 - Y_2}{\dfrac{Y_1}{m} - X_2} = \frac{0.0526 - 0.00526}{\dfrac{0.0526}{2.0} - 0} = 1.8$$

实际气液比为

$$\frac{L}{V} = 1.8 \times 1.3 = 2.34$$

$$L = 2.34 \times V = 2.34 \times 77.7 = 181.82 \text{ (kmol/h)}$$

出塔水中丙酮含量为

$$X_1 = \frac{V(Y_1 - Y_2)}{L} = \frac{77.7 \times (0.0526 - 0.00526)}{181.82} = 0.02$$

三、填料层高度的计算

为了达到指定的分离要求，吸收塔必须提供足够的气液两相接触面积。填料塔提供接触面积的元件为填料，因此，塔内的填料装填量或一定直径的塔内填料层高度将直接影响吸收结果。就基本关系而论，填料层高度等于所需的填料层体积与塔截面积的比值。塔截面可以由塔径确定，填料层体积则取决于完成规定任务所需的总传质面积和每立方米填料层所能提供的气、液有效接触面积。

即

$$Z=\frac{V}{S}=\frac{A}{aS} \tag{6.56}$$

式中：Z——填料层高度，m；

V——填料层体积，m^3；

S——塔截面积，m^2；

A——总传质面积，m^2；

a——每立方米填料层所能提供的气、液有效接触面积，m^2/m^3。

由式（6.52）可知，总传质面积A等于吸收塔的吸收负荷G_A与塔内传质速率N_A的比值。吸收塔的吸收负荷G_A的计算要依据物料衡算关系，计算传质速率N_A要依据吸收速率方程式，而吸收速率方程中的推动力总是实际浓度与某平衡浓度的差值，因此也要知道相平衡关系。故填料层高度的计算将涉及物料衡算、传质速率与相平衡三种关系的应用。

填料层高度的确定，可由吸收速率方程式逐步引出，全塔的吸收系数K_X和K_Y也可以视为常数，但在上述吸收速率方程式中的推动力均表示吸收塔某个截面上的数值。而对整个吸收过程，气、液两相的吸收质浓度在吸收塔内各个截面上都不相同，显然各个截面上的吸收推动力也不相同。全塔范围内的吸收推动力可利用平均推动力来表示。这样可以将气相总吸收系数方程式（6.31）与液相总吸收系数方程式（6.40）表示为

$$N_A=K_Y\Delta Y_{均} \tag{6.57}$$

$$N_A=K_X\Delta X_{均} \tag{6.58}$$

此时N_A为全塔范围内的吸收速率，它的意义为：单位时间内全塔吸收的吸收质的量G_A与吸收塔提供的传质面积A的比值，即

$$N_A=\frac{G_A}{A}=\frac{V(Y_1-Y_2)}{A}=\frac{L(X_1-X_2)}{A}$$

填料层高度为Z的填料塔所提供的传质面积（气液接触面积）A为

$$A=\frac{G_A}{N_A}=\frac{V(Y_1-Y_2)}{K_Y\Delta Y_{均}} \tag{6.59}$$

或

$$A=\frac{G_A}{N_A}=\frac{L(X_1-X_2)}{K_X\Delta X_{均}} \tag{6.60}$$

将式（6.59）和式（6.60）分别代入式（6.52）整理可得

$$Z=\frac{V(Y_1-Y_2)}{K_Y\alpha S\Delta Y_{均}} \tag{6.61}$$

式（6.61）为总推动力用气相组成表示的填料层高度的计算公式。

或

$$Z=\frac{L(X_1-X_2)}{K_X\alpha S\Delta X_{均}} \tag{6.62}$$

该式为总推动力用液相组成表示的填料层高度的计算公式。

当吸收过程的平衡线为直线或操作范围内平衡线段为直线时，平均推动力取吸收塔顶与吸收塔底推动力的对数平均值。

气相平均推动力为

$$\Delta Y_{均}=\frac{(Y_1-Y_1^*)-(Y_2-Y_2^*)}{\ln\dfrac{Y_1-Y_1^*}{Y_2-Y_2^*}}=\frac{\Delta Y_1-\Delta Y_2}{\ln\dfrac{\Delta Y_1}{\Delta Y_2}} \tag{6.63}$$

液相平均推动力为

$$\Delta X_{均}=\frac{(X_1-X_1^*)-(X_2-X_2^*)}{\ln\dfrac{X_1-X_1^*}{X_2-X_2^*}}=\frac{\Delta X_1-\Delta X_2}{\ln\dfrac{\Delta X_1}{\Delta X_2}} \tag{6.64}$$

式（6.57）和式（6.58）中单位体积填料层内的气、液有效接触面积 α 的值受到填料的形状、尺寸、填充情况、流体物性以及流体状况的影响。α 的数值很难直接测定。因此常将 α 与吸收系数的乘积视为整体，作为一个完整的物理量“体积吸收总系数”看待。因此 $\alpha K_{气}$ 以及 $\alpha K_{液}$ 分别称为气相体积吸收总系数以及液相体积吸收总系数，其单位均为 kmol/(m^3·s)。

第五节 填 料 塔

填料塔作为气液传质设备已经有一百多年的历史了，在化工、石油化工、轻工、制药、环保以及原子能工业等部门，广泛应用于吸收、蒸馏、萃取、吸附等化工单元过程。

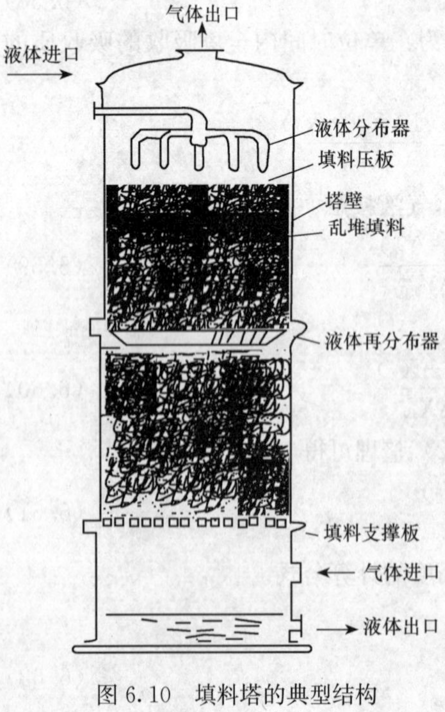

图 6.10 填料塔的典型结构

一、填料塔的构造与填料

（一）填料塔的构造

填料塔为连续接触式的气、液传质设备。它的结构很简单，通常由塔体、液体分布装置、填料压板、乱堆填料、液体再分部装置、填料支撑装置等构成。如图 6.10 所示。在圆筒形塔体的下部，设置一层支撑板，支撑板上充填一定高度的填料。填料塔操作时，液体自塔上部进入，通过液体分布器均匀喷洒在塔截面上。液体在填料的空隙中流过，并润湿填料表面形成流动的液膜。当塔较高时，液体在向下流动的过程中有逐渐向塔壁集中的趋势。因而，经过一定高度的填料层需要设置液体再分布器，使得液体重新均匀分布到下层填料的截面上，然后经填料支撑装置最终由塔体下部排出。操作过程中，气体自塔下部经气体分布装置进入塔内，通过填料支撑装置，在压强差的推动下，在填料缝隙中的自由空间上升并与下降的液体相接触，最后由塔顶部的排出管排出。为了除去排出气体中夹带的少量雾状液滴，在气体出口处常装有除沫器。

填料层内气、液两相呈逆流流动，相际间的传质通常是在填料表面的液体与气相间的截面上进行，两相的组成沿塔高连续变化，填料的润湿表面即为气、液两相接触的有效传质面积。

（二）填料特性

在填料塔内，气、液两相间的传质过程是在润湿的填料表面上进行的。填料是具有一定几何形状的固体元件。填料的作用是使气、液两相的接触面积增大。填料塔的生产能力和传质速率等操作性能的优劣与所选择的填料密切相关。因此，根据填料特性，合理选择填料显得非常重要。填料的主要性能如下。

1. 比表面积

比表面积用 α 表示，指单位体积填料的表面积，单位为 m^2/m^3。填料的比表面积越大，提供的气、液传质面积越大。同一种填料尺寸越小，比表面积越大。由于填料堆积过程中的互相屏蔽，以及填料润湿并不完全，因此实际的气、液接触面积必小于填料的比表面积。

2. 空隙率

空隙率用 ε 表示，指单位体积填料层所具有的空隙体积，单位为 m^3/m^3。填料的空隙率越大，所通过的气体阻力越小，通过能力越大。

3. 填料因子

在填料被液体润湿前后，填料表面覆盖了一层液膜，其比表面积 α 与空隙率 ε 均有所不同，可用干填料因子和湿填料因子来表征这种差别，干填料因子表示为 α/ε^3，单位为 m^{-1}，反应了填料的几何特性。湿填料因子又简称为填料因子，用 ϕ 表示，可理解为润湿后的 α/ε^3 之值。干湿填料因子的值均由实验测定，分别表示气体通过干填料层与湿填料层时流动特性的优劣，反映了堆积后的填料层的特性。ϕ 值越小表示流动阻力越小。

4. 单位体积内堆积填料的数目

单位体积内堆积填料的数目用 n 表示，与填料尺寸大小有关。对同一种填料，减小填料尺寸则填料数目增加，单位体积填料的造价增加，填料层的比表面积增大而空隙率下降，气体阻力相应增加。反之，填料尺寸若过大，在靠近壁面处，由于填料与塔壁之间的空隙率大，塔截面上这种实际空隙率分布的不均匀性，引起气液流动沿塔截面分布不均匀。因此，填料的尺寸不应大于塔径 D 的 1/10～1/8。

5. 堆积密度

堆积密度用 ρ_p 表示，指单位体积填料的质量，单位为 kg/m^3。它的数值大小影响到填料支撑板的强度设计。此外，填料的壁厚越薄，单位体积填料的质量就越小，即 ρ_p 就小，材料消耗量也低。但应保证填料个体有足够的机械强度，不致压碎或变形。

除以上特性外，还要从经济性、适应性等方面去考察各种填料的优劣。尽量选用比表面积以及空隙率大、润湿性能好、造价低、坚固耐用、有足够机械强度、化学性能稳定、耐腐蚀的填料。

（三）常用填料类型

常用填料大致可以分为实体填料和网体填料两大类。实体填料包括环形填料、鞍形填料和波纹填料等；网体填料有鞍形网、θ 网和波纹网填料等。填料的装填方式可采用乱堆和整砌两种。乱堆方式指将填料分散随机堆放至塔内。乱堆装填填料前，先在塔内灌满水，然后从人孔或塔顶将填料倒入，边倒边将填料表面扒平，填料装至规定高度后，放净塔内的水。各种颗粒填料如拉西环、鞍形 θ 网等，它们的装填方法多采用乱堆方式。整砌方式指将填料在塔中成整齐的有规则排列，整砌装填填料时，人进入塔内进行排列，直至装填到规定的高度。各种新型组合填料如波纹板、波纹网等的装填方法，多采用整砌方式。

用于制造填料的材料可以用金属，也可以用陶瓷、塑料等非金属填料。金属填料强度高、壁薄、空隙率和比表面积均较大，多用于无腐蚀性物料的分离。陶瓷填料应用最早其润湿性好，但因壁厚、空隙小、阻力大、气液分布不均匀、传质效率低且易破碎等缺点，仅用于高温，腐蚀性强的场合。塑料填料近年来发展很快，因其价格低廉，质轻耐腐，加工方便，在工业上应用日趋广泛，但其润湿性能差。在选择填料时，不仅要注意单个填料的性能指标，更要注意填料的堆积性能，即填料层的综合性能，它与填料的结构和形状密切相关。

下面介绍几种工业中常用的填料：

1. 拉西环

拉西环是使用最早的一种填料，为外径与高度相等的圆环状实壁填料，如图 6.11（a）所示。拉西环可用陶瓷、金属、塑料及石墨等材质制造。常用的拉西环直径为25～75mm，陶瓷拉西环壁厚 2.5～9.5mm，金属拉西环壁厚 0.6～1.6mm。在强度允许的条件下，壁厚应当尽量减薄，以提高空隙率及降低堆积密度。一般直径在 75mm 以下的拉西环采用乱堆方式装填可以使装卸方便，但气体阻力较大，直径大于 100mm 的拉西环多采用整砌方式装填，以降低流动阻力。

拉西环形状简单，制造容易，价格最为低廉。对其流体力学和传质特性的研究较为充分，曾广泛用于各种工业中。但由于拉西环为圆柱形，横卧放置时，内表层不易被液体润湿且气体不易通过，而且彼此容易重叠，使部分表面互相屏蔽，因而气液有效接触面积与有效空隙率均降低，流体阻力增大。目前，拉西环填料在工业上应用日趋减少。

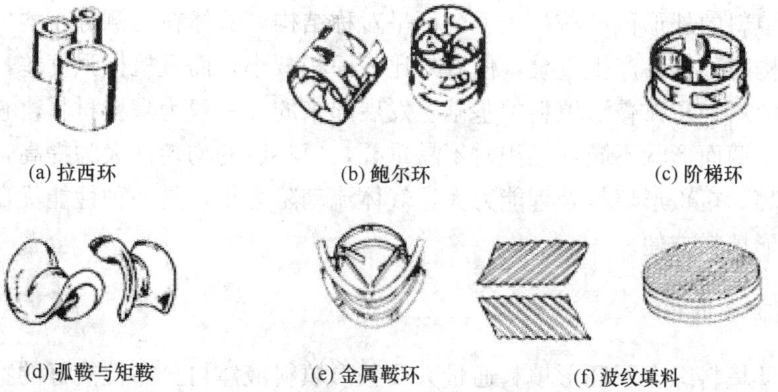

(a) 拉西环　(b) 鲍尔环　(c) 阶梯环

(d) 弧鞍与矩鞍　(e) 金属鞍环　(f) 波纹填料

图 6.11　几种填料外形结构

2. 鲍尔环

鲍尔环填料是在拉西环填料的基础上加以改进而研制的填料，如图 6.11（b）所示。亦可用陶瓷、金属或塑料等材料制成，其结构是在拉西环的侧壁上开出一排或两排长方形的窗孔，被切开的环壁的一侧仍与壁面相连，另一侧则向环内弯曲，且诸叶片的侧边在环中心相搭。鲍尔环填料的空隙率和比表面积与拉西环差不多，但由于环壁的开孔，大大提高了环内空间及环内表面的利用率，气体流动阻力降低，液体分布也较均匀，液体有多次聚集、滴落和分散的机会，并且内外内表面均可有效利用。

同种材质，同种规格的鲍尔环比拉西环的气体通量大，流动阻力小，在相同压强下，鲍尔环的气体通量可较拉西环增大 50%以上；在相同气速下，鲍尔环填料的压强降仅为拉西环的一半。鲍尔环的性能优于拉西环，其具有生产能力大，气体流动阻力小，操作弹性较大，传质效率较高等优点，但价格较高。鲍尔环以其优良的性能在工业生产中得以广泛应用。

3. 阶梯环

阶梯环填料是在鲍尔环填料的基础上加以改进而发展起来的一种填料，如图 6.11（c）所示。阶梯环与鲍尔环结构相似，都在环壁上开有窗孔，不同之处在于阶梯环高度为直径的一半，并且环的一端为向外翻的喇叭口形状。由于阶梯环填料较鲍尔环填料的高度减少一半，使得绕填料外壁流过的气体平均路径缩短，减少气体通过填料层的阻力。同时由于阶梯环一端的喇叭口形状，不仅增加了填料的机械强度，而且填料个体之间多为点接触，增大了填料间的空隙。互相屏蔽的可能性大为减少，阶梯环在生产能力上略高于鲍尔环，是目前使用的环形填料性能较优的一种。

4. 鞍形填料

鞍形填料分为弧鞍与矩鞍两种，如图 6.11（d）所示。它们均属于敞开型填料，特点为表面全部敞开，不分内外，液体在表面两侧均匀流动，表面利用率高，气体流动阻力小，制造也方便。

弧鞍形填料的外形似马鞍，正反两面呈对称结构，液体在两侧分布均匀。但弧鞍形填料由于结构对称容易产生重叠，使有效比表面积减小，而且机械强度差，容易破碎。

矩鞍形填料是在弧鞍形填料的基础上发展起来的，一般为陶瓷材料，它的结构不对称，填料正反两面形状不同，堆积时不易重叠，填料层的均匀性大为提高，同时机械强度也有所提高。矩鞍形填料处理能力大，气体流动阻力小，是一种性能优良的填料，加工也较弧鞍形填料方便。

5. 金属鞍环填料

金属鞍环填料综合了环形填料通量大及鞍形填料液体再分布性能好的特点而研制并发展起来的一种新型填料，如图 6.11（e）所示。它具备了鲍尔环填料的圆环、窗孔和内伸叶片的结构，同时也具备了鞍形填料的侧面结构。这种构造保证了其有效利用全部表面，与相同尺寸的鲍尔环填料相比阻力减小，通量增大，效率提高。

6. 波纹填料

在处理高沸点物料或热敏性物料时，要求填料塔在减压条件下操作，填料塔的压降应尽可能地小，以维持塔底的真空度和较低的沸点。由于乱堆填料阻力较大，所以便出现了具有规则气液通道的新型整砌填料。波纹填料就是一种整砌结构的新型高效填料，如图 6.11（f）所示。波纹填料可用金属、陶瓷、塑料、玻璃钢等材料制造。它由许多层波纹薄板或金属网组成，由高度相同但长度不等的若干块波纹薄板搭配排列或波纹填料盘。波纹与水平方向成 45°倾角，相邻盘旋转 90°后重叠放置，使其波纹倾斜方向互相垂直。每一块波纹填料盘的直径略小于塔体内径，若干块波纹填料盘叠放于塔内。

由于结构紧凑，具有很大的比表面积，且因相邻两个盘间板片互相垂直，使上升气体不断改变方向，下降液体也不断重新分布，传质效率高。波纹填料的缺点是不适于处理黏度大，易聚合或有沉淀物的物料，此外填料的装卸，清理也较困难，造价高。

二、填料塔的附件

设计填料塔时，选择合适的附属结构是塔正常操作、良好性能的保证。

（一）填料支承装置

支承装置是用来支承塔内填料及其所持有的液体质量，因而要求支承装置要有足够的机械强度，同时支承装置及其附近的气体通道面积应大于填料层的自由截面积，即塔截面上填料的空隙面积，或者说这一区域的空隙率应大于填料层中的空隙率，否则当气速增大时，将在填料支承装置处首先发生液泛。

常用的填料支承装置有栅板式和升气管式两种。

栅板式支承装置由扁钢条竖立焊接而成，如图 6.12（a）所示。扁钢条的间距应为填料外径的 0.6～0.7 倍。为防止填料从栅板条间空隙漏下，在装填料时，先在栅板上铺上一层孔眼小于填料直径的粗金属丝网，或整砌一层大直径的带隔板的环形填料。

升气管支承装置，如图 6.12（b）所示。在升孔板上布置一定数量的升气管。气体由升气管上升，通过气道顶部的孔及侧面的齿缝进入填料层，液体则由支承板上的许多小孔流下，气体流通面积很大，不会造成液泛。

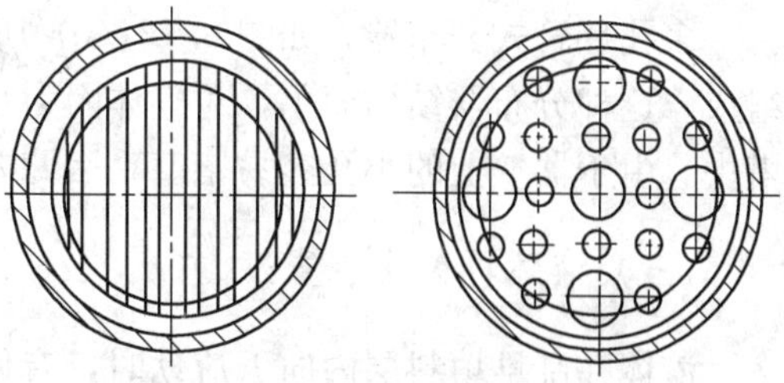

(a) 栅板式 (b) 升气管式

图 6.12 填料支承装置

（二）液体分布装置

液体在填料塔内分布均匀，可以增大填料的润湿表面积，以提高分离效果，因此，液体的初始分布十分重要。液体分布装置设在塔顶，为填料层提供足够数量并分布适当的喷淋点，每 30cm^{2}的塔截面上约有一个喷淋点，以保证液体初始的均匀分布。液体分布装置对填料塔的性能影响很大，若液体初始分布不均匀，则填料层内有效润湿面积会减小，降低传质分离效果，填料塔直径越大，液体分布装置越为重要。

常用的液体分布装置有莲蓬式、盘式、齿槽式及多孔环管式分布器等。

莲蓬式喷淋器如图 6.13（a）所示，操作时液体经半球形喷淋头的小孔喷出。小孔直径为 3～10mm，作同心圆排列。这种喷淋器结构简单，一般适用于直径在 600mm 以下的小塔，处理清洁液体。

盘式分布器，如图 6.13（b）、（c）所示。盘底开有筛孔的盘式分布器称为盘式孔流型分布器，盘底装有垂直短管的盘式分布器称为盘式溢流管型分布器。液体加至分布盘上，经筛孔或溢流短管流下，气体经盘上若干升气管以及盘与塔壁间的环状通道上升。筛孔式的液体分布效果好，而溢流管式自由截面积较大，且不易堵塞。盘式分布器常用于直径较大的塔中，基本可以保证液体分布均匀，但其制造较麻烦。

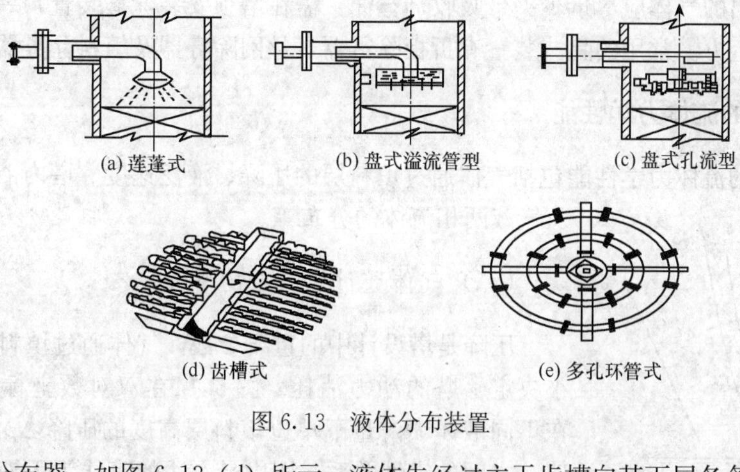

(a) 莲蓬式 (b) 盘式溢流管型 (c) 盘式孔流型

(d) 齿槽式 (e) 多孔环管式

图 6.13 液体分布装置

齿槽式分布器，如图 6.13（d）所示，液体先经过主干齿槽向其下层各条形齿槽作第一级分布，然后再向填料层上面分布。这种分布器自由截面积大，不易堵塞，对气体阻力小，操作弹性较大，但安装水平要求较高，多用于直径较大，液体流量较大的填料塔。

多孔环管式分布器，如图 6.13（e）所示，由多孔圆形盘管、联接管及中央进料管组成。这种分布器结构简单，对气体阻力小，广泛用于液体量小而气体量大的填料吸收塔中。由于器壁上的小孔容易堵塞，因此要求被分布的液体必须清洁。

（三）液体再分布装置

液体在乱堆填料层内向下流动时，有偏向塔壁流动的现象，使塔中心的填料不被润湿，减小了气、液有效接触面积。为了将流动塔壁外的液体重新汇集并引向塔中央区域，可在填料层内每隔一定高度设置液体再分布装置。每段填料层高度视填料性能而定，如拉西环填料，取为塔径的 2.5～3.0 倍，鲍尔环和鞍形填料可取为塔径的 5～10 倍，且最高不易超过 6m。

再分布装置的形式很多，常用的为截锥式分布器，一般适用于直径 0.8m 以下的小塔。安排再分布器时，应注意其自由截面积不得小于填料层的自由截面积，以免气速增大时，在此处首先发生液泛。

（四）液体出口装置

液体出口装置应保证塔内液体正常排出，而又能防止夹带液体。为此可在排液管口安装调节阀门或采用不同的排液阻气液封装置。

（五）气体进口装置

填料塔的气体进口装置要能防止淋下的液体进入进气管，同时使气体均匀分布。对于直径 500mm 以下的小塔，可使进气管伸到塔的中心，管端切成 45°向下的斜口即可。对于大塔可采用喇叭形扩大口或多孔盘管式分布器。

（六）气体出口除沫装置

塔顶排出的气体应尽量少夹带吸收剂雾沫，需在塔顶安装除雾装置，一般安装在液体分布器的上方。常用的除沫装置有折板除雾器，丝网除雾器及填料除雾器。

三、填料塔的流体力学性能

填料塔的流体力学性能包括气体通过填料层的压降、液泛速度、塔内液体的持液量及气液两相流体的分布等。

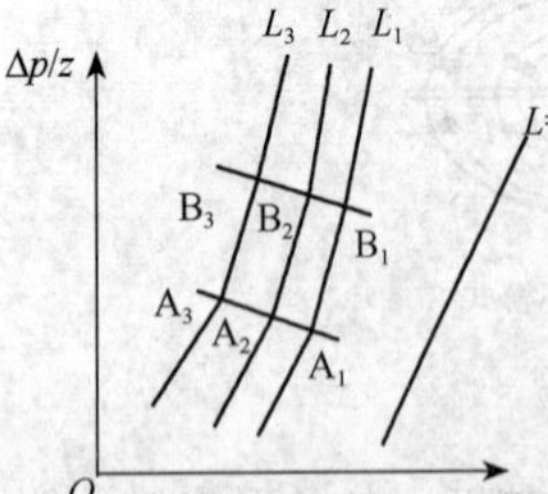

图 6.14　压降与空塔气速关系图

（一）气体通过填料层的压降

压降是塔设计中的重要参数，气体通过填料层压降的大小决定了塔的动力消耗。图 6.14在双对数坐标系中给出了在不同液体喷淋量下单位填料层高度的压降 $\Delta p/z$ 与空塔气速 μ 之间的定性关系。图中最右边的直线为无液体喷淋时的干填料，即喷淋密度$L=0$ 时的情形，其斜率为 1.8～2.0。当有一定的喷淋量时，$\Delta p/z$ 与 μ 的关系变为折线，随着喷淋密度的增大，折线逐渐左移，由图中可见$L_3>L_2>L_1$。折线存在两个转折点，上转折点称为“泛点”，下转折点称为“载点”。“泛点”与“载点”将折线分为三个区域，即恒持液量区、载液区与液泛区。

1. 恒持液量区

这个区域位于图中A_1点以下，当气速较低时，填料层内液体流动几乎与气速无关。填料表面的持液量不随气速而变。

2. 载液区

这个区域位于图中A_1与B_1点之间，当气速增加到某一数值时，由于上升气流与下降液体间的摩擦力开始阻碍液体顺畅下流，使填料层中的持液量开始随气速的增加而增加，此种现象称为拦液。开始发生拦液现象时的空塔气速称为载点气速。

3. 液泛区

当气速增大到B_1点后，随着填料层内持液量的增加，液体将被托住而艰难向下流，塔内液体迅速积累而达到泛滥，即发生了液泛。此时对应的空塔气速称为泛点气速或液泛气速。一般情况下，泛点是填料塔的操作极限，过此点则无法正常操作。

（二）压强降与液泛气速

影响泛点气速的因素很多，目前广泛采用埃克特通用关联图，计算泛点气速和气体压降，如图 6.15 所示。

图 6.15 中横坐标
$$\frac{W_L}{W_V}\left(\frac{\rho_V}{\rho_L}\right)^{0.5}$$

纵坐标为
$$\frac{u^2\phi\psi}{g}\left(\frac{\rho_V}{\rho_L}\right)\mu_L^{0.2}$$

式中：u——气体的空塔速度，用液泛线时，即为液泛速度，m/s；

ρ_L、ρ_V——液体和气体的密度，kg/m^3；

W_L、W_V——液体和气体的质量流量，kg/s；

ϕ——填料因子，1/m；

ψ——水的密度和液体密度之比；

μ——液体的黏度，mPa·s；

g——重力加速度，$9.81m/s^2$。

应用通用关联图 6.15，可以计算气体的液泛速度、气体通过每米填料层的压强降及填料塔中的操作气速。

1. 泛点气速计算

由已知的气液质量流量及密度算出$\frac{W_L}{W_V}\left(\frac{\rho_V}{\rho_L}\right)^{0.5}$值，如果使用乱堆填料，则在乱堆填

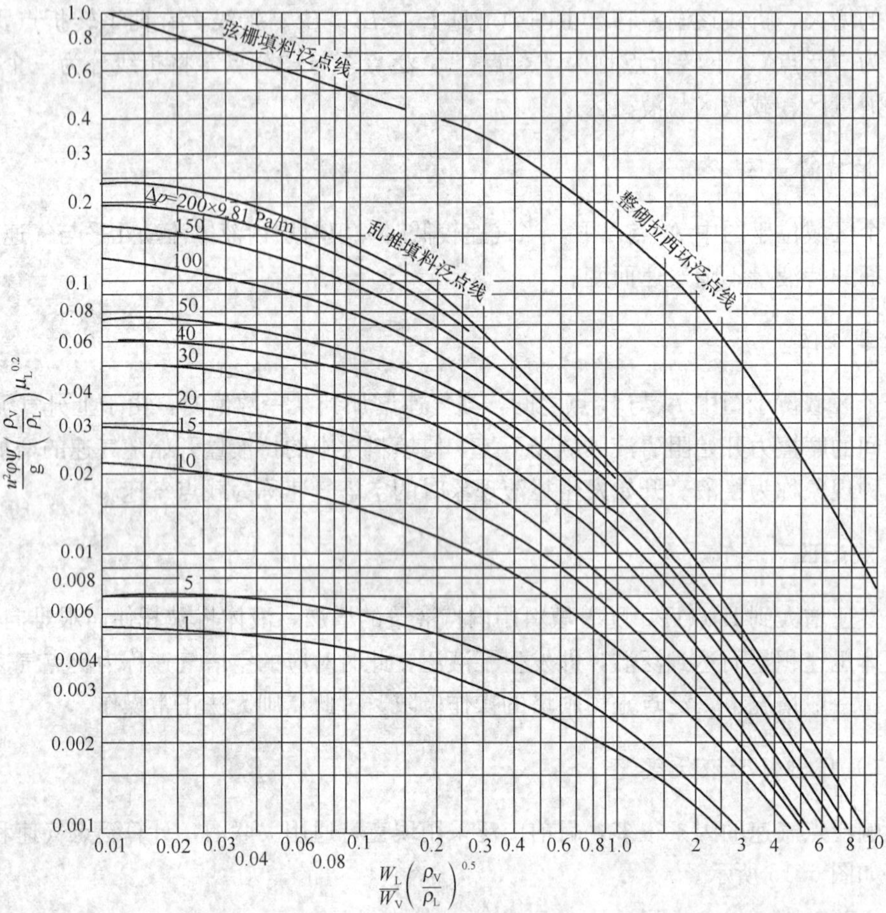

图 6.15　埃克特通用关联图

料泛点线上读取与$\left[\frac{W_L}{W_V}\left(\frac{\rho_V}{\rho_L}\right)^{0.5}\right]$值相对应的纵坐标值$\left[\frac{u^2\phi\psi}{g}\left(\frac{\rho_V}{\rho_L}\right)\mu_L^{0.2}\right]$，再由已知的 ϕ、ψ、ρ_V、ρ_L 及 μ_L 值求出泛点空塔速度 u_f。操作气速可将泛点气速乘以泛点百分数求得。

2. 由已知气速计算气体压降

由已知的空塔气速 u 计算纵坐标数值与横坐标数值相结合，再从图 6.15 上读得相应曲线的 Δp，即为气流通过每米填料层的压强降：

3. 操作气速

由给定气流通过每米填料层的压降 Δp 和横坐标数值，从图 6.15 上读得纵坐标值，求出操作气速。

在一般常压塔中，气相压降 Δp 在 15～50mmH_2O/m 填料较合理，在真空塔中 Δp 在 8mmH_2O/m 填料以下为宜。

四、填料塔的设计

填料塔的直径 D 与空塔气速 μ 及气体体积流量 V_s 之间的关系可用圆管内流量公式来表示，即

$$D=\sqrt{\frac{4V_s}{\pi\mu}} \tag{6.65}$$

因此，填料塔的直径是由气体的体积流量与空塔气速决定的。因为，泛点气速是填料塔操作气速的上限。填料塔的适宜空塔气速显然必须小于泛点气速，一般情况下取空塔气速为泛点气速的 50%～85%，空塔气速与泛点气速的比称为泛点率。

选择较小的气速，则压强降较小，动力消耗小，操作弹性大，但塔径要大，设备投资高而生产能力低。低气速也不利于气、液充分接触，使分离效率低。然而，若选用接近泛点的过高气速，则不仅压强降大，且操作不平稳，难于控制。所以，对泛点率的选择应根据具体情况而定，有时需要反复计算才能确定。例如，对于容易起泡沫的物系，泛点率应取 50%或者更低；对于加压操作的塔，减小塔径有更多的好处，可以选择更高的泛点率；对一些新型高效填料，泛点率可以取得高些。大多数情况下，泛点率取 60%～80%合适。一般填料塔的操作气速为 0.2～1.0m/s。

根据上述方法算出的直径，应按压力容器公称直径标准进行圆整。

算出塔径之后，有时应验算塔内的喷淋密度是否大于最小喷淋密度，若喷淋密度过小，填料表面不能充分润湿，使气液两相有效接触面积降低，造成传质效率下降。必要时可以采用液体部分再循环以加大液体流量，或在许可范围内减小塔径，或适当增加填料层高度予以补偿。一般低气液比时不适宜使用填料塔。

填料塔的最小喷淋密度与填料结构、比表面积 a 有关，可由填料手册中查得。

为保证填料润湿均匀，减少壁流现象的影响，还需要对塔径 D 与散装填料直径 d 之比做校核。对拉西环要求 $D/d>20\sim30$；鲍尔环 $D/d>10\sim15$；阶梯环 $D/d>8$；鞍形填料 $D/d>8\sim15$。

五、吸收塔常见故障与处理

吸收塔在操作时，不仅受到风载荷、地震载荷等外部环境的影响，还承受着内部介质压力、温度、腐蚀等作用。这些因素将可能导致吸收塔出现故障，影响吸收塔的正常使用。所以在设计使用时，应采取预防措施，减少故障的发生。一旦出现故障，应及时发现、分析产生故障的原因，制定排除故障的计划，以确保吸收塔的正常运行。

吸收塔的故障可以分为两大类：一类是工艺性故障，如操作时出现液泛、漏液量大、雾沫夹带过多、传质效率下降等现象；另一类是机械性故障，如塔设备振动、腐蚀破坏、密封失效、工作表面结垢、局部过大变形、壳体减薄或产生裂纹等。

（一）吸收塔的振动

脉动风力是吸收塔产生振动的主要原因。当脉动风力的变化频率（或周期）与塔自

振频率（或周期）相近时，塔体便发生共振。塔体产生共振后，使塔发生弯曲、倾斜，塔板效率下降，影响吸收塔的正常操作，甚至导致塔设备严重破坏，造成重大事故。因此在塔的设计阶段应考虑吸收塔产生共振的可能性，采取预防措施，防止共振的发生。防止塔体产生共振通常采用以下三方面的办法。

1. 提高塔体的固有频率

提高塔体的固有频率，从根本上消除产生共振的根源。具体方法有：降低塔体总高度、增加塔体内径（但需与工艺设计一并考虑）；加大塔体壁厚，或采用密度小、弹性模量大的材料。若条件允许，也可在塔的第二振形曲线节点位置安装一个铰支座。

2. 增加塔体的阻尼，抑制塔的振动

具体方法有：利用塔盘上的液体或塔内填料的阻尼作用；在塔体外部安装阻尼器或减振器；在塔壁上悬挂外包橡胶的铁链条；采用复合材料等。

3. 采用扰流装置

合理地布置塔体上的管道、平台、扶梯和其他连接件，以破坏或消除周期性形成的漩涡。在大型钢制塔体周围焊接螺旋条，也有很好的防振作用。

（二）吸收塔的腐蚀

由于塔设备一般由金属材料制成，而吸收塔所处理的物料大多为各种酸、碱、有机溶剂及腐蚀性气体等介质，故腐蚀现象非常普遍。据统计，塔设备失效有一半以上是由腐蚀破坏造成的。因此，在吸收塔设计和使用过程中，应该特别重视腐蚀性问题。

吸收塔腐蚀几乎涉及到腐蚀的所有类型。既有化学腐蚀，又有电化学腐蚀；即可能是局部腐蚀又可能是均匀腐蚀。造成腐蚀的原因更是多种多样，它与塔设备的选材、介质的特性、操作条件及操作过程等诸多因素有关。为了防止塔设备因腐蚀而破坏，必须采取有效的防腐措施，以延长设备的使用寿命，确保生产正常进行。防护措施应针对腐蚀产生的原因、腐蚀类型来制定。一般采用的方法有如下几种。

1. 正确选材

金属材料的耐腐性能，与所接触的介质有关，因此，应根据介质的特性合理选择。如各种不锈钢在大气和水中或氧化性的硝酸溶液中具有很好的耐腐蚀性能，但在非氧化性的盐酸、稀硫酸中，耐腐蚀性能较差；铜及合金在稀盐酸、稀硫酸中相当耐腐蚀，但却不耐硝酸溶液的腐蚀。

2. 采用覆盖层

覆盖层的作用是将主体与介质隔绝开来。常用的有金属覆盖层与非金属覆盖层。金属覆盖层是用对某种介质耐腐蚀性能好的金属材料覆盖在耐腐蚀性能较差的金属材料上。常用的方法如电镀、喷镀、不锈钢衬里等。非金属保护层常用的方法是在设备内衬以非金属材料或涂防腐涂料。

3. 采用电化学保护

电化学保护是通过改变金属材料与介质电极电位来达到保护金属免受电化学腐蚀的办法。电化学保护分阴极保护和阳极保护两种。其中阴极保护法应用较多。

4. 设计合理的结构

吸收塔的腐蚀在很多场合下与它们的结构有关，不合理的结构往往引起机械应力、热应力、应力集中和液体的滞留，这些都会加剧或产生腐蚀。因此，设计合理的结构也是减小腐蚀的有效途径。

5. 添加缓蚀剂

在介质中加入一定量的缓蚀剂，可使设备腐蚀速度下降或停止。但选择腐蚀剂时，要注意对某种介质的针对性，要合理确定腐蚀剂的类型和用量。

（三）其他常见机械故障

1. 介质泄漏

介质泄漏不仅影响吸收塔的正常操作，恶化工作环境，甚至可能酿成重大事故。介质泄漏一般发生在构件连接处，如塔体连接法兰、管道与设备连接法兰以及人孔等处。泄漏的原因有：法兰安装时未达到技术要求；受力过大引起法兰刚度不足而变形；法兰密封件失效，操作压力过大等。采取的措施是保证安装质量；改善法兰受力情况或更换法兰；选择合适的密封件材料或更换密封件；稳定操作条件，不超温、不超压。

2. 壳体减薄与局部变形

吸收塔在工作一段时间后，由于介质的腐蚀和物料的冲刷，壳体壁厚可能减小。对于有可能壁厚减小的塔设备，首先应对其进行厚度测试，确定是否能继续使用，以确保安全。其次是在吸收塔设计时，应针对介质腐蚀特性和操作条件合理选择耐腐蚀、耐磨的材料或采用衬里，以确保其使用期内的正常运转。

在吸收塔的局部区域，可能由于峰值应力、温差应力、焊接残余应力等原因造成过大的变形。对此，要通过改善结构来改善应力分布状态；在满足工艺条件的前提下减小温差应力；在设备制造时进行焊后热处理以消除焊接残余应力。当局部变形过大时，可采用挖补的方法进行修理。

3. 工作表面结垢

吸收塔工作表面的结垢通常发生在结构的死角区（如塔盘支持圈与塔壁连接焊缝处、液体在分布器与塔壁连接处等），因介质在这些地方流动速度降低，介质中杂质等很容易形成积淀，也可能出现在塔壁、塔盘和填料表面。积垢严重时，将影响塔内件的传质、传热效率。积垢的消除通常有机械除垢法和化学除垢法等方法。

第六节　解吸和吸收流程

一、解吸流程

从溶液中释放出溶解的溶质气体的操作称为解吸，是吸收的逆过程。实现解吸操作一般可以采用加热、减压、或令惰性气体与溶液逆流接触等方法。常用的解吸流程如图 6.16所示。

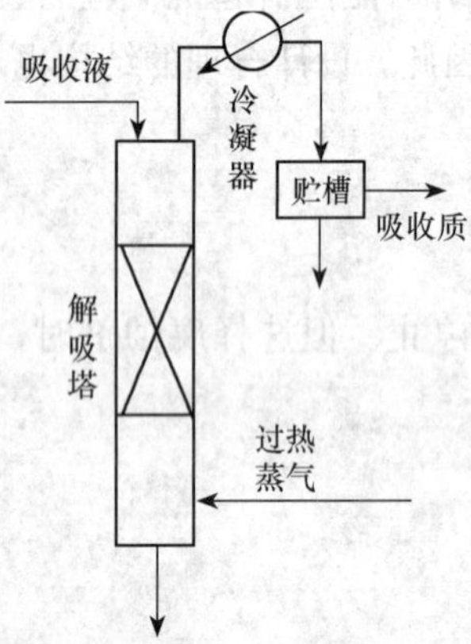

图 6.16　解吸流程

吸收后的吸收液由吸收塔底排出，经换热器升温后从塔顶进入解吸塔，过热水蒸气由解吸塔底进塔。吸收液与过热蒸气在解吸塔内逆流混合，在解吸塔顶排出的气相为过热水蒸气与吸收质的混合物，该混合物经塔顶冷凝后，因为不互溶而在贮槽中分层，因而得到分离。

二、吸收流程

气、液两相的流向是吸收设备布置中首要考虑的问题，由于逆流操作有许多优点。因此，在一般的吸收中大多采用逆流操作。

在逆流操作时，气、液两相传质的平均推动力往往最大。因此可减小设备尺寸，此外流出的溶剂与浓度最大的进塔气体接触，出塔气中溶质的浓度可以降到最低。

工业生产中吸收流程大体如下：

（一）部分吸收剂循环流程

当吸收剂喷淋密度很小，不能保证填料表面的完全润湿，或者塔中需要排出的热量很大时工业上就采用部分溶剂循环的吸收流程。图 6.17 为部分吸收剂循环的吸收流程示意图。

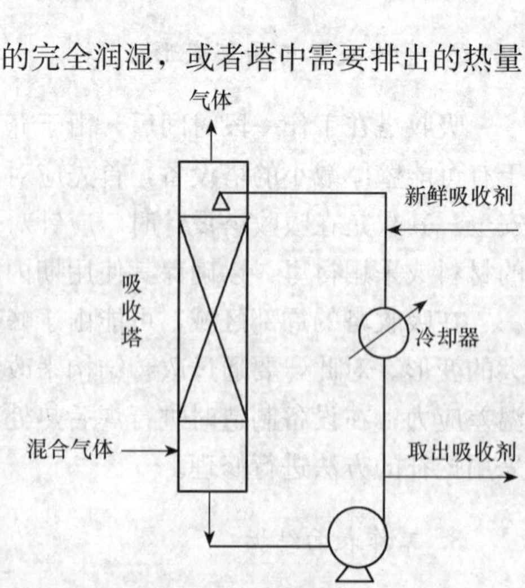

图 6.17　部分吸收剂循环的吸收流程

此流程的操作方法是：用泵从吸收塔抽出吸收剂，经过冷却器再打回同一塔中；从塔底取出其中一部分作为产品；同时加入新鲜吸收剂，其等于引出产品中的溶剂量，与循环量无关。吸收剂的抽出和新鲜吸收剂加入，不论在泵前或泵后进行均可以，但应该先抽出后补入。

在这种流程中，由于部分吸收剂循环使用，因此吸收剂入塔组分含量较高，致使吸收平均推动力减小，同时也就降低了气体混合物中吸收质的吸收率。另外，部分吸收剂的循环还需要额外的动能消耗。但是它可以在不增加吸收剂用量的情况下增大喷淋密度，且可由循环的吸收剂将塔内的热量带入冷却器中移去，以减少塔内升温。因此可以保证在吸收剂耗用量较小的吸收操作正常进行。

（二）吸收塔串联吸收流程

当所需塔的尺寸过高时，或从塔底流出的溶液温度太高不能保证塔在适宜的温度下操作时，可以将一个大塔合成几个小塔即串联起来使用，组成吸收塔的串联流程。

图 6.18 所示为一串联逆流吸收流程，操作时用泵将液体从一个吸收塔输送至另一个吸收塔并不循环使用，气体和液体则互成逆流流动。

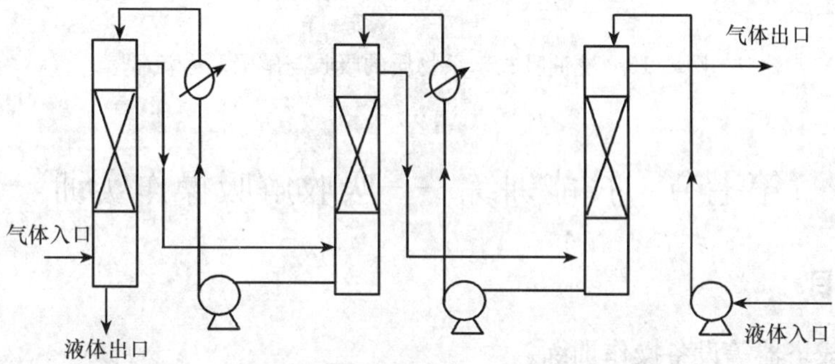

图 6.18　串联逆流吸收流程

在吸收塔串联流动中，可以根据操作的需要，在塔间的液体有时也在气体管路上设置冷却器，如图 6.18 所示，或使吸收塔系的全部或一部分采取吸收剂部分循环的操作。

三、解吸和吸收联合流程

为获得纯净的产品和使溶剂再生后循环使用，溶质需要从吸收所得到的吸收液中回收出来，这种使溶质从溶液中脱除的过程称为解吸。一个完整的吸收流程包括吸收和解吸两部分，现举例说明解吸和吸收联合流程。

在炼焦制取城市煤气的生产过程中，焦炉煤气中含有少量的苯、甲苯类低碳氢化合物的蒸气，含量约为 35g/m^3，现采用如图 6.19 所示的流程对焦炉煤气进行分离，以回收苯系物质。该流程利用生产过程中的副产物，即煤焦油的精制品（又称洗油）作为吸收剂来吸收苯系物质。

含苯煤气在常温下进入吸收塔底部，塔内装有填料，洗油从塔底喷淋而下，与煤气逆流接触，在接触过程中煤气中的苯溶解于洗油，使塔顶出去的煤气中苯的含量降到某一允许值，而溶于大量苯系溶质的洗油（称为富油）由吸收塔底排出。为获取富油中的苯系物质并回收洗油循环使用，将其送入解吸塔。在吸收塔中则进行与吸收相反的过程——解吸。它是将富油预热至一定温度再由解吸塔顶喷淋而下，与塔底通入上升的过热水蒸气逆流接触，经脱除溶质（苯）的洗油（称为贫油）再冷却后送入吸收塔循环使用。而富油中的苯在高温下逸出，并被水蒸气带走，经冷凝分层除水得到粗苯。

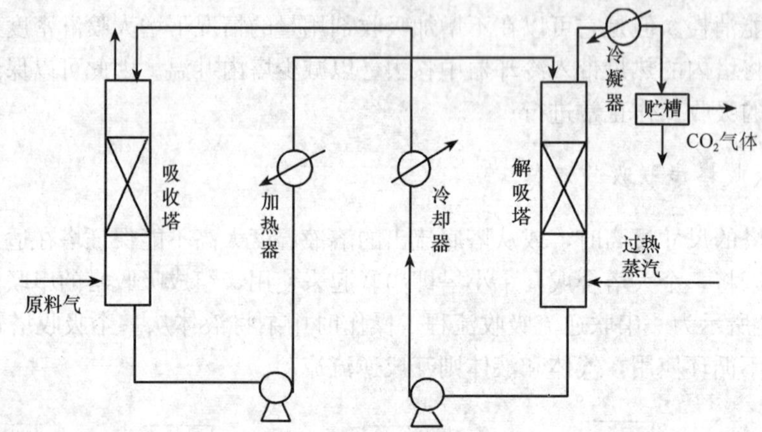

图 6.19 洗油吸收苯系物质的吸收与解吸联合流程

第七节 技能训练——吸收解吸操作实训

一、实训项目

(1) 完成塔器等设备操作训练。

(2) 完成二氧化碳-水体系吸收、解吸训练。

(3) 完成吸收塔、解吸塔效率测定训练。

(4) 完成吸收解吸后产品的常规分析训练。

(5) 完成故障处理技能训练。

二、工艺流程（图 6.20）

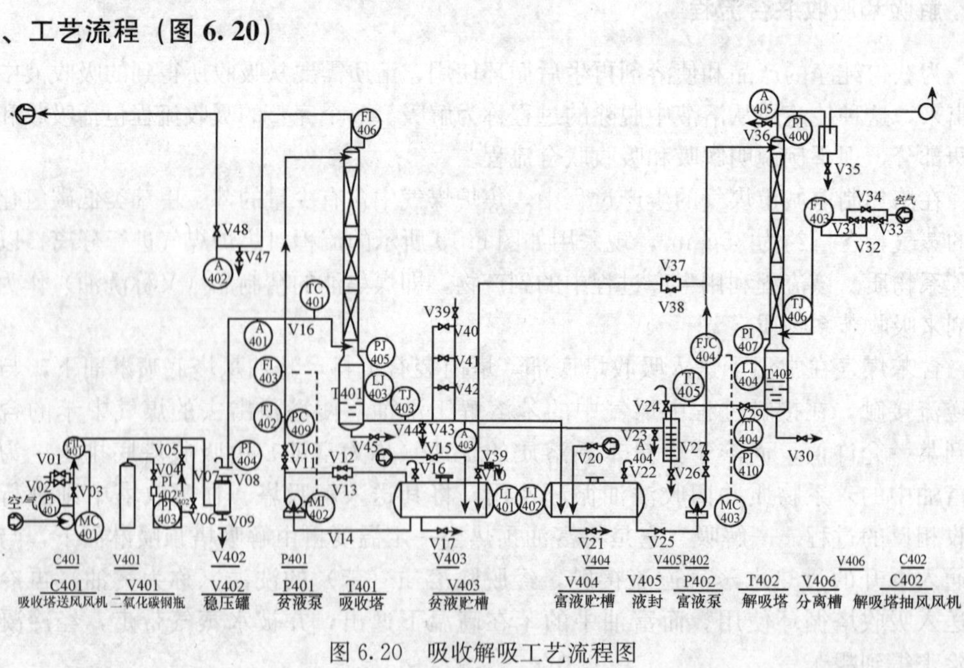

图 6.20 吸收解吸工艺流程图

三、操作规程

（一）开车前准备

（二）开车

（1）液相开车。
（2）气液联动开车。
（3）液泛实验。

（三）停车

（四）故障处理技能训练

（1）进吸收塔混合气中二氧化碳浓度波动大。
（2）吸收塔压力保不住。

相关连接

吸收工国家职业技能鉴定标准

中华人民共和国劳动和社会保障部颁发的“国家职业技能鉴定规范（化工行业特有工种考核大纲）”吸收工（高级）技能鉴定。

一、鉴定要求

1. 适用对象

适用于化工生产中，操作吸收塔（釜）等设备的操作人员。

2. 申报条件

文化程度：高中毕业。

现有技术等级证书级别：中级工技术等级证书，持证四年。

本工种工作年限：六年。技工学校和职业高中本专业毕业生申报高级工为三年。

身体状况：健康。

3. 考生与考评员比例

知识：20∶1。

技能：5∶1.

鉴定方式和时间

知识：闭卷、笔试，限时 90min。满分 100 分，60 分及格。

技能：进行逐人抽题口试、笔试或模拟操作，根据考试要求确定时间。满分 100 分，60 分及格。

二、鉴定内容

1. 知识要求（表 6.2）

表 6.2　知识要求

项目	鉴定范围	鉴定内容	鉴定比重/%
基本知识	1. 基础知识	（1）具有高中、高中以上物理、化学知识，如 ①电子技术、放射性同位素的初步知识 ②向心力、离心力的理论计算 ③电化学基础理论 ④液体的汽化理论 ⑤相平衡、溶度积、缓冲溶液的基本理论 ⑥影响化学反应速率的因素和催化理论 ⑦烃类化合物、络合物的基本结构和性质 （2）具有本工种有关的化工基础知识，如 ①雷诺数、流体阻力的基本理论与计算 ②强化传热的途径与热绝缘的方法 ③以双膜理论为基础的吸收机理 ④吸收速率与吸收方程式 ⑤吸收设备选型的依据 ⑥吸收过程的物料与能量衡算	11
	2. 安全防护知识	（1）本产品生产中的原料、中间体及成品的危害性、爆炸性、毒害性的控制、预防方法 （2）与本产品生产相关的防火、防爆、防静电设施的性能及使用知识 （3）生产系统及周围环境安全缺陷的自检及整改	5
专业知识	1. 工艺技术知识	（1）化工吸收过程各类设备的结构、工艺流程及相互区别，本工种选用的吸收装置的优缺点 （2）吸收过程的机理，如亨利定律、双模理论、吸收推动力、吸收速率和吸收系数等 （3）各类吸收设备，如内冷吸收塔、外冷吸收塔、降膜吸收塔及填料塔的传热、传质工艺理论 （4）本装置吸收过程的物料及热量衡算 （5）本产品生产工艺规程中主要技术指标制定的依据	40
	2. 设备装置知识	（1）本工种设备缺陷的定性分析判断，一般零部件的检修常识，如填料、管件、阀门的更换等 （2）各类吸收设备的构造、设备能力、适应范围，防腐、保温设施以及防腐、保温的新材料、新技术应用状况 （3）本工种设备的检修内容及设备验收投产标准	20
	3. 分析检验知识	（1）容量分析常用的基本方法 （2）吸收成品的分析项目及分析方法 （3）络合滴定法及仪器分析的初步知识	6
	4. 电器、仪表计量器具知识	（1）吸收装置常用的仪表连锁、自控的一般原理和使用方法 （2）吸收装置及其辅助设备的电器回路及保护措施 （3）本工种使用的电器、仪表、计量器具选用的原则和技术要求	6
相关知识	1. 三废处理知识	（1）本产品生产中三废排放的种类、数量、性质、排放标准 （2）本工种所采用的环保设施的机理及使用方法，降低三废排放的途径	6
	2. 管理知识	（1）全面质量管理及现代化管理常用方法的内容 （2）专业管理的基本内容和要求，如生产管理、设备管理、安全管理等	

2. 技能要求（表 6.3）

表 6.3　技能要求

项目	鉴定范围	鉴定内容	鉴定比重/%
操作技能	1. 工艺操作能力	（1）正确地进行吸收工种生产全过程的开车、停车和正常操作 （2）掌握吸收工种被测参数的技术条件与制定依据，正确判断吸收生产过程中的一切变化情况，及时调整操作并与有关工种、岗位协调，控制技术操作指标达到先进水平和经济合理	30
	2. 应变和事故处理能力	（1）正确处理吸收工种生产过程中的各种异常现象和事故，如突然大减量，吸收塔液泛或堵塔，澄清桶冒浑，突然停电、停汽等 （2）对吸收工种同类型装置或新增设备验收试车和开工生产操作 （3）严格执行安全技术规程，对吸收工种生产过程全面安全检查，保持安全防护装置完备，做到安全生产 （4）严格执行产品生产工艺规程，正确分析、判断各类事故原因，及时提出预防措施，消除隐患	30
工具设备的使用和维护	设备及仪表使用维护能力	（1）正确使用和维护保养吸收工种的设备、电器、仪表、计量器具 （2）开工时，按操作规程要求进行单体吹扫、试压、查漏、经检查合格投料开车，对本工种设备运行中发生的不正常情况，提出能否继续运行的意见，能正确地指出修理部位，采取相应的措施 （3）掌握本工种所用各类电气、仪表使用知识，能正确判断电气、仪表运行正常与否，及时联系和处理故障 （4）提出吸收工种设备的检修、清扫项目和要求，并能在检修后进行验收试车和开车操作	20
其他能力	1. 工艺计算能力	吸收装置的物料能量计算，装置生产能力的计算，并对生产数据统计分析	8
	2. 识图制图能力	（1）看懂产品生产工艺流程图、吸收工种静止设备装配图 （2）绘制吸收系统带控制点工艺流程图，绘制吸收塔（器）等主要设备简图和一般零部件草图	6
	3. 管理能力	（1）对吸收过程运用全面质量管理手段进行各项管理工作，并能提出课题、攻关，提高生产水平 （2）开展班组经济活动，提出并实施保证产品质量、降低消耗定额的措施	3
	4. 语言文字领会与表达能力	（1）阅读和理解有关本产品生产的技术资料及管理文件、并能写出技术报告和通报有关情况 （2）具备培训初级工、中级工应知、应会的能力	3

本章小结

- 吸收
  - 基本概念
    - 吸收及其在生产中的应用
    - 吸收剂的选择
    - 吸收过程分类
  - 吸收计算
    - 气液相平衡
    - 传质理与吸收速率
    - 吸收塔的计算
  - 吸收塔操作
    - 填料塔的构造与填料
    - 填料塔附件
    - 填料塔的流体力学性能
    - 填料塔设计
    - 吸收塔的常见故障与处理
  - 解吸与吸收流程
    - 解吸流程
    - 吸收流程
    - 吸收与解吸联合流程
  - 技能训练

同步测试题

一、填空题

1. 利用洗油吸收焦炉气中苯的过程为__________吸收过程而利用硫酸溶液吸收氨气的过程为__________吸收过程。

2. 按照吸收过程中溶质与溶剂是否发生明显的化学反应，可以将吸收过程分为__________吸收过程和__________吸收过程。

3. __________是分离气体混合物的单元操作，它是利用____________________。

4. 吸收是分离__________混合物的单元操作，它是利用__________在同一溶剂中__________的不同而实现物质分离的过程。__________、__________对吸收的过程有利。

5. 扩散的基本方式有__________和__________。其中__________扩散的速率主要取决于扩散物质或静止流体的温度和某些物理性质。

6. 吸收过程中，同一物系在相同温度下，分压________________，溶解度越大。

7. 吸收过程中，吸收剂应选择挥发性小的物质，这样可以尽量避免引入杂质。

8. 当 $1/K_G=1/k_G$ 时，整个吸收过程为____________________。

9. 当 $1/K_L=1/k_L$ 时，整个吸收过程为____________________。

10. 吸收和蒸馏操作过程虽然都是分离过程，但蒸馏是在气、液两相之间进行传质过程而吸收是__________。

11. 气体的溶解度随压力__________和温度__________而增加。亨利定律适用于__________溶液，它的数学表达式可以写为__________等。

12. 吸收操作过程中，增加吸收剂用量，操作线的斜率__________，吸收推动力__________。

13. 吸收操作过程中，气相流量恒定，气、液相进出口组成均不变，若减小吸收剂的用量，则传质推动力__________，吸收操作线__________平衡线，设备的操作费用将__________。

14. 填料塔高度的计算要涉及__________、__________、__________三种关系式的计算。

二、选择题

1. 一定温度下，对于总压不太高的气液相平衡系统，当总压增大时，溶解度系数 H 的值将（ ）。

A. 增大　　B. 减小　　C. 不变

2. 一定温度下，对于总压不太高的气液相平衡系统，当总压增大时，亨利系数 E 的值将（ ）。

A. 增大　　B. 减小　　C. 不变

3. 如图 6.21 所示，则表示解吸操作的是（ ）点。

表示吸收操作的是（ ）点。

表示平衡状态的是（ ）点。

A. 1　　B. 2　　C. 3

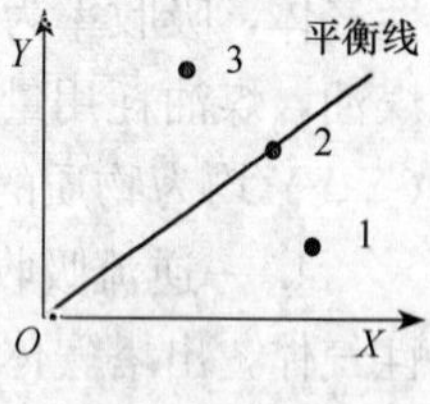

图 6.21 平衡线示意图

4. 对接近常压的低浓度溶质的气液平衡系统，当总压增大时，亨利系数 E 将（ ），相平衡常数 m 将（ ），溶解度系数 H 将（ ）。

A. 增大　　B. 不变　　C. 减小

5. 在吸收操作中，以液相浓度差表示的吸收塔某一截面上的总推动力为（ ）。

A. X^*-X　　B. $X-X^*$　　C. $X-X_i$

6. 在吸收操作中，以气相浓度差表示的吸收塔某一截面上的总推动力为（ ）。

A. Y^*-Y　　B. $Y-Y^*$　　C. Y_i-Y

7. 当系统服从亨利定律时，对同一温度和液相浓度，如果总压增大 1 倍，则与之平衡的气相浓度（或分压）（ ）。

A. Y 增大 1 倍　　B. Y 减小 1 倍　　C. P 增大 1 倍

8. 与气膜传质系数 k_g 相对应的气膜推动力形式应为（ ）。

A. p_A-p_i　　B. x_A-x_i　　C. y_A-y_i

9. 亨利定律的表达式可以表示为 $p=Ex$，若某种气体在水中的亨利系数 E 值很大，说明该气体为（ ）。

A. 不能说明什么　　B. 易溶气体　　C. 难溶气体

10. 操作过程中当吸收剂的用量接近最小用量时（　　）。

A. 吸收过程推动力最大　B. 操作最经济　　C. 填料塔无限高

三、简答题

1. 吸收过程在实际生产过程中作用主要有哪些?
2. 吸收过程可以从哪几个角度进行分类?
3. 简述双膜理论要点，并画图表示溶质由气相通过双膜到达液相的传质过程?
4. 吸收过程的强化途径包括哪些?

四、计算题

1. 在25℃及总压为101.3kPa的条件下，氨水溶液的相平衡关系为$p^*=93.90x$kPa。试求：(1) 100g水中溶解1g的氨时溶液上方氨气的平衡分压和溶解度系数H；(2) 相平衡常数m。

2. 在总压为101.3kPa，温度为30℃的条件下，含有15%（V%）SO_2的混合空气与含有0.2%（M%）SO_2的水溶液接触，试判断SO_2的传递方向。已知操作条件下相平衡常数$m=47.9$。

3. 用填料塔吸收混合气体中的苯，进塔混合气中含苯5%（体积分数），其余为惰性气体，吸收率为95%。进入填料塔的惰性气体流量为40kmol/h。吸收剂为不含苯的煤油，煤油耗用量为最小耗用量的1.5倍。逆流流动，该系统平衡关系为$Y=0.14X$（X、Y均为物质的量之比），试求：煤油的出塔浓度X_1为多少?

4. 一逆流吸收操作的吸收塔，入塔混合气体中吸收质摩尔分数为0.05，其余为惰性气体，出塔气体中吸收质的摩尔分数为0.0005；入塔吸收剂为纯溶剂，出塔溶液中吸收质摩尔分数为0.04，操作条件下，相平衡关系为$Y_A^*=0.8X$，求气相平均推动力$\Delta Y_{均}$?

5. 在吸收塔中用油吸收苯，已知苯在气相中的入塔浓度4%（V%），苯的吸收率为90%，吸收后油中苯的浓度是0.02kmol苯/kmol油，吸收平衡方程为$Y^*=0.126X$。试求：用气相组成表示的吸收平均推动力。

6. 在一填料塔中，用洗油逆流吸收混合气体中的苯。已知混合气体的流量为1600m^3/h，进塔气体中含苯0.05（摩尔分数，下同），要求吸收率为90%，操作温度为25℃，操作压强为101.3kPa，相平衡关系为$Y^*=26X$，操作液气比为最小液气比的1.3倍。试求：(1) 洗油进塔浓度为0.00015时的吸收剂用量以及出塔洗油中苯的含量；(2) 若吸收塔的内径为1m，入塔混合气量为1500m^3/h（101.3kPa，298K），气相体积吸收总系数$K_{气}a=150$kmol/(m^3/h)。试求达到分离要求所需填料层高度。

第七章　蒸　　馏

知识目标

（1）了解精馏操作的分类、各种类型塔板的特点、性能及板式塔的设计原则；了解恒沸精馏和萃取精馏。

（2）理解板式塔的流体力学性能对精馏操作的影响。

（3）掌握精馏原理、精馏操作流程及双组分连续精馏塔的计算。

能力目标

（1）能正确选择精馏操作条件，对精馏过程进行正确地调节控制。

（2）能进行精馏塔的开车、停车操作和事故分析。

第一节　案例引入

一、生产案例

化工生产过程中，所遇到的液体物料有许多是两个或两个以上组分的均相液体混合物，有的是粗产品与其他物质或溶剂的混合物，有的是两种溶剂的混合物。工艺上往往要求对粗产品进行纯化或将溶剂回收和提纯，例如，在氯霉素的生产中，乙苯经硝化反应得到的产物是对位硝基乙苯和邻位硝基乙苯的均相液体混合物，而下一步反应只需要对位硝基乙苯，在氯霉素的生产中往往对反应产物进行蒸馏，来获得纯的对位硝基乙苯。

二、蒸馏及其蒸馏操作的依据

化工生产过程中，常常需要将均相混合物分离为较纯净或几乎纯态的物质。对于均相物系必须要造成一个两相物系，利用原物系中各组分间某种物性的差异，而使其中某个组分（或某些组分）从一相转移到另一相，以达到分离的目的。物质在相间的转移过程称为传质过程或分离过程。蒸馏是利用混合物中各组分挥发性不同而分离液体均相混合物的操作。

蒸馏分离的依据是混合物中各组分的挥发性不同。通常将混合物中挥发能力强的组分称为易挥发组分，把挥发能力弱的组分称为难挥发组分。当它们在气液两相趋于平衡时，各组分在两相中的相对含量不同，其中的易挥发组分在气相中的相对含量较液相中的高，而难挥发组分在液相中的相对含量较气相中的高。

蒸馏操作通过气液两相的直接接触，使易挥发组分由液相向气相传递，难挥发组分由气相向液相传递，是气液两相之间的传质过程。

三、蒸馏在化工生产中的应用

蒸馏是分离液体均相混合物典型的单元操作，广泛地应用于化工、石油、医药、食品、冶金及环保等领域，例如，石油的蒸馏可得到汽油、煤油和柴油等；液态空气的蒸馏可得到纯态的液氧和液氮等。

四、蒸馏过程分类

蒸馏操作按原料的供给方式分为间歇蒸馏和连续蒸馏，前者用于小规模生产，后者用于大规模生产。按蒸馏方法可分为简单蒸馏、平衡蒸馏（闪蒸）、精馏、特殊精馏等多种方法。按原料中所含组分数目可分为双组分（二元）蒸馏、多组分（多元），双组分蒸馏是蒸馏分离的基础。按操作压强可分为常压蒸馏、加压蒸馏、减压（真空）蒸馏。工业生产中一般采用常压蒸馏。对在常压下的物系沸点较高，或在高温下易发生分解、聚合等变质现象的物系（即热敏性物系），常采用减压蒸馏。对常压下物系的沸点在室温以下的混合物或气态混合物，则采用加压蒸馏。本章重点讨论在常压条件下，双组分物系的连续精馏。

第二节　双组分溶液的气液相平衡关系

蒸馏过程是物质（组分）在两相间，由一相转移到另一相的传质过程。气液两相达到平衡状态是传质过程的极限。气液平衡关系是分析蒸馏原理和解决蒸馏计算问题的理论基础。气液相平衡关系，是指溶液与其上方的蒸气达到平衡时，系统的总压、温度及各组分在气液两相中组成之间的关系。

一、理想溶液的气液平衡关系

（一）相平衡关系式

实验表明，理想溶液的气液平衡关系遵循拉乌尔定律。

拉乌尔定律表示：当气液呈平衡时，溶液上方组分的蒸气压与溶液中该组分的摩尔分率成正比，即

$$p_A = p_A^\circ x_A \tag{7.1a}$$

$$p_B = p_B^\circ x_B = p_B^\circ (1 - x_A) \tag{7.1b}$$

式中：p——溶液上方组分的平衡分压，Pa；

x——溶液中组分的摩尔分数；

p°——同温度下纯组分的饱和蒸气压，Pa。

纯组分的饱和蒸气压是温度的函数，即

$$p_A^\circ = f(t) \tag{7.2a}$$

$$p_B^\circ = \phi(t) \tag{7.2b}$$

纯组分的饱和蒸气压可直接从理化手册中查得。

理想物系气相服从道尔顿分压定律，设平衡时溶液上方蒸气总压 $P_{总}$，则

$$P_{总} = p_A + p_B \tag{7.3}$$

将拉乌尔定律代入式（7.3）中，即

$$P_{总} = p_A^\circ x_A + p_B^\circ (1 - x_A)$$

整理得

$$x_A = \frac{P_{总} - p_B^\circ}{p_A^\circ - p_B^\circ} \tag{7.4}$$

式（7.4）又称为泡点方程，该式表示平衡物系的温度和液相组成的关系，在一定压强下，液体混合物开始沸腾产生第一个气泡的温度，称为泡点温度（简称泡点）。

同理，溶液上方蒸气的组成 y_A 为

$$y_A = \frac{p_A}{P_{总}} = \frac{p_A^\circ x_A}{P_{总}} = \frac{p_A^\circ}{P_{总}} \frac{P_{总} - p_B^\circ}{p_A^\circ - p_B^\circ} \tag{7.5a}$$

$$y_B = \frac{p_B}{P_{总}} = \frac{p_B^\circ x_B}{P_{总}} \tag{7.5b}$$

式（7.5a）又称为露点方程。该式表示平衡物系的温度和气相组成的关系。在一定压强下，混合蒸气冷凝开始出现第一个液滴时的温度，称为露点温度（简称露点）。气液平衡时，露点温度等于泡点温度。

严格而言，实际上理想溶液是不存在的，仅对于那些由性质极相近、分子结构相似的组分所组成的溶液，例如，苯-甲苯、甲醇-乙醇、烃类同系物等可视为理想溶液。

（二）气液平衡相图

相图表达的气液平衡关系清晰直观，在双组分精馏中应用相图使得计算过程更为简便，而且影响精馏过程的因素可在相图上直接予以反映。常用的相图为恒压下的 t-x-y 图和 y-x 图。

1. t-x-y 图

该图表示在一定总压下，温度与气、液相组成之间的关系。

在总压为 101.33kPa 下，苯一甲苯混合液的 t-x-y 图如图 7.1 所示。通常，t-x-y 关系的数据由实验测得。对于理想溶液，也可用纯组分的饱和蒸气压数据进行计算。

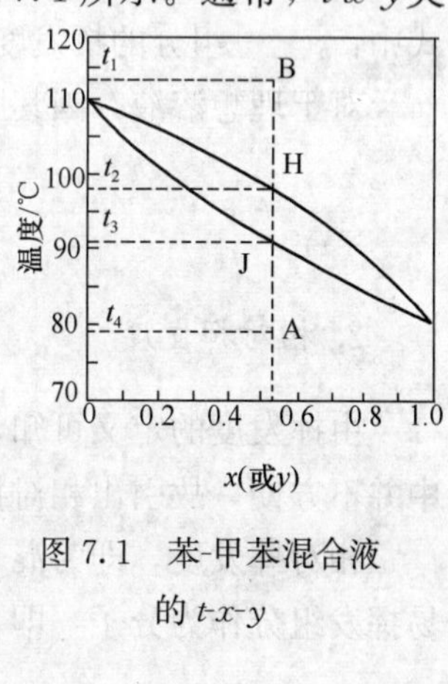

图 7.1 苯-甲苯混合液的 t-x-y

在图 7.1 中，以温度 t 为纵坐标，以平衡组成 x 或 y 为横坐标。图中有两条曲线，下方曲线为 t-x 线，代表平衡时泡点温度与液相组成之间的关系，此曲线称为饱和液体线或泡点线。上方曲线为 t-y 线，代表平衡时露点温度与气相组成之间的关系，此曲线称为饱和蒸气线或露点线。上述两条线将 t-x-y 图分为三个区域。饱和液体线以下区域代表液体尚未沸腾，称为液相区；饱和蒸气线以上区域，表示溶液全部汽化，称为过热蒸气区；两曲线之间的区域，表示气液两

相同时存在，称为气液共存区。

若将组成为 x_1、温度为 t_1 的混合液（图中点 A）加热升温至 t_2（点 J）时，溶液开始沸腾，产生第一个气泡，相应的温度称为泡点温度。同样，若将组成为 y_1、温度为 t_4（点 B）的过热蒸气冷却，当温度降到 t_3（点 H）时，混合气体开始冷凝，产生第一滴液体，相应温度称为露点温度。

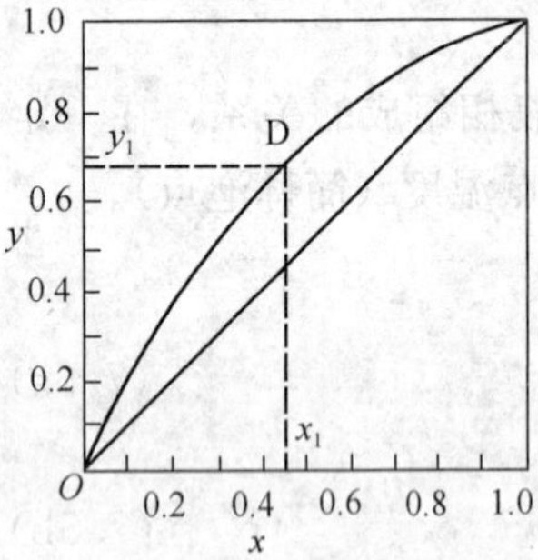

图 7.2　苯-甲苯混合液的 y-x 图

2. y-x 图

在一定外压下，气液相平衡时的气相组成 y 与液相组成 x 之间的关系，以 y 为纵坐标，以 x 为横坐标，建立气一液相平衡图，即 y-x 图。

图 7.2 为苯-甲苯混合液在外压为 101.33kPa 下的 y-x 图。如图中曲线的点 D 表示组成为 x_1 的液相与组成为 y_1 的气相互成平衡。该曲线又称为平衡曲线。

对于理想溶液，由于平衡时气相组成 y 恒大于液相组成 x，故平衡曲线在对角线上方。平衡曲线偏离对角线愈远，表示该溶液愈易分离。

（三）挥发度及相对挥发度

1. 挥发度

挥发度可表示物质挥发的难易程度。纯物质的挥发度可用该物质在一定温度下的饱和蒸气压来表示。同一温度下，蒸气压愈大，表示挥发性愈大。对于混合液，因组分间的相互影响，使其中各组分的蒸气压要比纯组分的蒸气压低，故混合液中组分的挥发度可用该组分在气相中平衡分压与其在液相中组成（摩尔分数）之比表示，即

$$v_A = \frac{p_A}{x_A} \tag{7.6a}$$

$$v_B = \frac{p_B}{x_B} \tag{7.6b}$$

式中：v——组分的挥发度，Pa。

对于理想溶液，因其服从拉乌尔定律，则式（7.6b）变为

$$v_A = p_A^\circ \tag{7.7a}$$

$$v_B = p_B^\circ \tag{7.7b}$$

2. 相对挥发度

由挥发度的定义可知，混合液中各组分的挥发度是随温度而变的，因此在精馏计算中并不方便，故引出相对挥发度。

相对挥发度，即为混合液中组分挥发度之比，用 α 表示。对两组分物系，习惯上将易挥发组分作为分子，即

$$\alpha = \frac{v_A}{v_B} = \frac{p_A/x_A}{p_B/x_B} \tag{7.8}$$

当操作压强不高，气相遵循道尔顿分压定律，则式（7.8）可表示为

$$\alpha = \frac{P_{总}\ y_A/x_A}{P_{总}\ y_B/x_B} = \frac{y_A x_B}{y_B x_A} \tag{7.9a}$$

或

$$y_A/y_B = \alpha x_A/x_B \tag{7.9b}$$

式（7.8）和式（7.9a）为相对挥发度的定义式。通常，α 值由实验测定。对理想溶液，则有

$$\alpha = \frac{p_A^\circ}{p_B^\circ} \tag{7.10}$$

式（7.10）表明，理想溶液中组分间的相对挥发度等于同温度下两组分的饱和蒸气压之比。当温度变化时，由于 p_A°和 p_B°均随着温度沿相同的方向变化，因此两者的比值变化不大，故一般可视为常数，或可取为操作温度范围的平均值。

对两组分溶液，式（7.9b）可写为

$$\frac{y_A}{1-y_A} = \alpha \frac{x_A}{1-x_A}$$

由上式解得 y_A，并略去下标，则有：

$$y = \frac{\alpha x}{1+(\alpha-1)x} \tag{7.11}$$

式（7.11）称为气液平衡方程。若已知两组分的相对挥发度，则可利用平衡方程求得平衡时气、液相组成的关系。

例 7.1　计算不同温度下的正庚烷与正辛烷的相对挥发度，并求出其算术平均值。

解：此溶液为理想溶液，可由式 7.10 计算平均相对挥发度 α_m。p_A°、p_B°见表 7.1。计算结果见表 7.2。

表 7.1　正庚烷（A）和正辛烷（B）的饱和蒸气压与温度关系数据

温度 t/℃	p_A°/kPa	p_B°/kPa	温度 t/℃	p_A°/kPa	p_B°/kPa
98.4	101.3	44.4	115	160.0	74.8
105	125.3	55.6	120	180.0	86.6
110	140.0	64.5	126.6	205.0	101.3

表 7.2　计算结果

温度/℃	98.4	105	110	115	120	126.6
$\alpha=p_A^\circ/p_B^\circ$	2.28	2.25	2.17	2.13	2.08	2.02

平均相对挥发度 α_m 为

$$\alpha_m = \frac{2.28+2.25+2.17+2.13+2.08+2.02}{6} = 2.16$$

由此可见，α 随温度变化，但变化不大，所以利用式 7.11 计算相平衡关系时，式中 α 可用 α_m 代替。

二、非理想溶液的气液相平衡

对于非理想溶液，若非理想程度不严重，则其 t-x-y 图及 y-x 图的形状与理想溶液的相仿；若非理想程度严重，则可能出现恒沸点和恒沸组成。非理想溶液可分为与理想溶液发生正偏差的溶液和负偏差的溶液。例如，乙醇-水物系是具有正偏差的非理想溶液；硝酸-水物系是具有负偏差的非理想溶液。它们的 y-x 图分别如图 7.3 和 7.4 所示。

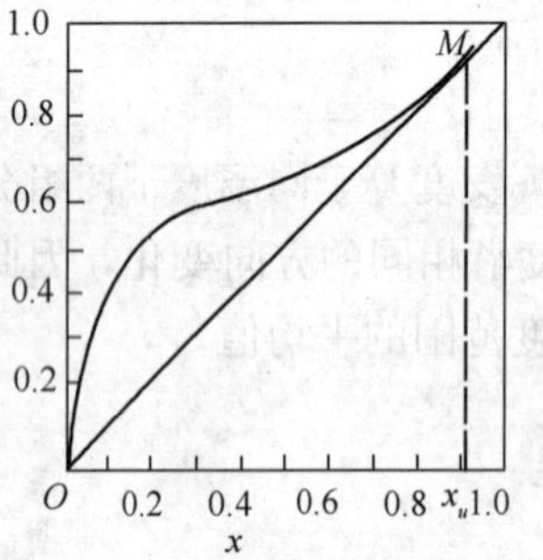

图 7.3　乙醇-水溶液的 y-x 图

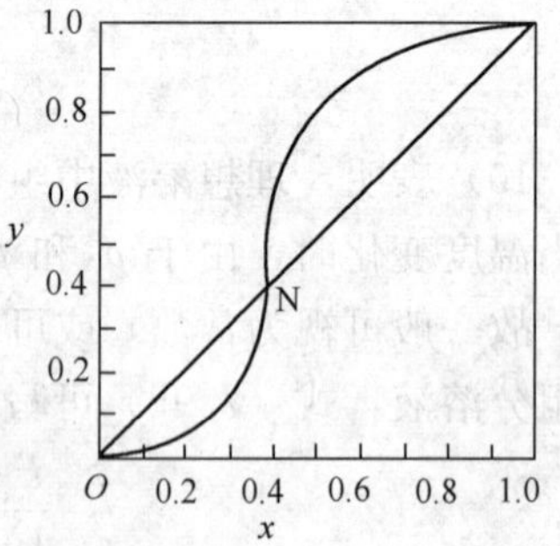

图 7.4　硝酸-水溶液的 y-x 图

由图可见，平衡曲线与对角线分别交于点 M 和点 N，交点处的组成称为恒沸组成，表示气液两相组成相等。因此，普通的精馏方法不能用于分离恒沸溶液。

第三节　蒸馏与精馏原理

一、简单蒸馏及流程

简单蒸馏又称微分蒸馏，是一种单级蒸馏过程。简单蒸馏装置如图 7.5 所示。

原料液加入蒸馏釜 1 中，釜内用饱和蒸气间接加热，溶液温度升至泡点并部分汽化，产生的蒸气随即进入冷凝器 2 中，冷凝液按不同的组成范围进入各贮罐 3 中，即得到馏出液产品。由于气相组成大于液相组成，因此随着蒸馏过程的进行，釜中液相组成不断地下降，相应产生的气相组成也随之降低。通常当馏出液平均组成或釜残液组成降到某一规定值后，即停止蒸馏操作。可见简单蒸馏是非定态过程，物系的温度和组成均随时间而变。

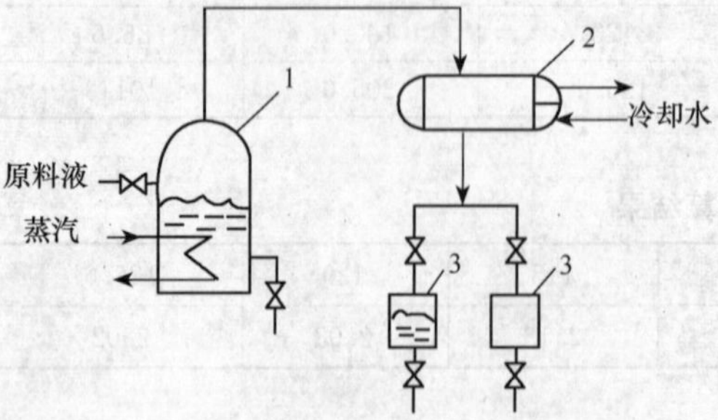

图 7.5　简单蒸馏装置流程示意图

1. 蒸馏釜；2. 冷凝器；3. 贮罐

简单蒸馏多用于混合液的初步分离。

二、平衡蒸馏

平衡蒸馏是一种单级的蒸馏操作。通常，将液体混合物在蒸馏釜内部分汽化，并使气、液两相达到平衡状态，将气、液两相分离的过程，称为平衡蒸馏。这种操作既可以间歇又可以连续方式进行。

连续操作的平衡蒸馏又称闪蒸。图 7.6 为闪蒸的装置示意图。

混合液先经加热器升温到指定温度（略高于分离器压强下液体的泡点），然后通过减压阀使其降压后进入分离器中。在减压后液体泡点下降，液体变为过热状态，致使液体突然蒸发，部分汽化，汽化所需的汽化热由液体的显热提供，因此液体的温度下降。最后气、液两相达到平衡，气、液两相分别从分离器的顶部和底部排出，即为平衡蒸馏的产品。通常，分离器又称为闪蒸罐（塔）。

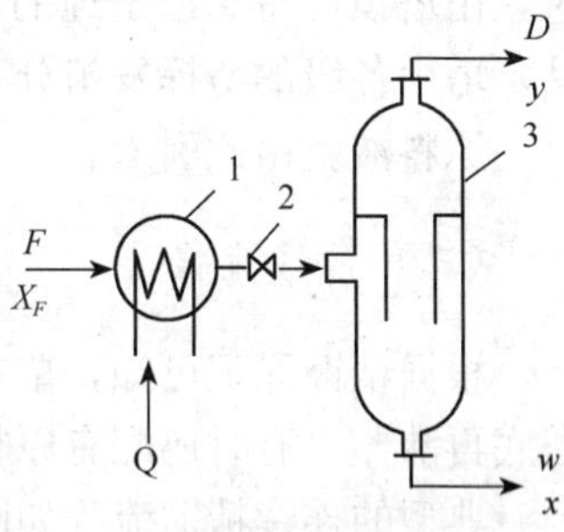

图 7.6　平衡蒸馏装置

1. 加热器；2. 减压阀；3. 分离器

平衡蒸馏的分离效果不高，一般用于原料液的粗分或多组分的初步分离。

三、精馏原理及流程

（一）精馏原理

精馏过程原理可用气液平衡相图说明，如图 7.7 所示。若将组成为 x_F、温度低于泡点的某混合液加热到泡点以上，使其部分气化，并将气相和液相分开，则所得气相组成 y_1，液相组成为 x_1，且 $y_1 > x_F > x_1$，此时气液相量可用杠杆规则确定。若将组成为 y_1 的气相混合物进行部分冷凝，则可得到组成为 y_2 的气相和组成为 x_2 的液相；又若将组成为 y_2 的气相部分冷凝，则可得到组成为 y_3 的气相和组成为 x_3 的液相，且 $y_3 > y_2 > y_1$。可见气体混合物经多次部分冷凝后，在气相中可获得高纯度的易挥发组分。同时，若将组成为 x_1 的液相经加热器加热，使其部分汽化，则可得到组成为 x_2' 的液相和组成为 y_2'（图中未标出）的气相，再将组成为 x_2' 的液相进行部分汽化，可得到组成为 x_3' 的液相组成和组成为 y_3' 的气相（图中未标出），且 $x_3' < x_2' < x_1$。可见液体混合物经过多次部分汽化，在液相中可获得高纯度的难挥发组分。

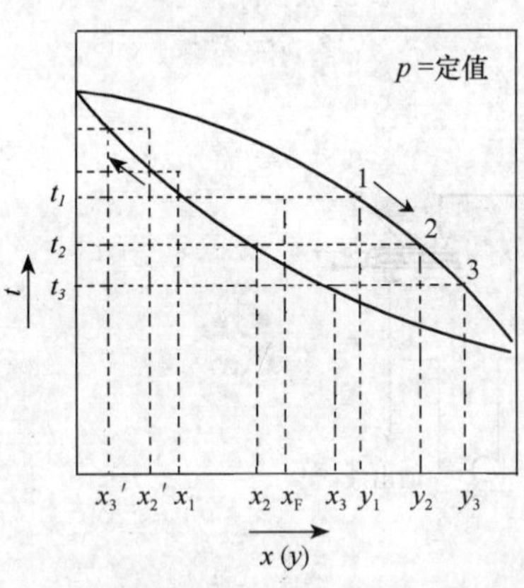

图 7.7　多次部分汽化和部分冷凝

综上所述，通过多次部分汽化、多次部分冷凝的方法分离液体均相混合物，可使混合物得到较为完全的分离，但这种方法若用于工业生产中会有不少实际困难，如纯产品的产率很低、设备庞杂、能耗很大等。工业上怎样才能实现这一分离过程呢？

图 7.8 所示的多釜精馏流程可以看成精馏塔的模型。图中由第 $n+1$ 级（第 3 级）下降的液相（组成为 x_3）与由第 $n-1$ 级（第 1 级）上升的气相（组成为 y_1）在第 n 级（第 2 级）混合，由于存在着浓度差和温度差，同时进行传质和传热，液相中易挥发组分从液相转移至气相，气相中难挥发组分从气相转移至液相，从而省去了中间产物。目前工业上使用的精馏塔就是它的体现。精馏塔内通常有一些塔板或充填一定高度的填料。塔板上的液层或填料的湿表面是气液两相进行热量交换和质量交换的场所。操作时，由塔顶可得到近于纯的易挥发组分产品，同时塔底可得到近于纯的难挥发组分产品。塔中各级的易挥发组分含量由上至下逐渐降低，当某级的浓度与原料液相同或相近时，原料液就由此引入。

（二）精馏流程

根据精馏原理可知，单有精馏塔还不能完成精馏操作，而必须同时有塔顶冷凝器和塔底再沸器，有时还配有原料液加热器，回流液泵等附属设备。

典型的连续精馏流程如图 7.9 所示。原料液经预热后，送入精馏塔内。操作时，连续地从再沸器取出部分液体作为塔底产品（釜残液），部分液体汽化，产生上升蒸汽，依次通过各层塔板。塔顶蒸气进入冷凝器中被全部冷凝，并将部分冷凝液借助重力作用（也可用泵送）送回塔顶作为回流液体，其余部分经冷却器（图中末画出）后被送出作为塔顶产品（馏出液）。

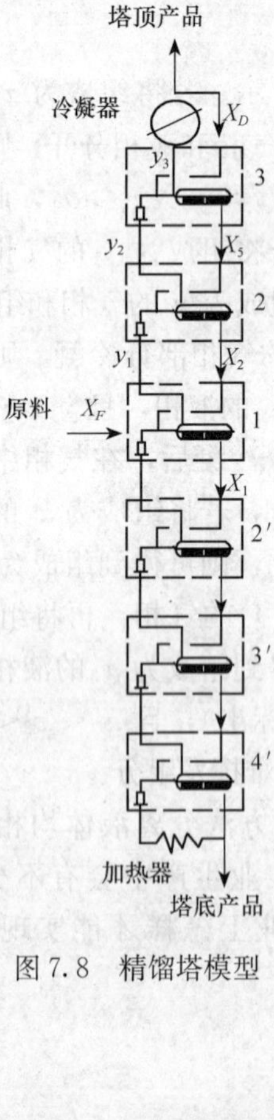

图 7.8　精馏塔模型

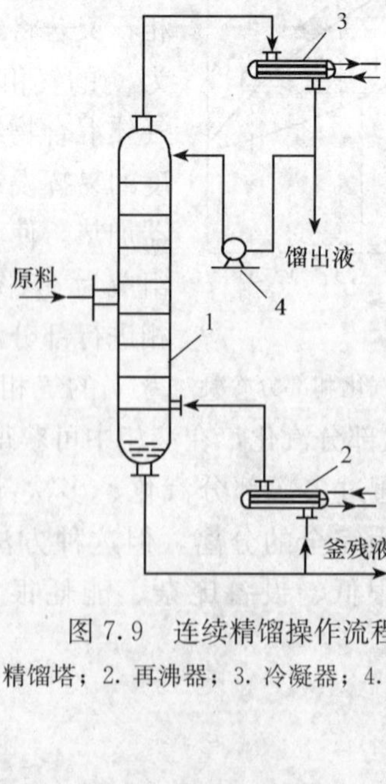

图 7.9　连续精馏操作流程

1. 精馏塔；2. 再沸器；3. 冷凝器；4. 回流液泵

通常将原料液进入的那层板称为加料板，加料板以上的塔段称为精馏段，加料板以下的塔段（包括加料板）称为提馏段。

第四节 两组分精馏的计算

精馏过程的计算可分为设计型和操作型两类。本章节点讨论板式塔的设计型计算。

精馏过程设计型计算，通常已知原料液流量、组成及分离程度，需要计算和确定的内容有：

(1) 选定操作压强和进料热状态等。

(2) 确定产品流量和组成。

(3) 确定精馏塔的理论板数和加料位置。

(4) 计算冷凝器和再沸器的热负荷，并确定两者的类型和尺寸。

(5) 选择精馏塔的类型，确定塔径、塔高和塔板结构尺寸，并进行流体力学验算。

本节重点介绍前四项，第五项在本章第六节中讨论。

一、理论板的概念及恒摩尔流假定

(一) 理论板的概念

所谓理论板，是指气液两相在板上充分接触混合，塔板上不存在温度差、浓度差，离开该板时气液两相达到平衡状态，即两相温度相等，组成互为平衡。

实际上，塔板上两相接触面积和接触时间是有限的，因此在任何形式的塔板上，气液两相难以达到平衡状态，即理论板是不存在的。理论板仅用做衡量实际板分离效率的依据和标准。

通常，在精馏计算中，先求得理论板数，然后利用塔板效率予以修正，从而确定出所需的实际塔板数。引入理论板的概念，对精馏过程的分析和计算是十分有用的。

(二) 恒摩尔流假定

由于精馏过程既涉及传热又涉及传质，相互影响的因素较多，为了简化计算，通常引入塔内恒摩尔流的假定。

1. 恒摩尔气流

恒摩尔气流是指在精馏塔内，在没有中间加料（或出料）条件下，各层板的上升蒸气摩尔流量相等，即

精馏段 $V_1=V_2=V_3=\cdots=V=$常数

提馏段 $V_1=V_2=V_3=\cdots=V=$常数

但两段的上升蒸气摩尔流量不一定相等。

2. 恒摩尔液流

恒摩尔液流是指在精馏塔内，在没有中间加料（或出料）条件下，各层板的下降液

体摩尔流量相等，即

精馏段　　$L_1=L_2=L_3=\cdots=L=$常数

提馏段　　$L_1'=L_2'=L_3'=\cdots=L'=$常数

但两段的下降液体摩尔流量不一定相等。

上述两项假设总称为恒摩尔流假定。在塔板上气、液两相接触时，若有 $n$kmol/h 的蒸气冷凝相应有 $n$kmol/h 的液体汽化，这样恒摩尔流的假定才能成立。为此必须满足以下条件：

(1) 混合物中各组分的摩尔气化潜热相等。

(2) 各板上液体显热的差异可忽略（即两组分的沸点差较小）。

(3) 塔设备保温良好，热损失可忽略。

由此可见，对基本上符合以上条件的系统，在塔内可视为恒摩尔流动。以后介绍的精馏计算是以恒摩尔流为前提的。

二、物料衡算和操作

（一）全塔的物料衡算

通过对全塔的物料衡算，可以求出馏出液和釜残液的流量、组成以及进料流量、组成之间的关系。

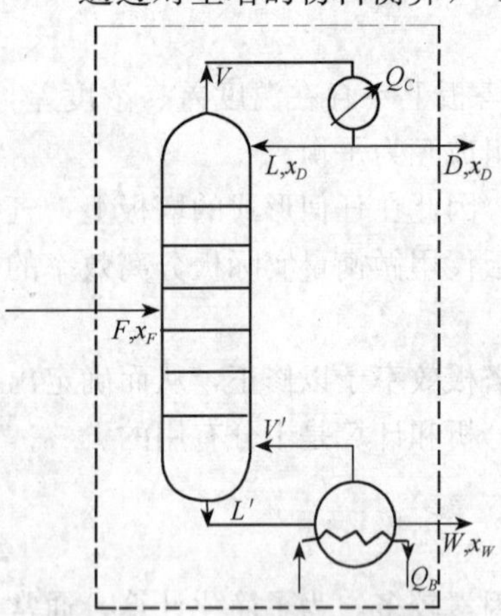

图 7.10　精馏塔的物料衡算

对图 7.10 所示的间接蒸气加热的连续精馏塔作全塔物料衡算，并以单位时间为基准，则

总物料　　$F=D+W$　　(7.12a)

易挥发组分　　$Fx_F=Dx_D+Wx_W$　　(7.12b)

式中：F——原料液流量，kmol/s；

D——塔顶产品（馏出液）流量，kmol/s；

W——塔底产品（釜残液）流量，kmol/s；

x_F——原料液中易挥发组分的摩尔分数；

x_D——馏出液中易挥发组分的摩尔分数；

x_W——釜残液中易挥发组分的摩尔分数。

在式（7.12a）和式（7.12b）中，通常 F 和 x_F 为已知，因此只要给定两个参数，即可求出其他参数。

在精馏计算中，分离程度除用两产品的摩尔分数表示外，有时还用回收率表示，即

$$塔顶易挥发组分回收率=\frac{Dx_D}{Fx_F}\times100\% \qquad (7.13)$$

$$塔底难挥发组分回收率=\frac{W(1-x_W)}{F(1-x_F)}\times100\% \qquad (7.14)$$

例 7.2　在连续精馏塔中分离苯-甲苯混合液，已知原料液流量为 15000kg/h，其中苯含量为 40%（质量%，下同），要求塔顶馏出液中苯的回收率为 97.1%，釜残液中含苯不高于 2%，试求馏出液和釜残液的流量及组成。

解： 苯的摩尔质量为 78，甲苯的摩尔质量为 92。

进料组成 $$x_F=\frac{40/78}{40/78+60/92}=0.44$$

釜残液组成 $$x_W=\frac{2/78}{2/78+98/92}=0.0235$$

原料液的平均摩尔质量　$M_F=0.44\times78+0.56\times92=85.8$

原料液流量　$F=15000/85.8=175.0$（kmol/h）

依题意知 $$Dx_D/Fx_F=0.971 \tag{7.15a}$$

所以 $$Dx_D=0.971\times175\times0.44 \tag{7.15b}$$

全塔物料衡算 $$D+W=F=175$$
$$Dx_D+Wx_W=Fx_F$$

或 $$Dx_D+0.0235W=175\times0.44 \tag{7.15c}$$

联立式（7.15a）、式（7.15b）和式（7.15c），解得

$$D=80.0\text{kmol/h},\ W=95.0\text{kmol/h},\ x_D=0.935$$

（二）精馏段的物料衡算

在连续精馏塔中，由于原料液不断地进入塔内，因此精馏段与提馏段两者的操作关系是不相同的，应分别予以讨论。

按图 7.11 虚线范围（包括精馏段第 $n+1$ 层塔板以上塔段和冷凝器）做物料衡算，以单位时间为基准，即

总物料 $$V=L+D \tag{7.16a}$$

易挥发组分 $$Vy_{n+1}=Lx_n+Dx_D \tag{7.16b}$$

式中：x_n——精馏段中任意第 n 层板下降液体的组成，摩尔分数；

y_{n+1}——精馏段中任意第 $n+1$ 层板上升蒸气的组成，摩尔分数。

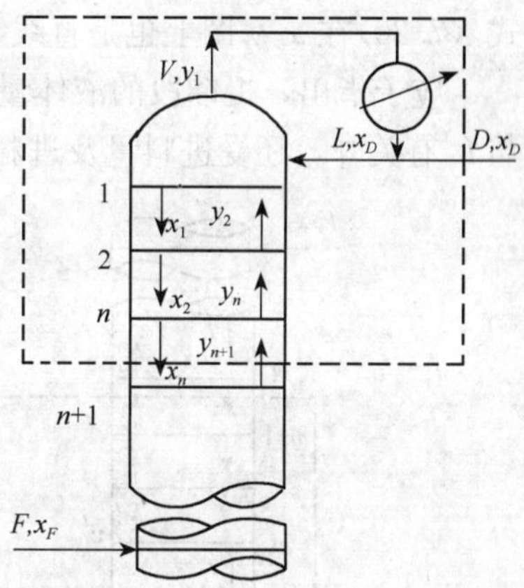

图 7.11　精馏段操作线的推导

将式（7.16a）代入式（7.16b），并整理得

$$y_{n+1}=\frac{L}{L+D}x_n+\frac{D}{L+D}x_D \tag{7.17}$$

若将式（7.17）等号右边的两项的分子和分母同时除以 D，可得

$$y_{n+1}=\frac{L/D}{L/D+1}x_n+\frac{1}{L/D+1}x_D$$

令 $L/D=R$，代入上式得

$$y_{n+1}=\frac{R}{R+1}x_n+\frac{1}{R+1}x_D \tag{7.18}$$

式中：R 称为回流比，它是精馏操作的重要参数之一。其值一般由设计者选定。R 值的确定将在后面讨论。

式（7.17）和式（7.18）称为精馏段操作线方程。此二式表示在一定操作条件下，精馏段内自任意第 n 层板下降的液相组成 x_n 与其相邻的下一层板（如第 $n+1$ 层板）上升蒸气气相组成 y_{n+1} 之间的关系。该式在 x-y 直角坐标图上为直线，其斜率为 $R/(R+1)$，截距为 $x_D/(R+1)$，如图 7.13 中直线 ab。

（三）提馏段的物料衡算

按图 7.12 虚线范围（包括提馏段第 m 层板以下塔段及再沸器）作物料衡算，以单位时间为基准，即

总物料　　$$L'=V'+W \tag{7.19a}$$

易挥发组　　$$L'x'_m=V'y'_{m+1}+Wx_W \tag{7.19b}$$

式中：x'_m——提馏段第 m 层板下降液体中易挥发组分的摩尔分数；

y'_{m+1}——提馏段第 $m+1$ 层板上升蒸气中易挥发组分的摩尔分数。

将式（7.19b）代入式（7.19a），并整理可得

$$y'_{m+1}=\frac{L'}{L'-W}x'_m-\frac{W}{L'-W}x_W \tag{7.20}$$

式（7.20）称为提馏段操作线方程式。此式表示在一定操作条件下，提馏段内自任意第 m 层板下降液体组成 x'_m 与其相邻的下一层板（第 $m+1$ 层）上升蒸气组成 y'_{m+1} 之间的关系。根据恒摩尔流的假定，L' 为定值，且在稳定操作时，W 和 x_W 也为定值，故式（7.20）在 x-y 图上也是直线，如图 7.13 直线 cd。

应予指出，提馏段的液体量 L' 不如精馏段的液体流量 L 那样容易求得，因为 L' 除与 L 有关外，还受进料量及进料热状况的影响。

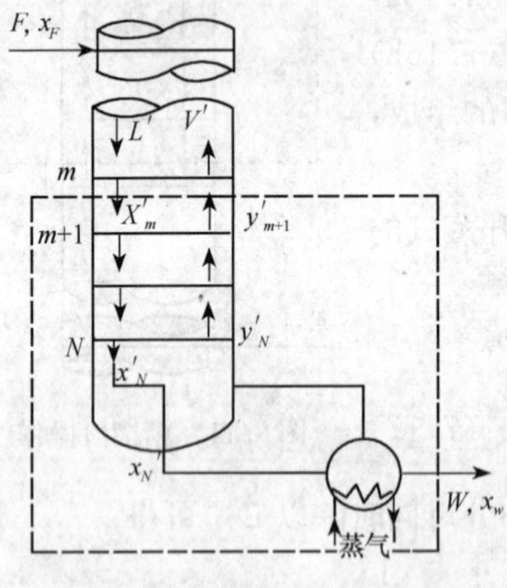

图 7.12　提馏段操作线议程的推导

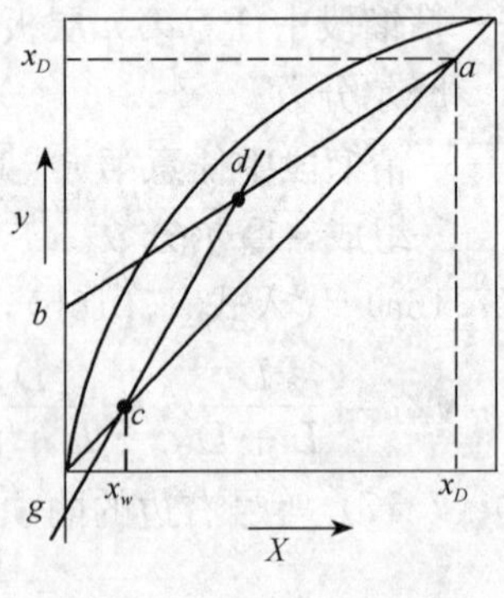

图 7.13　精馏塔的操作线

三、进料热状况的影响

（一）进料热状况

在生产中，加入精馏塔中的原料可能有以下五种热状况：

(1) 冷液体进料，原料为温度低于泡点的冷液体。

（2）饱和液体进料，原料温度为泡点的饱和液体，又称泡点进料；

（3）气液混合物进料，原料温度介于泡点和露点之间的气液混合物；

（4）饱和蒸气进料，原料温度为露点的饱和蒸气，又称露点进料；

（5）过热蒸气进料，原料温度为高于露点的过热蒸气。

进料热状况的不同，影响精馏段和提馏段的液体流量 L 和 L' 之间的关系以及上升蒸气 V 与 V' 之间的关系。图 7.14 定性地表示不同进料热状况下由进料板上升的蒸气及由该板下降的液体的摩尔流量变化情况。

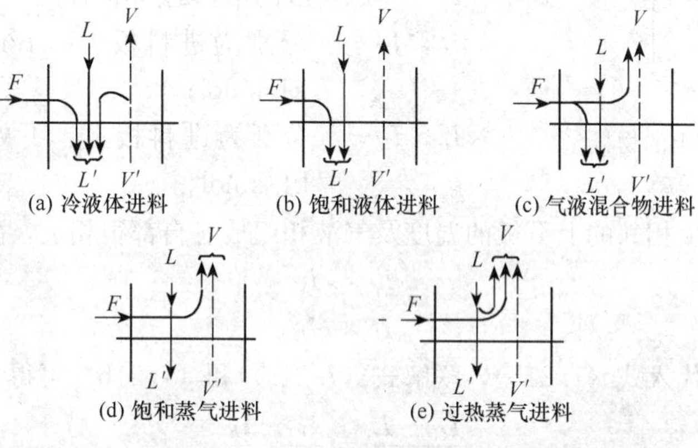

图 7.14　进料热状态对进料板上、下各流股的影响

（1）对于冷液体进料，提馏段内下降液体流量 L' 包括三部分：精馏段的下降液体流量 L；原料液流量 F；为将原料液加热到板上泡点温度必然会有部分自提馏段上升的蒸气被冷凝下来，冷凝液量也成为 L' 的一部分。

$$L' > L + F \qquad V' > V$$

（2）对于泡点进料，由于原料液的温度与板上液体的温度相近，因此原料液全部进入提馏段，作为提馏段的下降液体，而两段的上升蒸气流则相等，即

$$L' = L + F \qquad V' = V$$

（3）对于气液混合物进料，则进料中液相部分成为 L' 的一部分，而蒸气部分则成为 V 的一部分，即

$$L < L' < L + F \qquad V' < V$$

（4）于露点进料，整个进料变为 V 的一部分，两段的液体流量则相等，即

$$L = L' \qquad V = V' + F$$

（5）对于过热蒸气进料，此种情况与冷液进料恰好相反。精馏段上升蒸气流量 V 包括以下三部分：提馏段上升蒸气流量 V'；原料液流量 F；为将进料温度降至板上泡点温度，必然会有一部分来自精馏段的下降液体体被气化，气化的蒸气量也成为 V 的一部分。

$$L' < L \qquad V > V' + F$$

由上面分析可知，精馏塔中两段的气液摩尔流量之间的关系与进料的热状态有关，定量关系可通过进料板的物料衡算与热量衡算求得。

（二）进料热状况参数

1）进料板的物料衡算与热量衡算

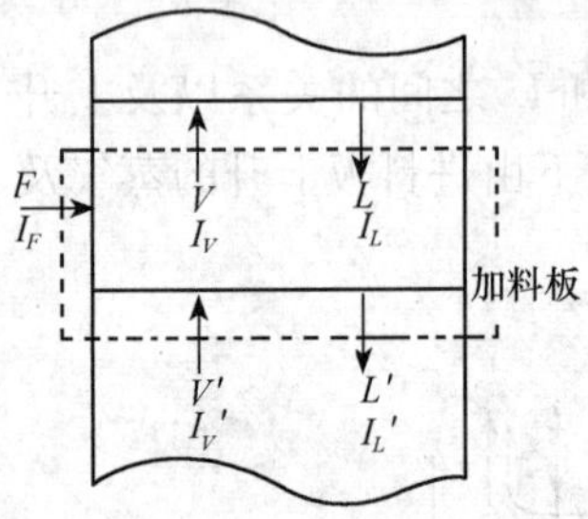

图 7.15　进料板上的物料衡算和热量衡算

对图 7.15 所示的进料板分别做物料衡算及热量衡算，即

$$F + V' + L = V + L' \tag{7.21a}$$

$$FI_F + V'I_{V'} + LI_L = VI_V + L'I_{L'} \tag{7.21b}$$

式中：I_F——原料液的焓，kJ/kmol；

I_V，$I_{V'}$——分别为进料板上、下处饱和蒸气的焓，kJ/kmol；

I_L，$I_{L'}$——分别为进料板上、下处饱和液体的焓，kJ/kmol。

由于与进料板相邻的上下板的温度及气液相组成各自都很相近，故有

$$I_V \approx I_{V'}$$

$$I_L \approx I_{L'}$$

将上述关系代入式（7.21b），联解式（7.21a）和（7.21b）可得

$$\frac{L' - L}{F} = \frac{I_V - I_F}{I_V - I_{L'}} \tag{7.22a}$$

令

$$q = \frac{I_V - I_F}{I_V - I_L} = \frac{\text{将 1kmol 原料变为饱和蒸气所需热量}}{\text{原料液的千摩尔气化潜热}} \tag{7.22b}$$

q 称为进料热状况参数。对各种进料热状况，可用式（7.22b）计算 q 值。

根据式（7.22a）和式（7.21a）可得

$$L' = L + qF \tag{7.23}$$

$$V' = V + (q - 1)F \tag{7.24}$$

式（7.23）和式（7.24）表示在精馏塔内精馏段和提馏段的气液相流量与进料量及进料热状况参数之间的基本关系。

根据 q 的定义可得

冷液体进料	$q>1$
饱和液体进料	$q=1$
气液混合物进料	$0<q<1$
饱和蒸气进料	$q=0$
过热蒸气进料	$q<0$

若将式（7.23）代入（7.20），则提馏段操作线方程可改写为

$$y'_{m+1} = \frac{L + qF}{L + qF - W} x'_m - \frac{W}{L + qF - W} x_W \tag{7.25}$$

对一定的操作条件而言，式（7.25）中的 L、F、W、x_W 及 q 为已知值或易于求得的值。

例 7.3　分离例 7.2 中的溶液时，若进料为饱和液体，选用的回流比 $R=2.5$，试

求提馏段操作线方程式，并说明操作线的斜率和截距的数值。

解：由例 7.2 知

$$x_W = 0.0235, W = 95\text{kmol/h}, F = 175\text{kmol/h}, D = 80\text{kmol/h}。$$

而 $$L=RD=2.5\times 80=200\text{kmol/h}$$

因饱和液体进料，故

$$q=\frac{I_V-I_F}{I_V-I_L}=1$$

将以上数值代入式（7.25），即可求得提馏段操作线方程式

$$y'_{m+1}=\frac{200+175}{200+175-95}x'_m-\frac{95}{200+175-95}\times 0.0235$$

或

$$y'_{m+1}=1.339x'_m-0.00797$$

该操作线的斜率为 1.339，在 y 轴上的截距为 −0.00797。由计算结果可看出，本题提馏段的截距值是很小的，一般情况下也是如此。

2）进料方程（或 q 线方程）

提馏段操作线的作法如下：

由图 7.16 可见，提馏段操作线的截距数值很小，因此提馏段操作线 cd 不易准确作出，而且这种做图方法不能直接反映出进料热状态的影响。因此，通常是先找出提馏段操作线与精馏段操作线的交点 d，再连接 cd 即可得到提馏段操作线。两操作线的交点可由联解两操作线方程而得到。若略去式（7.16b）和式（7.19b)中变量的上下标，可得

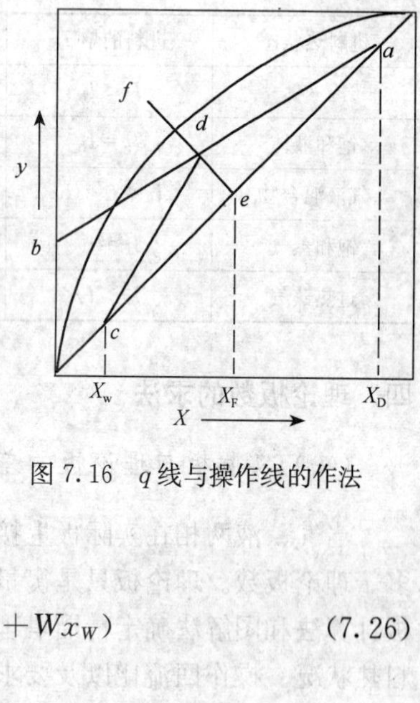

图 7.16　q 线与操作线的作法

$$Vy=Lx+Dx_D$$

$$V'y=L'x-Wx_W$$

上二式相减可得：

$$(V'-V)y=(L'-L)x-(Dx_D+Wx_W) \tag{7.26}$$

由式（7.23），式（7.24）和式（7.13a）可知

$$L'-L=qF$$

$$V'-V=(q-1)F$$

及 $$Fx_F=Dx_D+Wx_W$$

将上述三式代入式（7.26），并整理得

$$y=\frac{q}{q-1}x-\frac{x_F}{q-1} \tag{7.27}$$

式（7.27）称为进料方程或 q 线方程，即为两操作线交点的轨迹方程。在连续稳定操作中，当进料热状况一定时，进料方程也是一直线方程，标绘在 x-y 图上的直线称为 q 线。该线的斜率为 $q/(q-1)$，截距 $-x_F/(q-1)$。q 线必与两操作线相交于一点。

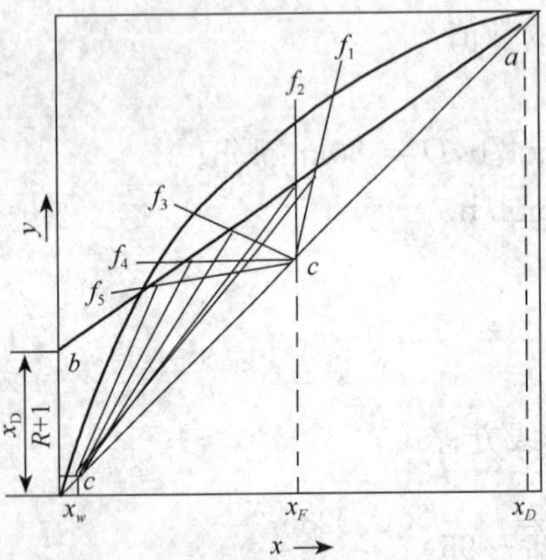

图 7.17 进料热状况对 q 线的影响

若将式（7.27）与对角线方程 $y=x$ 联立，解得交点坐标为 $x=x_F$，$y=x_F$，如图 7.16 中点 e。再过 e 点作斜率为 $q/(q-1)$ 的直线，如图中直线 ef，即为 q 线。q 线与精馏段操作线 ab 相交于点 d，该点即为两操作线交点。连接点 c（x_W，x_W）和点 d，直线 cd 即为提馏段操作线。

进料热状况对 q 线及操作线的影响：进料热状况不同，q 线及 q 线的斜率也就不同，故 q 线与精馏段操作线的交点因进料热状况不同而变动，从而提馏段操作线的位置也就随之而变化。当进料组成、回流比及分离要求一定时，进料热状况对 q 线及操作线的影响如图 7.17 所示。不同的进料热状况对 q 值及 q 线的影响列于表 7.3 中。

表 7.3 进料热状况对 q 值及 q 线的影响

进料热状态	进料的焓 I_F	q 值	$q/q-1$	q 线在 x-y 图上位置
冷液体	$I_F<I_L$	>1	+	ef_1（↗）
饱和液体	$I_F=I_L$	1	∞	ef_2（↑）
气液混合物	$I_L<I_F<I_V$	$0<q<1$	—	ef_3（↖）
饱和蒸气	$I_F=I_V$	0	0	ef_4（←）
过热蒸气	$I_F>I_V$	<0	+	ef_5（↙）

四、理论板数的求法

（一）实际板与理论板的差异

当气、液两相在实际板上接触传质时，一般不能达到平衡状态，因此实际板数总应多于理论板数。理论板只是衡量实际分离效果的标准。对双组分连续精馏，通常采用逐板计算法和图解法确定精馏塔理论板数。在计算理论板数时一般需已知原料液组成、进料热状况、操作回流比以及要求的分离程度，并利用以下基本关系：

（1）气液平衡关系。

（2）塔内相邻两板气、液相组成间关系，即操作线方程。

（二）逐板计算法

参见图 7.18，若塔顶采用全凝器，从塔顶最上一层板（第 1 层）上升的蒸气进入冷凝器中被全部冷凝，因此塔顶馏出液组成及回流组成均与第 1 层的上升蒸气组成相同，即

$$y_1 = x_D = \text{已知值}$$

由于离开每层理论板的气液相组成是互成平衡的，故可由 y_1 利用气液平衡方程求得 x_1 即：

$$y_1=\frac{\alpha x_1}{1+(\alpha-1)x_1} \text{ 或 } x_1=\frac{y_1}{\alpha-(\alpha-1)y_1}$$

由于从下一层（第 2 层）板的上升蒸气组成 y_2 与 x_1 符合精馏段操作关系，故利用精馏段操作线方程可由 x_1 求得 y_2，即

$$y_2=\frac{R}{R+1}x_1+\frac{x_D}{R+1}$$

同理，y_2 与 x_2 互成平衡，即可用平衡方程由 y_2 求得 x_2 以及再用精馏段操作线方程由 x_2 求得 y_3，如此重复计算，直至计算到 $x_n \leqslant x_F$（仅指饱和液体进料情况，对其他进料热状况，应计算到 $x_n \leqslant x_q$，x_q 为两操作线交点横坐标值）时，说明第 n 层理论板是加料板，因此精馏段所需理论板层数为 $(n-1)$，应予注意，在计算过程中，每使用一次平衡关系，表示需要一层理论板。

此后，可改用提馏段操作线方程，继续用与上述相同的方法求提馏段的理论板层数。因 $x_1'=x_n=$已知值，故可用提馏段操作线方程求

$$y_2'=\frac{L+qF}{L+qF-W}x_1'-\frac{W}{L+qF-W}x_W$$

然后利用平衡方程由 y_2' 求 x_2'，如此重复计算，直至计算到 $x_m' \leqslant x_W$ 为止。因一般再沸器内气、液两相视为平衡，再沸器相当于一层理论板，故提馏段所需理论板层数为 $(m-1)$。

逐板计算法是计算理论板数的基本方法，计算结果准确，且可同时求得各层塔板上的气液相组成。但该法比较繁杂，尤其当理论板数较多时更甚，故一般在双组分精馏计算中较少采用。

（三）图解法

图解法求理论板的基本原理与逐板计算法的完全相同，只不过是用平衡曲线和操作线分别代替平衡方程和操作方程，简便清晰，因此目前在双组分连续精馏计算中仍广泛应用。

参见图 7.19，图解法求理论板的步骤如下：

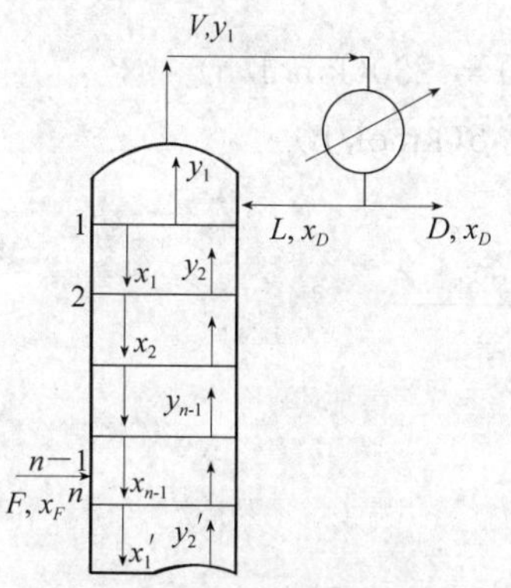

图 7.18 逐板计算法示意图

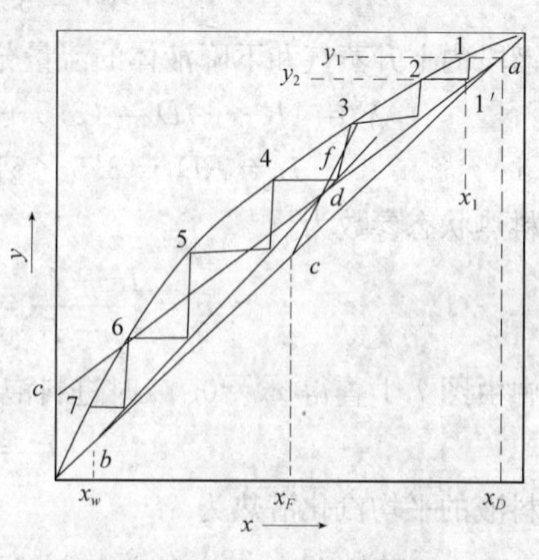

图 7.19 求理论板数的图解法

(1) 在 x-y 图上作平衡曲线和对角线。

(2) 依照前面介绍的方法作精馏段操作线 ab，q 线 ef，提馏段操作线 cd。

(3) 由塔顶即图中点 a（$x=x_D$，$y=x_D$）开始，在平衡线和精馏段操作线之间做直角梯级，当梯级跨过两操作线交点 d 点时，则改用提馏段操作线与平衡线之间绘梯级，直至梯级的铅垂线达到或超过点 c（x_W，x_W）为止。图中平衡线上每一个梯级的顶点表示一层理论板，其中过 d 点的梯级为加料板，最后一个梯级为再沸器。

在图 7.19 中，梯级总数为 7，第 4 级跨过点 d，即第 4 级为加料板，故精馏段理论板层数为 3。因再沸器相当于一层理论板，故提馏段理论板层数为 3。该过程共需 6 层理论板（不包括再沸器）。

有时从塔顶出来的蒸气先在分凝器中部分冷凝，冷凝液作为回流，未冷凝的蒸气再用全凝器冷凝，冷凝液作为塔顶产品。因为离开分凝器的气相与液相可视为互相平衡，故分凝器也相当于一层理论板。此时精馏段的理论层数应比相应的梯级数少一。

例 7.4 在常压连续精馏塔中，分离苯-甲苯混合液。已知原料液流量为116.6kmol/h，进料中苯的含量为 0.44（摩尔分数，下同），要求馏出液组成为 0.975，釜残液组成为 0.0235，回流比为 3.5，全塔物系的平均相对挥发度为 2.47，塔顶采用全凝器，泡点回流。进料温度为 20℃冷液体，塔釜采用间接蒸气加热，试用逐板计算法求理论板数。已知操作条件下苯的汽化潜热为 389kJ/kg，甲苯的汽化潜热为 360kJ/kg，原料液的平均比热为 158kJ/(kmol·℃)。苯-甲苯混合液的气液平衡数据（t-x-y）见本章图 7.1，苯和甲苯的相对摩尔质量分别为 78 和 92。

解： 由全塔物料衡算可得：

$$D+W=F=116.6 \tag{7.28}$$

$$及\ Dx_D+Wx_W=Fx_F$$

即
$$0.975D+0.0235W=116.6\times 0.44 \tag{7.29}$$

联立式（7.28）和（7.29）解得

$$D=51.0\text{kmol/h}$$
$$W=65.6\text{kmol/h}$$

精馏段内上升蒸气和下降液体的流量分别为

$$V=(R+1)D=(3.5+1)\times 51.0=230(\text{kmol/h})$$
$$L=RD=3.5\times 51.0=178.5(\text{kmol/h})$$

进料热状态参数为

$$q=\frac{I_V-I_F}{I_V-I_L}=\frac{c_p(t_s-t_F)+r}{r}$$

其中由图 7.1 查得 $x_F=0.44$ 时进料泡点温度为

$$t_s=93℃$$

原料液的平均汽化潜热为

$$r=0.44\times 389\times 78+0.56\times 360\times 92=31900(\text{kJ/kmol})$$

及
$$c_p=158\text{kJ/(kmol}\cdot℃)$$

故　　$$q=1+\frac{158\times(93-20)}{31900}=1.362$$

精馏段操作线方程为

$$y=\frac{R}{R+1}x+\frac{x_D}{R+1}=\frac{3.5}{3.5+1}x+\frac{0.975}{3.5+1} \tag{7.30}$$
$$=0.778x+0.217$$

q线方程为　$$y=\frac{q}{q-1}x-\frac{x_F}{q-1}=\frac{1.362}{1.362-1}x-\frac{0.44}{1.362-1} \tag{7.31}$$
$$=3.76x-1.215$$

提馏段操作线方程为

$$y=\frac{L+qF}{L+qF-W}x-\frac{W}{L+qF-W}x_W$$
$$=\frac{178.5+1.362\times116.6}{178.5+1.362\times116.6-65.5}x-\frac{65.5}{178.5+1.362\times116.6-65.5}\times0.0235 \tag{7.32}$$

$$x_n=\frac{y_n}{a-(a-1)y_n}=\frac{y_n}{2.47-1.47y_n} \tag{7.33}$$

因本题为冷液进料，计算中先用平衡方程和精馏段操作线方程进行逐板计算，直至$x_n\leqslant x_q$（注意此时x_q不是x_F）为止，然后改用提馏段操作线方程和平衡方程继续逐板计算，直至$x_m\leqslant x_W$为止。

x_q为q线和操作线的交点坐标，可由式（7.30）和式（7.31）联立解得

$$x_q=0.48$$

因塔顶采用全凝器，故

$$y_1=x_D=0.975$$

x_1由平衡方程式（7.33）求得，即

$$x_1=\frac{0.975}{2.47-1.47\times0.975}=0.9404$$

y_2由精馏段操作线方程式（7.30）求得，即

$$y_2=0.778\times0.9404+0.217=0.9486$$

依上述方法逐板计算，当求得$x_n\leqslant0.48$时该板为加料板。然后改用提馏段操作线方程式（7.32）和平衡方程式（7.33）进行计算，直至$x_m\leqslant0.0235$为止。计算结果列于表7.4中。

表7.4　例题7.6附表

序　号	y	x	备　注
1	0.975	0.9404	—
2	0.9486	0.8820	—
3	0.9032	0.7907	—
4	0.8322	0.6675	—

续表

序　号	y	x	备　注
5	0.7363	0.5306	—
6	0.6298	$0.4079<x_q$	加料板
7	0.5001	0.2883	改用提馏段操作线方程
8	0.3518	0.1802	—
9	0.2178	0.1013	—
10	0.1199	0.05227	—
11	0.05912	0.02481	—
12	0.02506	$0.01030<x_W$	再沸器

计算结果表明，该分离过程所需理论板数为 11（不包括再沸器），第 6 层为进料板。

例 7.5　分离例 7.4 中的苯-甲苯混合液，试用图解法求理论板数。

解： 图解法求理论板数的步骤如下：

(1) 在直角坐标图上利用平衡方程绘平衡曲线，并绘对角线，如图 7.20 所示。

(2) 在对角线上定点 a (0.975，0.975)，在 y 轴上截距为

$$\frac{x_D}{R+1}=\frac{0.975}{3.5+1}=0.217$$

据此在 y 轴上定出点 b，联接 ab 即为精馏段操作线。

(3) 在对角线上定出点 e (0.44，0.44)，过点 e 做斜率为 3.76 的直线 ef，即为 q 线。q 线与精馏段操作线相交于点 d。

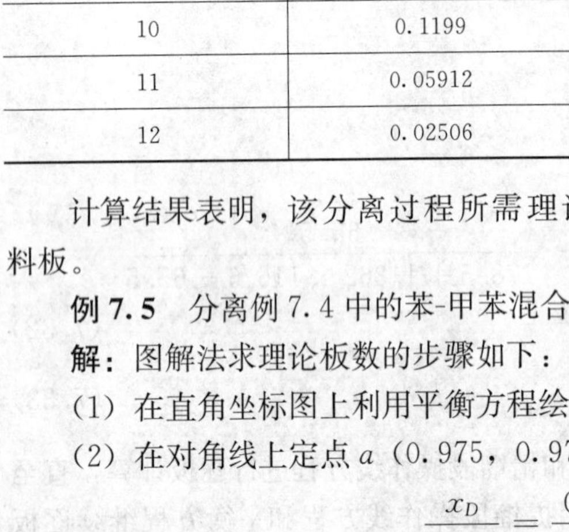

图 7.20　平衡曲线

(4) 在对角线上定出点 c (0.0235，0.0235)，联接 cd，该直线即为提馏段操作线。

(5) 自点 a 开始在平衡线和精馏段操作线间绘由水平线和垂直线构成的梯级，当梯级跨过点 d 后更换操作线，即在平衡线和提馏段操作线间绘梯级，直到梯级达到或跨过点 c 为止。

图解法结果所需理论板数为 10（不包括再沸器），自塔顶往下的第 5 层为进料板。

图解法结果与例 7.4 逐板计算的结果基本一致。

五、回流比的影响及选择

前已指出，回流是保证精馏塔连续稳定操作的必要条件之一，因此回流比是精馏过程的重要变量，它的大小影响精馏的投资费用和操作费用，也影响精馏塔的分离程度。

在精馏塔的设计中，对于一定的分离任务（a、F、x_F、q、x_D、及 x_W一定），设计者应选定适宜的回流比。回流比有两个极限值。

（一）全回流和最少理论板数

将精馏塔塔顶上升蒸气经全凝器冷凝后，全部回流至塔内，这种回流方式称为全回流。在全回流操作下，塔顶产品量 $D=0$，通常进料量 F 和塔底产品量 W 均为零，既不向塔内进料，也不从塔内取出产品。此时生产能力为零。因此对正常的生产无实际意义。但在精馏操作的开工阶段或在实验研究中，多采用全回流操作，这样便于过程的稳定控制和比较。

全回流时回流比为

$$R=L/D=L/0=\infty$$

因此，精馏段操作线的截距为

$$\frac{x_D}{R+1}=0$$

精馏段操作线的斜率为

$$\frac{R}{R+1}=1$$

可见，在 x-y 图上，精馏段操作线及提馏段操作线与对角线重合如图 7.21，全塔无精馏段和提馏段之分。全回流时操作线方程可写为

$$y_{n+1}=x_n \tag{7.34}$$

全回流时操作线距平衡线为最远，表示塔内气、液两相间传质推动力最大，因此对于一定的分离任务而言，所需理论板数为最少，以 $N_{\min}$ 表示。

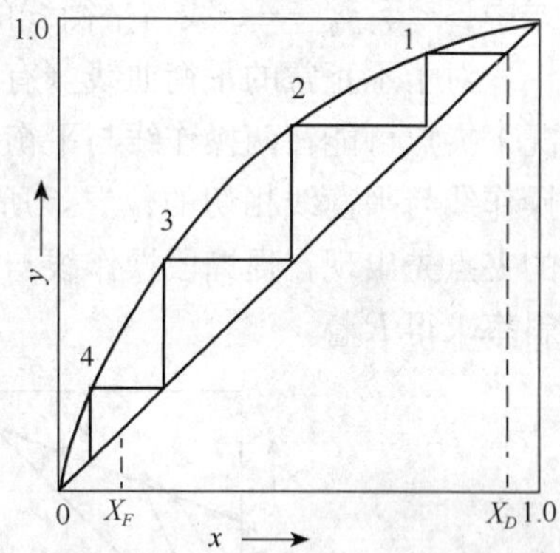

图 7.21 全回流时理论板数

$N_{\min}$可由在 x-y 图上平衡线和对角线之间绘梯级求得，同样也可用平衡方程和对角线方程逐板计算得到；后者可推导到求算 $N_{\min}$ 解析式，称为芬斯克方程，即

$$N_{\min}=\frac{\lg\left[\left(\frac{x_D}{1-x_D}\right)\left(\frac{1-x_W}{x_W}\right)\right]}{\lg\alpha_m}-1 \tag{7.35}$$

式中：$N_{\min}$——全回流时最少理论板数（不包括再沸器）；

α_m——全塔平均相对挥发度，可近似取塔顶和塔底 α 的几何平均值；为简化计算也可取它们的算术平均值。

（二）最小回流比

如图 7.22 所示，对于一定的分离任务，若减小回流比，精馏段操作线的斜率变小，两操作线的位置向平衡线靠近，表示气液两相间的传质推动力减小。因此，对特定分离

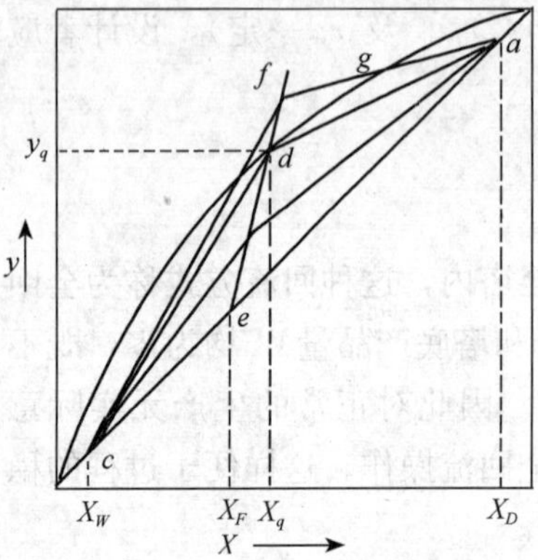

图 7.22　最小回流比的确定

任务所需理论板数增多。当回流比减小到某一数值后，使两操作线的交点 d 落在平衡曲线上时，图解时不论绘多少梯级都不能跨过点 d，表示所需的理论板数为无穷多，相应的回流比即为最小回流比，以 R_{min} 表示。

在最小回流比下，两操作线和平衡线的交点 d 称为夹点，而在点 d 前后各板之间（通常在加料板附近）区域，气液两相组成基本上没有变化，即无增浓作用，故此区域称为恒浓区（又称夹紧区）。

最小回流比 R_{min} 可用做图法或解析法求得。

1. 作图法

设 d 点的坐标为（x_q，y_q），最小回流比可依如图 7.22中 ad 线的斜率为

$$\frac{R_{min}}{R_{min}+1}=\frac{x_D-y_q}{x_D-x_q} \tag{7.36}$$

得

$$R_{min}=\frac{x_D-y_q}{y_q-x_q} \tag{7.37}$$

式中：x_q、y_q——q 线与平衡线的交点坐标，可由图中读得。

对于不正常的平衡曲线（有拐点，即平衡线有下凹部分），如图 7.23 所示。此种情况下夹点可能在两操作线与平衡线交点前出现，如该图（a）的夹点 g 先出现在精馏段操作线与平衡线相切的位置，所以应根据此时的精馏段操作线斜率求 R_{min}。该图（b）的夹点先出现在提馏段操作线与平衡线相切的位置，同样，应根据此时的精馏段操作线斜率求得 R_{min}。

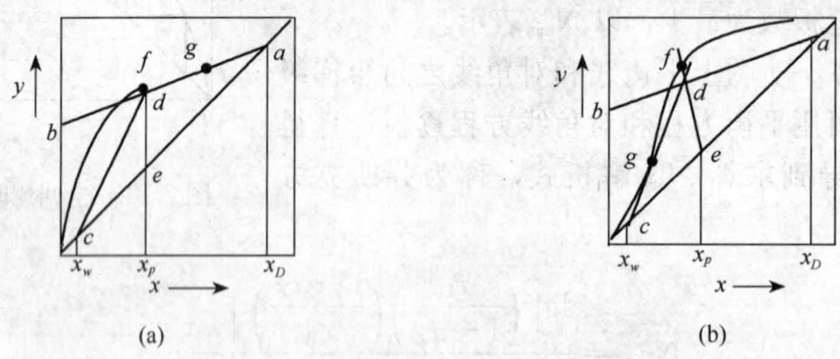

图 7.23　不正常平衡曲线的 R_{min} 的确定

2. 解析法

当平衡曲线为正常情况，相对挥发度可取为常数（或取为平均值）的理想溶液，则

$$y_q=\frac{\alpha x_q}{1+(\alpha-1)x_q}$$

代入式（7.35）整理得

$$R_{min}=\frac{1}{\alpha-1}\left[\frac{x_D}{x_q}-\frac{\alpha(1-x_D)}{1-x_q}\right] \tag{7.38}$$

对于某些进料热状况，式（7.39）可进一步化简。

饱和液体进料时，$x_q=x_F$，故 $R_{\min}=\dfrac{1}{\alpha-1}\left[\dfrac{x_D}{x_F}-\dfrac{\alpha(1-x_D)}{1-x_F}\right]$　　(7.39)

饱和蒸气进料时，$y_q=y_F$，故 $R_{\min}=\dfrac{1}{\alpha-1}\left[\dfrac{\alpha x_D}{y_F}-\dfrac{1-x_D}{1-y_F}\right]-1$　　(7.40)

（三）适宜回流比

在实际设计时，适宜回流比应通过经济核算确定。这要从精馏过程的设备费用与操作费用两方面考虑来确定。设备费用与操作费用之和为最低时的回流比称为适宜回流比。精馏过程的操作费用，主要包括再沸器加热介质消耗量、冷凝器冷却介质消耗量及动力消耗等费用。当回流比增加时，加热介质和冷却介质消耗量随之增加，操作费用相应增加，如图 7.24 中曲线 2 所示。

精馏过程的设备主要包括精馏塔、再沸器和冷凝器。当回流比最小时，塔板数为无穷大，故设备费为无穷大。当 R 稍大于 $R_{\min}$ 时，塔板数便从无穷多锐减到某一值，塔的设备费随之锐减。当 R 继续增加时，塔板数固然仍随之减少，但已较缓慢。另一方面，由于 R 的增加，上升蒸气量随之增加，从而使塔径、塔板尺寸及再沸器和冷凝器等尺寸相应增大，故 R 增加到某一数值后，设备费又回升，如图 7.24 中曲线 1 所示。

总费用是设备费用与操作费用之和，它与 R 的大致关系如图 7.24 中曲线 3 所示。曲线 3 的最低点对应的 R，即为适宜回流比（图 7.25）。

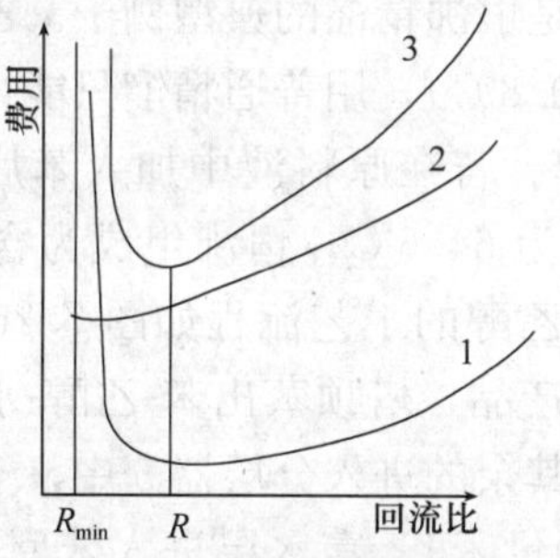

图 7.24　适宜回流比的确定

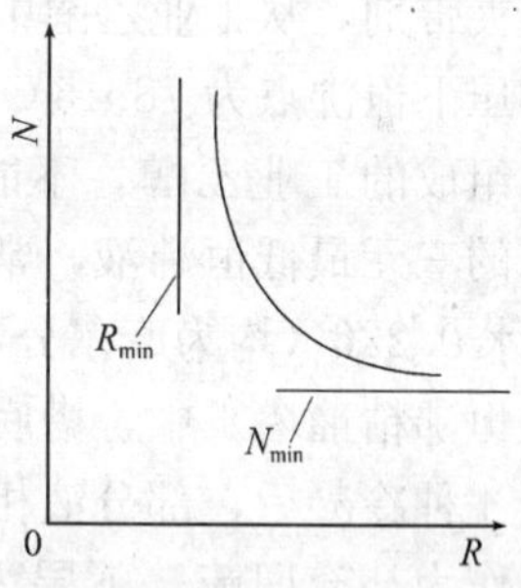

图 7.25　N 和 R 的关系

在精馏设计中，通常采用由实践总结出来的适宜回流比范围为

$$R=(1.1\sim2)R_{\min} \tag{7.41}$$

例 7.6　在常压连续精馏塔中分离苯－甲苯混合液。原料液组成为 0.4（苯的摩尔分为数，下同），馏出液组成为 0.95，釜残液组成为 0.05。操作条件下物系的平均相对挥发度为 2.47。试分别求饱和液体进料和饱和蒸气进料的最小回流比。

解：(1) 饱和液体进料 $x_q=x_F=0.4$。

由式（7.39）得

$$R_{\min}=\frac{1}{\alpha-1}\left[\frac{x_D}{x_F}-\frac{\alpha(1-x_D)}{1-x_F}\right]=\frac{1}{2.47-1}=\left[\frac{0.95}{0.4}-\frac{2.47\times(1-0.95)}{1-0.4}\right]=1.48$$

(2) 饱和蒸气进料 $y_q=y_F=0.4$。

由式（7.40）得

$$R_{min}=\frac{1}{\alpha-1}\left[\frac{\alpha x_D}{y_F}-\frac{1-x_D}{1-y_F}\right]-1=\frac{1}{2.47-1}\left[\frac{2.47\times0.95}{0.4}-\frac{1-0.95}{1-0.4}\right]-1=2.93$$

计算结果表明，不同进料热状态下，R_{min}值是不相同的，一般热进料时的R_{min}较冷进料时的R_{min}为高。

第五节　特殊精馏

生产中若待分离的物系中两组分的挥发度非常接近，为完成一定分离任务所需塔板数很多，这样可能在经济上不合适或在操作上难于实现；又若待分离的物系是恒沸液，则根本不能用普通精馏方法实现完全的分离。对此，一般可采用恒沸精馏或萃取精馏的方法，以分离上述混合液。这两种特殊精馏的基本原理都是在物系中加入第三组分，使待分离的原组分之间的挥发度增大，得以分离。本节仅讨论它们的流程和特点。

一、恒沸精馏

在混合液（恒沸液）中加入第三组分（称为夹带剂），该组分与原混合液中的一个或两个组分形成新的恒沸液，且其沸点较原组分和原恒沸液的沸点低，使组分间相对挥发度增大，从而使原料液能用普通精馏的方法予以分离，这种精馏方法称为恒沸精馏。

用苯作为夹带剂，从工业乙醇中制取无水乙醇是恒沸精馏的典型例子。乙醇与水形成共沸液（常压下恒沸点为78.15℃，恒沸组成为0.894），用普通精馏只能得到乙醇含量接近恒沸液组成的工业乙醇，不能得到无水乙醇。若在原料液中加入苯后，可形成苯、乙醇及水的三元最低恒沸液，常压下其恒沸点为64.6℃，恒沸组成为含苯0.554、乙醇0.230、水0.226（均为摩尔分数）。制取无水乙醇的工艺流程如图7.26所示。原料液与苯进入恒沸精馏塔1中，塔底得到无水乙醇产品，塔顶蒸出苯-乙醇-水三元恒沸物，在冷凝器4种冷凝后，部分液相回流至塔内，其余的进入分层器5中，上层为富苯层，返回塔1作为补充回流，下层为富水层（含少量苯）。富水层进入苯回收塔3中。塔3中的塔顶产品为乙醇-水恒沸液，送回塔1作为原料。在精馏过程中，苯是循环使用的，但要损失一部分，故需及时补充。

恒沸精馏的关键是选择合适的夹带剂。对夹带剂的主要要求是：

(1) 形成新的恒沸液沸点低，与被分离组分的沸点差大，一般两者沸点差不小于10℃。

(2) 新恒沸液所含夹带剂少，这样夹带剂用量与汽化量均少，热量消耗低。

(3) 新恒沸液宜为非均相混合物，可用分层法分离夹带剂。

(4) 使用安全、性能稳定、价格便宜等。

二、萃取精馏

萃取精馏也是在待分离的混合液加入第三组分（萃取剂或溶剂），以改变与原组分

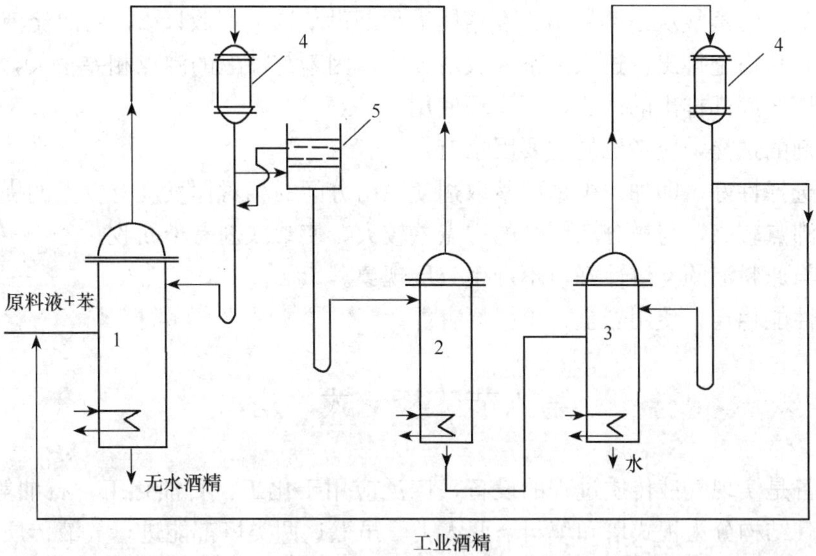

图 7.26 工业乙醇恒沸精馏示意图

1. 恒沸精馏塔；2. 苯回收塔；3. 乙醇回收塔；4. 冷却器；5. 分层器

间的相对挥发度而得到分离。不同的是萃取剂的沸点较原料液中各组分的沸点要高，且不与组分形成恒沸液。

萃取精馏常用于分离相对挥发度接近于 1 的物系（组分沸点十分接近）。例如苯与环己烷的沸点（分别为 80.1℃和 80.73℃）十分接近，难于用普通精馏的方法分离。若在苯-环己烷溶液中加入萃取剂糠醛（沸点为 161.7℃），由于糠醛分子与苯分子间的作用力较强，从而使环己烷和苯间的相对挥发度增大。

图 7.27 为分离苯-环己烷溶液的萃取精馏流程示意图。原料液从萃取精馏塔 1 的中部进如，萃取剂糠醛从塔顶加入，使它在塔中每层塔板上与苯接触，塔顶蒸出的是环己烷。

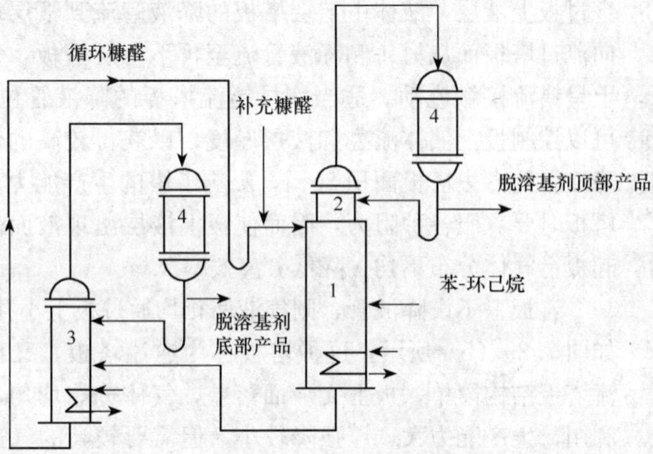

图 7.27 苯-环己烷萃取馏流程

1. 萃取精馏塔；2. 萃取剂回收塔段；3. 苯回收塔；4. 冷凝器

为避免糠醛蒸气从顶部带出，在精馏塔顶部设萃取剂回收段 2，用回流液回收。糠醛与苯一起从塔釜排出，送入溶剂回收塔 3 中，因苯与糠醛的沸点相差很大，故两者容易分离。塔 3 底部排出的糠醛，可循环使用。

萃取剂的选择，应考虑的主要因素有：

（1）选择性好，即加入少量的萃取剂使原组分间的相对挥发度有较大的提高。

（2）沸点较高，与被分离组分的沸点差较大，使萃取剂易于回收。

（3）与原料液的互溶性好，不产生分层现象。

（4）性能稳定，使用安全，价格便宜等。

第六节　板　式　塔

塔设备是实现气液传质过程的设备，广泛应用于化工、石油化工、石油等工业中。塔设备按其结构分为板式塔和填料塔两大类。虽然这两类塔都能进行气液传质过程，但在工业生产中，当处理量大时多采用板式塔，而当处理量小时多采用填料塔。对于一个具体的工艺过程，选用何种塔型，需要根据两类塔型各自特点和工艺本身的要求而定。

本节只针对板式塔作简单介绍。

一、板式塔的类型

板式塔通常是由呈圆柱形的塔体及按一定间距水平设置的若干块塔板构成如图 7.28所示。板式塔的种类很多，根据塔内液体的流动情况，板式塔可分为错流塔板和溢流塔板两大类。前者主要包括：泡罩塔、筛板塔、浮阀塔和喷射塔；后者主要是各种形式的穿流塔，如舌形塔和斜孔塔板。

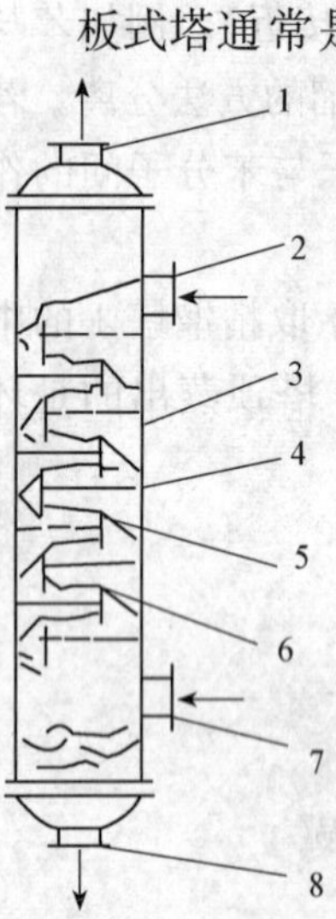

图 7.28　板式塔结构简图

1. 气体出口；2. 液体入口；3. 塔壳；4. 塔板；5. 降液管；6. 出口溢流堰；7. 气体入口；8. 液体出口

错流塔板如图 7.29（a）所示，板间有转供流体流通的降液管（又称溢流管）。塔内气体在压差的作用下由下而上通过板上小孔并穿过板上液层，液体由上层塔板的降液管流到下层塔板的一侧，横向流过塔板而从另一侧降液管流至再下一层塔板，气液两相在塔板上呈错流接触流动。适当安排错流塔板的降液管位置和堰的高度，可以控制板上液体流径和液层厚度，以获得较高的传质效率，但是降液管约占去塔板面积 20%，影响了塔的生产能力；而且液体横过塔板时要克服各种阻力，因而使板上液层出现液面落差大时，能引起板上气体分布不均，降低分离效率。

若板上不设降液管，则气液两相均通过板上小孔逆向穿流而过，如图 7.29（b）所示，这种塔板称为逆流塔板，又称穿流塔板。逆流塔板结构简单，板上无液面落差，气体分布均匀，板面可以充分利用，生产能力大，压强降较小，但需要较高的气速才能使板上积累液层，操作弹性小且效率较低，目前在气液传质操作中的应用远不及错流塔板广泛。本节只重点介绍错流塔板。

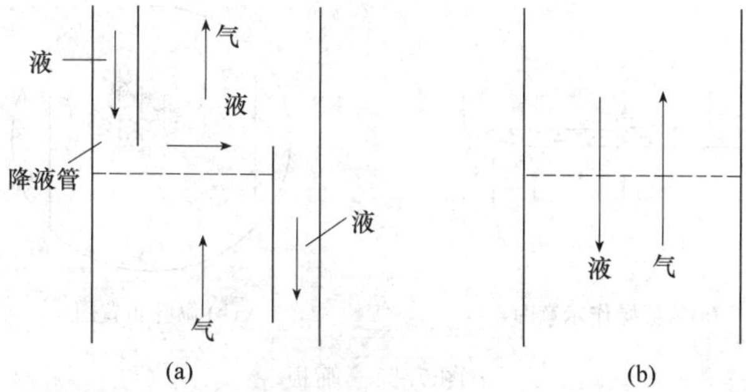

图 7.29 错流塔板与逆流塔板

(一) 泡罩塔

泡罩塔是工业上最早使用的板式塔（1813 年）。其结构如图 7.30 所示，每层塔板上设有许多供蒸气通过的升气管，其上覆以钟形泡罩，升气管与泡罩之间形成环形通道。泡罩周边开有很多称为齿缝的长孔，齿缝全部浸在板上液体中形成液封。操作时，气体沿升气管上升，经升气管与泡罩间的环隙，通过齿缝被分散成许多细小的气泡，气泡穿过液层使之成为泡沫层，以加大两相间的接通面积。液体由上层塔板降液管流到下层塔板的一侧，横过板上的泡罩后，开始分离所夹带的气泡，再越过溢流堰进入另一侧降液管，在管中气、液进一步分离，分离出的蒸气返回塔板上方空间，液体流到下层塔板。一般小塔采用圆形降液管，大塔采用弓形降液管。泡罩塔已有 100 多年历史，但由于结构复杂、生产能力较低、压强降偏高等缺点，已较少采用，然而因它有操作稳定、技术比较成熟、对脏物料不敏感等优点，故目前仍有采用的。

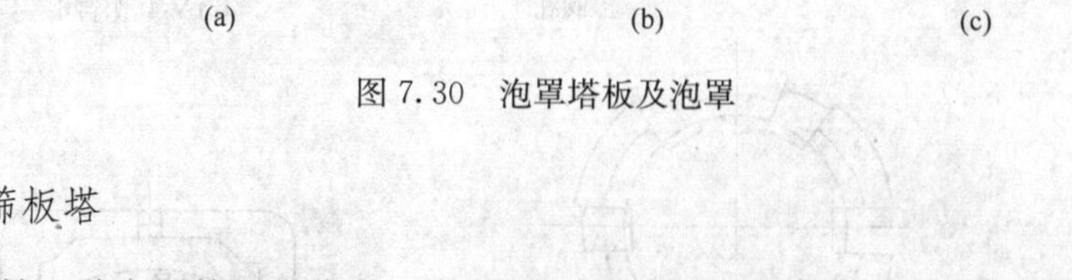

图 7.30 泡罩塔板及泡罩

(二) 筛板塔

筛板塔是一种应用较早的塔型，其结构如图 7.31 所示，它的结构简单，塔板上开有大量均匀分布的小孔，称为筛孔。筛孔的直径为 3～8mm，成三角形排列。上升蒸气通过筛孔分散成细小的流股，在板上液层中鼓泡而出，与液体密切接触。塔板设置溢流堰，从而使板上维持一定的液层高度。在正常操作范围内，通过筛孔上升的蒸气应能阻止液体经筛孔向下渗漏，液体通过降液管逐板流下。

筛板塔的突出优点是结构简单、金属耗量小，造价低廉；气体压降小，板上液面落

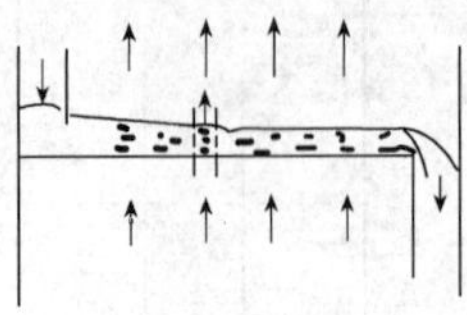

(a)筛板操作示意图

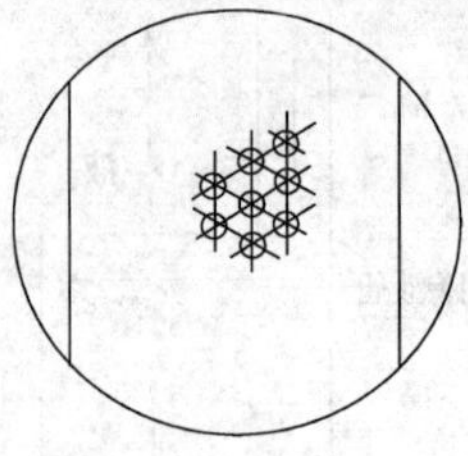

(b) 筛孔布置图

图 7.31　筛板

差较小；生产能力及板效率较泡罩塔高。其主要缺点是操作弹性小，筛孔易堵塞。

近年来出现的导向筛板是在筛板的基础上做了两项改进；一是在塔板上开设有一定数量的导向孔，导向孔开口方向与液流方向相同，有利于推进液体和克服液面落差；二是在液流的入口处增加促进塔板鼓泡结构，即使入口处的塔板翅起一定角度，有助于使液体一进入塔板就有较好的气液接触，因而处理能力增大，传质效果好。

（三）浮阀塔

浮阀塔是 20 世纪 50 年代开发的一种较好的塔，其板效率较高。目前已成为国内许多工厂进行精馏操作时广泛采用的一种塔型。

浮阀塔板的结构与泡罩塔板相似，在带有降液管的塔板上开有若干直径较大（标准孔径为 39mm）的均布圆孔，孔上覆以可在一定范围内自由活动的浮阀。由孔上升的气流，经过浮阀与塔板间的间隙与塔板上横流的液体接触浮阀的形式很多，图 7.32 所示为常用的浮阀，其中图（a）的 F1 型（国外称为 V-1 型）结构简单，广泛用于化工及炼油工艺中。F1 型浮阀又分为轻阀与重阀两种，重阀采用厚度为 2mm 的薄钢板冲压而成，约重 33g；轻阀采用厚 1.5mm 的薄钢板冲压而成，约重 25g。操作中重阀比轻阀稳定，漏液少，效率较高，但压力降稍大一些，一般情况都采用重阀。

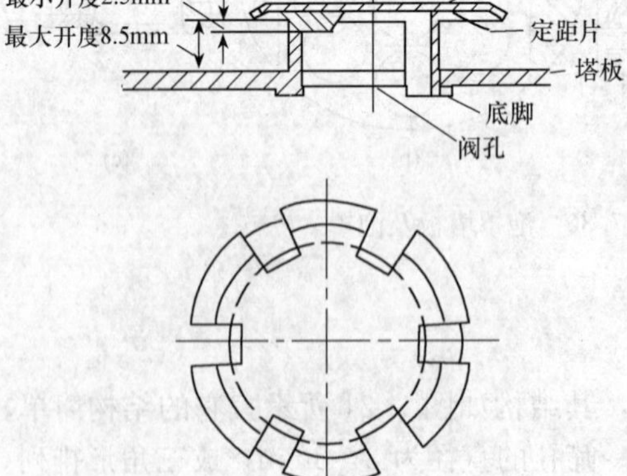

(a) F1 型浮阀

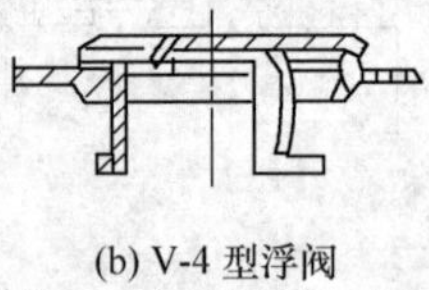

(b) V-4 型浮阀

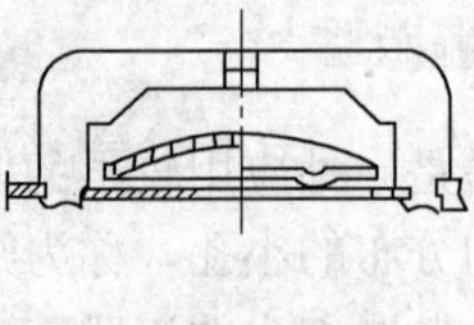

(c) T 型浮阀

图 7.32　几种浮阀型式

V-4 型浮阀如图 7.32（b）所示，其特点是阀孔被冲压向下弯曲的文丘里型，用以减小气体通过塔板的压降。阀片除腿部相应加长外，其余结构尺寸与 F1 型轻阀无异。V-4 型浮阀适用减压系统。

T 型浮阀的结构比较复杂，如图 7.32（c）所示。此型浮阀是借助固定于塔板上的支架以限制拱形阀片的运动范围，多用于易腐蚀、含颗粒或易聚合的介质（表 7.5）。

表 7.5 各种错流塔板性能一览表

塔板类型	特点	相对生产能力	相对效率	压强降	适用范围
泡罩塔板	① 比较成熟 ② 操作稳定，弹性大，板效率比较高 ③ 结构复杂，造价高，压强降大	1	—	高	某些要求弹性大的特殊场合
筛板	① 结构简单，造价低 ② 板效率较高 ③ 安装要求高 ④ 易堵 ⑤ 弹性小	1.2～1.4	1.1	低	分离要求高，即适用于塔板要求多的工艺过程
浮阀塔板	① 生产能力大，操作弹性大 ② 板效率高 ③ 结构简单，但阀要用不锈钢材料制造 ④ 液面落差较小	1.2～1.4	1.1～1.2	中等	适用于分离要求高、负荷变化大、介质只能有一般聚合现象的场合

（四）喷射型塔板

普通塔板上的气流是分散型的。在这类塔板上，气体分散于板上流动液层中，进行气液接触。当气速较高时，往往会造成较大的雾沫夹带，过量的雾沫夹带造成液相在塔板间返混，进而导致塔板效率严重下降。基于这些缺点，开发出若干喷射型塔板，在这类塔板上，气体喷出的方向与液体流动的方向一致或相反。充分利用气体的动能来促进两相间的接触，提高传质效果。目前常见的喷射型塔板有舌形塔板、斜孔塔板。

二、板式塔的工艺设计

虽然带有降液管的板式塔型式很多，但其设计原则与步骤却基本相同。下面以筛板塔为例，介绍这类板式塔的工艺计算。

筛板塔的工艺计算包括塔高、塔径以及塔板上主要部件工艺尺寸的计算，塔板的流体力学验算，最后画出操作负荷性能图。

（一）塔高

板式塔的高度由所有各层塔板之间的有效高度、顶部空间高度、底部空间高度，以及支座高度等几部分所组成，其中主要是有效高度。

1. 全塔效率

在塔设备的实际操作中，由于受到传质时间和传质接触面积的限制，一般不可达到气液平衡状态，因此实际板数总应多于理论板数。理论板只是衡量实际板分离效果的标准。从这个概念出发，可以定义全塔效率为理论板数与实际板数之比，即

$$E_T = \frac{N_T}{N_P} \times 100\% \tag{7.42}$$

式中：E_T——全塔效率，%；

N_T——理论板数；

N_P——实际板数。

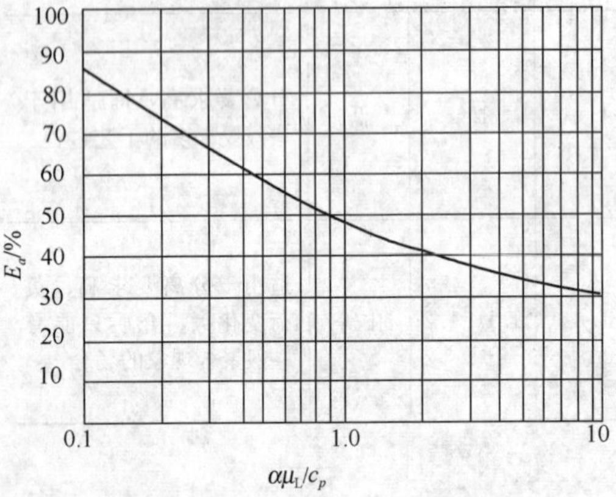

图 7.33　奥康内尔关联图

全塔效率反映全塔各层塔板的平均效率（注意不是全塔各层单板效率的平均值），其值恒低于 100%。若已知在一定操作条件下的全塔效率，则可由式（7.42）求得实际板数。

全塔效率与系统的物性因素、操作因素及塔板结构因素等有关。因此目前还不能用纯理论公式计算全塔效率。设计时全塔效率一般可用经验或半经验公式估算，也可采用生产实际或经验数据，也可采用奥康内尔关联图求算，如图 7.33 所示。

2. 单板效率

全塔效率为塔中所有塔板的总效率，用全塔效率计算实际塔板数最为简便。但全塔效率是一种平均的概念，实际上塔内各板的传质情况不尽相同，即各板的传质效率往往不相等，所以研究每块板的传质效率更为有实际意义。

单板效率又称默弗里板效率，它用气相（或液相）经过一实际板时组成的变化与经过一理论板时组成变化的比值来表示。如图 7.34 所示，对第 n 层塔板，板效率分别可用气相或液相表示，即

$$E_{mV} = \frac{y_n - y_{n+1}}{y_n^* - y_{n+1}} \tag{7.43}$$

$$E_{mL} = \frac{x_{n-1} - x_n}{x_{n-1} - x_n^*} \tag{7.44}$$

式中：E_{mV}——气相默弗里效率；

E_{mL}——液相默弗里效率；

y_n^*——与 x_n 成平衡的气相组成，摩尔分数；

x_n^*——与 y_n 成平衡的液相组成，摩尔分数。

由图 7.34 可见，（$y_n - y_{n+1}$）及（$x_{n-1} - x_n$）是气相及液相通过第 n 层板时的实际

组成的变化；而（$y_n^*-y_{n+1}$）及（$x_{n-1}-x_n^*$）是气、液两相分别通过该层塔板时的理论上的组成变化。

单板效率一般可通过实验测定。

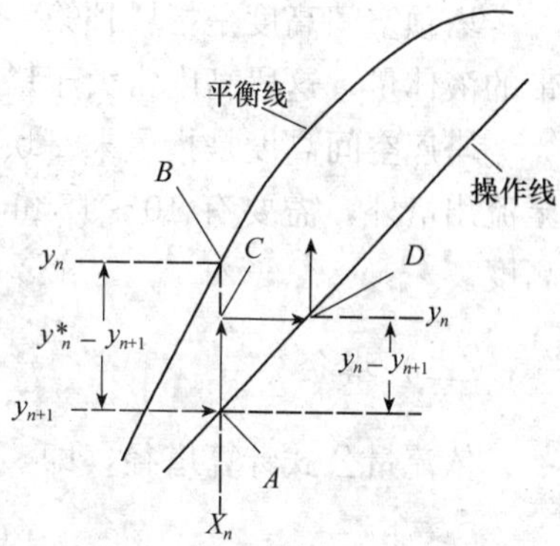

图 7.34　单板效率示

例 7.7　在连续操作的板式精馏塔中，分离某两组分理想溶液。在全回流下测得塔中相邻两层塔板下降液相的组成分别为 0.38 和 0.26（摩尔分数），试求其中下一层塔板的单板效率（以气相表示）。在实验条件和组成范围内，气液平衡关系可表示为

$$y^*=1.25x+0.09$$

解：相邻两板中下一板的单板效率可表示为

$$E_{mV}=\frac{y_n-y_{n+1}}{y_n^*-y_{n+1}}$$

因全回流下操作，故操作线方程为

$$y_{n+1}=x_n$$

依据已知的液相组成，可得

$$y_{n+1}=x_n=0.26$$

$$y_n=x_{n-1}=0.38$$

而

$$y_n^*=1.25\times0.26+0.09=0.415$$

故

$$E_{mV}=\frac{0.38-0.26}{0.415-0.26}=0.77=77\%$$

3. 塔的有效高度

板式塔的有效高度是指气、液接触段的高度，即

$$Z=\frac{N_T}{E_T}H_T \tag{7.45}$$

式中：Z——塔的有效高度，m；

N_T——塔内所需的理论板层数；

E_T——总板效率；

H_T——塔板间距（简称板距），m。

板距 H_T 的大小对塔的生产能力、操作弹性及塔板效率都有影响。采用较大的板距能允许较高的空塔气速，而不致产生严重的雾沫夹带现象，因而对于一定的生产任务，塔径可以小些，但塔高要增加。反之，采用较小的板距，只允许较小的空塔气速，塔径就要增大，但塔高可降低一些。实际选取时还应考虑物料的起泡性、塔的清洗和维修等因素，最终的板距应在设计过程中经多次计算和调整后求得。表 7.6 所列经验数据可作为初步选取时的参考：

表 7.6　塔板间距和塔径的经验关系

塔径 D/m	0.3～0.5	0.5～0.8	0.8～1.6	1.6～2.0	2.0～2.4	>2.4
塔板间距 H_T/m	0.2～0.3	0.3～0.35	0.3～0.45	0.45～0.6	0.5～0.8	≥0.6

塔顶空间高度是指塔顶第一块塔板到顶部封头切线的距离。为了减小出口气体中夹带的液体量，这段高度常大于塔板间距，通常取 1.2～1.5m。

塔底空间高度是指最末一块塔板到底部封头切线的距离。液体自离开最末一块塔板至流出塔外，需要有 10～15min 的停留时间，据此由釜液流量和塔径即可求出此段高度。

（二）塔径

依流量公式计算塔径，即

$$D = \sqrt{\frac{4V_h}{3600\pi u}} \tag{7.46}$$

式中：D——塔径，m；

V_h——塔内气相的流量，m^3/h；

u——气相的空塔速度，m/s。

对精馏塔，由于精馏段和提馏段气体体积流量不一定相等，故应分开计算塔径。在同一塔段内应取流量的平均值。

由式（7.44）可见，计算塔径的关键在于确定适宜的空塔气速 u。

当生产任务一定时，增大空塔气速，塔径减小，但雾沫夹带量增大；反之，减小空塔气速，塔径增大，板间距可取得小些，雾沫夹带量减小。若气速过小，又会影响板上气液接触状况，还可能发生液泛。

首先计算出气体最大允许空塔气速，即塔内可能发生液泛时的气速，又称极限空塔气速用 u_{max} 表示。u_{max} 采用下面的半经验公式计算。

$$u_{min} = C\sqrt{\frac{\rho_L - \rho_V}{\rho_V}} \tag{7.47}$$

式中：u_{min}——极限空塔气速，m/s；

C——操作时的负荷系数，m/s。

研究结果表明：C 值与气、液流量及密度、板上液滴沉降空间的高度以及液体的表面张力有关。史密斯等人汇集了若干泡罩、筛板和浮阀塔的数据，整理成负荷系数与这些影响因素间的关系曲线，如图 7.35 所示。

图中参数（$H_T - h_L$）反映液滴在两层实际塔板间的沉降高度，横坐标（L_h/V_h）$(\rho_L/\rho_V)^{1/2}$ 为无因次比值，称为液气动能参数，由图看出：对一定的气液系统而言，（$H_T - h_L$）越大，负荷系数值越大，极限空塔速度 u_{max} 也越大，说明随着分离高度加高，雾沫夹带现象减轻，允许的极限速度就可以增高。

h_L 为板上清液层高度，对常压塔一般选取 $h_L = 50$～80mm，对减压塔应取较低的值，约为 25～30mm。

图 7.35 是按液体表面张力 $\sigma = 20$mN/m 的物系绘制的，若所处理的物系表面张力为其它值，则须按下式校正查出的负荷系数 C_{20}，即

$$C = C_{20}\left(\frac{\sigma}{20}\right)^{0.2} \tag{7.48}$$

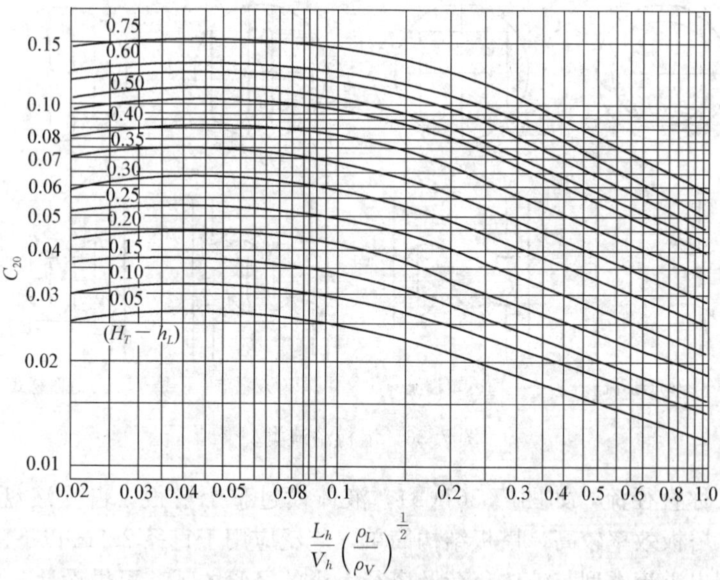

图 7.35　史密斯关联图

式中：C_{20}——物系表面张力为 20N/m 时的负荷系数，m/s；

　　σ——操作物系的液体表面张力，mN/m。

考虑到流速的变化以及对处理能力给予一定裕度，因此实际操作时的空塔速度应给予一定的裕度，设计时取空塔气速为极限空塔气速的 60%～80%。

按式（7.47）求出 u_{max}之后，乘以安全系数，便得适宜的空塔速度：

$$u = (0.6 \sim 0.8)u_{max} \tag{7.49}$$

对直径较大、板间距较大及加压或常压操作的塔以及不易起泡的物系，可取较高的安全系数；对直径较小及减压操作的塔以及严重起泡的物系，应取较低的安全系数。

将求得的空塔气速 u 代入式（7.44）算出塔径后，还需根据塔直径系列标准予以圆整。最常用的标准塔径为 0.6、0.7、0.8、0.9、1.0、1.2、1.4、1.6、1.8、2.0、2.2、…、4.2m 等。

（三）溢流装置

板式塔的溢流装置是指溢流堰和降液管。降液管有圆形和弓形之分。圆形降液管的流通截面小，没有足够的空间分离液体中的气泡，气相夹带较严重，降低塔板效率。同时，溢流周边的利用也不充分，影响塔的生产能力。所以，除小塔外，一般不采用圆形降液管。弓形降液管具有较大的容积，又能充分利用塔板面积，应用较为普遍。

降液管的布置，规定了板上液体流动的途径。一般有如图 7.36 所示的几种形式，即（a）U 形流、（b）单溢流、（c）双溢流及（d）阶梯流式双溢流。

U 形流亦称回转流，降液和受液装置都安排在塔的同一侧，如图 7.36（a）所示。

弓形的一半作受液盘，另一半作降液管，沿直径以挡板将板面隔成 U 形流道。U 形流的液体流径最长，塔板面积利用率也最高，但液面落差大，仅用于小塔及液体流量小的情况。

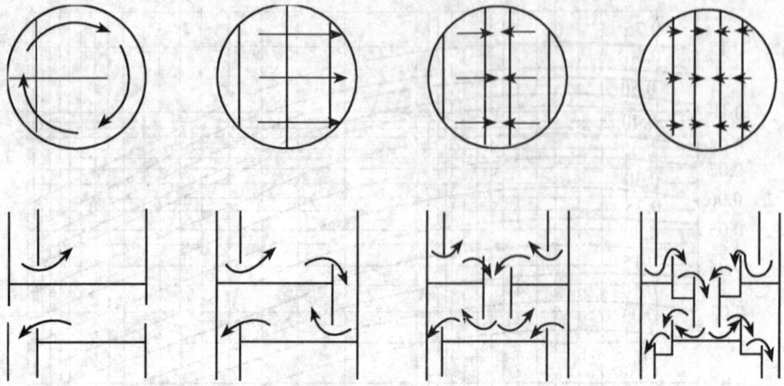

图 7.36　塔板溢流类型

单溢流又称直径流，如图 7.36（b），液体横过整个塔板，自受液盘流向溢流堰。液体流径长，塔板效率较高。塔板结构简单，广泛应用于直径 2.2m 以下的塔中。

表 7.7 列出溢流类型与液体负荷及塔径大小的经验关系，可供设计时参考。

表 7.7　液体负荷与溢流类型的关系

塔径 D/mm	液体流量 L_h/(m^3/h)			
	U 型流	单溢流	双溢流	阶梯式双溢流
1000	7 以下	45 以下	—	—
1400	9 以下	70 以下	—	—
2000	11 以下	90 以下	90～160	—
3000	11 以下	110 以下	110～200	200～300
4000	11 以下	110 以下	110～230	230～350
5000	11 以下	110 以下	110～250	250～400
6000	11 以下	110 以下	110～250	250～450

双溢流又称半径流，来自上层塔板的液体分别从左、右两侧的降液管进入塔板，横过半个塔板进入中间的降液管，在下层塔板上液体则分别流向两侧的降液管。这种溢流型式可减小液面落差，但塔板结构复杂，且降液管占塔板面积较多，一般用于直径 2m 以上的大塔中。

阶梯式双溢流，塔板做成阶梯型式，目的在于减少液面落差而不缩短液体流径。每一阶梯均有溢流堰。这种塔板结构最复杂，只适用于塔径很大、液量很大的特殊场合。

总之，液体在塔板上的流径愈长，气液接触时间就愈长，有利于提高分离效果；但是液面落差也随之加大，不利于气体均匀分布，使分离效果降低。由此可见流径的长短与液面落差的大小对效率的影响是相互矛盾的。选择溢流型式，应根据塔径大小及液体流量等条件，做全面的考虑。

下面以弓形降液管为例，介绍溢流装置的设计。塔板及溢流装置的各部尺寸可参阅图 7.37。

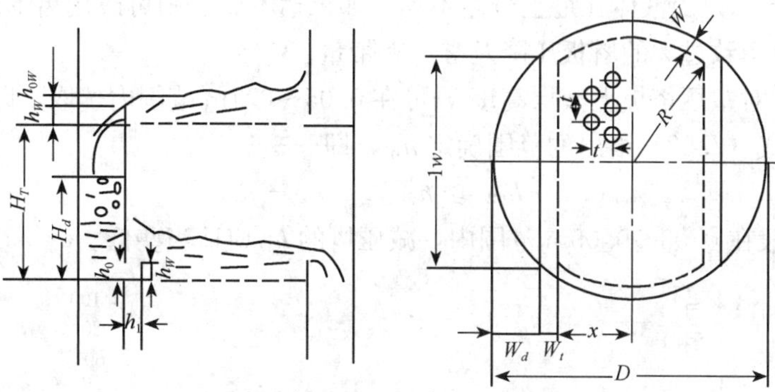

图 7.37　筛板塔的塔的塔板结构参数

h_W. 出口堰高，m；h_{0W}. 堰上液层高度，m；h_0. 降液管底隙高度，m；h_1. 进口堰与降液管间的水平距离，m；h_W'. 进口堰高，m；H_d. 降液管中清液层高度，m；H_T. 板距，m；l_W. 堰长，m；W_d. 弓形降液管宽度，m；W_s. 破沫区宽度，m；W_c. 无效周边宽度，m；D. 塔径，m；R. 鼓泡区半径，m；x. 鼓泡区宽度的 1/2，m；t. 同一排的筛孔中心距，m

1. 出口堰（外堰）尺寸

堰长 l_W 堰长 l_W 是指弓形降液管的弦长，根据液体负荷及溢流型式而决定。对于单溢流，一般取 l_W 为（0.6～0.8）D，对于双溢流，取为（0.5～0.6）D，其中 D 为塔径。

堰高 h_W 为了保证塔板上有一定高度的液层，降液管上端必须超出塔板板面一定高度，这一高度即为堰高，以 h_W 表示。板上液层高度为堰高与堰上液层高度之和，即

$$h_L = h_W + h_{0W} \tag{7.50}$$

式中：h_L——板上液层高度，m；

h_W——堰高，m；

h_{0W}——堰上液层高度，m。

堰上液层高度（平堰）可由弗朗西斯（Francis）经验公式计算，即

$$h_{0W} = \frac{2.84}{1000} E\left(\frac{L_h}{l_W}\right)^{\frac{2}{3}} \tag{7.51}$$

式中：L_h——塔内液体流量，m^3/h；

l_W——堰长，m；

E——液流收缩系数，可借用博尔斯（Bolles. W. L）就泡罩塔所提出的液流收缩系数计算图求取，见图 7.38。

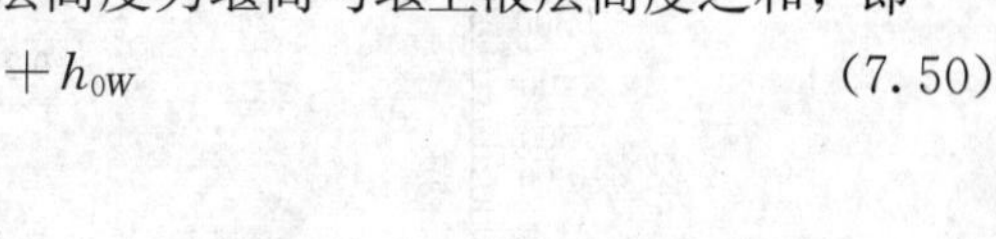

图 7.38　液流收缩系数 E 关联图

一般情况下可取 E 值为 1，所引起的误差不大。当取 E 为 1 时，由式（7.45）可知，h_{0W} 仅随 l_W 及 L_h 而改变，于是可用图 7.39所示的列线图求 h_{0W}。设计时 h_{0W} 一

般不应小于 6mm，以免液体在堰上分布不均。如果达不到，则可改用齿形堰，h_{0W}值也不宜过大，以免招致过大的塔板压降及雾沫夹带量。

前已述及，对常压塔板上液层高度 h_L 可在 0.05～0.1m 范围内选取，因此，在求出 h_{0W}之后即可按式（7.52）给出的范围确定 h_W，即

$$0.1 - h_{0W} \geqslant h_W \geqslant 0.05 - h_{0W} \tag{7.52}$$

堰高 h_W一般在 0.03～0.05m 范围内，减压塔的 h_W应适当些低。

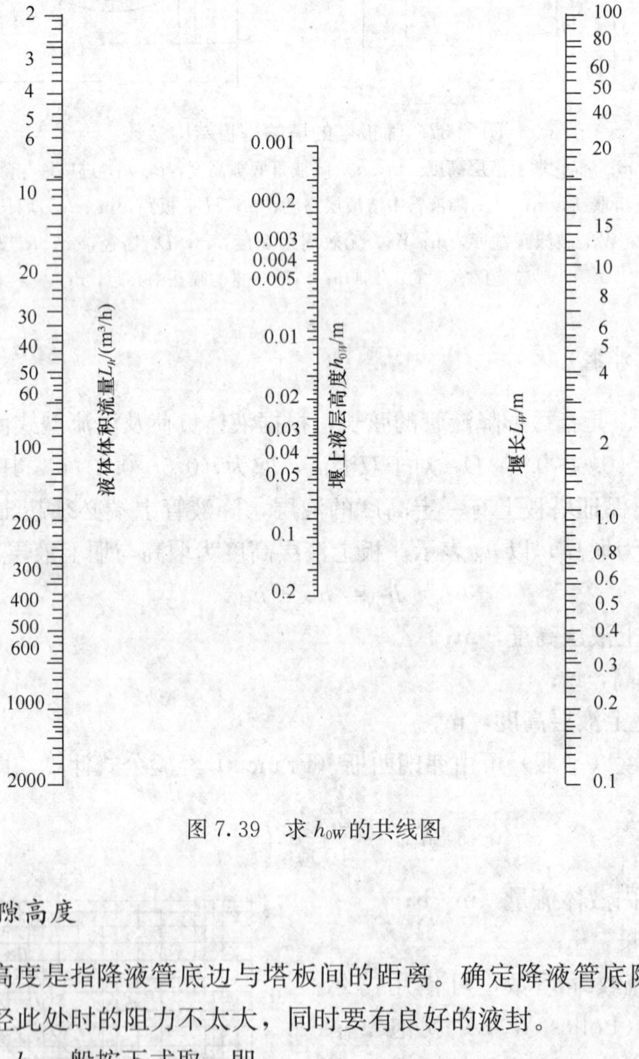

图 7.39　求 h_{0W}的共线图

2. 降液管底隙高度

降液管底隙高度是指降液管底边与塔板间的距离。确定降液管底隙高度 h_0 的原则是：保证液体流经此处时的阻力不太大，同时要有良好的液封。

为简便起见，h_0一般按下式取，即

$$h_0 = h - 0.006 \tag{7.53}$$

式中各项的单位均为 m。

降液管底隙高度一般不宜小于 20～25mm，否则易于堵塞，或因安装偏差而使液流不畅，造成液泛。在设计中，塔径较小时可取 h_0 为 25～30mm，塔径较大时可以取为 40mm 左右，最大时可达 150mm。

3. 进口堰及受液盘

在较大的塔中，有时在液体进入塔板处设有进口堰，以保证降液管的液封，并使液体在塔板上分布均匀。但对于弓形降液管而言，液体在塔板上的分布一般比较均匀，而进口堰又要占用较多板面，还易使沉淀物淤积此处造成阻塞，故多数不采用进口堰。

4. 弓形降液管的宽度和截面积

弓形降液管的宽度 W_d 及截面积 A_f 可根据堰长与塔径之比 l_W/D 查图 7.40 或与该图相应的数表求出。

降液管应有足够的横截面积，以保证液体在降液管内有足够的停留时间分离出其中夹带的气泡。因此，在求得降液管截面积 A_f 之后，应按式（7.53）验算降液管内液体停留时间 θ。

$$\theta = \frac{A_f H_T}{L_S} \tag{7.53}$$

为保证气相夹带不致超过允许的程度，降液管内液体停留时间 θ 不应小于 3～5s。对于高压下操作的塔及易起泡沫的系统，停留时间应更长些。

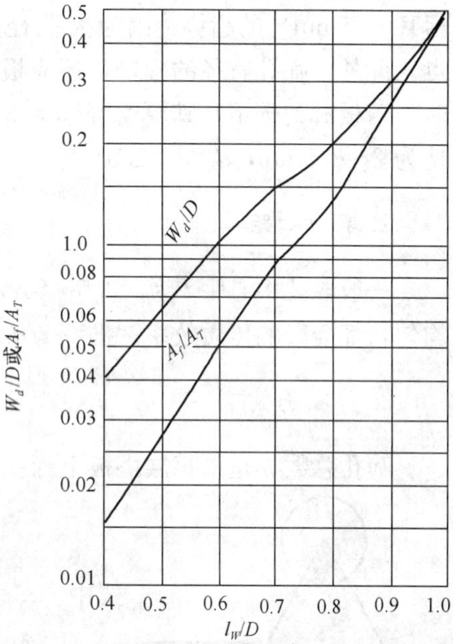

图 7.40 弓形降液管的宽度与面积

（四）塔板布置

塔板有整块式与分块式两种。直径在 800mm 以内的小塔采用整块式塔板，直径在 900mm 以上的大塔，通常都采用分块式塔板，以便通过人孔装拆塔板。

如图 7.37 所示，塔板面积可分为四个区域。

（1）鼓泡区。即图 7.37 中虚线以内的区域，为塔板上气液接触的有效区域。

（2）溢流区。即降液管及受液盘所占的区域。

（3）破沫区。即前两区域之间的面积。此区域内不开筛孔，主要为在液体进入降液管之前，有一段不鼓泡的安定地带，以免液体大量夹带泡沫进入降液管。破沫区也叫安定区，其宽度 W_s 可按以下范围选取，即

当 $D<1.5$m 时，$W_s=60$～75mm。

当 $D>1.5$m 时，$W_s=80$～110mm。

直径小于 1m 的塔，W_s 可适当减小。

（4）无效区。即靠近塔壁的部分，需要留出一圈边缘区域，供支持塔板的边梁之用。这个无效区也叫边缘区，其宽度视塔板支承的需要而定，小塔为 30～50mm，大塔可达50～75mm。为防止液体经无效区流过而产生“短路”现象，可在塔板上沿塔壁设置挡板。

（五）筛孔及其排列

1. 筛孔直径

工业筛板塔的筛孔直径为 3～8mm，一般推荐用 4～5mm。近年来有采用大孔径（ϕ10～25mm）的趋势，因为大孔径筛板具有加工制造简单、造价低、不易堵塞等优点。此外，筛孔直径的确定，还应根据塔板材料的厚度加工的可能性，当用冲压法加工时，若板材为碳钢，其厚度可选为 3～4mm，$d_0/\delta\geqslant 1$；若板材为合金钢，其厚度 δ 可选为 2～2.5mm，$d_0/\delta\geqslant 1.5\sim 2$。

2. 孔中心距

一般取孔中心距 t 为（2.5～5）d_0。t/d_0 过小，易使气流相互干扰；过大则鼓泡不均匀，都会影响传质效率。推荐 t/d_0 的范围为 3～4。

3. 筛孔总数

筛孔总数 n 是指每层塔板上筛孔的数目。当采用如图 7.41所示的正三角形排列时：

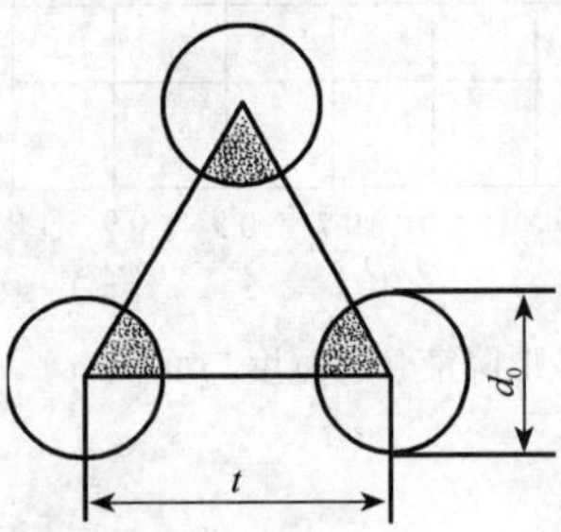

图 7.41 筛孔按正三角排列的情

$$n=\frac{1.155A_a}{t_2} \tag{7.54}$$

式中：t——筛孔中心距，m；

A_a——鼓泡区面积，m^2。

对单溢流型塔板，鼓泡区面积用式（7.55）计算：

$$A_a=2\left(x\sqrt{R^2-x^2}+\frac{\pi R^2}{180}\arcsin\frac{x}{R}\right) \tag{7.55}$$

4. 开孔率

开孔率 ϕ 是指一层塔板上筛孔总面积 A_0 与该板上鼓泡区面积 A_a 的比值，即

$$\phi=\frac{A_0}{A_a}\times 100\% \tag{7.56}$$

式中：A_0——每层塔板上筛孔总面积，m^2。

筛孔按正三角形排列时，可以推导出：

$$\phi=\frac{A_0}{A_a}=0.907\left(\frac{d_0}{t}\right)^2 \tag{7.57}$$

以上是筛板塔板工艺尺寸计算的基本内容。

三、精馏塔常见故障与处理

（一）精馏塔操作的主要影响因素

对于现有的精馏装置和特定的物系，精馏操作的基本要求是使设备具有尽可能大的

生产能力，达到预期的分离效果，操作费用最低。影响精馏装置稳态、高效操作的主要因素包括操作压强、进料组成和热状况、塔顶回流、全塔的物料平衡、冷凝器和再沸器的传热性能、设备散热情况等。以下就其主要影响因素予以简要分析。

1. 物料平衡的影响和制约

根据精馏塔的总物料衡算可知，对于一定的原料液流量 F 和组成 x_F，只要确定了分离程度 x_D 和 x_W，馏出液流量 D 和釜残液流量 W 也就被确定了。而 x_D 和 x_W 决定了气液平衡关系、x_F、q、R 和理论板数 N_T（适宜的进料位置），因此 D 和 F 或采出率 D/F 和 W/F 只能根据 x_D 和 x_W 确定，而不能任意增减，否则进、出塔的两个组分的量不平衡，必然导致塔内组分变化，操作波动，使操作不能达到预期的分离要求。

在精馏塔的操作中，需维持塔顶和塔底产品的稳定，保持精馏装置的物料平衡是精馏塔稳态操作的必要条件。通常由塔底液位来控制精馏塔的物料平衡。

2. 塔顶回流的影响

回流比是影响精馏塔分离效果的主要因素，生产中经常用回流比来调节、控制产品的质量。例如，当回流比增大时，精馏塔产品的质量提高；反之，当回流比减小时，x_D 减小而 x_W 增大，使分离效果变差。

回流比增加，使塔内上升蒸气量及下降液体量均增加，若塔内气液负荷超过允许值，则可能引起塔板效率下降，此时应减小原料液流量。

调节回流比的方法有如下几种：

(1) 减小塔顶采出量以增大回流比。

(2) 塔顶冷凝器为分凝器时，可增加塔顶冷却剂的用量，以提高凝液量，增大回流比。

(3) 有回流液中间贮槽的强制回流，可暂时增大回流量，以提高回流比，但不得将回流贮槽抽空。

必须注意，在馏出液采出率 D/F 规定的条件下，借增加回流比 R 以提高 x_D 的方法并非总是有效的。此外，加大操作回流比意味着加大蒸发量与冷凝量，这些数值还将受到塔釜及冷凝器的传热面的限制。

3. 进料热状况的影响

当进料状况（x_F 和 q）发生变化时，应适当改变精馏塔的进料位置，并及时调节回流比 R。一般精馏塔常设几个进料位置，以适应生产中进料状况，保证在精馏塔的适宜位置进料。如进料状况改变而进料位置不变，必然引起馏出液和釜残液组成的变化。

进料情况对精馏操作有着重要意义。常见的进料状况有五种，不同的进料状况，都显著地直接影响提馏段的回流量和塔内的气液平衡。精馏塔较为理想的进料是泡点进料，它较为经济和最为常用。

4. 塔釜温度的影响

釜温是由釜压和物料组成决定的。精馏过程中，只有保持规定的釜温，才能确保产品质量。因此釜温是精馏操作中重要的控制指标之一。

提高釜温时，则使塔内液相中易挥发组分减少，同时，并使上升蒸气的速度增大，有利于提高传质效率。如果由塔顶得到产品，则塔釜排出难挥发物中，易挥发组分减少，损失减少；如果塔釜排出物为产品，则可提高产品质量，但塔顶排出的易挥发组分中夹带的难挥发组分增多，从而增大损失。因此，在提高温度的时候，既要考虑到产品的质量，又要考虑到工艺损失。一般情况下，操作习惯于用温度来提高产品质量，降低工艺损失。

当釜温变化时，通常是用改变蒸发釜的加热蒸气量，将釜温调节至正常。当釜温低于规定值时，应加大蒸气用量，以提高釜液的汽化量，使釜液中难挥发组分的含量相对增加，泡点提高釜温提高。当釜温高于规定值时，应减少蒸气用量，以减少釜液的汽化量，使釜液中以挥发组分的含量相对增加，泡点降低，釜温降低。此外还有与液位串级调节的方法等。

5. 操作压力（压强）的影响

塔得压力是精馏塔的主要控制指标之一。在精馏操作中，常常规定了操作压力的调节范围。塔压波动过大，就会破坏全塔的气、液平衡和物料平衡，使产品达不到所要求的质量。

提高操作压力，可以相应的提高塔的生产能力，使操作稳定。但在塔釜难挥发产品中，易挥发组分含量增加。如果从塔顶得到产品，则可提高产品的质量和易挥发组分的浓度。

影响塔压变化的因素是多方面的，例如，塔顶温度、塔釜温度、进料组成、进料流量、回流量、冷却剂量、冷却剂压强等的变化以及以表故障、设备和管道的冻堵等，都可以引起塔压的变化。

对于常压塔的压强控制，主要有以下三种方法。

(1) 对塔顶压力在稳定性要求不高的情况下，无需安装压力控制系统，应当在精馏设备（冷凝器或回流罐）上设置一个通大气的管道，以保证塔内压力接近于大气压。

(2) 对塔顶压力在稳定性要求较高或被分离的物料不能和空气接触时，若塔顶冷凝器为全凝器时，塔压多是靠冷却剂量的大小来调节。

(3) 用调节塔釜加热蒸气量的方法来调节塔釜的气相压力。

在生产中，当塔压变化时，控制塔压的调节机构就会自动运作，使塔压恢复正常。当塔压发生变化时，首先要判断引起变化的原因，而不要简单地只从调节上使塔压恢复正常，要从根本上消除变化的原因，才能不破坏塔得正常操作。如釜温过低引起塔压降低，若不提高釜温，而单靠减少塔顶采出来恢复正常塔压，将造成釜液中易挥发组分大量增加。如果由于设备原因而影响了塔压的正常调节时，应考虑改变其他操作因素以维持生产，严重时则要停车检修。

（二）精馏塔的开车、停车操作

1. 开车操作

开车操作步骤如下：

（1）接到开车命令后，马上与有关岗位联系，进行开车。

（2）严格遵守工艺规程和岗位操作法，加强巡回检查。

（3）精心调节。进料要求平稳，塔釜见液面后，按其升温速度缓慢升温至工艺指标。随着釜压力的升高，逐渐排出设备内的惰性气体，并逐渐加大塔顶冷凝器的冷却剂量，当回流液槽的液面达 1/2 以上时，开始打回流。当釜液面达 2/3 时，可根据釜温的情况，决定是否采出釜液或减少以至停止塔的进料量，但是一定要保持塔釜液面在 1/2～2/3 处。操作平稳后，应进行物料分析，对不合格的物料可进行少量地采出或全回流操作，待分析合格后，转入连续生产。

空塔加料时，由于没有回流液体，精馏段的塔板上是处于干板操作的状态。由于没有气液接触，气相中的难挥发组分容易被直接带入精馏段。如果升温速度过快，则难挥发组分会大量地被带到精馏段，而不易被易挥发组分所置换，塔顶产品的质量不易达到合格，造成开车时间长。当塔顶有了回流液，塔板上建立了液体层后，升温速度可适当的提高。减压精馏塔的升温速度，对于开车成功与否的影响将更为显著。例如，对苯酚的减压精馏，已有经验证明，升温速度一般应维持在塔内上升蒸气的速度为 1.5～3m/s，每块塔板的阻力为 1～3mmHg（1mmHg＝133.32Pa）。如果升温速度太快，则顶部尾气的排出量太大，真空设备的负荷增大，在真空泵最大负荷的限制下，可能使塔内的真空度下降，开车不易成功。

（4）开车时，对阀门和仪表的调节一定要勤调、慢调，合理使用。

（5）发现有不正常现象应及时分析原因，果断进行处理。

2. 停车操作

精馏塔的停车可分为临时停车和长期停车两种情况。

1）临时停车

接到停车命令后，马上停止塔的进料、塔顶采出和塔釜采出，进行全回流操作。适当的减少塔顶冷却剂量及塔釜加热剂量，全塔处于保温、保压得状态。如果停车的时间较短，可根据塔的具体情况处理，只停塔的进料，可不停塔顶采出（此时为产品），以免影响后工序的生产，但塔釜采出应关闭。这种操作破坏了正常的物料平衡，不可长时间的应用，否则产品质量就会下降。

2）长期停车

停车命令后立即停止塔的进料，产品可继续进行采出，当分析结果不合格时，可停止采出，同时停止塔釜加热和塔顶冷凝，然后放尽釜液。对于分离低沸点物料的塔，釜液的放尽要缓慢进行，以防止节流造成过低的温度使设备材质冷却。放尽完毕后，把设备内的余压泄除再用氮气置换，合格后才进行检修。若设备内须进检修人员，还需用空气置换氮气，在设备内气体的氮含量达 19%（体积分数）以上时，才允许检修人员进入。

（三）精馏塔常见故障与处理

在实际生产中，由于原料及产品的性质不同，质量的要求各异，所以流程和塔型的选择不同，随之出现的故障及处理方法也就不同。精馏操作中，常见故障及处理方法见表 7.8。

表 7.8 精馏塔常见故障与处理

故 障	原 因	处 理
加热蒸气压力过高	① 加热蒸气流量增大 ② 塔釜温度持续上升	适当调低蒸气压力
加热蒸气压力过低	① 加热蒸气流量减小 ② 塔釜温度持续下降	适当调高蒸气压力
塔顶温度不稳定	① 塔釜温度太高 ② 回流液温度不稳定 ③ 回流管不畅通 ④ 操作压力波动 ⑤ 回流比小	① 调节釜温至规定值 ② 检查冷剂温度或冷剂量 ③ 疏通回流管 ④ 稳定操作压力 ⑤ 调节回流比
系统压力增高	① 冷剂温度高或循环量小 ② 采出量太小 ③ 塔釜温度突然上升 ④ 设备有损或堵	① 与供冷单位联系 ②增大采出量 ③ 调节加热蒸气 ④ 检查设备进行修理
淹塔	① 塔釜温度突然升高 ② 回流比大 ③ 塔釜列管有漏	① 调节加料里量，降釜温，停采出 ② 降回流，增大采出量 ③ 停车检修
塔釜液面不稳定	① 塔釜排出量不稳 ② 塔釜温度不稳 ③ 加料成分有变化	① 稳定釜液排出量 ② 稳定釜温 ③ 稳定加料成分

第七节 技能训练——精馏操作实训

一、实训项目

（1）完成间歇精馏岗位技能训练。
（2）完成连续精馏岗位技能训练。
（3）完成精馏现场工控岗位技能训练。
（4）完成质量控制岗位技能训练。
（5）完成化工仪表岗位技能训练。
（6）完成故障处理技能训练。

二、工艺流程（图 7.42）

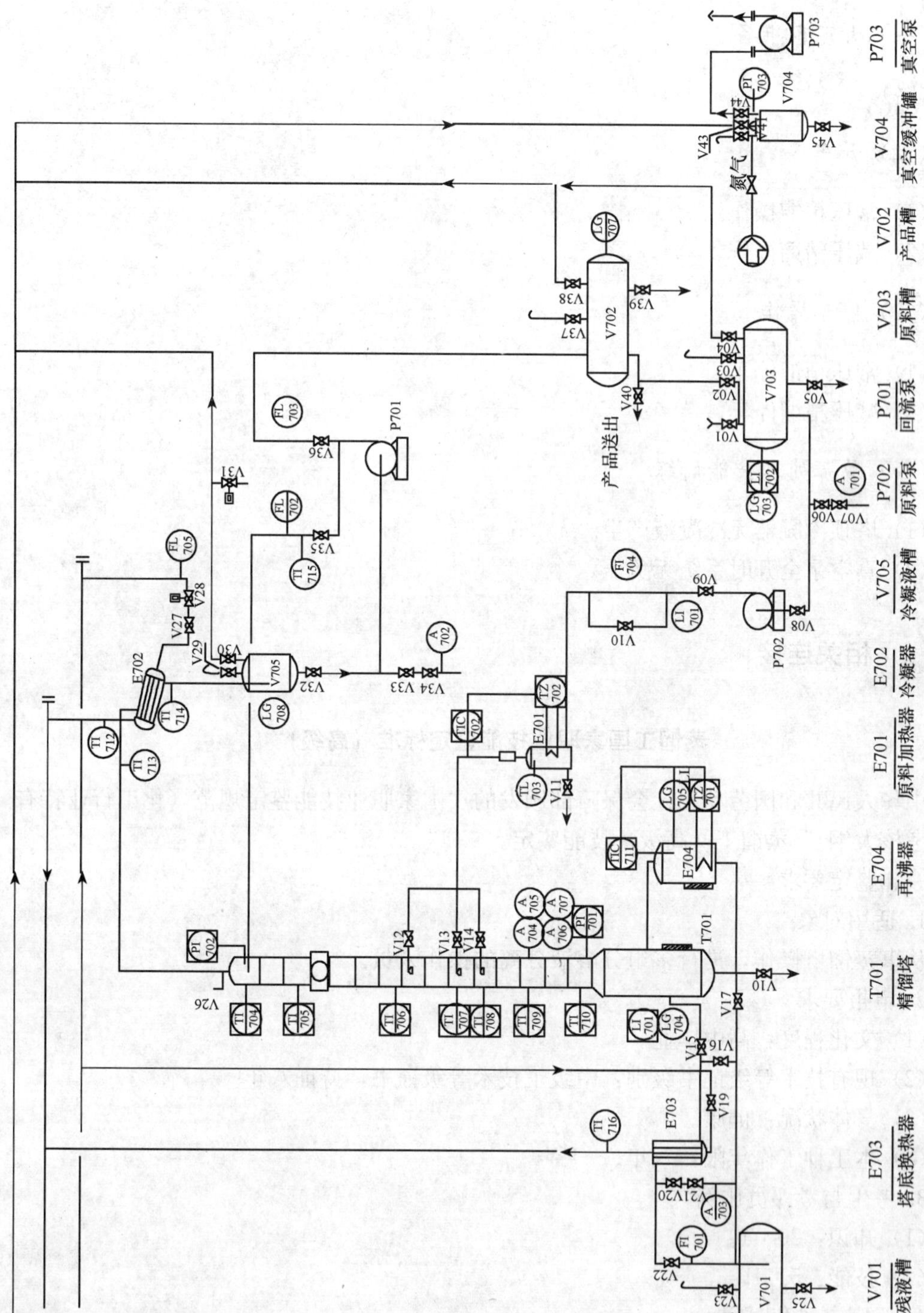

图 7.42 精馏工艺流程图

三、操作规程

（一）开车前准备

（略）。

（二）开车

（1）常压精馏操作。
（2）减压精馏操作。

（三）停车操作

（1）常压精馏停车。
（2）减压精馏停车。

（四）故障处理技能训练

（1）塔顶冷凝器无冷凝液产生。
（2）真空泵全开时系统无负压。

相关连接

蒸馏工国家职业技能鉴定标准（高级）

中华人民共和国劳动和社会保障部颁发的“国家职业技能鉴定规范（化工行业特有工种考核大纲）”蒸馏工（高级）技能鉴定。

一、鉴定要求

1. 适用对象

从事蒸馏塔操作，进行多组分溶液分离的操作人员。

2. 申报要求

（1）文化程度：高中毕业。
（2）现有技术等级证书级别：中级工技术等级证书，持证八年。
（3）身体状况：健康。
（4）本工种工作年限：八年。

3. 考生与考评员比例

（1）知识：20∶1。
（2）技能：5∶1.

4. 鉴定方式和时间

（1）知识：笔试，限时 90min。满分 100 分，60 分及格。
（2）技能：笔试、口试、模拟按实际需要确定时间。满分 100 分，60 分及格。

二、鉴定内容

1. 知识要求（表7.9）

表7.9　知识要求

项目	鉴定范围	鉴定内容	鉴定比重%
基本知识	1. 基础知识	(1) 具有高中或相当高中毕业的文化水平 (2) 具有有机化学、物理化学、化工原理和机械制图的基础知识	10
	2. 安全防护知识	(1) 深刻理解上级有关部门颁布的安全生产规范、消防条例及安全规章制度等有关规定 (2) 突发重大事故应急处置措施，事故现场保护和分析，处理重大事故及预防知识	30
专业知识	1. 工艺技术知识	(1) 本装置工艺指标及原料、水、电、气消耗定额指标制定依据 (2) 本装置萃取、共沸蒸馏原理、流程特点和影响产品质量的各种因素 (3) 掌握各岗位蒸馏系统工艺规程和岗位操作法 (4) 溶液气液相平衡原理、相变化、传质传热知识	40
	2. 分析检验知识	本装置主要分析检测项目的分析方法及各项指标制定依据	2
	3. 工具设备知识	本装置所有设备结构、性能、设计和使用条件、技术特点、选用原则及一般维修知识	8
	4. 电器、仪表计量器具知识	本装置所有电器、仪表（包括计算机）、计量器具一般工作原理、技术要求和选用原则	3
相关知识	1. 三废处理知识	(1) 国家环境保护法 (2) 本装置的三废治理方法、工艺流程、原理、综合利用、环境评价知识	3
	2. 管理知识	(1) 全面管理知识和技术管理知识，现场管理知识 (2) 本装置经济核算	4

2. 技能要求（表7.10）

表7.10　技能要求

项目	鉴定范围	鉴定内容	鉴定比重%
操作技能	1. 工艺操作能力	(1) 能按工艺规程和操作法进行本装置各岗位的正常操作及开车、停车，能指导蒸馏系统的操作，判断生产过程的种种变化情况，选择最佳条件使技术、经济指标达到先进水平 (2) 能不断总结生产经验，对工艺规程和岗位操作法提出改进意见 (3) 能参与编制本装置的临时开车、停车方案，指导本装置或同类装置蒸馏系统的验收、试车，对同类新装置的开车、停车方案提出建设性意见	25
	2. 应变和事故处理能力	(1) 能正确处理本装置蒸馏过程中异常现象、生产事故，分析判断事故发生的原因，并提出预防措施 (2) 能对蒸馏装置进行全面安全检查，提出安全措施和方案	25

续表

项目	鉴定范围	鉴定内容	鉴定比重%
工具设备的使用和维护	设备及仪表使用维护能力	(1) 熟悉本装置设备的性能，排除设备运行中的一般性故障，提出设备大、中修项目和改进意见 (2) 能判断本装置各种电器及控制仪表工作是否正常，并根据工艺来调整控制仪表的控制状态	20
其他能力	1. 工艺计算能力	能对蒸馏塔、换热器等主要设备进行物料计算和简单热量计算及主要参数间的关系	5
	2. 识图制图能力	(1) 能看懂本装置的控制点的工艺流程图、工艺配管图及类似装置的工艺流程图 (2) 能画出本装置的工艺流程图、设备平面布置图和主要设备结构图	10
	3. 管理能力	(1) 正确运用全面质量管理的方法，对本装置存在的问题进行改进并写出书面报告 (2) 能对本装置进行经济核算，并提出课题进行攻关	10
	4. 语言文字领会与表达能力	(1) 能对本装置的生产情况、技术改造情况写出书面技术报告 (2) 能带教中级工	5

本章小结

蒸馏
- 基本概念
  - 蒸馏过程分类
  - 双组分溶液的气液平衡
  - 精馏原理
- 两组分精馏的计算
  - 理论板及恒摩尔流
  - 操作线
  - 进料热状况
  - 理论板的求法
  - 回流比的影响及选择
  - 总传热系数
  - 精馏装置的热量衡算
- 板式塔
  - 板式塔的类型
  - 板式塔的设计计算
  - 常见故障及处理方法
- 技能训练

同步测试题

一、填空题

1. 精馏过程是利用_________和_________的原理进行完成的。

2. 最小回流比是指_________。

3. 当分离要求和回流比一定时，_________进料的 q 值最小，此时分离所需的理论板数_________。

4. 恒沸精馏和萃取精馏主要针对_________和_________物系，这两种特殊精馏均采取加入第三组分的办法以改变原物系的_________。

5. 当增大操作压强时，精馏过程中物系的相对挥发度_________，塔顶温度_________，塔釜温度_________。

6. 精馏操作时，若进料的组成、流量和汽化率不变，增大回流比，则精馏段操作线方程的斜率_________，提馏段操作线方程的斜率_________，塔顶组成_________，塔底组成_________。

7. 精馏塔结构不变，操作时若保持进料的组成、流率、热状况及塔顶流率一定，只减少塔釜的热负荷，则塔顶 x_D _________，塔底 x_W _________，提馏段操作线斜率_________。

8. 精馏塔设计时，若将塔釜由原来的间接蒸气热改为直接蒸气加热，同时保持 x_F、x_D、D/F、q 及 R 不变，则 W/F _________，x_W _________，提馏段操作线斜率_________，理论板数_________。

9. 精馏塔的塔底温度总是_________塔顶温度，其原因一是_________，二是_________。

10. 某精馏操作时，加料由饱和液体改为过冷液体，且保持进料流率及组成、塔顶蒸气量和塔顶产品量不变，则此时塔顶组成 x_D _________，塔底组成 x_W _________，回流比 R _________，精馏段操作线斜率 L/V _________。

11. 某精馏塔的设计任务，原料为 F、x_F，分离要求为 x_D 和 x_W，设计时若确定塔釜产生的蒸气量 V'恒定，当加料由原来的过热蒸气加料改为过冷液体加料，则所需的理论板 N_T _________，精馏段上升蒸气量 V _________，精馏段下降液体量 L _________，提馏段下降液体量 L'_________，精馏段液气比 L/V _________。

12. 板式塔中气、液两相发生与主体流动方向相反的流动，称_________现象，它们主要是：①液沫夹带（雾沫夹带），产生的原因为_________。②气泡夹带，产生的原因为_________。

13. 板式塔中板上液面差过大导致_________，造成液面落差的主要原因有_________。为减小液面落差，设计时可采用的措施常见的有_________。

二、选择题

1. 精馏的操作线为直线，主要是因为（　　）。

A. 理论板假定　　B. 塔顶泡点回流

C. 理想物系　　D. 恒摩尔流假定

2. 某二元混合物，其中A为易挥发组分。液相组成 $x_A=0.5$ 时泡点为 t_1，与之相平衡的气相组成 $y_A=0.75$ 时，相应的露点为 t_2，则（　　）。

A. $t_1=t_2$　　B. $t_1<t_2$　　C. $t_1>t_2$　　D. 不能判断

3. 二元溶液连续精馏计算中，进料热状况的变化将引起以下线的变化（　　）。

A. 提馏段操作线与 q 线　　B. 平衡线

C. 平衡线与精馏段操作线　　D. 平衡线与 q 线

4. 不能引发降液管液泛这种不正常操作现象的原因是（　　）。

A. 塔板间距过小　　B. 严重漏液

C. 过量雾沫夹带　　D. 液、气负荷过大

5. 精馏分离二元理想混合液，已知回流比 $R=3$，相对挥发度 $\alpha=2.5$，塔顶组成 $x_D=0.96$，测得自上而下数第四层板的液相组成为，第三层板的液相组成为，则第四层板的默弗里效率为（　　）。

A. 107.5%　　B. 44.1%　　C. 32.68%　　D. 22.2%

6. 不影响理论塔板数的是进料的（　　）。

A. 位置　　B. 热状态　　C. 组成　　D. 进料量

7. 最小回流比是（　　）。

A. 回流量接近于零

B. 在生产中有一定应用价值

C. 不能用公式计算

D. 是一种极限状态，可用来计算实际回流比

8. 其他条件不变的情况下，增大回流比能（　　）。

A. 减少操作费用　　B. 增大设备费用

C. 提高产品纯度　　D. 增大塔的生产能力

9. 某精馏塔的馏出液量是50kmol/h，回流比是2，则精馏段的回流量是（　　）kmol/h。

A. 100kmol/h　　B. 50kmol/h　　C. 25kmol/h　　D. 125kmol/h

10. 某精馏塔的理论板数为17块（包括塔釜），全塔效率为0.5，则实际塔板数为（　　）块。

A. 34　　B. 31　　C. 33　　D. 32

三、问答题或分析题

1. 精馏操作的依据是什么？精馏操作得以实现的必要条件是什么？

2. 评价塔板性能的标准主要是什么？塔板负荷性能图中的五条线，分别是什么？

3. 板式塔中塔板上溢流堰的作用是是什么？

4. 板式塔塔板上气液两相接触状态有几种，它们是什么？板式塔不正常操作现象常见的是什么？

5. 塔板有哪两种，塔径较大的塔常采用什么塔板？塔板面积可分为几个个区域，它们分别是什么？各自的作用是什么？

四、计算题

1. 已知苯-甲苯混合液中苯的质量分数为 0.25，试求其摩尔分数和混合液的平均摩尔质量。

2. 苯-甲苯混合液在压强为 101.33kPa 下的 t-x-y 图见本章图 7.1。若该混合液苯初始组成为 0.5（摩尔分数），试求：

（1）该溶液的泡点温度及瞬间平衡气相组成。

（2）将该溶液加热到 95℃时，试问溶液处于什么状态？各相组成为若干？

（3）将该溶液加热到什么温度，才能使其全部汽化为饱和蒸气？此时的蒸气组成为若干？

3. 在连续精馏塔中分离二硫化碳（A）和四氯化碳（B）混合液。原料液流量为 5000kg/h，组成为 0.45（组分 A 的质量分数，下同）。若要求二硫化碳在馏出液中含量为 90%，在釜残液含量不大于 0.05，试求馏出液流量和釜残液流量（以摩尔流量表示）。

4. 在连续精馏塔中分离某两组分混合液。原料液流量为 10000kg/h，其中易挥发组分含量为 0.4（摩尔分数，下同），要求馏出液中易挥发组分的回收率为 90%，釜残液中易挥发组分含量不高于 7%，试求馏出液的摩尔流量及摩尔分数。已知易挥发组分的相对摩尔质量为 114，难挥发的相对摩尔质量为 128。

5. 在常压连续精馏塔中分离某两组分理想溶液。原料液流量为 1000kmol/h，组成为 0.3（易挥发组分的摩尔分数，下同），泡点进料。馏出液组成为 0.95，釜残液组成为 0.05，操作回流比为 2.5，试求：

（1）塔顶和塔底产品流量，kmol/h。

（2）精馏段与提馏段的上升蒸气流量和下降液体流量，kmol/h。

6. 在连续精馏塔中分离两组分理想溶液，原料液流量为 75kmol/h，泡点进料。若已知精馏段操作线方程和提馏段操作线方程分别为 $y=0.723x+0.263$，$y=1.25x-0.018$。试求：

（1）精馏段和提馏段的下降液体流量，kmol/h。

（2）精馏段和提馏段的上升蒸气流量，kmol/h。

7. 在常压连续精馏塔中，分离甲醇-水溶液。若原料液组成为 0.4（甲醇的摩尔分数），温度为 30℃，试求进料热状态参数。

已知进料的泡点温度为 75.3℃，操作条件下甲醇和水的汽化潜热分别为 1055kJ/kg 和 2320kJ/kg，甲醇和水的比热分别为 2.68kJ/(kg·℃) 和 4.19kJ/(kg·℃)。

8. 在连续精馏塔中，已知精馏段操作线方程和 q 线方程分别为 $y=0.75x+0.21$，$y=-0.5x+0.66$。试求：

（1）进料热状态参数 q。

（2）原料液组成 x_F。

（3）精馏段操作线和提馏段操作线的交点坐标 xq 和 yq。

9. 在连续精馏塔中分离两组分理想溶液。已知原料组成为0.4（易挥发组分的摩尔分数，下同），要求塔顶产品组成为0.96，釜残液组成为0.02，操作回流比为2.5，试绘出下列不同进料热状态下的精馏段和提馏段操作线方程。

（1）泡点进料。（2）气液混合进料，气液的摩尔流量各占一半。（3）露点进料。

10. 在连续精馏塔中分离两组分理想溶液。原料液流量为100kmol/h，组成为0.4（易挥发组分的摩尔分数，下同），泡点进料，馏出液组成为0.95，釜残液组成为0.05，操作回流比为2.3，试写出精馏段操作线方程和提操作线方程。

11. 在连续精馏塔中分离某两组分理想溶液。精馏段操作线方程和q方程式为 $y=0.75x+0.21$，$y=-0.5x+1.5x_F$。试求：

（1）回流比。（2）馏出液组成。（3）q 值。

12. 在连续精馏塔中分离两组分理想溶液。已知原料液组成为0.45（易挥发组分的摩尔分数，下同），泡点进料，馏出液组成为0.95，操作回流比为2.0，物系的平均相对挥发度为3.5，塔顶为全凝器，试用逐板计算法求精馏段理论板数。

13. 连续精馏塔中分离苯－甲苯混合液。原料液组成为0.44（苯的摩尔分数，下同），气液混合物进料，其中液化率为1/3。若馏出液组成为0.975，釜残液组成为0.235，回流比为3.5，试求理论板数和适宜的进料位置。气液平衡数据见本题表7.11。

表7.11　苯-甲苯气液平衡数据

t/℃	80.1	85	90	95	100	105	110.6
x	1.000	0.780	0.581	0.412	0.258	0.130	0.00
y	1.000	0.900	0.777	0.633	0.456	0.262	0.00

14. 在连续精馏塔中分离两组分理想溶液。原料液组成为0.35（易挥发组分的摩尔分数，下同），馏出液组成为0.90，物系的平均相对挥发度为2.0，回流比为最小回流比的1.4倍，试求以下两种进料情况下的操作回流比。

（1）饱和液体进料；

（2）饱和蒸气进料。

15. 在连续精馏塔中分离两组分理想溶液。塔顶采用全凝器。实验测得塔顶第一层塔板的单板效率 $E_mL_l=0.6$。物系的平均相对挥发度为2.8，精馏段操作线方程为 $y=0.833x+0.15$。试求离开塔顶第二层塔板的上升蒸气组成 y_2。

16. 在常压连续精馏塔中分离某理想溶液，原料液组成为0.4（易挥发组分的摩尔分数，下同），馏出液组成为0.95，操作条件下物系的相对挥发度为2.0，若操作回流比为最小回流比的1.5倍，进料热状态参数 $q=1.5$，塔顶采用全凝器，试计算第二块理论板上升蒸气组成和下降液体组成。

17. 在常压连续精馏塔中，分离习题13中的苯-甲苯混合物。原料液流量为100kmol/h，全塔操作平均温度可取为90℃，空塔气速为0.8m/s，板间距为0.35m，全塔效率为50%，试求：（1）塔径。（2）塔的有效高度。

第八章　干　　燥

知识目标

（1）了解各种干燥方法的特点及对干燥器的基本要求。

（2）了解常用干燥设备的结构、原理及使用场合。

（3）掌握湿空气的性质及湿度图的应用。

（4）掌握连续干燥过程的物料衡算与热量衡算。

（5）掌握恒定干燥条件下的干燥速率与时间计算。

能力目标

（1）能正确选择干燥操作进行的条件。

（2）能进行干燥设备的开车、停车操作和事故处理。

（3）能根据生产要求选择合适的干燥设备。

第一节　案 例 引 入

一、生产案例

高塔喷雾干燥法生产洗衣粉的工艺流程如图 8.1 所示。

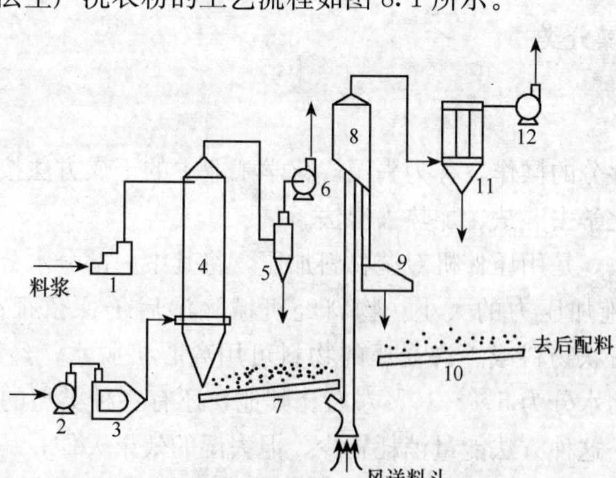

图 8.1　高塔喷雾干燥法生产洗衣粉的工艺流程

1. 高压泵；2. 二次风机；3. 热风炉；4. 喷粉塔；5. 旋风分离器；6. 风机；
7，10. 皮带输送机；8. 风送分离器；9. 震动筛；11. 袋式过滤器；12. 引风机配制好的料浆用高压泵以3～8MPa的压力通过喷嘴在喷粉塔内雾化成微小的液滴，而干净的空气经热风炉加热后送至喷粉塔的下部，液滴和热空气在塔内相遇进行传热和传质，而被干燥成颗粒状洗衣粉，再经风送老化，由振动筛9筛分后作为基础粉去后配料。喷粉塔顶部出来的尾气经旋风分离器净化后放空。而风送分离器顶部出来的热风经袋式过滤器除尘后放空。

二、干燥在生产中的应用

干燥操作的目的是除去某些原料、半成品及成品中的水分或溶剂，以便于加工、使用、运输、贮藏等。

(1) 便于加工。一些化工原料，由于加工工艺要求，需要粉碎（或造粒）到一定的粒度范围和含水率，以利于再加工和利用。如化纤工业的聚酯切片，纺制短纤维含水率应≤0.012%，纺制长纤维含水率应≤0.007%。上述这种高聚物切片干燥的目的，是保证在纺丝过程中高聚物黏度不降低，也不致产生气泡丝或断头丝；另外，提高高聚物的软化点，以利于纺丝螺杆对切片的输送与挤压。又如，某些药品经干燥到规定水分后去压片成型或分装，以保持药品的稳定性。

(2) 便于使用。例如，食盐、味精、尿。素、硫铵等经干燥后，不易结块，便于使用。

(3) 便于贮存。不少的化工原料和产品，由于水分的存在，有利于微生物的繁殖，易霉烂、虫蛀或变质，这类物料经过干燥便于贮藏。例如，生物化学制品、抗生素及食品等，若含水量超过规定标准，易于变质，影响使用期限，需要经干燥后才有利于贮藏。又如染料的滤饼，含水50%～60%左右，不易保存，干燥到含水4%～5%以下装筒保存，不易结块。

(4) 便于运输。含水70%～80%的悬浮液、膏状物等，若长途运输，不但主要运送的是水，造成运费的浪费，而且很不安全（如泄露、腐蚀等）。

三、去湿方法和干燥分类

（一）去湿方法

从物料中除去湿分的操作，称为去湿。化学工业中的干燥方法按作用原理可分为三类：机械去湿法、化学去湿法、加热去湿法。

(1) 机械去湿法，是用压榨机对湿物料加压，将其中一部分水分挤出。物料中除去的水分量主要决定施加压力的大小。物料经机械除湿后仍保留很高的水分，一般为40%～60%左右。粒状物料或不许受压的物料可用离心机脱水，经过离心机除去水分后，残留在物料中的水分为5%～10%左右。其他，还有各种类型的过滤机，也是机械除湿法常用的设备。这种方法能量消耗较少，但去湿的效果欠佳，一般用于初步去湿。

(2) 化学去湿法，是利用吸湿剂除去气体、液体和固体物料中少量的水分。由于吸湿剂的除湿能力有限，仅用于除去物料中的微量水分，化工生产中应用极少。

(3) 热能去湿法，是化学工业中常用的去湿方法，它借助热能加热物料、汽化物料中的水分。这种去湿方法称为干燥。例如，用空气来干燥物料时，空气预先被加热送入干燥器，将热量传给物料，同时气化物料中的水分，形成水蒸气，并随空气带出干燥器。这种方法热能消耗较多。

（二）干燥分类

干燥操作根据不同的分类方法可以分为不同的种类。

1. 按操作压力分类

按操作压力干燥可分为常压干燥和真空干燥两种。真空干燥具有操作温度低、干燥速率快、热效率高等优点，适用于热敏性、易氧化以及要求最终含水量极低的物料的干燥。

2. 按操作方式分类

按操作方式干燥可分为连续式和间歇式两种。连续式具有生产能力强、热效率高、产品质量均匀、劳动条件好等优点，缺点是适应性差。而间歇式具有投资少、操作控制方便、适应性强等优点，缺点是生产能力小、干燥时间长、产品质量不均匀、劳动条件差。

3. 按热能供方式分类

（1）传导干燥。载热体（加热蒸气）将热能以传导的方式通过传热壁面传给湿物料，使其中湿分汽化，产生的蒸气被干燥介质带走或用真空泵排出。这类方法热效率较高约为70％～80％，但物料易过热变质。

（2）对流干燥。利用热空气、烟道气等作干燥介质将热量以对流传热方式传递给湿物料，又将汽化的水分带走的干燥方法。在对流干燥中，热空气的温度容易调节，但由于热空气在离开干燥器时，带走相当部分热能，使得对流干燥的热效率较差，约为30％～70％。

（3）辐射干燥。热能以电磁波的形式由辐射器发射，并为湿物料吸收后转化为热能，使物料中湿分汽化。辐射器分为电能和热能两种。电能辐射器如专供发射红外线的灯泡。热能辐射器是用金属辐射板或陶瓷辐射板产生红外线。辐射干燥的速度快、效率高、能耗少，产品干燥均匀而洁净，特别适合于表面干燥，如木材和装饰板、纸张、织物等。

（4）微波加热干燥。微波是一种超高频电磁波。其工作原理是湿物料中水分子的偶极子在微波能量的作用下，发生激烈的旋转运动，在此过程中水分子之间会产生剧烈的碰撞与摩擦而产生热能，这种加热从湿物料内部到外部，干燥时间短，湿物料受热均匀、干燥效果好，但费用较高。

（5）冷冻干燥。将湿物料在低温下冻结成固态，然后在高真空下，对物料提供必要的升华热，使冰升华为水汽，水汽用真空泵排出。干燥后物料的物理结构和分子结构变化极小，产品残存的水分也很小。冷冻干燥法常用于医药、生物制品及食品的干燥。

在实际生产操作中，一般先用机械法最大限度地除去物料中的湿分，然后再用加热干燥法除去部分湿分，最后得到固体产品。工业上应用最多的是对流加热干燥法，本章主要介绍以热空气为干燥介质，除去的湿分为水的对流干燥。

四、对流干燥操作的流程

对流干燥过程既可以是连续过程也可以是间歇过程，图 8.2 是典型的对流干燥的操作流程，它是利用热气体与湿物料作相对运动，热空气将热量传递给湿物料，再由湿物料表面传至物料内部，这是一个传热过程，传热的方向是由气相到固相；与此同时，由于物料表面水分受热汽化，使得水在物料内部与表面之间出现了浓度差，在此浓度差作用下，水分从物料内部扩散至表面并汽化，汽化后的水汽再扩散至空气主体，这是一个传质过程，传质方向是由固相到气相。由此可见，对流干燥是传热和传质同时进行的过程，如图 8.3 所示。热空气称为干燥介质，它既是载热体，又是载湿体。

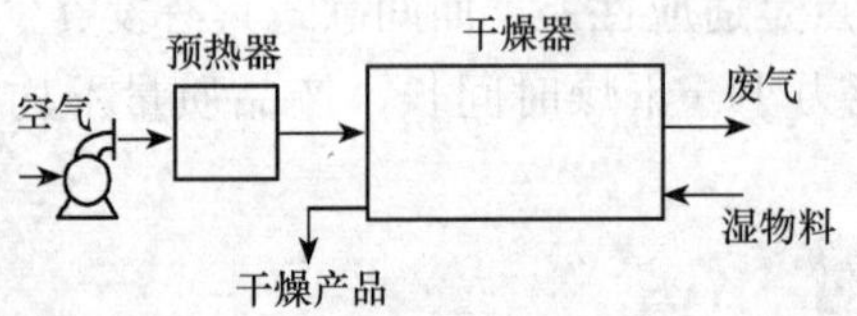

图 8.2　典型的对流干燥的操作流程示意图

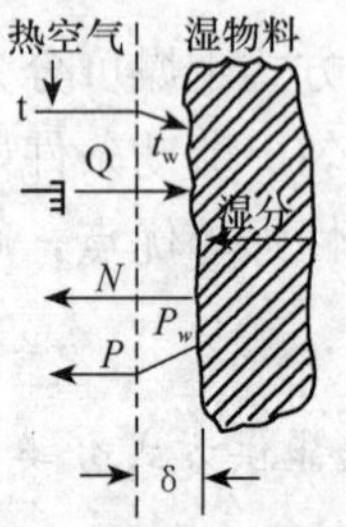

图 8.3　对流干燥过程的热、质传递过程

干燥操作的必要条件是物料表面的水气压强 p_w 必须大于干燥介质中水气的分压 p，两者差别越大，干燥操作进行得越快。所以干燥操作应及时将汽化的水汽带走，以维持一定的扩散推动力。若干燥介质为水汽所饱和，则推动力为零，这时干燥操作停止进行。

第二节　湿空气的性质及湿度图

空气由绝干空气与水蒸气所组成，在干燥中称湿空气。在干燥操作中，采用不饱和空气为干燥介质，干燥过程所需空气用量、热量消耗及干燥时间等均与湿空气的性质有关。故首先介绍湿空气的性质。

计算基准：在干燥过程中，湿空气中的水汽含量不断增加，而其中的绝干空气的质量流量是不变的。因此为了计算上的方便，湿空气的各项参数都以单位质量的绝干空气为基准。

一、湿空气的性质

（一）湿空气中水汽的分压

作为干燥介质的湿空气是不饱和的空气，其水汽分压 p_v 与绝干空气分压 p_g 及其总

压力的 $p_总$ 关系为

$$p_总 = p_v + p_g \tag{8.1}$$

并有

$$p_v = p y_v \tag{8.2}$$

式中：y_v——湿空气中水汽的摩尔分数。

（二）湿度（湿含量）

湿度 H 又称湿含量，是湿空气中所含水蒸气的质量与绝干空气质量之比。

1. 定义式

$$H = \frac{湿空气中水汽的质量}{湿空气中绝干气的质量} = \frac{n_V M_V}{n_g M_g} \tag{8.3}$$

式中：H——空气的湿度，kg 水汽/kg 绝干空气。

M——摩尔质量，kg/kmol。

n——物质的量，kmol。

（下标“V”表示水蒸气，“g”表示绝干空气）

对水蒸气-空气系统，式（8.3）可写成

$$H = \frac{18n_V}{29n_g} = \frac{0.622}{n_g} n_V$$

因常压下湿空气可视为理想气体，由道尔顿分压定律可知，理想气体混合物中各组分的摩尔比等于分压比，则式（8.4）可表示为

$$H = \frac{18p_V}{29p_g} = 0.622 \frac{p_V}{P - p_V} \tag{8.4}$$

式中：p_V——水蒸气分压，Pa；

p——湿空气总压，Pa。

2. 饱和湿度

当总压一定，水蒸气的分压等于湿空气在该温度下的饱和蒸气压 P_s 时，湿空气的湿度达到最大值，此时湿空气呈饱和状态，对应的湿度称为饱和湿度，用 H_s 表示。

$$H_s = \frac{0.622 p_s}{P - p_s} \tag{8.5}$$

式中：p_s——同温度下水的饱和蒸气压，Pa；

H_s——湿空气的饱和湿度，kg 水汽/kg 绝干空气。

水的饱和蒸气压仅与温度有关，因此空气的饱和湿度是湿空气的总压及温度的函数。

（三）相对湿度

湿空气的湿度只是表示所含水分的多少，不能直接反映这种情况下湿空气还有多大

的吸湿潜力，而相对湿度则是用来表示这种潜力的。

在一定总压下，湿空气中水蒸气分压 p_V 与一定总压下空气中水汽分压可能达到的最大值之比的百分数，称为相对湿度，用 φ 表示。

由相对湿度 φ 的定义可得

$$\varphi = \frac{p_V}{p_s} \times 100\% \tag{8.6}$$

相对湿度表明了湿空气的不饱和程度，反映湿空气吸收水汽的能力，与水汽分压 p_V 及空气温度 t 有关（因 $p_s = F(t)$），当 t 一定时，φ 随 p_V 的增大而增大。当 $p_V = 0$ 时，$\varphi = 0$ 空气为绝干空气；当 $p_V < p_s$ 时，$\varphi < 1$ 空气为未饱和湿空气；当 $p_V = p_s$ 时，$\varphi = 1$ 空气为饱和湿空气，气体不能在吸湿，即已无干燥能力。故由相对湿度值可以判断湿空气能否作为干燥介质，φ 愈小，即 p_V 与 p_s 差距愈大，表示湿空气偏离饱和程度愈远，干燥能力愈大。将式（8.6）代入式（8.4a），得

$$H = 0.622 \frac{\varphi p_s}{P - \varphi p_s} \tag{8.7}$$

（四）湿空气的比体积

在湿空气中，1kg 绝干空气连同其所带有的水蒸气体积之和称为湿空气的比体积，又称湿容积，用 V_H 表示，单位 m^3（湿空气）/kg 绝干空气。

在标准状态下，气体的标准摩尔体积为 $22.4m^3/kmol$。因此，在总压力为 p、温度为 t、湿度为 H 的湿空气的比容为

$$v_H = 22.4\left(\frac{1}{M_G} + \frac{H}{M_V}\right) \times \frac{273 + t}{273} \times \frac{101.3}{P} \tag{8.8a}$$

式中：v_H——湿空气的比体积，m^3（湿空气）/kg 绝干空气；

t——温度，℃；

P——湿空气总压，kPa。

将 $M_g = 29kg/kmol$，$M_V = 18kg/kmol$，代上式（8.8a），得

$$v_H = (0.773 + 1.244H) \times \frac{273 + t}{273} \times \frac{101.3}{P} \tag{8.8b}$$

由式（8.8b）可见，湿空气的比体积 V_H 随其温度和湿度的增加而增大。

因此，绝干空气的质量消耗量 L 与湿空气体积消耗量 V_V 之间的换算关系如下：

$$V_V = Lv_H \tag{8.9}$$

（五）湿空气的比热容

在常压下，将 1kg 绝干空气和 Hkg 水蒸气温度升高（或降低）1℃所吸收（或放出）的热量，称为湿空气的比热容，又称湿热，用 c_H 表示。即

$$c_H = c_g + c_V H \tag{8.10a}$$

式中：c_H——湿空气的比热容，kJ/(kg 干空气 · ℃)；

c_g——干空气的比热容，kJ/(kg 干空气 · ℃)；

c_V——水蒸气的比热容，kJ/(kg 水汽 · ℃)。

在通常的干燥条件下，干空气的比热容和水蒸气的比热容随温度的变化很小，在工程计算中通常取常数，取 $c_g=1.01$kJ/(kg 干空气 · ℃)，$c_V=1.88$kJ/(kg 水汽 · ℃)。将这些数值代入式 (8.10a)，得

$$c_H = 1.01 + 1.88H \tag{8.10b}$$

即式 (8.10b) 说明湿空气的比热容是湿度的函数。

（六）湿空气的焓

湿空气中 1kg 绝干空气的焓与相应 Hkg 水蒸气的焓之和称为湿空气的焓，用 I 表示。根据定义可写为

$$I = I_g + HI_V \tag{8.11a}$$

式中：I——湿空气的焓，kJ/kg 绝干空气；

I_g——绝干空气的焓，kJ/kg 绝干空气；

I_V——水汽的焓，kJ/kg 绝干空气。

在进行工程计算时，为方便起见，通常规定绝干空气和液态水在 0℃时的焓作为参考状态，即在此状态下的焓为零。在其他温度下，湿空气的焓值等于水蒸气在 0℃汽化时所需的潜热以及绝干空气和水蒸气从 0℃升至 t 所需的显热之和。0℃液态水的气化热为 $r_0=2490$kJ/kg，则有

$$I_g = c_g t = 1.01t \tag{8.11b}$$

$$I_V = r_0 + c_V t = 2490 + 1.88t \tag{8.11c}$$

因此，湿空气的焓可由式 (8.12) 计算

$$I = (c_g + c_V H)t + r_0 H = (1.01 + 1.88H)t + 2490H \tag{8.12}$$

式中：r_0——0℃时水的汽化热，$r_0=2490$kJ/kg。

在式 (8.12) 中，右端第一项为湿空气的显热，第二项为水蒸气的潜热。当干空气的组成和总压一定时，湿空气的焓随温度和湿度而变；而饱和湿空气的焓则仅为温度的函数。

例 8.1　总压力 $p=101.325$kPa、温度 $t=20$℃的湿空气，测得露点温度为 10℃。试求此湿空气的湿度 H、相对湿度 φ、比体积 v_H、比热容 c_H 及比焓 I。

解：① 由 $t_d=10$℃查得水的饱和蒸汽压 p_s，$t_d=1.227$kPa，由露点温度定义可知，湿空气中水汽分压 $p_v=1.227$kPa。因此，湿空气的湿度为

$$H = 0.622\frac{p_v}{p-p_v} = 0.622\times\frac{1.227}{101.325-1.227} = 0.00762(\text{kg/kg 绝干气})$$

② $t=20$℃时，湿空气中水汽的饱和蒸汽压 $p_s=2.338$kPa。因此，湿空气的相对湿度为

$$\phi = p_v/p_s = 1.227/2.338 = 0.525 = 52.5\%$$

③ 湿空气的比体积为

$$v_H = (0.772 + 1.244H)\frac{273+t}{273}$$

$$= (0.773 + 1.244 \times 0.00762) \times \frac{273+20}{273} = 0.84(\text{m}^3/\text{kg 绝干气})$$

④ 湿空气的比热容为

$$c_H = 1.01 + 1.88H = 1.01 + 1.88 \times 0.00762 = 1.024(\text{kJ/kg 绝干气})$$

⑤ 湿空气的比焓

$$I = c_H t + 2490H = 1.024 \times 20 + 2490 \times 0.00762 = 39.5(\text{kJ/kg 绝干气})$$

（七）干球温度与湿球温度

如图 8.4 所示两支温度计，左边一支温度计的感温球在湿空气中，称为干球温度计，所测的温度为湿空气本身温度，称为干球温度，为湿空气的真实温度，通常简称为空气的温度。另一支温度计的感温球用湿纱布包裹，纱布下部浸入水中使之保持润湿，称为湿球温度计，将它置于一定温度和湿度的流动的空气中，达到稳定时所测得温度称为空气的湿球温度。

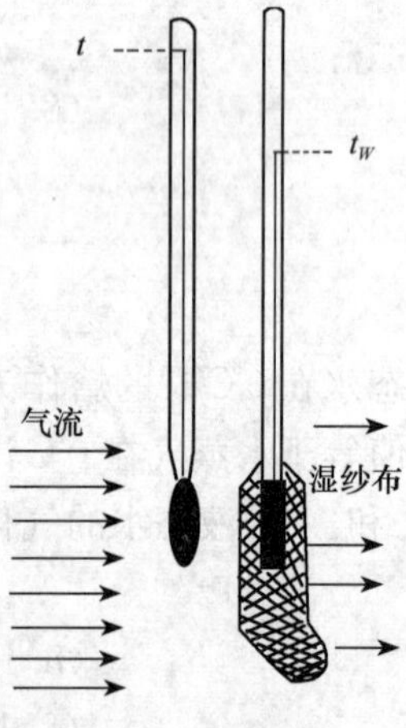

图 8.4　干湿球温度计

湿球温度为空气与湿纱布之间的传热、传质过程达到动态平衡条件下的稳定温度，不代表湿空气的真实温度。湿空气至水的传热速率恰好等于水表面汽化向空气传递潜热速率时的温度，故湿球温度是表示湿空气状态或性质的一种参数。

水分由湿纱布向空气主流扩散，与此同时空气又将显热传给湿纱布，虽然质量传递和热量传递在水分与空气间并进，但因空气流量大，因此可以认为湿空气的温度与湿度一直恒定，保持在初始温度和湿度的状态下。

通过传热、传质计算可得

$$t_W = t - \frac{k_H r_{t_W}}{\alpha}(H_{s,t_W} - H) \tag{8.13}$$

式中：H_{s,t_W}——湿空气在温度为 t_W 下的饱和湿度，kg 水/kg 绝干空气；

H——空气的湿度，kg 水/kg 绝干空气；

α——空气向湿纱布的对流传热系数，kW/（m^2 · ℃）；

k_H——以湿度差为推动力的传质系数 kg/（m^2 · s · ΔH）；

r_{t_W}——湿球温度下水的汽化热，kJ/kg。

实验证明，k_H 与 α 都与空气速度的 0.8 次幂成正比，故可认为比值 α/k_H 近似为一常数。对水蒸气与空气系统，$\alpha/k_H=1.09$。而 r_{t_W} 和 H_{s,t_W} 决定于湿球温度 t_W，于是在 α/k_H 为常数时，湿球温度 t_W 为湿空气的温度 t 和湿度 H 的函数。当 t 和 H 一定时，t_W 必定为定值。反之当测得湿空气的干球温度 t 和湿球温度 t_W 后，可求得空气的湿度 H。在测量湿球温度时，空气速度应大于 5m/s，使对流传热起主要作用，以减少辐射和热传导的影响，使测量较为准确。

（八）绝热饱和温度

如图 8.5 所示的绝热饱和器，假定含有水蒸气的不饱和空气（温度为 t、湿度为

H），连续地通入器内与大量喷洒的水接触，水用泵循环，认为水温是完全均匀的，因饱和器处于绝热，故水汽化所需的潜热只能取自空气中的显然，使空气增湿而降温，但湿空气的焓是不变的，当空气被水所饱和之后，温度就不再下降而等于循环水的温度，此温度称为空气的绝热饱和温度，用 $t_{a,s}$ 表示，对应的湿度为绝热饱和湿度，用 $H_{a,s}$ 表示。绝热饱和湿度也是空气的一种性质。

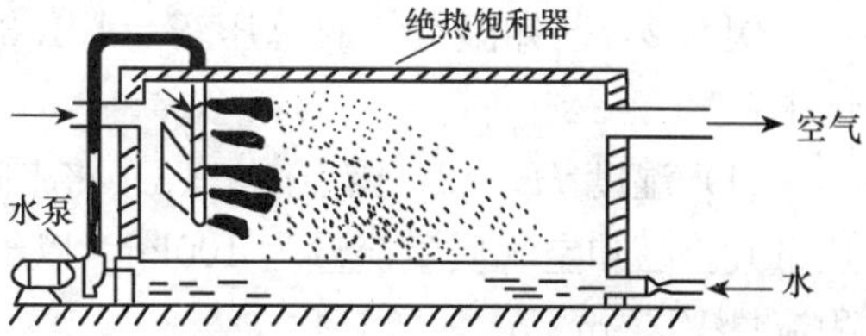

图 8.5 绝热饱和器示意图

在绝热饱和过程中，由于湿空气的焓保持不变，故进入绝热饱和器时的焓 I 等于经绝热增湿而降温至 t_{as} 时的焓 I_{as}。根据式（8.12），可以得出：

$$I_{as}=I=I=(c_g+c_V H)t+r_0 H=(1.01+1.88H)t+2490H=(c_g+c_V H_{a,s})t_{as}+r_0 H_{a,s}$$

在温度不太高时，H 与 $H_{a,s}$ 一般均甚小，且忽略 c_g 与 c_V 随温度的变化，则可近似取：

$$c_g+Hc_V\approx c_g+H_{a,s}c_V=c_H$$

于是，联合上述两式并整理得：

$$t_{a,s}=t-\frac{r_0}{c_H(H_{a,s}-H)} \tag{8.14}$$

式（8.14）称为绝热饱和方程。由于 $H_{a,s}$ 取决于 $t_{a,s}$，故当干空气的组成和总压一定时，湿空气的绝热饱和温度为空气温度和湿度两个变量的函数。

对于空气和水的系统，湿球温度 t_W 与绝热饱和温度 $t_{a,s}$ 在数值上近似相等，这样可以简化水蒸气-空气系统的干燥计算。但湿球温度 t_W 与绝热饱和温度 $t_{a,s}$ 是两个完全不同的概念。而对于其他系统，湿球温度 t_W 与绝热饱和温度 $t_{a,s}$ 就不相等了。

（九）露点温度

将不饱和湿空气等湿冷却到饱和状态时的温度称为露点温度，用 t_d 表示，相应的湿度称为露点下的饱和湿度，以 H_{s,t_d} 表示。

由式（8.5）得

$$H_{s,t_d}=0.622\frac{p_{s,t_d}}{P-p_{s,t_d}} \tag{8.15}$$

式中：p_{s,t_d}——露点时的饱和蒸气压，也是该空气在初始状态下的水蒸气分压，Pa；

H_{s,t_d}——湿空气在露点下的饱和湿度，kg/kg 绝干空气。

可见，在一定总压下，只要测出露点温度，便可从手册中查得此温度下对应的饱和蒸气压，从而求得空气湿度。反之，若已知空气的湿度，可根据上式求得饱和蒸气压，再从水蒸气表中查出相应的温度，即为露点温度。

以上介绍了表示湿空气的四种温度：干球温度 t、湿球温度 t_W、绝热饱和温度 $t_{a,s}$、露点温度 t_d。比较得知，它们之间的关系为

不饱和湿空气： $t>t_W(\text{或 } t_{a,s})>t_d$

饱和湿空气： $t=t_W(t\text{ 或 } t_{a,s})=t_d$

例 8.2 已知湿空气的总压 P=101.3kPa，相对湿度 φ=0.6，干球温度 t=30℃。试求：

(1) 湿度 H。(2) 露点 t_d。(3) 将上述状况的空气在预热器中加热至 100℃所需的热量 Q。已知空气质量流量为 100kg（以绝干空气计）/h。(4) 送入预热器的湿空气体积流量 V_h，m^3/h。

解：已知 p_t=101.3kPa，φ=0.6，t=30℃。

由饱和水蒸气表查得水在 30℃时的蒸汽压 p_s=4.25kPa。

① 湿度 H 可由式（8.7）求得

$$H = 0.622\frac{\varphi p_s}{P-\varphi p_s} = 0.622\times\frac{0.6\times 4.25}{101.3-0.6\times 4.25} = 0.016(\text{kg/kg})$$

② 按定义，露点是空气在湿度不变的条件下冷却到饱和时的温度，现已知

$$p = \varphi p_s = 0.6\times 4.25 = 2.55(\text{kPa})$$

由水蒸气表查得其对应的温度 t_d=21.4℃。

③ 预热器中加入的热量

$$\begin{aligned} Q &= 100\times(1.01+1.88\times 0.016)(100-30) \\ &= 7280(\text{kJ/h}) \text{ 或 } 2.02(\text{kW}) \end{aligned}$$

④ 送入预热器的湿空气体积流量

$$V_h = 100(0.773+1.244\times 0.016)\frac{273+30}{273} = 88(\text{m}^3/\text{h})$$

二、湿空气的 *H-I* 图

在增湿、减湿及水冷却过程中，往往要用到上述湿空气的诸参数，但计算比较繁琐。工程上为方便起见，将湿空气各参数之间的函数关系绘成图线，这样只要知道湿空气的任意两个独立参数，即可以从图上直接查取其他的参数的数值，这种算图通称为湿度图。常用的湿度图有湿焓图（*H-I* 图）和湿度－温度图（*H-t* 图）。下面介绍工程上常用的焓湿图（*H-I* 图）的构成和应用。

（一）*H-I* 图的构成

图 8.6 是在常压下湿空气的 *H-I* 图。此图纵轴表示湿空气的焓值 I，横轴表示湿空气的湿度 H。为了避免图中许多线条挤在一起而难以读数，本图采用夹角为 135°的斜角坐标，以提高读数的准确性，同时做一水平辅助轴，将横轴上的湿度值投影到水平辅助轴上。图中共有五种线群，分述如下。

(1) 等焓（I）线群。等焓线为平行于横轴（斜轴）的线群，每条直线上任何点都具有相同的焓值，其值在纵轴上读取，图中读数范围为 0～680kJ/kg 绝干气。

(2) 等湿度（H）线群。等湿度线为一系列平行于纵轴的直线，每条线上任何一点都具有相同的湿含量，其值在辅助水平轴上读出，图中读数范围为 0～0.2kg/kg 绝干空气。

(3) 等干球温度（t）线。即等温线，将式（8.12）写成

$$I = 1.01t + (1.88t + 2490)H$$

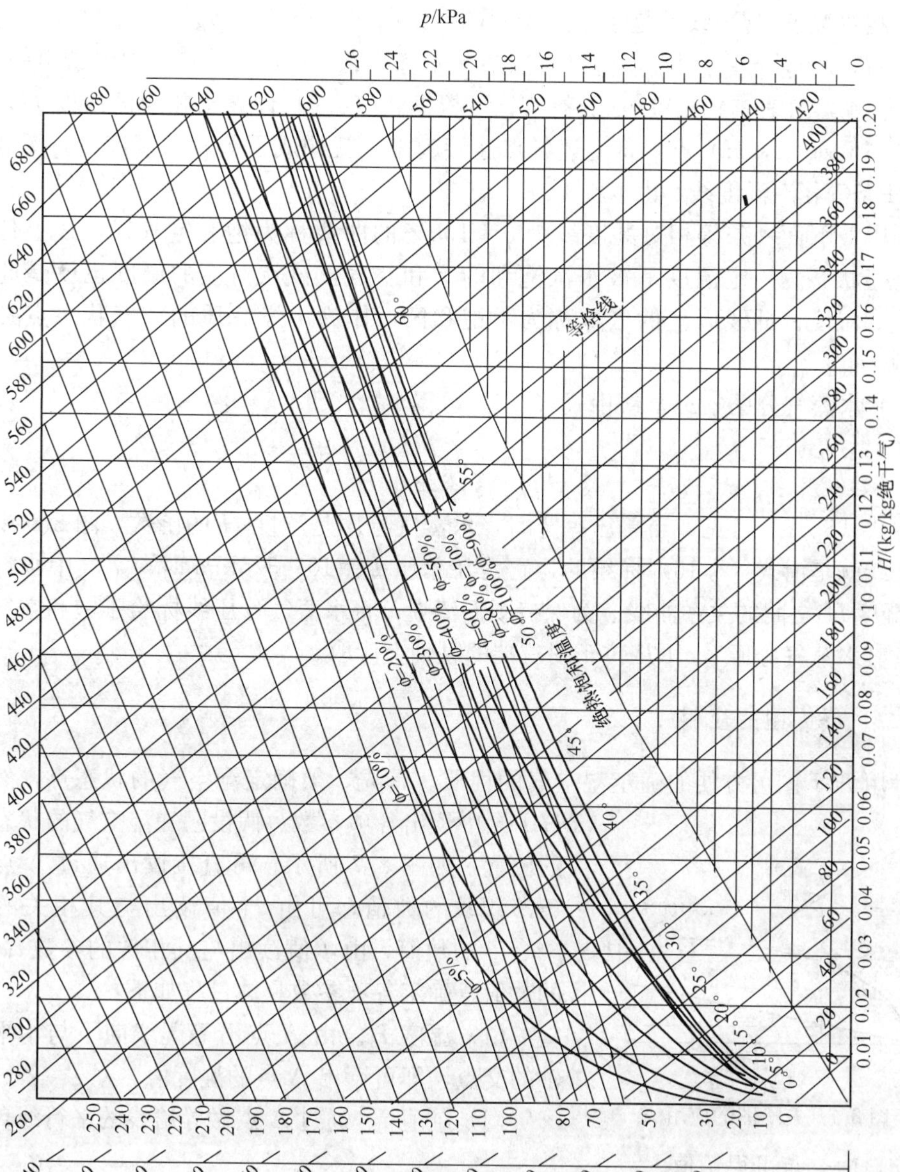

图 8.6　湿空气的 H-I 图

可见，当温度一定时，I 与 H 成直线关系，其斜率为（1.88t＋2490）。因此，任意规定 t 值，按此式计算 I 与 H 的对应关系，标绘在图上，即为一条等温线。同一条直线上的每一点具有相同的温度数值。图中的读数范围为 0～250℃，因等温线与 H 轴不垂直，其斜率（1.88t＋2490）随温度的升高而增大，所以等温线互不平行。

（4）等相对湿度（ϕ）线。由式（8.7）得

$$H = 0.622\frac{\phi p_s}{p - \phi p_s}$$

等相对湿度（ϕ）线就是用上式绘制的一组曲线。当总压 $p_{总}=101.325$kPa 时，因 $\varphi=f(H, p_s)$，$p_s=f(t)$，所以对于某一 φ 值，在 $t=0\sim100$℃范围内给出一系列，就可根据水蒸气表查到相应 p_s 的数值，再根据式（8.7）计算出相应的湿度 H，在图上标绘一系列（t，H）点，将上述各点连接起来，就构成了等相对湿度线。图 8.6 中共有 11 条等相对湿度线，由 5%～100%。

图中最下面一条等相对湿度线为 $\varphi=100\%$的曲线称为饱和空气线，线上任意一点的空气状态为一定温度下被水汽饱和的饱和空气，该点对应的湿度也就是此温度下的饱和湿度。此线以上的区域称为不饱和区，作为干燥介质的空气状态点必在此区域内。

（5）水蒸气分压（p_V）线由式（8.4）可得

$$p_V=\frac{pH}{0.622+H} \tag{8.16}$$

由式（8.16）可见，当总压一定时，水蒸气分压是湿度 H 的函数，图 8.6 中水蒸气分压线就是由式（8.16）标绘的，它是在总压 $P=101.325$kPa 时，空气中水汽分压 p_V 与湿度 H 之间的关系曲线。为保持图面清晰，将水蒸气分压线标绘于饱和空气线的下方，其水蒸气分压 p_V 可从位于图右端的纵轴上读取。

（二）H-I 图的应用

利用 H-I 图可方便的确定湿空气的性质。首先，须确定湿空气的状态点，然后由 H-I 图中读出各项参数。假设已知湿空气的状态点 A 的位置，如图 8.7 所示。可直接读出通过 A 点的四条参数线的数值。可由 H 值读出与其相关的参数 p_V、t_d 的数值，由 I 值读出与其相关的参数 $t_W\approx t_{a,s}$ 的数值。确定各项参数具体过程如下：

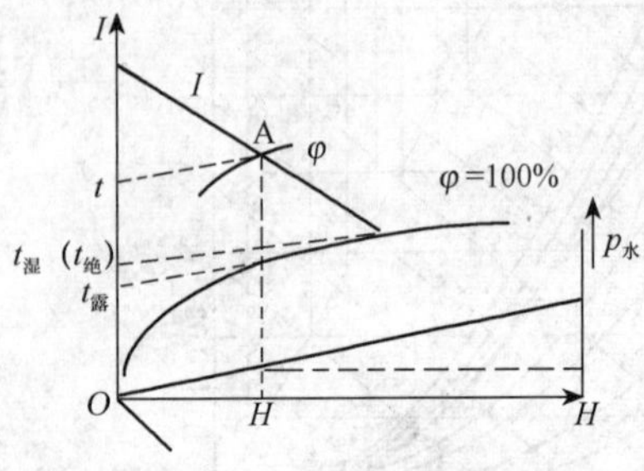

图 8.7　I-H 图的应用

（1）湿度 H。由 A 点沿等湿线向下与水平辅助轴的交点，即可读出 A 点的湿度值。

（2）焓值 I。通过 A 点做等焓线的平行线，与纵轴相交，由交点可得焓值。

（3）水汽分压 p_v。由 A 点沿等湿度线向下交水汽分压线于一点，在图右端纵轴上读出水汽分压值。

（4）露点 t_d。由于湿空气变化到露点是等湿过程，而露点必在饱和空气线上，故可由 A 点沿等湿度线向下与 $\varphi=100\%$饱和空气线交于一点，再由过该点的等温线由纵轴读出露点温度 t_d。

（5）绝热饱和温度 $t_{a,s}$（或湿球温度 t_W）。由于不饱和空气的绝热饱和过程是等焓过程，且 $t_{a,s}$必在饱和空气线上，故由 A 点沿等焓线与 $\varphi=100\%$饱和空气线交于一点，再由过该点的等温线读出绝热饱和温度（或湿球温度）。

通过上述查图可知，须先在图中确定代表湿空气状态的点，然后才能查得其他各参数，通常是根据下述条件之一来确定湿空气的状态点，已知条件是：

（1）湿空气的温度 t 和湿球温度 t_W，状态点的确定见图 8.8（a）。

（2）湿空气的温度 t 和露点温度 t_d，状态点的确定见图 8.8（b）。

（3）湿空气的温度 t 和相对湿度 φ，状态点的确定见图 8.8（c）。

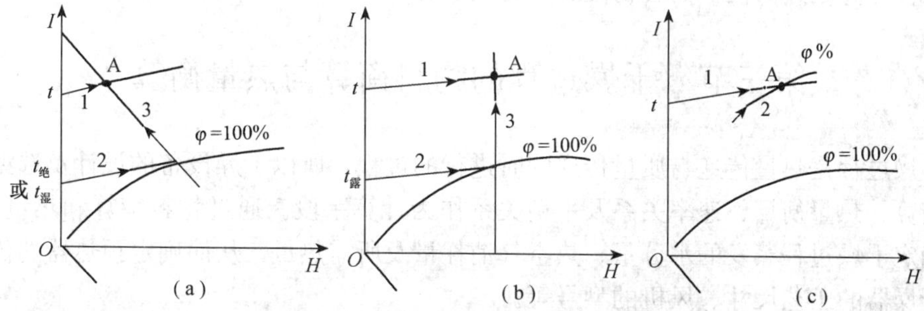

图 8.8　在 I-H 图中确定湿空气的状态点

例 8.3　已知湿空气的总压为 101.3kPa 相对湿度为 50%，干球温度为 20℃。试用 H-I 图求：

（1）水气分压 p；

（2）湿度 H；

（3）焓 I；

（4）露点 t_d；

（5）湿球温度 t_W；

（6）如将含 500kg/h 干空气的湿空气预热至 117℃，求所需热量 Q。

解：见图 8.9。

由已知条件：$p_{总}=101.3\text{kPa}$，$\varphi_0=50\%$，$t_0=20℃$在 I-H 图上定出湿空气状态 A 点。

（1）水气分压：由图 A 点沿等 H 线向下交水气分压线于 C，在图右端纵坐标上读得 $p=1.2\text{kPa}$。

（2）湿度 H：由 A 点沿等 H 线交水平辅助轴于点 $H=0.0075\text{kg}$ 水/kg 绝干空气。

（3）焓 I：通过 A 点作斜轴的平行线，读得 $I_0=39\text{kJ/kg}$ 绝干空气。

（4）露点 t_d：由 A 点沿等 H 线与 $\varphi=100\%$饱和线相交于 B 点，由通过 B 点的等 t 线读得 $t_d=10℃$。

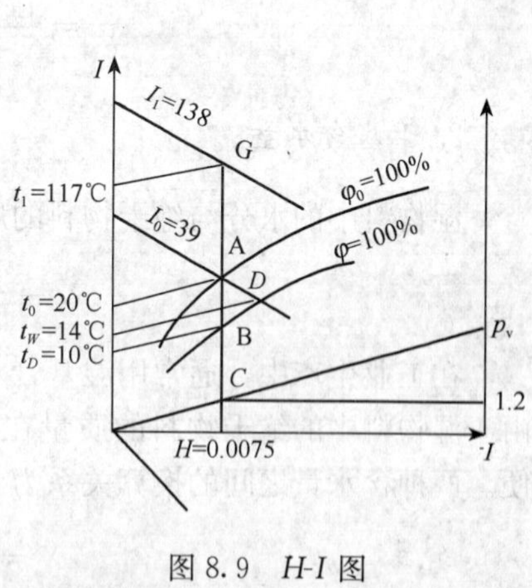

图 8.9　H-I 图

（5）湿球温度 t_W（绝热饱和温度 $t_{a,s}$）：由 A 点沿等 I 线与 $\varphi=100\%$饱和线相交于 D 点，由通过 D 点的等 t 线读得 $t_W=14℃$（即 $t_{a,s}=14℃$）。

（6）热量 Q：因湿空气通过预热器加热时其湿度不变，所以可由 A 点沿等 H 线向上与 $t_1=117℃$线相交于 G 点，读得 $I_1=138\text{kJ/kg}$ 绝干空气（即湿空气离开预热器时的焓值）。含 1kg 绝干空气的湿空气通过预热器所获得的热量为

$$Q'=I_1-I_0=138-39=99(\text{kJ/kg})$$

每小时含有 500kg 干空气的湿空气通过预热器所获得的热量为

$$Q = 500Q' = 500 \times 99 = 49500(\text{kJ/h}) = 13.75(\text{kW})$$

通过上例的计算过程说明，采用焓湿图求取湿空气的各项参数，与用数学式计算相比，不仅计算迅速简便，而且物理意义也较明确。

第三节　干燥过程的物料衡算与热量衡算

干燥过程是热量传递与质量传递同时进行的过程，所以干燥设备的设计及选型要以物料衡算、热量衡算、速率关系及平衡关系作为计算手段。通过物料衡算和热量衡算，可以确定干燥过程蒸发的水分量、热空气消耗量及所需热量，从而确定预热器的传热面积、干燥器的工艺尺寸、风机的型号等。

一、干燥过程的物料衡算

干燥过程的物料衡算主要是为了解决两个问题：一是确定将湿物料干燥到规定的含水量需蒸发的水分量 W；二是确定带走这些水分所需要的空气量 L。下面首先来了解一下湿物料含水量的表示方法。

（一）湿物料中含水量的表示方法

1. 湿基含水量

水分在湿物料中的质量分数为湿基含水量，以 w 表示。即

$$w = \frac{\text{湿物料中水分质量}}{\text{湿物料总质量}} \times 100\% \tag{8.17}$$

2. 干基含水量

湿物料中的水分与绝干物料的质量比为干基含水量，以 X 表示。即

$$X = \frac{\text{湿物料中水分质量}}{\text{湿物料中绝干物料质量}} \tag{8.18}$$

在工业生产中，通常用湿基含水量表示物料中水分含量的多少。但在干燥计算中，由于湿物料中的绝干物料的质量在干燥过程中是不变的，故用干基含水量计算比较方便。两种含水量之间的换算关系为

$$X = \frac{w}{1-w} \text{及} w = \frac{X}{1+X} \tag{8.19}$$

（二）干燥过程的物料衡算

在干燥器的设计中，通常已知：单位时间被干燥物料的质量 m_1；干燥前、后物料中的含水量 w_1 和 w_2；湿空气进入干燥器前的状态 H_1 和 φ_1，需要通过物料衡算来计算水分蒸发量 W、干燥产品的质量 m_2 和空气消耗量 L。如图 8.10 所示为连续干燥过程的示意图，对图 8.10 做物料衡算。

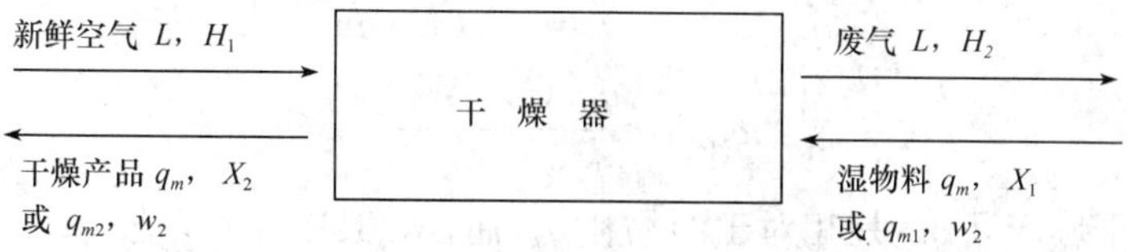

图 8.10 干燥器的物料衡算

L. 湿空气中绝干空气消耗量，kg（绝干空气）/s；H_1、H_2. 分别为空气进、出干燥器时的湿度，kg/kg 绝干空气；X_1、X_2. 分别为湿物料进、出干燥器时的干基含水量，kg（水分）/kg 干物料；w_1，w_2. 分别为湿物料进、出干燥器时的湿基含水量，kg（水分）/kg 湿物料；q_{m1}、q_{m2}. 分别为湿物料进、出干燥器时的质量流量，kg（物料）/s；q_m. 湿物料中绝干物料的质量流量，kg（绝干料）/s；W. 水分蒸发量，kg/s

1. 水分蒸发量

若不计干燥过程中物料损失，则在干燥前后物料中绝干物料质量不变，即

$$q_m = q_{m1}(1-w_1) = q_{m2}(1-w_2)$$

整理得干燥产品流量

$$q_{m2} = q_{m1}\frac{1-w_1}{1-w_2} \tag{8.20}$$

则

$$W = q_{m1} - q_{m2} \tag{8.21}$$

对干燥器中水分做物料衡算，又可得

$$W = q_m(X_1 - X_2) = L(H_2 - H_1) \tag{8.22}$$

式中：W——湿物料在干燥器中蒸发的水分量，kg 水分/s。

2. 绝干空气消耗量

由式（8.22）得，绝干空气消耗量 L 与水分蒸发量的关系为

$$L = \frac{q_m(X_1 - X_2)}{H_2 - H_1} = \frac{W}{H_2 - H_1} \tag{8.23}$$

将上式两端除以 W，可得蒸发 1kg 水分需消耗的干空气量 l（称为单位空气消耗量，单位为，kg 干空气/kg 水分）为

$$l = \frac{L}{W} = \frac{1}{H_2 - H_1} \tag{8.24}$$

由以上可知，空气消耗量随进入干燥器的空气湿度 H_1 的增大而增大。因此，一般按夏季的空气湿度确定全年中最大空气消耗量。干燥中风机的选择是以湿空气的体积流量为依据的，湿空气的体积流量可由上面计算的 L 和湿空气的比体积来求取。

3. 干燥产品的流量

进、出干燥器的绝干物料质量守恒，得

$$q_{m2}(1-w_2)=q_{m1}(1-w_1) \tag{8.25}$$

$$q_{m2}=\frac{q_{m1}(1-W_1)}{1-w_2} \tag{8.26}$$

应指出，干燥产品 q_{m2} 是相对于湿物料 q_{m1} 而言，其中含水量较 q_{m1} 的少，但仍含有一定量的水分，实际是含水分较少的湿物料，一般称 q_{m2} 为干燥产品，以区别于绝干物料 q_m。

例 8.4 今有一干燥器，处理湿物料量为 800kg/h。要求物料干燥后含水量由 30% 减至 4%（均为湿基含水量）。干燥介质为空气，初温 15℃，相对湿度为 50%，经预热器加热至 120℃进入干燥器，出干燥器时降温至 45℃，相对湿度为 80%。

试求：(1) 水分蒸发量 W。

(2) 空气消耗量 L、单位空气消耗量 l。

(3) 如鼓风机装在进口处，求鼓风机在 20℃、101.325kPa 下的湿空气体积流量。

解：(1) 水分蒸发量 W。

已知 $q_{m1}=800\text{kg/h}$，$w_1=0.3$，$w_2=0.04$，则

$$q_{m2}=q_{m1}\frac{1-w_1}{1-w_2}=800\times\frac{1-0.3}{1-0.04}=583.3(\text{kg/h})$$

$$W=q_{m1}-q_{m2}=800-583.3=216.7(\text{kg 水 /h})$$

(2) 空气消耗量 L、单位空气消耗量 l。

在 H-I 图中查得，空气在 $t_0=15℃$，$\varphi_0=50\%$ 时的湿度为 $H_0=0.05\text{kg/kg}$ 干空气。在 $t_2=45℃$，$\varphi=80\%$ 时的湿度为 $H_2=0.052\text{kg/kg}$ 干空气。空气通过预热器湿度不变，即 $H_0=H_1$。

$$L=\frac{W}{H_2-H_1}=\frac{W}{H_2-H_0}=\frac{216.7}{0.052-0.005}=4610(\text{kg 绝干空气 /h})。$$

$$l=\frac{1}{H_2-H_0}=\frac{1}{0.052-0.005}=21.3(\text{kg 绝干空气 /kg 水})。$$

(3) 进口处，鼓风机在 20℃、101.325kPa 下的湿空气体积流量。

20℃、101.325kPa 下的湿空气比容为

$$v_{湿}=(0.772+1.244H_0)\frac{273+t}{273}=(0.772+1.244\times0.005)\times\frac{273+20}{273}$$

$$=0.835(\text{m}^3/\text{kg 绝干空气})$$

$V=Lv_{湿}=4610\times0.835=3849$（$\text{m}^3/\text{h}$ 用此风量选用鼓风机）。

二、干燥过程的热量衡算

通过对干燥器的热量衡算，可以确定多项热量的分配情况和热量的消耗量，可作为计算空气预热器的传热面积，加热剂用量，干燥器尺寸，干燥器的热效率和干燥效率的依据。下面首先来了解一下与热量衡算有关的两个物理量。

(一) 湿物料的比热容 c_m

仿照湿空气比热容的计算方法，湿物料的比热容可用加和法写成如下形式：

$$c_m = c_s + Xc_w \tag{8.27a}$$

式中：c_m——湿物料的比热容，kJ/（kg 绝干料,℃）；

c_s——绝干物料的比热容，kJ/（kg 绝干料,℃）；

c_w——物料中所含水分的比热容，取为 4.187kJ/（kg 水,℃）。

所以式（8.27）可写成

$$c_m = c_s + 4.187X \tag{8.27b}$$

（二）湿物料的焓

湿物料的焓 I' 包括绝干物料的焓（以 0℃的物料为基准）和物料中所含水分（以 0℃的液态水为基准）的焓，即

$$I' = c_s t' + Xc_w t' = (c_s + 4.187X)t' = c_m t' \tag{8.28}$$

式中：t'——湿物料的温度,℃。

（三）干燥过程的热量衡算（图 8.11）

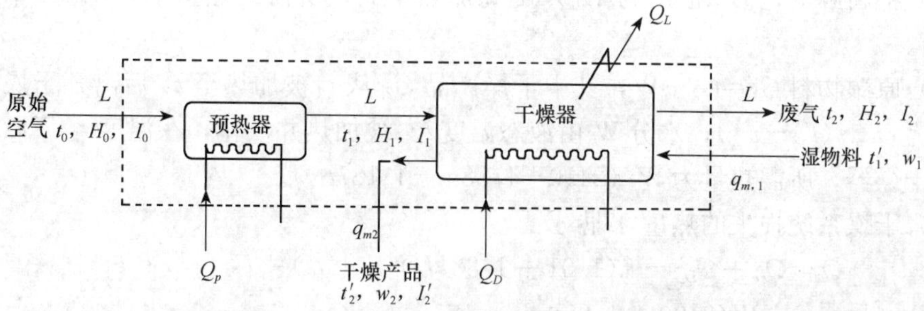

图 8.11　对流干燥过程的热量衡算示意图

H_0，H_1，H_2. 分别为新鲜空气进入预热器、离开预热器（即进入干燥器）和离开干燥器时的湿度，kg 水/kg 绝干空气；I_0，I_1，I_2. 分别为新鲜空气进入预热器、离开预热器（即进入干燥器）和离开干燥器时的焓，kJ/kg 绝干空气；t_0，t_1，t_2. 分别为新鲜空气进入预热器、离开预热器（即进入干燥器）和离开干燥器时的温度,℃；L. 绝干空气的质量流量，kg 绝干空气/s；I_1，I_2. 分别为进入和离开干燥器时物料的焓，kJ/kg 绝干料；t_1，t_2. 分别为进入和离开干燥器时物料的温度,℃；q_{m1}，q_{m2}. 分别为进入和离开干燥器时物料的质量流量，kg/s；Q_p. 单位时间内输入预热器的热量，kW；Q_D. 单位时间向干燥器补充的热量，kW；Q_L. 单位时间干燥器损失的热量，kW

1. 预热器的热量衡算

若忽略预热器的热损失，对图 8.11 的预热器做热量衡算，得

$$LI_0 + Q_p = LI_1 \tag{8.29}$$

故单位时间内预热器输入的热量为

$$Q_p = L(I_1 - I_0) \tag{8.30}$$

2. 向干燥器补充的热量

再对图 8.11 的干燥器做热量衡算，得

$$LI_1 + GI'_1 + Q_D = LI_2 + GI'_2 + Q_L$$

故单位时间内向干燥器补充的热量为

$$Q_D = L(I_2 - I_1) + G(I'_2 - I'_1) + Q_L \tag{8.31}$$

若干燥过程中采用输送装置输送物料，则列热量衡算式时应计入输送装置带入与带出的热量。

3. 干燥系统消耗的总热量

干燥系统消耗的总热量 Q 为 Q_p 与 Q_D 之和，故将式（8.30）与式（8.31）相加，并整理得

$$Q = Q_p + Q_D = L(I_2 - I_0) = G(I'_2 - I'_1) + Q_L \tag{8.32}$$

式中：Q——干燥系统消耗的总热量，kW。

式（8.30）、式（8.31）、式（8.32）为连续干燥系统热量衡算的基本方程式。为了便于应用，可通过以下分析得到更为简明的形式。

加入干燥系统的热量 Q 被用于以下方面：

（1）将新鲜空气 L（湿度为 H_0）由 t_0 加热至 t_2，所需的热量 L（$1.01+1.88H_0$）（t_2-t_0）。

（2）原湿物料 $G_1=G_2+W$，其中干燥产品 G_2 从 t'_1 被加热至 t'_2 后离开干燥器，所耗热量为 Gc_m（$t'_2-t'_2$）；水分 W 由液态温度 t'_1 被加热并汽化，在温度 t_2 下以气态形式离开干燥器，所需热量为 W（$2490+1.88t_2-4.187t'_2$）。

（3）干燥系统损失的热量，即

$$Q = Q_p + Q_D = L(1.01 + 1.88H_0)(t_2 - t_0) + Gc_m(t'_2 - t'_1) + W(2490 + 1.88t_2 - 4.187t'_2) + Q_L \tag{8.33}$$

若忽略空气中水分进出干燥系统的焓的变化和湿物料中水分带入干燥系统的焓，则式（8.33）可简化为

$$Q = Q_p + Q_D = 1.01L(t_2 - t_0) + Gc_m(t'_2 - t'_1) + W(2490 + 1.88t_2) + Q_L \tag{8.34}$$

式（8.34）表明干燥系统的总热量消耗于四方面：加热空气；加热湿物料；蒸发水分；损失于周围环境中。

（四）干燥系统的热效率

干燥器的热效率是干燥器操作性能的一个重要指标。热效率高，表明热的利用程度好，操作费用低，同时可合理利用能源，使产品成本降低。因此，在操作过程中，希望获得尽可能高的热效率。通常将干燥系统的热效率定义为

$$\eta = \frac{\text{蒸发水分所需的热量}}{\text{向干燥系统输入的总热量}} \times 100\% \tag{8.35}$$

蒸发水分所需的热量为

$$Q_V = W(2490 + 1.88t_2 - 4.187t'_1)$$

若忽略湿物料中水分带入系统中的焓，上式简化为

$$Q_V \approx W(2490 + 1.88t_2)$$

上式带入式（8.35），得

$$\eta = \frac{W(2490 + 1.88t_2)}{Q} \times 100\% \tag{8.36}$$

提高干燥器的热效率可以通过以下几种措施来实现：

（1）提高离开干燥器的空气的湿度，降低离开干燥器的空气的温度，可提高干燥器的热效率，减少空气消耗量，进而减少输送空气的动力消耗。但这样会降低干燥过程的传热、传质推动力，降低干燥效率。特别是对于吸水性物料的干燥，空气出口温度应高些，而湿度则应低些，即相对湿度要低些。在实际干燥器操作中，空气离开干燥器的温度 t_2需比进入干燥器时的绝热饱和温度高 20～50℃，这样才能保证在干燥系统后面的设备内不致析出水滴，否则可能使干燥产品返潮，且易造成管路的堵塞和设备材料的腐蚀。

（2）提高空气的预热温度，可提高热效率。空气预热温度高，单位质量干空气携带的热量多，干燥过程所需要的空气量少，废气带走的热量相应减少，故热效率得以提高。但是，空气的预热温度应以湿物料不致在高温下受热破坏为限。对不能经受高温的材料，采用中间加热的方式，即在干燥器内设置一个或多个中间加热器，往往可提高热效率。

（3）尽量利用废气中的热量，如用废气预热冷空气或湿物料，采用二级干燥，利用内换热器，以及注意干燥设备的保温，减少系统热损失等措施均有利于降低能耗，都有助于热效率的提高。

第四节 干燥速率和干燥时间

通过干燥器的物料衡算及热量衡算可以计算出完成一定干燥任务所需的空气量及热量。但需要多大尺寸的干燥器以及干燥时间长短等问题，则必须通过干燥速率计算方可解决。对于物料的去湿过程经历了两步：首先是湿分从物料内部迁移至表面，然后再由表面汽化而进入空气主体。故干燥速率不仅取决于空气的性质及干燥操作条件，而且还与物料中所含水分的性质有关。

一、物料中的水分

（一）平衡水分和自由水分

根据物料在一定的干燥条件下，其中所含水分能否用干燥的方法除去来划分，可分为平衡水分与自由水分。

1. 平衡水分

当湿物料与一定温度和湿度的湿空气接触，物料将释放水分或吸收水分，直至

物料表面所产生的水蒸气分压与空气中水蒸气分压相等，此时，物料中所含水分不再因与空气接触时间的延长而变化，这种恒定的含水量称为该物料在固定空气状态下的平衡水分，又称平衡湿含量或平衡含水量，以 X^* 表示，单位为 kg 水/kg 绝干料。

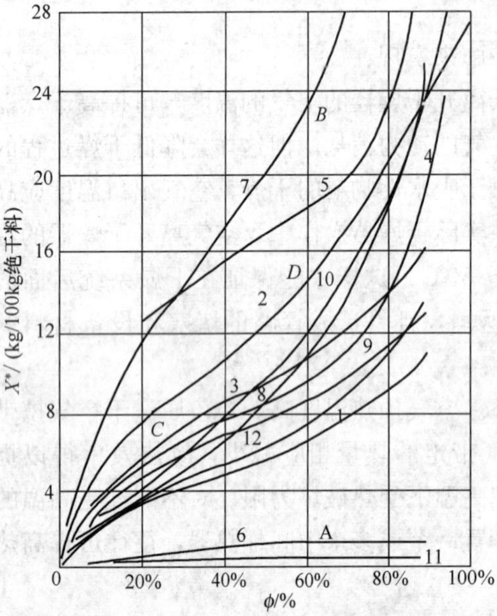

图 8.12　25℃时某些物料的平衡含水量 X^* 与空气相对湿度 φ 的关系

1. 新闻纸；2. 羊毛、毛织物；3. 硝化纤维；4. 丝；5. 皮革；6. 陶土；7. 烟叶；8. 肥皂；9. 牛皮胶；10. 木材；11. 玻璃绒；12. 棉花

如图 8.12 表示空气温度在 25℃时某些物料的平衡含水量曲线。由图 8.12 可知：物料的平衡含水量 X^* 随相对湿度 φ 增大而增大，当 $\varphi=0$ 时，$X^*=0$，即只有在绝干空气中才有可能获得绝干物料，平衡水分还随物料种类的不同而有很大的差别。

在一定的空气温度和湿度条件下，物料的干燥极限为 X^*。要想进一步干燥，应减小空气湿度或升高温度。由于缺乏各种温度下平衡含水量的实验数据，因此只要温度变化范围不太大，一般可近似地认为物料的平衡含水量与空气的温度无关。平衡含水量曲线上方为干燥区，下方为吸湿区。

2. 自由水分

物料中的水分超过 X^* 的那部分水分称为自由水分。这种水分可用干燥方法除去。因此，平衡含水量是湿物料在一定的空气状态下干燥的极限。物料中平衡含水量与自由含水量的划分不仅与物料的性质有关，还与空汽状态有关。

（二）结合水分和非结合水分

按照物料与水分的结合方式，将水分分为结合水分和非结合水分。其基本区别是表现出的平衡蒸汽压不同。

1. 结合水分

通过化学力或物理化学力与固体物料相结合的水分称为结合水分。例如，结晶水、毛细管中的水及细胞中溶胀的水分。结合水与物料结合较紧，其蒸气压低于同温度下纯水的饱和蒸气压，故较难于除去。因此，将图 8.13 中，给定的湿物料平衡水分曲线延伸到与 $\varphi=100\%$ 的相对湿度线相交，交点所对应含水量即为结合水分。

2. 非结合水分

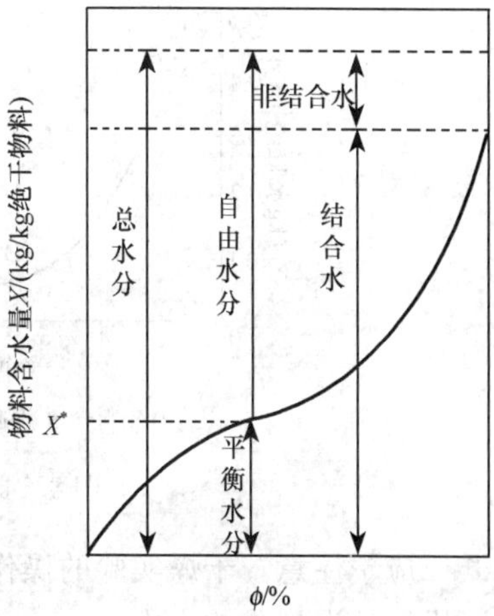

图 8.13　固体物料中水分的区分（t 为定值）

物料中所含的大于结合水分的那部分水分，称为非结合水分。非结合水分通过机械的方法附着在固体物料上。例如，固体表面和内部较大空隙中的水分。非结合水分的蒸气压等于纯水的饱和蒸气压，易于除去。

物料的结合水与非结合水的划分，只取决于物料本身的特性，而与空气状态无关。结合水与非结合水都难于用实验方法直接测得，但根据它们的特点，可将平衡曲线外延与 $\varphi=100\%$ 线相交而获得。

自由水分、平衡水分、结合水分、非结合水分及物料总水分之间的关系见图 8.13 所示。

两种分类方法的不同之处在于：自由水分是在干燥中可以除去的水分，而平衡水分是不能除去的，自由水分和平衡水分的划分除与物料有关外，还决定于空气的状态。非结合水分是在干燥中容易除去的水分，而结合水分较难除去。是结合水还是非结合水仅决定于固体物料本身的性质，与空气状态无关。

二、干燥速率

按空气状态变化情况，可将干燥过程分为恒定干燥操作和非恒定（变动）干燥操作两大类。若用大量空气对少量物料进行间歇干燥，并维持空气速度以及与物料接触方式不变，因空气是大量的，且物料中汽化出的水分很少，故干燥过程中可以认为空气湿度与温度均不变，这种操作称为恒定状态下的干燥操作，简称恒定干燥。

1. 干燥实验和干燥曲线

在干燥设备的计算中，往往要了解物料由初始含水量降到最终要求的含水量时，物料应在干燥器内的停留时间，然后就可以计算各种干燥器的工艺尺寸。

由于干燥过程既涉及传热过程又涉及传质过程，机理比较复杂，一般先通过间歇干燥实验获得干燥速率的资料。

在间歇干燥实验中，定时测定物料的质量变化，并记录每一时间间隔 $\Delta\tau$ 内物料的质量变化 $\Delta W'$ 及物料的表面温度 t'，直到物料的质量恒定为止，此时物料与空气达到平衡状态，物料中所含水分即为该条件下的平衡水分。然后再将物料放到电烘箱内烘干到恒重为止（控制烘箱内的温度低于物料的分解温度），即可测得绝干物料的质量。

上述实验数据经整理后可分别绘出如图 8.14 所示的物料含水量 X 与干燥时间 τ、物料表面温度 t' 与干燥时间 τ 的关系曲线，这两条曲线均称为干燥曲线。

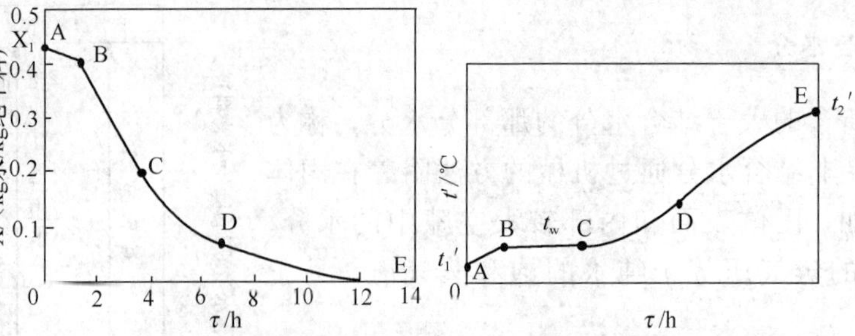

图 8.14　恒定干燥条件下某物料的干燥曲线

应予注意，干燥实验的操作条件应与生产要求的条件相近似，使实验结果可以用于干燥器的设计与放大中。

2. 干燥速率与干燥速率曲线

干燥速率是指单位时间、单位干燥面积上汽化的水分质量，即

$$U=\frac{\mathrm{d}W'}{S\mathrm{d}\tau} \tag{8.37}$$

$$\mathrm{d}W'=-m'\mathrm{d}X \tag{8.38}$$

式中：U——干燥速率，又称干燥通量，kg/（m^2·s）；

S——干燥面积，m^2；

W'——气化水分量，kg；

τ——干燥时间，s；

m'——湿物料中绝干物料的质量，kg。

负号表示 X 随干燥时间的增加而减小。

所以式（8.37）可以写为

$$U=-\frac{m'\mathrm{d}X}{S\mathrm{d}\tau} \tag{8.39}$$

式（8.37）和式（8.39）均为干燥速率的微分表达式。式（8.39）中绝干物料的质量及干燥面积由实验测定，而 $\mathrm{d}X/\mathrm{d}\tau$ 为干燥曲线的斜率，因此可将图 8.14 的干燥曲线变换为图 8.15 的干燥速率曲线。

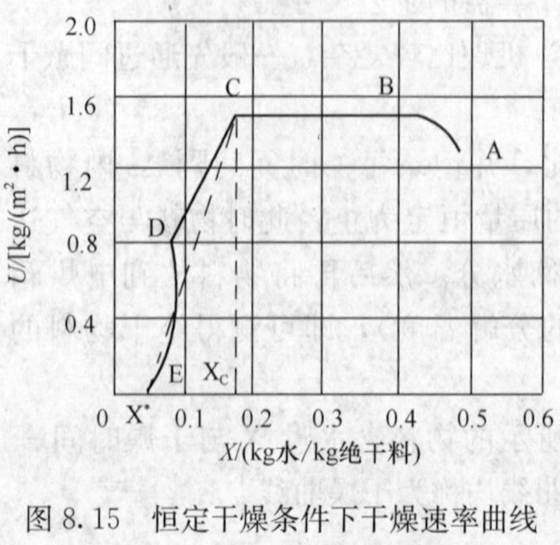

图 8.15　恒定干燥条件下干燥速率曲线

干燥速率曲线的形式因物料种类不同而异，图 8.15 所示为恒定干燥条件下的一种典型干燥速率曲线。但是无论哪一种类型的干燥速率曲线，都可将干燥过程明显地划分为两个阶段。图 8.15 中：ABC 段表示干燥第一阶段，AB 段为物料的预热阶段，但此段所需的时间较短，一般并入 BC 段内考虑称为恒速干燥阶段；干燥的第二

阶段如图 8.15 中 CDE 所示，在此阶段内干燥速率随物料含水量的减少而降低，故称为降速干燥阶段。两个干燥阶段之间的交点 C 称为临界点，与该点对应的物料含水量称为临界含水量，以 X_c 表示，该点的干燥速率仍等于恒速阶段的干燥速率，以 U_c 表示。与点 E 对应的物料含水量为操作条件下的平衡含水量，此点的干燥速率为零。

三、干燥时间的计算

恒速干燥阶段与降速干燥阶段中的干燥机理及影响因素各不相同，下面分别进行讨论。

（一）恒速干燥阶段

在整个恒速干燥阶段，要求湿物料内部的水分向表面传递的速率能够与水分自然物料表面汽化的速率相适应，使物料表面始终维持恒定状态，一般来说，此阶段汽化的水分为非结合水分，与从自由液面的气化情况无异。显然，恒速干燥阶段干燥速率的大小取决于物料表面水分的汽化速率，亦即决定于物料外部的干燥条件，所以恒定干燥阶段又称为表面汽化控制阶段。

（二）降速干燥阶段

当湿物料中的含水量降到临界含水量 X_c 时，便转入降速干燥阶段。此时由于水分自物料内部向表面迁移的速率赶不上物料表面水分汽化的速率，物料表面不能维持全部湿润，部分表面变干，空气传给物料的热量只有部分用于汽化水分，另一部分用于加热物料。因此，在降速干燥阶段，干燥速率逐渐减小，物料温度逐渐升高，在部分表面上汽化出的是结合水分。当干燥进行到图 8.15 中点 D 时，全部物料表面都不含非结合水，从点 D 开始，汽化面逐渐向物料内部移动，气化所需的热量通过已被干燥的固体层而传递到汽化面，从物料中气化出的水分也通过这层传递到空气主流中，这时干燥速率比 CD 段下降得更快，到达点 E 时速率降至零，物料中所含的水分即为该空气状态下的平衡水分。

降速阶段的干燥速率取决于物料本身结构、形状和尺寸，而与干燥介质的状态参数关系不大，故降速阶段又称物料内部迁移控制阶段。

（三）恒定干燥条件下干燥时间的计算

1）恒速阶段

因恒速阶段的干燥速率等于临界干燥速率，故式（8.39）可以写成

$$d\tau = -\frac{m'}{U_c S}dX \tag{8.40}$$

积分式（8.40）的边界条件为

开始时　　$\tau = 0, X = X_1$

终了时　　$\tau = \tau_1, X = X_c$

因此　　$$\int_0^{\tau_1} d\tau = -\frac{m'}{U_c S}\int_{X_1}^{X_c} dX$$

$$\tau_1 = \frac{m'}{U_c S}(X_1 - X_c) \tag{8.41}$$

式中：τ_1——恒速阶段的干燥时间，s；

U_c——临界干燥速率，kg/（m^2·s）；

X_1——物料的初始含水量，kg/kg 绝干料；

X_c——物料的临界含水量，即恒速干燥段终了时的含水量，kg/kg 绝干料；

$\frac{m'}{S}$——单位干燥面积上的绝干物料质量，kg 绝干料/m^2。

2）降速阶段

降速阶段的干燥时间计算式仍可采用式（8.39），先将该式改为

$$d\tau = -\frac{m'}{US}dX$$

在下述边界条件下积分上式。

降速阶段开始时 $\tau = 0, X = X_c$

降速终了时 $\tau = \tau_2, X = X_2$

$$\tau_2 = \int_0^{\tau_2} d\tau = -\frac{m'}{S}\int_{X_c}^{X_2} \frac{dX}{U} \tag{8.42}$$

式中：τ_2——降速干燥阶段干燥时间，s；

X_2——降速阶段终了时物料的含水量，kg/kg 绝干料；

U——降速阶段的瞬时干燥速率，kg/（m^2·s）。

若 U 与 X 呈如图 8.15 所示的线性关系，这时任一瞬间的干燥速率与相应的物料含水量间的关系为

$$\frac{U-0}{X-X^*} = \frac{U_c - 0}{X_c - X^*} = k_x \tag{8.43}$$

式中：k_x——降速阶段干燥速率线的斜率，kg 绝干料/（m^2·s）。

式（8.43）可以写为

$$U = k_x(X - X^*) \tag{8.44}$$

将式（8.44）代入式（8.42），得

$$\tau_2 = \int_0^{\tau_2} d\tau = \frac{m'}{S}\int_{x_2}^{x_c} \frac{dx}{kx(x-x^*)}$$

积分上式，得

$$\tau_2 = \frac{m'}{Sk_x}\ln\frac{X_c - X^*}{X_2 - X^*} \tag{8.45}$$

例 8.5 有一间歇操作干燥器，若将该物料由含水量 w_1=27%干燥到 w_2=5%（均为湿基），湿物料的质量为 200kg，干燥表面积为 0.025m^2/kg 干物料，装卸时间 τ'=1h，试确定每批物料的干燥周期。从该物料的干燥速率曲线查的 X_c=0.20kg 水/kg 干物料，X^*=0.05kg 水/kg 干物料，U_c=1.5kg/（m^2·h）。

解： 绝对干物料量 $m_c'=m_1'$（1$-w_1$）=200×（1$-$0.27）=146（kg）

干燥总表面积 $S=146\times0.025=3.65\ (m^2)$

将物料中的水分换算成干基含水量

最初含水量 $X_1=\dfrac{w_1}{1-w_1}=\dfrac{0.27}{1-0.27}=0.37$(kg 水 /kg 干物料)

最终含水量 $X_2=\dfrac{w_2}{1-w_2}=\dfrac{0.05}{1-0.05}=0.053$(kg 水 /kg 干物料)

a. 恒速阶段 τ_1：

由 $X_1=0.37$ 至 $X_c=0.20$，

$$\tau_1=\frac{m'_c}{U_cS}(X_1-X_c)=\frac{146}{1.5\times3.65}\times(0.37-0.20)=4.53(\text{h})$$

b. 降速阶段 τ_2：

由 $X_c=0.20$ 至 $X_2=0.053$，$X^*=0.05$ 代入式（8.54），求得

$$K_x=\frac{U_c}{X_c-X^*}=\frac{1.5}{0.20-0.05}=10[\text{kg}/(\text{m}^2\cdot\text{h})]$$

$$\tau_2=\frac{m'c}{K_xS}\ln\frac{X_c-X^*}{X_2-X^*}=\frac{0.20-0.05}{0.053-0.05}=15.7(\text{h})$$

c. 每批物料的干燥周期 τ：

$$\tau=\tau_1+\tau_2+\tau'=4.53+15.7+1=21.2(\text{h})$$

第五节　干燥设备

在化工生产中，由于被干燥物料的形状（如块状、粒状、溶液、浆状及膏糊状等）和性质（如耐热性、含水量、分散性、黏性、耐酸碱性、防爆性及湿度等）各不相同；生产规模或生产能力存在很大差别；对于干燥后的产品要求（如含水量、形状、强度及粒度等）也不尽相同，因此，所采用的干燥方法和干燥器的型式也是多种多样的。

通常，对干燥器的主要要求如下：

（1）能保证干燥产品的质量要求，如含水量、强度、形状等。

（2）要求干燥速率快、干燥时间短，以减小干燥器的尺寸、降低耗能量，同时还应考虑干燥器的辅助设备的规格和成本，即经济性要好。

（3）操作控制方便，劳动条件好。

一、常用干燥设备的结构、特点与操作

（一）厢式干燥器（盘式干燥器）

厢式干燥器又称室式干燥器，是一种间歇式的多功能干燥器，可以同时干燥不同的物料。一般为常压操作，也有在真空下操作的。厢式干燥器一般小型的称为烘箱，大型的称为烘房。厢体四壁用绝热材料制成，以减小热损失。这种干燥器的基本结

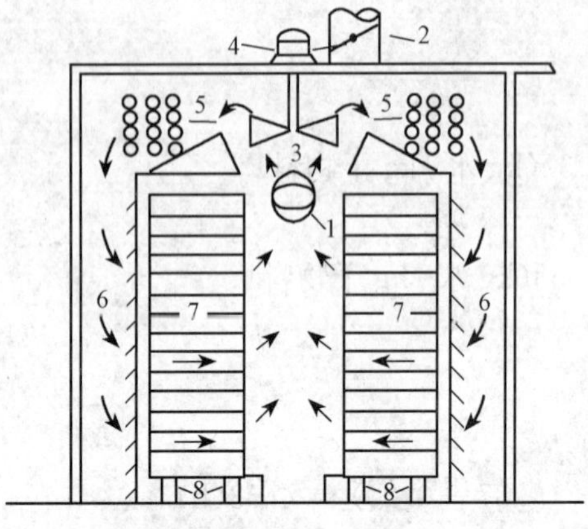

图 8.16 厢式干燥器

1. 空气入口；2. 空气出口；3. 风机；4. 电动机；5. 加热器；6. 挡板；7. 盘架；8. 移动轮

构如图 8.16 所示，系由若干长方形的浅盘组成，被干燥的物料放在浅盘中，一般物料层厚度为 10～100mm。新鲜空气由风机 3 吸入，经加热器 5 预热后沿挡板 6 均匀地进入各层挡板之间，在物料上方掠过而起干燥作用；部分废气经排出管 2 排出，余下的循环使用，以提高热利用率。废气循环量可以用吸入口或排出口的挡板调节。空气的速度由物料的粒度而定，应使物料不被气流带走为宜，一般为 1～10m/s。这种干燥器的浅盘放在可移动小车的盘架上，使物料的装卸都能在厢外进行，不致占用干燥周期时间，且劳动条件较好。

厢式干燥器构造简单，设备投资少，适应性较强，但装卸物料时劳动强度大，设备利用率低，热利用率也低，产品质量不均匀。

厢式干燥器适用于小规模多品种、要求干燥条件变动大及干燥时间长等场合的干燥操作，特别适用于小批量的膏状或颗粒状珍贵物料，如药品、染料等的干燥。

厢式干燥器也可在真空下操作，称为厢式真空干燥器。干燥厢是密封的，干燥时不通人热空气，而是将浅盘架制成空心的结构，加热蒸汽从中通过，借传导方式加热物料。操作时用真空泵抽出由物料中蒸出的水汽或其他蒸汽，以维持干燥器内的真空度。真空干燥适用于处理热敏性、易氧化及易燃烧的物料，或用于排出的蒸汽需要回收及防止污染环境的场合。

厢式干燥器中的浅盘改用小车，即可发展为连续的或半连续的操作，便成为洞道式干燥器，如图 8.17 所示。器身成狭长的通道，内铺铁轨，一系列的小车载着盛于浅盘中或悬挂在架上的物料通过洞道，与热空气边接触边进行干燥。小车可以连续地或间歇地进出洞道。由于洞道干燥器的容积大，小车在器内停留时间长，因此适用于处理那些生产量大、干燥时间长的物料，例如，木材、陶瓷等的干燥。干燥介质为加热空气或烟道气，气流速度一般为 2～3m/s 或更高。洞道中也可进行中间加热或废气循环操作。

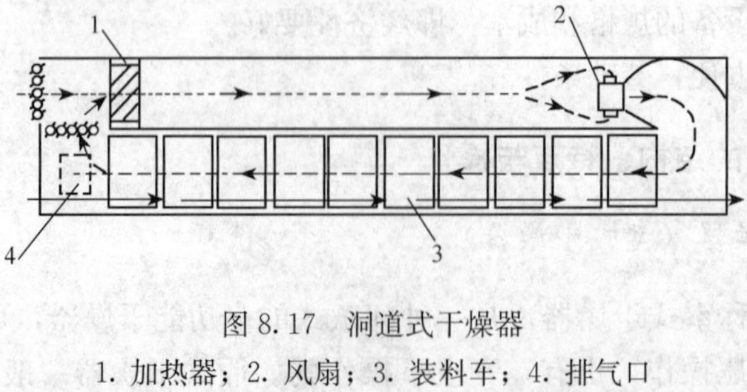

图 8.17 洞道式干燥器

1. 加热器；2. 风扇；3. 装料车；4. 排气口

（二）沸腾床干燥器（又称流化床干燥器）

沸腾床干燥操作又称流化床干燥操作，是固体流态化技术在干燥操作中的应用，所采用的设备称为沸腾床干燥器或流化床干燥器。使颗粒状物料与流动的气体或液体相接触，并在后者作用下粒子相互分离，且作上下、左右、前后的运动，这种类似流体状态以完成某种操作过程的技术称为流态化技术。由于干燥操作的工艺性质，采用的是以气体作介质的固体流态化技术。

图 8.18 所示为单层圆筒沸腾床干燥器，待干燥的物料加在分布板 3 上，热空气或其他干燥介质由分布板的下方送入，通过板上的小孔使其均匀地分散并与物料接触。当气速较低时，颗粒固定不动，气体从颗粒间的间隙通过，床层为固定床，当空塔气速增加后，颗粒开始松动，床层略有膨胀，有时颗粒也会在一定区间变换位置。当气速再增加时，颗粒即悬浮在上升气流中，形成了流化床，气速越大，流化床层越高。

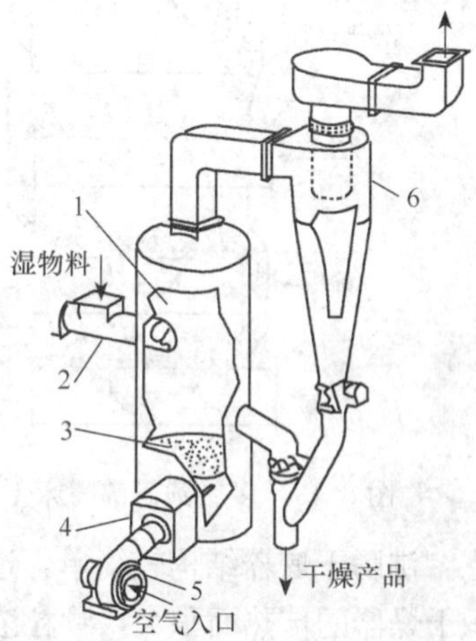

图 8.18　单层圆筒沸腾床干燥器
1. 沸腾室；2. 进料器；3. 分布板；4. 加热器；5. 风机；6. 旋风分离器

在沸腾床层中，颗粒仅在床层中上下翻动，彼此碰撞和混合，气、固间进行了传热与传质，以达到干燥的目的。当床层膨胀到一定高度时，因床层的空隙率加大而使气速下降，颗粒又重新下落，不致被气流带走。若气速增高到与颗粒的自由沉降速度 u_0（即带出速度）相等时，颗粒就会从干燥器顶部被吹出，而成为气流输送了。所以沸腾床中的适宜速度应在临界流化速度与带出速度（颗粒自由沉降速度）之间。当固定床层高度为 0.05～0.15m 时，对于粒径大于 0.5mm 的物料，适宜的流化速度取为 $0.4u_0 \sim 0.8u_0$；对于较小粒径的物料，因颗粒在床层内可能结块，采用上述的速度范围嫌小，一般气速由实验确定。

对于干燥要求较高或要求干燥时间较长的物料，一般可采用多层沸腾床干燥器。图 8.19 为三层沸腾床干燥器示意图，湿物料加入顶部分布板（即筛板），由溢流管逐层下流的同时物料即被干燥，当其达到最下层分布板时，被由床底进入的冷空气冷却，最后由器底的出料口取走。热空气由上两层分布板下方送入，穿过筛板与物料接触后，携带从物料中蒸出的水分由器顶排走。物料在每层板上互相混合，但层与层间的物料不混合。我国某厂采用五层沸腾床干燥器干燥涤纶切片，效果良好。但是多层沸腾床干燥器的主要问题是，如何定量地控制物料使其转入下层，以及不使热气流沿溢流管短路流动，因此常因操作不当而破坏了沸腾床层。此外，多层结构复杂，流动阻力也较大。

为了保证物料能均匀地进行干燥，而流动阻力又要不大，可采用如图 8.20 所示的卧式多室沸腾床干燥器。该沸腾床的横截面为长方形，器内用垂直挡板分隔成多室，一般为 4～8 室。挡板下端与多孔板间留有几十毫米的间隙（一般取为固定床高度的

1/4～1/2)，使物料能逐室通过，最后越过堰板而卸出。热气体分别通入各室，因此各室的气体温度、湿度和流量均可以调节。例如，第一室的物料较湿，热气体流量可以大些，最末室可以通入冷气体以冷却干燥产品。这种类型的干燥器与多层沸腾床干燥器相比，操作稳定可靠，流动阻力小，但热效率较低。

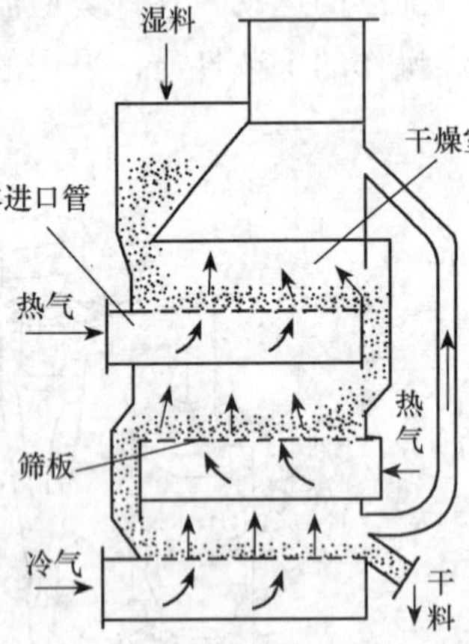

图 8.19　多层圆筒沸腾床干燥器

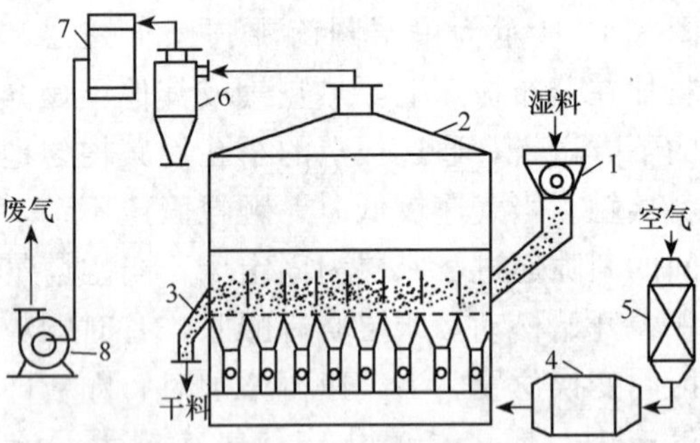

图 8.20　卧室多室沸腾床干燥器

沸腾干燥器结构较简单，造价低，主体中无活动部分，操作与维修均较方便。单位体积干燥器的传热面积大，颗粒浓度很高，体积传热系数可高达 2300～7000W/ (m^3 · ℃)。颗粒在床层内纵向返混激烈，床内温度分布均匀，但激烈的纵向返混又会促使物料在设备内停留时间不均匀，未经干燥的物料有可能随干燥产品一起排出。可用出料管控制物料在干燥器内的停留时间，因此可改变产品的含水量。

沸腾床干燥器适用于干燥粒径为 30～60mm 的粉粒状物料。当粒径小于 20～40μm 时，气体通过分布板后易产生局部沟流；大于 4～8mm 时需要较大的气速，从而使流动阻力加大、磨损严重，且干燥过程中所需要的气体流量变为由流化速度控制，从经济效益角度来看是不合算的。处理粉状物料时，要求物料中含水量为 2%～5%，对颗粒状物料则可低于 10%～15%，否则物料的流动性就差，若于物料中加部分干燥器产品或在器内加搅拌器则可改善流动状况。

(三) 气流干燥器

对于在潮湿状态仍能在气体中自由流动的颗粒物料，均可利用气流干燥方法除去其中水分。气流干燥是指湿态时为泥状、粉粒状或块状的物料在热气流中分散成粉粒状，一边随热气流并流输送，一边进行干燥。对于泥状物料，需装设粉碎加料装置，使其粉碎后再进入干燥器；即使对块状物料，也可采用附设有粉碎加料装置的气流干燥器进行干燥。图 8.21 为装有粉碎机的气流干燥装置的流程图。

实际上，气流干燥是在流态化过程中的气体输送阶段操作，固体与气体边做并流输送边进行干燥，干燥管内气体的空管速度必大于带出速度或最大速度。

气流干燥器的主体是圆筒 4，湿物料由加料斗 9 加入螺旋输送混合器 1 中，与定量已干燥过的物料混合后送入粉碎机 3。从燃料炉 2 来的烟道气（也可以是热空气）同时进入粉碎机，将粉粒状的固体吹入气流干燥器4中。由于热气体作高速运动，物料颗粒分散并悬浮在气流中。热气流与物料间进行传热和传质，使物料得以干燥，并随气流进入旋风分离器5，经分离后产品由底部排出，再借助分配器8的作用定时地排出作为产品，或将部分干燥产品送入螺旋混合器与湿物料混合以降低原料的黏结性，废气经风机6排空。

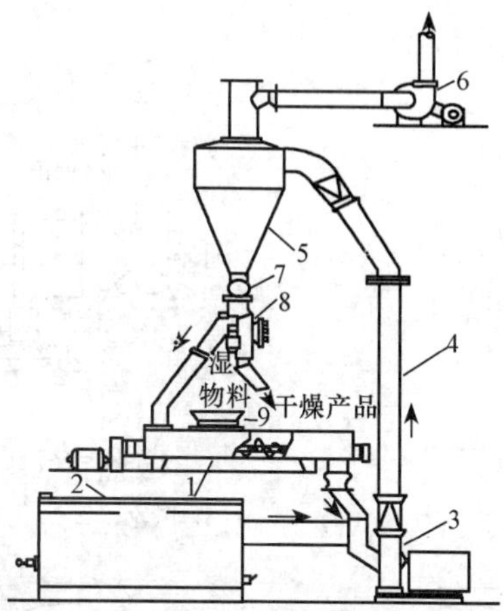

图 8.21　具有粉碎机的气流干燥装置流程图

1. 螺旋桨式输送混合器；2. 燃料炉；3. 球磨机；4. 气流干燥器；5. 旋风分离器；6. 风机；7. 星式加料阀；8. 固体流动分配器；9. 加料斗

气流干燥器的结构简单，无活动部分，占地面少，制造方便，干燥管有效长度较长，有时可高达30m，故要求厂房高。干燥管直径以采用300mm为最多，有时也采用500mm。固体在流化床中具有“流体”的性质，所以运输方便，操作稳定，产品质量高。气、固两相在干燥器内作并流流动，干燥介质温度可以高一点。

流化床干燥器适用性广，可用于干燥各种粉粒状物料，粒径最大可达10mm，原料含湿量可在10%～40%间，产品含湿量可达0.3%～1%（均为湿基）。气、固两相在干燥器内接触时间约为0.5～2s，最长不会超过5s，因此适用于热敏性或低熔点物料的干燥。由于物料在运动过程中相互摩擦并与壁面碰冲，对物料有破碎作用，因此气流干燥器不适于干燥易粉碎的物料，尤其不适于干燥对晶体有一定要求的物料。

（四）转筒干燥器

图8.22所示为直接加热转筒干燥器，其主体为稍作倾斜而缓慢转动的长圆筒，热物料从较高的一端进入，与由下端进入的热空气或烟道气做直接逆流接触，随着圆筒的旋转，物料在重力作用下流向较低的一端时即被干燥完毕而送出。通常圆筒内壁装有若干块抄板，其作用是将物料抄起后再洒下，以增大干燥表面积，使干燥速率增高，同时还促使物料向前进行。当圆筒旋转一周时，物料被抄起和洒下一次，物料前进的距离等于其落下的高度乘以圆筒的倾斜率。抄板的形式很多，常用的如图8.23所示，其中直立式抄板适用于处理黏性的或较湿的物料，45℃和90℃抄板适用于处理散粒状或较干的物料。抄板基本上纵贯整个圆筒的内壁，在物料入口端的抄板也可以制成螺旋形，以促进物料的初始运动并导入物料。

对于能耐高温且不怕污染的物料，除热空气外还可用烟道气作为干燥介质，以获得较高的干燥速率和热效率。对于不能受污染或极易引起大量粉尘的物料，可采用间接加热的转筒干燥器。这种干燥器的传热壁面为装在转筒轴心处的一个固定的同心圆筒，筒内通以烟道气，也可能沿转筒内壁装一圈或几圈固定的轴向加热蒸汽管。间接加热式干燥器的传热效率低，目前较少使用。

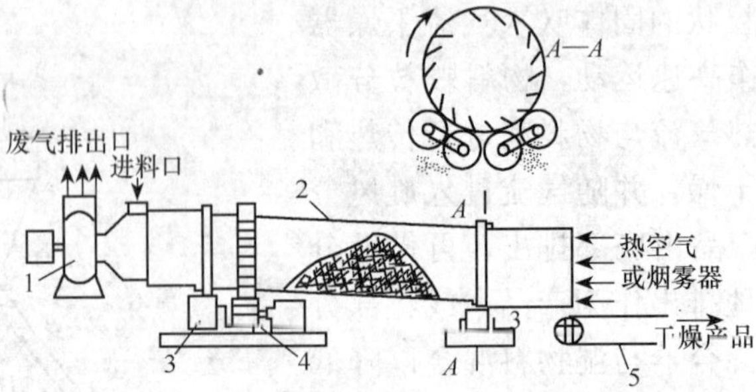

8.22 热空气或烟道气直接加热的逆流操作转筒干燥器

1. 风轮；2. 转筒；3. 支撑托轮；4. 转动齿轮；5. 输送带

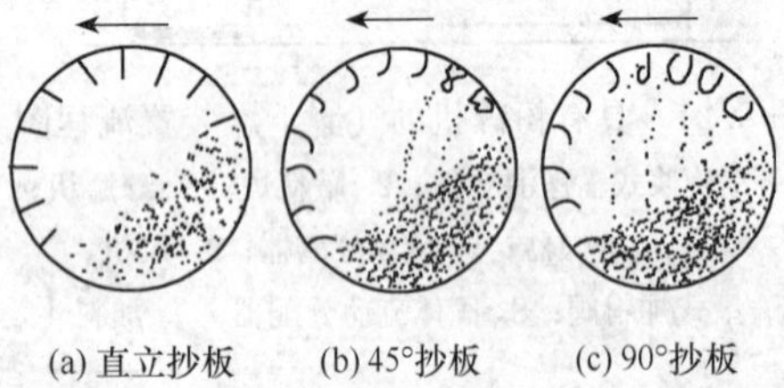

图 8.23 常用的抄板形式

转筒干燥器中空气和物料间的流向可采用逆流、并流或并逆流相结合的操作。通常在处理含水量较高、允许快速干燥而不致发生裂纹或焦化、产品不能耐高温而吸水性又较低的物料时，宜采用并流干燥；当处理不允许快速干燥而产品能耐高温的物料时，宜采用逆流干燥操作。对于易黏附在干燥器壁上或易结成团的颗粒，可在湿物料中混入一部分已干燥的产品，以降低其黏结性，即进行部分干燥产品再循环（又称“回炉”）。

为了减少粉尘飞扬，干燥器中的气速不宜过高。对粒径为 1mm 左右的物料，气速为 0.3～1.0m/s；粒径为 5mm 左右时，气速在 3m/s 以下。为了防止筒中粉尘外溢，可采用真空操作。

转筒干燥器有如下的特点：

(1) 机械化程度高，劳动强度小，操作容易控制，产品质量均匀。

(2) 生产能力大，流动阻力小。

(3) 对物料适应力较强，适用于处理散粒状物料，若采用前述的回炉方法也适用于处理黏性膏状物料或含水量较高的物料，它能处理含水量 2%～50%的物料，产品含水量可达 0.5%，甚至低到 0.1%（以上均为湿基）。

(4) 物料在转筒内停留时间为几分钟到 2h，一般在 1h 左右。

(5) 设备笨重，一般长度为 2～27m、直径为 0.6～2.5m，故金属耗用量大。

(6) 热效率低，约为 50%，体积传热系数也较低，约为 0.2～0.5kW/(m^3·℃)。

(五) 喷雾干燥器

喷雾干燥器是采用雾化器将原料液分散为雾滴，并以热空气干燥雾滴而获得产品的一种干燥方法。原料液可以是溶液、乳浊液或悬浮液，也可以是熔融液或膏糊状稠浆。干燥产品可根据生产要求制成粉状、颗粒状、空心球或圆粒状。

喷雾干燥器所处理的原料液虽然有很大的区别，产品也有一定程度的差异，但它们的流程基本相同。图 8.24 是典型的喷雾干燥流程图。原料由料液贮槽 1 经原料过滤器

2 用泵 3 送至雾化器 4 喷成雾滴。空气经过滤器 5 用风机 6 送至加热器 7 加热后再送至空气分布器 8，在干燥室 9 中热空气与雾滴接触而被干燥。废空气经旋风分离器 10 除去其中夹带的干燥物料后，用排风机 11 抽走。干燥产品由干燥器底和旋风分离器底取走。

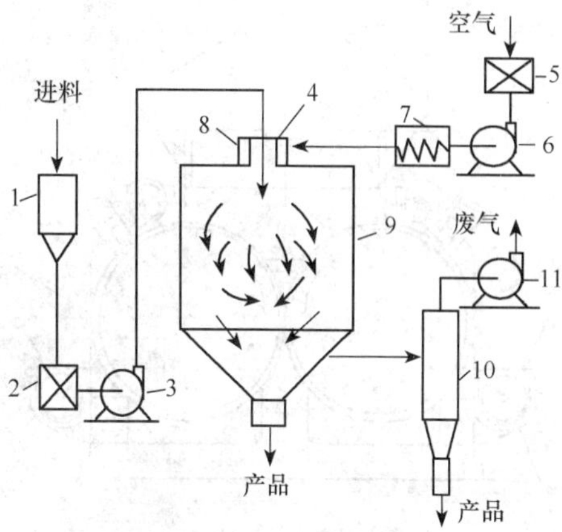

图 8.24 喷雾干燥器的典型流程

1. 料槽；2. 原料过滤器；3. 泵；4. 雾化器；5. 空气过滤器；6. 风机；7. 加热器；8. 空气分布器；9. 干燥室；10. 旋风分离器；11. 排风机

由于原料性质与对产品的要求不同，原料的预处理是十分重要的。例如，原料液若为悬浮液，喷雾时需搅拌均匀；原料液若为溶液，需滤去所含的悬浮杂质。喷雾干燥所用的干燥介质多半是空气，但当原料液含易燃或易爆的溶剂时，就应使用惰性气体作干燥介质，例如，氮气，且流程应改为封闭系统，以便使干燥介质循环使用。料液经雾化器 4 分散成 10～60μm 的细雾滴，每立方米溶液喷成雾滴后可提供 100～600m^2 的表面积，故干燥速率较快。雾滴的大小与均匀程度对产品质量影响很大。若雾滴不均匀，就会出现大颗粒还未干燥到规定指标、小颗粒已干燥过度而变质的现象。因此，喷雾干燥器中雾化器是关键部分。

气流式雾化器构造简单、磨损小，适用于各种黏度的料液，操作压强不大，不必要采用高压泵，操作弹性大，可利用气、液比控制雾滴尺寸，但压缩空气用量大，消耗的动力多。气流雾化器是目前国内应用最广泛的雾化器。

喷雾干燥器的特点是：物料的干燥时间短，通常为 15～30s，甚至更少；产品可制成粉末状、空心球状或疏松圆粒状；工艺流程简单，原料进入干燥室后即可获得产品，省去蒸发。结晶、过滤，粉碎等步骤；体积对流传热系数小，致使干燥器的容积加大；对气一固混合物分离要求高，要求选用分离效率高的分离装置。

（六）滚筒干燥器

滚筒干燥器由一个、两个或更多个滚筒组成，前者称为单滚筒式，中者称为双滚筒式，后者称为多滚筒式。滚筒干燥器一般只适于悬浮液、溶液、胶状体等流动性物料的干燥，含水量过低的热敏性物料不宜采用这种干燥器。在染料行业中，多半用滚筒干燥器干燥硫化黑等染料。一般被干燥物料的初始含水量为 40%～80%，最终含水量可达 3%～4%。图 8.25 所示为双滚筒干燥器，其结构较两个单滚筒紧凑而功率相近。两滚筒的旋转方向相反，部分表面浸在料槽中，从槽中转出来的那部分表面粘上了厚度为 0.3～5mm 的薄层料浆。加热蒸气送入滚筒内部，通过筒壁的热传导，使物料中的水分蒸发，水气与夹带的粉尘由滚筒上方的排气罩排出。滚筒转动一周，物料即被干燥，并由滚筒上方的刮刀刮下，经螺旋输送器送出。对易沉淀的料浆，也可将原料向两滚筒间

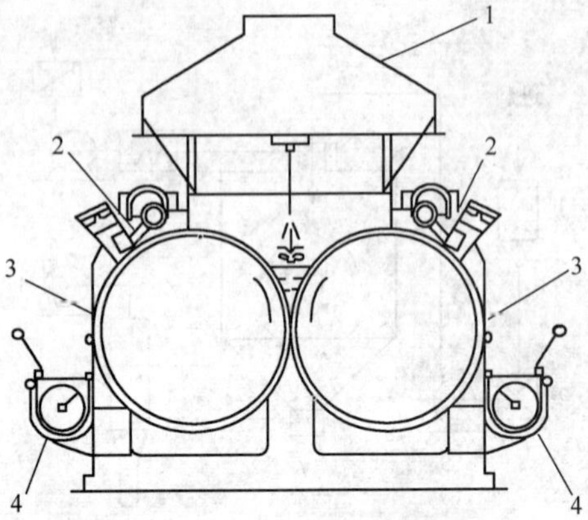

图 8.25 具有中央进料的双滚筒干燥器
1. 蒸气罩；2. 小刀；3. 蒸气加热滚筒；
4. 运输器

的缝隙处洒下，如图 8.29 所示。滚筒干燥器是以传导方式传热的，湿物料中的水分先被加热到沸点，干料则被加热到接近于滚筒表面的温度。滚筒直径一般为 0.5～1.5m，长度为 1～3m，转速为 1～3r/min。由于干燥时可直接利用蒸汽的汽化热，故热效率高，约为 70%～90%。单位加热蒸汽的耗量为 1.2～1.55kg 蒸汽/kg 蒸发的水分。总传热系数为 180～240W/(m^2·℃)。

滚筒干燥器与喷雾干燥器相比，具有动能消耗低、投资少、维修费用省、干燥温度和时间容易调节等优点，但在生产能力、劳动强度和条件等方面则不如喷雾干燥器。

（七）冷冻真空干燥器

冷冻真空干燥器如图 8.26 所示，冷冻真空干燥是将物料冷冻到冰点以下，并置于高度真空环境下，水分直接由固态冰升华而被除去。因冷冻升华所需的热量是通过传导方式供给的，所以冷冻干燥属传导加热的真空干燥。

冷冻真空干燥的优点是，干燥后物料能保持原有的化学组成与物理性质。因此，冷冻真空干燥特别适用于某些抗生素药物、生物制剂的干燥处理。冷冻真空干燥的另一优点是其热能的消耗比其他干燥方法少，这是因为在真空下冰的升华温度很低，所以室温或稍高温度的液体或气体就可作为载热体，且具有足够的传热推动力。冷冻真空干燥器的外壁一般不需要绝热保温。

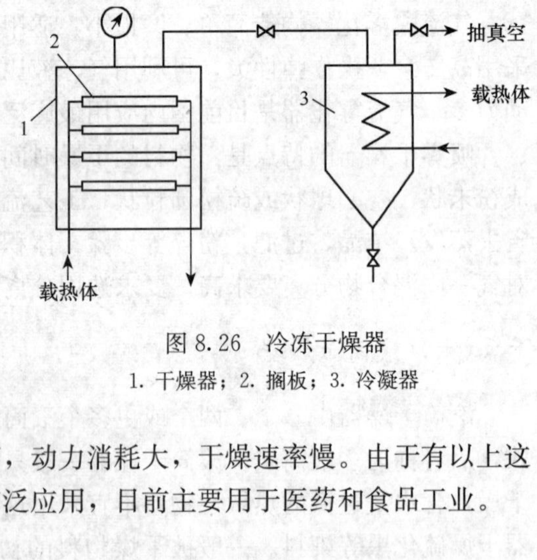

图 8.26 冷冻干燥器
1. 干燥器；2. 搁板；3. 冷凝器

冷冻真空干燥的缺点是设备投资费用高，动力消耗大，干燥速率慢。由于有以上这些缺点，所以冷冻干燥除特殊情况外未获广泛应用，目前主要用于医药和食品工业。

（八）红外线干燥器

红外线干燥是利用红外辐射元件发射出来的红外线对物料进行直接加热的一种干燥方法。红外线投射到被干燥的物体上，被物体吸收转变为热使湿分汽化。

目前常用的红外线辐射源有两种，一种是红外线灯，用高穿透性玻璃和钨丝制成。钨丝通电后在 2200℃下工作，可辐射 0.6～3μm 的红外线，灯泡呈抛物面以使辐射线束较为集中。红外线灯也可制成管状或板状，常用的单灯功率有 190W、200W 等。灯与物体的距离直接影响物体的干燥温度和干燥时间。单个灯或干燥装置中还带有各种反光罩，使红外线集中于物体的某一局部或平行投射于整个物体。另一种辐射源是使煤气与空气的混合气（一般空气量是煤气量的 3.5～3.7 倍）在薄金属板或钻了许多小孔的陶瓷板的背面发生无烟燃烧，当板的温度达到 340～800℃（一般是 400～500℃）时即放出红外线。

根据波长不同，红外线分为两个区域，波长在 0.75～5.6μm 的称近红外，在 5.6～1000μm 区域的为远红外。用近红外灯作为加热元件的干燥方法称为近红外干燥。由于一般物料对红外线的吸收光谱大多位于远红外区域，故近红外干燥，效率低，干燥时间长，耗能大。用远红外辐射元件对物料进行加热干燥就称为远红外干燥。有很多物料，特别是有机物、高分子材料等在远红外区域有很宽的吸收带，所以远红外特别适合用于上述物料的干燥。远红外干燥具有干燥速度快、干燥质量好、能量利用率高等优点。在医药工业中，一些原料药开始应用这种方法。因红外线穿透到物料深层内部比较困难，所以红外线干燥器主要用于薄层物料的干燥。

红外线干燥器的特点：

(1) 设备简单，操作方便灵活，可以适应干燥物品的变化。

(2) 能保持干燥系统的密闭性，免除干燥过程中溶剂或其他毒物挥发对人体的危害，或避免空气中的尘粒污染物料。

(3) 能耗大，但在某些情况下这一缺点可为干燥速率快所补偿。

(4) 因固体的热辐射是一表面过程，故限于薄层物料的干燥。

二、干燥设备的选型

在选择干燥器时，首先应根据湿物料的形状、特性、出力量、处理方式既可选用的热源等选择出适宜的干燥器类型。通常，干燥器选型应考虑以下各项因素。

（一）被干燥物料的性质

如热敏性、黏附性、颗粒的大小形状、磨损性以及腐蚀性、毒性、可燃性等物理化学性质。

（二）对干燥产品的要求

干燥产品的含水量、形状、粒度分布、粉碎程度等。如干燥食品时，产品的几何形状、粉碎程度均对成品的质量及价格有直接的影响。干燥脆性物料时应特别注意成品的粉碎与粉比。例如，对于散粒状物料，多选用气流干燥器和沸腾床干燥器。

（三）物料的干燥速度曲线与临界含水量

确定干燥时间时，应先由实验做出干燥速率曲线，确定临界含水量 X_c。物料与介质接触状态、物料尺寸与几何形状对干燥速率曲线的影响很大。例如，物料粉碎后再进行干燥时，除了干燥面积增大外，一般临界含水量 X_c 值也降低，有利于干燥。因此，在不可能用与设计类型相同的干燥器进行实验时，应尽可能用其他干燥器模拟设计时的湿物料状态，进行干燥速率曲线的实验，并确定临界含水量 X_c 值。

(四) 回收问题

固体粉粒的回收及溶剂的回收。

(五) 干燥热源

可利用热源的选择及能量的综合利用。

(六) 干燥器的占地面积、排放物及噪声

这些方面均应满足环保要求。

第六节 技能训练——干燥操作实训

一、实训项目

(1) 完成恒定干燥岗位技能训练。
(2) 完成连续干燥岗位技能训练。
(3) 完成化工电气仪表岗位技能训练。
(4) 完成故障处理技能训练。

二、工艺流程

实训装置工艺流程,如图 8.27 所示。

三、操作规程

(一) 开车前准备

(1) 检查所有的仪表及设备是否处于正常状态。
(2) 试电。

(二) 开车

(1) 依次打开各床层闸阀、放空阀。
(2) 启动鼓风机,调节新鲜空气流量至 80~120m^3/h。
(3) 开启电加热炉加热开关,缓慢增加加热功率至 80%。
(4) 开启循环气阀和循环风机抽风阀。
(5) 开启鼓风机,开循环风机出口放空调节阀,开启循环风机出口放空电动调节阀。
(6) 全开循环气体流量调节阀,玻璃转子流量计的流量显示为 100m^3/h 左右。
(7) 回流气体流量稳定后,手动控制电加热器功率,调节流化床进气温度达到 80℃左右切换至自动调节,使其温度稳定在 80℃左右。
(8) 将配制好的物料加入下料斗,开启下料机电源开关,加料速度控制在 200~400r/min 左右,并调节控制好流化床层物料厚度。

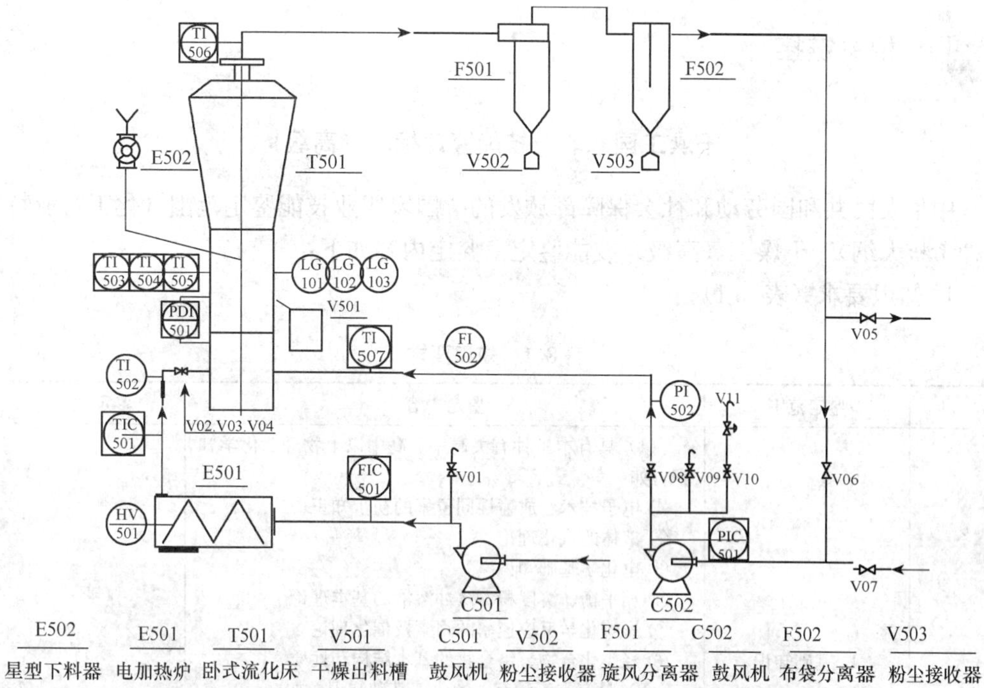

图 8.27　卧式流化床干燥器干燥小米（或其他）-水-空气装置图

（9）调节床层闸阀的开度，使三个床层的温度稳定在 55℃左右。

（10）调节电动调节阀开度，使床层压差稳定在 0.20kPa 左右。

（11）观察流化状态，记录操作报表。

（12）打开收料袋，取料至收料槽。

（三）停车

（1）关闭下料器，停止向流化床内进料。

（2）当流化床体内物料排净后，关闭电加热炉电源。

（3）开系统放空阀，关闭循环风机进口阀、出口阀，停鼓风机。

（4）当流化床进气温度降到 50℃以下时，关闭流化床进气阀，停鼓风机。

（5）清理干净流化床干燥器、旋风分离器、布袋分离器内的残留物。

（6）依次关闭直流电源开关、仪表电源开关、报警电源开关以及空气开关。

（7）关闭控制柜空气开关。

（8）切断总电源。

（9）场地清理。

（四）故障处理技能训练

（1）风量波动大。

（2）电加热器断电。

（3）鼓风机出口无流量显示。

相关链接

干燥工国家职业技能鉴定标准（高级）

中华人民共和国劳动和社会保障部颁发的“国家职业技能鉴定范围（化工行业特有工种考核大纲）”干燥工（高级）技能鉴定。鉴定内容如下：

1. 知识要求（表 8.1）

表 8.1　知识要求

项目	鉴定范围	鉴定内容	鉴定比重%
基本知识	1. 基础知识	（1）具有本工种有关高中、高中以上物理、化学知识，如 ① 电子技术、放射性同位素的初步知识 ② 液体的汽化理论 ③ 电化学基础知识 ④ 相平衡、溶度积、缓冲溶液的基本理论 ⑤ 影响化学反应速率的因素及催化理论 ⑥ 烃类化合物、络合物的基本结构和性质 （2）具有本工种有关的化工基础知识，如 ① 雷诺数、流体阻力的基本理论与计算 ② 强化传热的途径与热绝缘的方法 ③ 利用湿度图进行工艺参数的计算 ④ 热损失的分析与计算 ⑤ 干燥器选型的依据 ⑥ 干燥过程的能量衡算	11
	2. 安全防护知识	（1）本产品生产中的原料、成品的危害性、爆炸性、毒害性的控制、预防方法 （2）与本产品生产相关的防火、防爆、防静电设施的性能及使用知识	5
专业知识	1. 工艺技术知识	（1）工业常用干燥装置的设备结构、工艺流程及相互区别，本工种选用的技术装置的优缺点 （2）干燥装置、被干燥物料等条件的变化对于干燥速率、干燥时间的影响 （3）本产品生产工艺规程中，主要技术指标制定的依据 （4）蒸汽压力、过热度等技术参数，电网供电波动等因素对于干燥作业的影响	40
	2. 设备装置知识	（1）本工种设备缺陷的定性分析判断，一般零部件的检测常识。如传动带、传动链的更换，管件、阀门的更换等 （2）各类干燥器的构造、设备能力、适应范围、防腐、保温设施以及防腐、保温的新材料、新技术应用状况 （3）本工种设备的检修内容及设备验收、投产标准	20
	3. 分析检验知识	（1）干燥物料、干燥成品各分析项目的分析方法 （2）容量分析常用的基本方法，络合滴定法及仪器分析的初步知识	6

续表

项目	鉴定范围	鉴定内容	鉴定比重%
专业知识	4. 电器、仪表、计量器具知识	(1) 工业常用干燥装置仪表连锁、自控的一般原理和使用方法 (2) 干燥装置及辅助设备的电器回路及保护设施 (3) 本工种使用的电器、仪表、计量器具选用的原则和技术要求	6
相关知识	1. 三废处理知识	(1) 本产品生产中三废排放的种类、数量、性质、排放标准 (2) 本工种所采用的环保设施的机理及使用方法，降低三废排放的途径	6
	2. 管理知识	(1) 全面质量管理及现代化管理常用方法的内容 (2) 专业管理的基本内容和要求，如生产管理、设备管理、安全管理等	6

2. 技能要求（表 8.2）

表 8.2　技能要求

项目	鉴定范围	鉴定内容	鉴定比重%
操作技能	1. 工艺操作能力	(1) 正确地进行干燥生产全过程的开、停车和正常操作 (2) 掌握干燥工种被测参数的技术条件于制定依据，正确判断干燥生产过程中的一切变化情况，及时调节操作并与有关工种、岗位协调，控制技术操作指标达到先进水平和经济合理	30
	2. 应变及事故处理能力	(1) 正确处理干燥生产过程中的各种异常现象和事故，如突然大减量、闪发器液位高、压力超、突然停电、停油或停汽等 (2) 对干燥工种同类型装置或新增设备验收试车和开车生产操作 (3) 严格执行安全技术规程和安全卫生制度，对干燥生产过程进行全面安全检查，保持安全防护装置正常完备 (4) 严格执行产品生产工艺规程，正确分析、判断各类事故原因，提出预防和整改方案，消除隐患	30
工具、设备的使用与维护	设备及仪表使用维护能力	(1) 正确使用和维护保养干燥工种的设备、电器、仪表、计量器具 (2) 开工时，按操作规程要求进行单体吹扫、试压、查漏，经检查合格投料开车，需要预热和加热的设备必须掌握正确的升温速度 (3) 掌握本工种所用各类电气、仪表使用知识，能正确判断电气、仪表指示正确与否 (4) 提出本工种设备的大、中修及清扫项目、并能在检修后进行验收试车和开车操作	20
其他能力	1. 工艺计算能力	进行干燥装置的物料、能量计算，湿度与干燥效率等工艺技术参数的计算，并对生产数据统计分析	8
	2. 试图制图能力	(1) 看懂产品生产工艺流程图、干燥工种静止设备装置图 (2) 绘制干燥系统带控制点工艺流程图，绘制干燥器（炉）等主要设备简图和一般零部件草图	6

续表

项目	鉴定范围	鉴定内容	鉴定比重%
其他能力	3. 管理能力	(1) 对干燥过程运用全面质量管理手段进行各项管理工作，并能提出课题，攻关，提高生产水平 (2) 开展班组经济活动，以产品消耗定额为基础，分析保证产品质量、降低消耗定额的措施	3
	4. 语言文字领会与表达能力	(1) 识阅与理解有关的技术资料及管理文件，并能写出技术报告和通知有关情况 (2) 具备培训初级工、中级工应知、应会的能力	3

本章小结

- 干燥
  - 湿空气的性质及湿焓图
    - 湿空气的性质
    - 湿焓图及应用
  - 干燥过程的物料衡算与热量衡算
    - 干燥过程的物料衡算
    - 干燥过程的热量衡算
    - 空气通过干燥器的状态变化
  - 干燥速率和干燥时间
    - 物料中的水分
    - 干燥速率
    - 干燥时间的计算
  - 干燥设备
    - 常用干燥设备的结构、热点与操作
    - 干燥设备的选型
  - 技能训练

同步测试题

一、填空题

1. 对流干燥操作的必要条件是________________；干燥过程是________________相结合的过程。

2. 在 101.3kPa 的总压下，在间壁式换热器中将温度为 293K、相对湿度为 80%的湿空气加热，则该空气下列状态参数变化的趋势是：湿度 H ________，相对湿度 φ ________，湿球温度 t_W________，露点 t_d________。

3. 在实际的干燥操作中，常用____________来测量空气的湿度。

4. 恒定的干燥条件是指空气的________、________、________均不变的干燥过程。

5. 在一定的温度和总压强下，以湿空气作干燥介质，当所用空气的相对湿度 φ 较大时，则湿物料的平衡水分相应__________，其自由水分相应__________。

6. 在恒速干燥阶段，湿物料表面的温度近似等于____________________。

7. 湿空气 *H-I* 图由__________线群、__________线群、__________线群、__________线群和__________线群组成。

二、选择题

1. 下列叙述正确的是（　　）。
   A. 空气的相对湿度越大，吸湿能力越强
   B. 湿空气的比体积为 1kg 湿空气的体积
   C. 湿球温度与绝热饱和温度必相等
   D. 对流干燥中，空气是最常用的干燥介质
2. 50kg 湿物料中含水 10kg，则干基含水量为（　　）%。
   A. 15　　B. 20　　C. 25　　D. 40
3. 进行干燥过程的必要条件是干燥介质的温度大于物料表面温度，使得（　　）。
   A. 物料表面所产生的湿分分压大于气流中湿分分压
   B. 物料表面所产生的湿分分压小于气流中湿分分压
   C. 物料表面所产生的湿分分压等于气流中湿分分压
   D. 物料表面所产生的湿分分压大于或小于气流中湿分分压
4. 将氯化钙与湿物料放在一起，使物料中水分除去，这是采用（　　）。
   A. 机械去湿　　B. 吸附去湿　　C. 供热去湿　　D. 无法确定
5. 反映热空气容纳水汽能力的参数是（　　）。
   A. 绝对湿度　　B. 相对湿度　　C. 湿容积　　D. 湿比热容
6. 用对流干燥方法干燥湿物料时，不能除去的水分为（　　）。
   A. 平衡水分　　B. 自由水分　　C. 非结合水分　　D. 结合水分
7. 影响干燥速率的主要因素除了湿物料、干燥设备外，还有一个重要因素是（　　）。
   A. 绝干物料　　B. 平衡水分　　C. 干燥介质　　D. 湿球温度
8. 利用空气作介质干燥热敏性物料，且干燥处于降速阶段，欲缩短干燥时间，则可采取的最有效措施是（　　）。
   A. 提高介质温度　　B. 增大干燥面积，减薄物料厚度
   C. 降低介质相对湿度　　D. 提高介质流速
9. 某物料在干燥过程中达到临界含水量后的干燥时间过长，为提高干燥速率，下列措施中最为有效的是（　　）。
   A. 提高气速　　B. 提高气温
   C. 提高物料温度　　D. 减小颗粒的粒度
10. 对于对流干燥器，干燥介质的出口温度应（　　）。
   A. 小于露点　　B. 等于露点　　C. 大于露点　　D. 不能确定

三、问答题

1. 表示湿空气性质的参数有哪些？如何确定湿空气的状态？

2. 如何用干球、湿球温度确定湿空气的其他参数？

3. 在湿焓图上表示湿空气的以下变化过程并说明湿空气的其他参数如何变化：

(1) 绝热饱和过程。

(2) 等湿度下的升温过程。

(3) 等温增湿过程。

4. 平衡水分与自由水分结合水分与非结合水分，这两种区分湿物料中水分方法的出发点有何不同？有没有内在联系？

5. 一般干燥过程的物料衡算中物料组成是以什么为基准？为什么？

6. 常用的干燥器有哪些？各有哪些优缺点？

7. 试对下列湿物料的干燥选择合适的干燥器并说明理由：

(1) 链霉素水溶液制粉针剂。

(2) 小批量，物料晶体在摩擦下易碎，但又希望保留较好的晶形。

(3) 湿物料中所含水分几乎都是非结合水，湿物料在气流中易分散。

四、计算题

1. 空气的冲压为 101.33kPa，试求：(1) 空气在 40℃和 $\varphi=65\%$时的焓和湿度。(2) 已知湿空气中水蒸气分压为 7kPa，求该空气在 50℃时的相对湿度 φ 和湿度 H。

2. 空气的总压为 101.33kPa，温度为 50℃，相对湿度为 60%。试求湿空气的比热和比容。

3. 氮和苯蒸气的混合气体在 297K 时的相对湿度为 60%；总压力为 102.4kPa，如果将混合气体冷却至 283K，须对混合气体加多大压力才能回收 70%的苯。

(在 297K 和 283K 时，苯的蒸气压分别为 12.2kPa 及 6.05kPa)

4. 在去湿设备中将空气中的部分蒸汽除去，操作压力为 101.33kPa。空气进口温度为 20℃，水蒸气分压为 6.62kPa，出口处水蒸气分压为 1.4kPa。试计算每 $100m^3$ 进口空气所除去的水分量。

5. 空气在 10℃和 101.33kPa 下，湿度为 0.005kg 水/kg 干空气。试计算：

(1) 空气的相对湿度 φ_1。

(2) 空气湿度提高到 35℃时的相对湿度 φ_2。

(3) 总压提高到 114.6kPa，温度仍为 35℃时的相对湿度 φ_3。

(4) 总压提高到 1471kPa，温度仍显 35℃，每 $100m^3$ 原来湿空气所冷凝出来的水分量。

6. 在常压干燥器中，将某物料从含水量 5%干燥到 0.5%（湿基）。干燥器在生产能力为 7200kg 干料/h。已知物料进口温度为 25℃，出口温度为 65℃。干燥介质为空气，其初温为 20℃，经预热加热至 120℃，湿度为 0.007kg 水/kg 干空气进入干燥器，出干燥器温度为 80℃。干物料的比热为 1.8kJ/（kg℃），若不计热损失，试求干空气的消耗量及空气离开干燥器时的湿度。

7. 一理想干燥器在总压 100kPa 下将物料由含水 50%干燥至含水 1%，湿物料的处理量为 20kg/s。室外空气温度为 25℃，湿度为 0.005kg 水/kg 干气，经预热后送入干燥器。废气排出温度为 50℃，相对湿度 60%。试求：

(1) 空气用量。

(2) 预热温度。

(3) 干燥器的热效率。

第九章　其他分离技术

知识目标

（1）理解萃取分离技术、膜分离技术的分离操作原理。

（2）掌握萃取分离技术、膜分离技术的基本方法。

（3）了解各种分离技术的应用现状和发展趋势。

能力目标

（1）通过本章的教学，使学生能够根据实际情况、选择和应用合适的条件和分离方法。

（2）能够进行萃取分离、膜分离分离的生产操作。

第一节　萃取分离技术

用溶剂从混合物中提取某一种或几种物质的过程，称为萃取。和蒸馏、吸收过程一样，萃取属于两相之间的传质过程。广义地说，萃取包括液液萃取、固液萃取和气液萃取。气液萃取即吸收，已在第六章中讲述，本节着重讲述液液萃取和固液萃取。在实践中，液液萃取和固液萃取又称为溶剂萃取法，液液萃取简称为萃取，固液萃取也称为浸取。超临界流体萃取是利用超临界流体作萃取的溶剂，利用在超临界条件下溶剂优良的溶解性能和流动性能等进行的特殊的溶剂萃取操作。

溶剂萃取法最早诞生于化工工业。开始，萃取技术主要集中于稀有金属和有色金属的富集和分离以及提取各种有机酸的过程。用萃取剂磷酸三丁酯（TBP）提取金属铀是萃取技术在化工行业最早成功应用的例子。后来，萃取技术随着化工、生物、医药、食品、环保等行业的发展而迅速发展起来。例如，为防止工业废水中的苯酚污染环境，往往将苯加到废水中，使它们混合和接触，此时，由于苯酚在苯中的溶解度比在水中大，大部分苯酚从水相转移到苯相，再将苯相与水相分离，并进一步回收溶剂苯，从而达到回收苯酚的目的。在化工、生物、医药和食品以及天然有机物和天然药物的分离与分析中，固液萃取即浸取技术获得了广泛的应用，如中草药中有效成分的提取、中药成药的加工、各种茶饮料的生产、从煤中提取精细化学品、超临界流体萃取法从咖啡脱咖啡因、从植物中萃取风味物质、从奶油和鸡蛋中去除胆固醇等。

目前，萃取操作已是分离液体及固体混合物的常用单元操作之一，在石油化工、精细化工、湿法冶金（如稀有元素的提炼）、原子能化工、生物化工、食品加工、医药化工和环境保护等方面已被广泛应用。

一、液液萃取

液液萃取是进行液体混合物分离的一种萃取方法，它是根据液体混合物中各组分在所选择的溶剂中的溶解度的差异，选择适当的溶剂加入到液体混合物中，使其中待分离组分溶解于所选择的溶剂中，而与余下的部分则完全不互溶或部分互溶，从而实现对待分离组分的完全分离或部分分离的操作。在萃取操作中，所选用的溶剂称为萃取剂，混合液体为原料液（或料液），原料液中待分离的组分称为溶质，原料中原来的溶剂称为稀释剂（或称原溶剂）。萃取操作中所得到的含有待分离组分的溶液称为萃取相，其成分主要是萃取剂和溶质，剩余的溶液称为萃余相，其成分主要是稀释剂和液体混合物中的其它组分，还可能含有残余的溶质。

需要指出的是，萃取后得到的萃取相往往还要用精馏或反萃取等方法进行分离，得到含溶质的产品和萃取剂，萃取剂可供循环使用。萃余相通常含有少量萃取剂，也需应用适当的分离方法回收其中的萃取剂。因此，生产上萃取与精馏这两种分离混合液的常用方法常配合使用，二者是密切联系、互相补充的。另外，有些混合液的分离（如稀醋酸水溶液的去水，从植物油中分离脂肪酸等），既可采用精馏法，也可采用萃取法，选择何种方法，要从经济性和环保性两方面来确定。与蒸馏比较，整个萃取过程的流程比较复杂，且萃取相中萃取剂的回收往往还要应用精馏操作，但萃取过程是在常温下操作，具有无相变化以及选择适当溶剂可以获得较好的分离效果等优点，在很多情况下，仍显示出技术上和经济上的优势。当使用蒸馏方法分离较困难或不经济时，可考虑使用液液萃取的方法：

（1）混合液中各组分之间的相对挥发度接近于1，或形成恒沸物，用一般的蒸馏方法难以达到或不能达到分离的要求。

（2）需分离的组分浓度很低且沸点比稀释剂高，用精馏方法需蒸出大量稀释剂，消耗能量很多。

（3）溶液要分离的组分是热敏性物质，受热易于分解、聚合或发生其他化学变化。

选择合适的萃取剂是萃取操作的关键。

（一）萃取剂的选择

当准备采用萃取操作时，首要的问题就是萃取溶剂的选择，这决定着一个萃取操作能否进行，另外对萃取产品的产量、质量和过程的经济性也有重要的影响。选择萃取剂要考虑以下几个方面：

1. 萃取剂的选择性

所采用的萃取剂应有较好的选择性，即萃取剂必须对原料液中待分离的组分有显著的溶解能力，而对其他组分及稀释剂应不溶或少溶。

2. 萃取剂的物理性质

萃取剂的某些物理性质也对萃取操作有一定的影响：

1）密度

萃取剂必须在操作条件下能使萃取相与萃余相之间保持一定的密度差，以利于两液相在萃取器中能以较快的相对速度逆流后分层，从而可以提高萃取设备的生产能力。

2）界面张力

萃取物系的界面张力较大时，细小的液滴比较容易聚结，有利于两相的分离，但界面张力过大，液体不易分散，难以使两相混合良好，需要较多的外加能量。界面张力小，液体易分散，但易产生乳化现象使两相难分离，因此，应从界面张力对两液相混合与分层的影响上综合考虑，选择适当的界面张力。一般说，不宜选用张力过小的萃取剂。常用体系界面张力数值可在文献中找到。有人建议，将溶剂和原料液加入分液漏斗中，经充分剧烈摇动后，两液相最多在5min以内要能分层，以此作为溶剂界面张力适当与否的大致判别标准。

3）黏度

低黏度的萃取剂有利于两相间的流动与传质，有利于两相的混合与分层，对萃取过程有利。萃取剂黏度较大时，往往需加入其他溶剂来调节其黏度。

3. 萃取剂的化学性质

萃取剂需有良好的化学稳定性，不易分解和聚合，并应有足够的热稳定性和抗氧化稳定性，且对设备的腐蚀性要小。

4. 萃取剂回收的难易

通常，萃取相和萃余相中的萃取剂需回收后重复使用，以减少溶剂的消耗量，回收费用取决于回收萃取剂的难易程度。有的溶剂虽然具有以上很多良好的性能，但往往由于回收困难而不被采用。

最常用的萃取剂的回收方法是蒸馏，因而要求萃取剂与被分离组分之间的相对挥发度要大，否则不宜用蒸馏方法回收，可以考虑用反萃取结晶分离等方法。

5. 其他指标

如萃取剂的价格、来源、毒性以及是否易燃，易爆等，均为选择萃取剂时需要考虑的问题。

萃取剂的选择范围一般很宽，但若要求选用的溶剂具备以上各种期望的特性，往往也是难以达到的，最后的选择从多个方面进行权衡，以达到较佳的经济效益及环境的和社会的效益。

工业生产中，常用的萃取剂可分为三大类：

（1）有机酸或它们的盐，如脂肪族的一元羧酸、磺酸、苯酚等。

（2）有机碱的盐，如伯胺盐、仲胺盐、叔胺盐、季铵盐等。

（3）中性溶剂，如水、醇、酯、醛、酮等。

（二）液液萃取设备

萃取操作体系由混合、分层、溶剂回收系统等所需的一系列设备组成。其中萃取相和萃余相的静置分层与分离设备（即液体分离器）和溶剂回收系统设备（主要是蒸馏系统设备）已在相关章节讲述，本章主要讲述混合设备。

混合设备根据形状和结构特点称为萃取器、萃取罐和萃取塔，是萃取操作系统中萃取剂与原料液进行混合、并通过充分接触从中萃取出待分离组分的场所，两相的充分混合与接触时间是其技术的关键。萃取设备应能为两液相提供充分混合与接触的条件，使两液体相之间具有很大的接触面积，将一种液相分散在另一种液相中。分散成滴状的液相称为分散相，另一个呈连续的液体相称为连续相。显然，分散的液滴越小，两相的接触面积越大，传质越快。为此，在萃取设备内装有喷嘴、筛孔板、填料或机械搅拌装置等，如图 9.1 所示。为使萃取过程获得较大的传质推动力，通常使两相流体在萃取设备内以逆流方式流动。

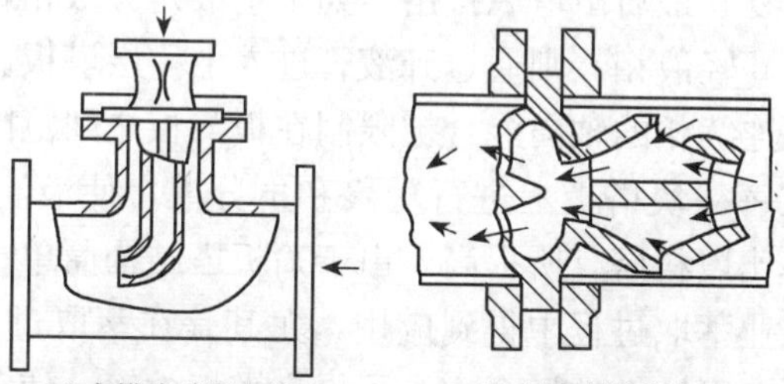

(a) 交错喷嘴混合器　(b) 同向射流混合器

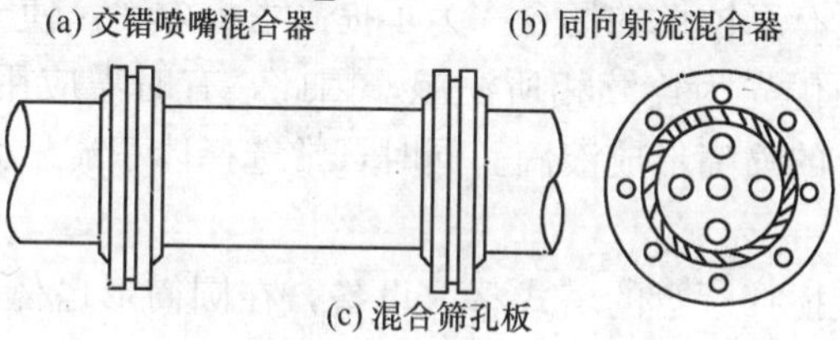

(c) 混合筛孔板

图 9.1　常见的喷射式混合器

目前萃取设备的研究还不够成熟，用于液液萃取的混合设备种类很多，但尚不存在各种性能都比较完美的设备，尚待进一步开发与改善。相对而言，各种塔式萃取设备两相接触时间长、混合充分、且连续操作性较好。由于塔式萃取设备有较大的生产能力，设备投资不大，萃取分离效果较好，两相可实现连续逆流操作，所以，生产上较多采用各种类型的萃取塔进行萃取操作。另外，集混合与澄清为一体的混合-澄清萃取器和适合于两相密度差较大体系的离心式萃取机的应用也较多。

1. 塔式萃取设备

塔式萃取设备根据其结构特点有填料萃取塔、筛板萃取塔、转盘萃取塔、往复振动筛板萃取、脉冲萃取塔等。

1）填料萃取塔

填料萃取塔在结构上与吸收和精馏操作使用的填料塔基本相同。在塔体内装有特制的填料，连续相充满整个塔中，分散相以滴状通过连续相。填料的形状有拉西环、鲍尔环、鞍形填料、丝网填料等，填料的材料有陶瓷、金属或塑料等。所用的填料应被连续相优先润湿以利于液滴的形成和液滴的稳定。一般，瓷质填料易被水优先润湿，石墨和塑料填料易被大部分有机液体优先润湿，金属填料易被水溶液优先润湿。填料塔不宜处理含固体的流体，但适用于处理腐蚀性流体。

为保证适当的传质效率和两相的流通能力，对于标准的工业填料，在液液萃取中有一个临界的填料尺寸。大多数液液萃取系统，填料的临界直径约为 12mm 或更大些。工业上，一般可选用 15mm 或 25mm 直径的填料。

2）筛板萃取塔

筛板萃取塔的结构与筛板蒸馏塔的结构相似，但其筛板的孔径要比蒸馏塔的小。如果轻液为分散相，轻液由底部进入，经筛孔板分散成液滴，在塔板上与连续相密切接触后，分层凝聚，并积聚在上一层筛板的下面，然后借助压力的推动，再经孔板分散，最后由塔顶排出。重液连续地由上部进入，经降液管至筛板后，经溢流堰流入降液管进入下面一块筛板。依次反复，最后由塔底排出。如果重液是分散相，则塔板上的降液管须改为升液管，连续相（即轻液相）则通过升液管进入上一层塔板。

在筛板萃取塔中，连续相的轴向混合被限制在板与板之间范围内，没有扩展至整个塔内，而分散相液滴在每一块塔板上进行凝聚和再分散，使液滴的表面得以更新。因此，筛板塔的萃取效率比填料塔有所提高。由于筛板塔结构简单、价格低廉，尽管塔板效率较低，仍在许多工业萃取过程中得到应用，尤其是在萃取过程所需理论塔板数少、处理量较大以及物系具有腐蚀性的场合。为了提高塔板效率，使分散相在孔板上易于形成液滴，筛板材料必须优先为连续相所润湿，因此，有时需应用塑料或将塔板涂以塑料，或者分散相由板上的喷嘴形成液滴。同时，常选择体积流量大的流体为分散相。

3）转盘萃取塔

转盘塔是装有回旋搅拌圆盘的塔式萃取设备，在圆筒形塔体的内壁上装有固定环，将塔分隔成许多小室，在塔的中心，从塔顶插入一根转轴，由塔顶的电动机带动，其上装有转盘。

转盘塔结构简单，造价低廉，维修方便。由于其操作弹性大、流通量大，因而在石油化学工业中应用比较广泛。除此之外，也可作为化学反应器。由于它很少会发生堵塞，因此也适用于处理含有固体物料的场合。

4）往复振动筛板塔

往复振动筛板塔由一组开孔的筛板和挡板组成，筛板安装在中轴上，由装在塔顶的传动机械驱动中心轴带动进行往复运动，如图 9.2 所示。

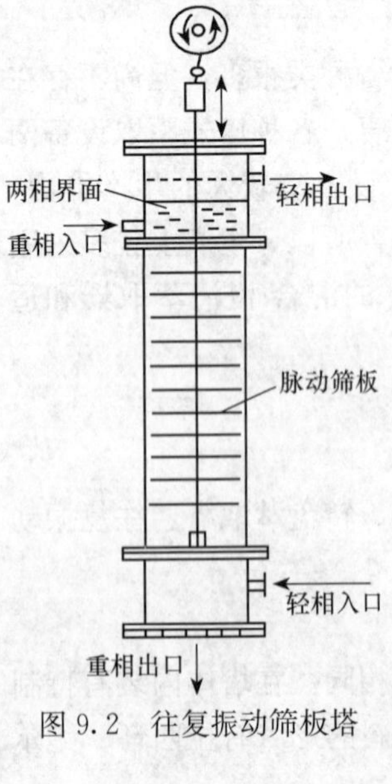

图 9.2　往复振动筛板塔

该塔具有流通量高、可以处理易乳化及含有固体的物系、结构简单、容易放大、维修和运转费低等优点，已广泛地应用于石油化工、食品、制药和湿法冶金工业中，如提纯药物、废水脱酚、水溶液中回收醋酸、从废水中提取有机物等。塔材料除用不锈钢等金属材料外，也可采用内衬玻璃的外壳和各种耐腐蚀的高分子聚合材料内件（如聚四氟乙烯），因而也可以用于处理腐蚀性强的物系。

5）脉冲萃取塔（图 9.3）

在普通的筛板塔或填料塔内提供外加的机械能来造成塔内液体的脉动，这种塔称为脉冲萃取塔。这种塔可改善两相接触状况，增强界面湍动程度，强化传质过程。塔的主体部分是高径比很大的圆柱形筒体，中间装有若干带孔的不锈钢或其他材料制成的筛板，筛板用支撑柱和固定环按一定板间距固定，在塔的上、下两端分别设有上澄清段和下澄清段。脉冲筛板塔的缺点是允许通过能力较小，限制了它在化工生产中的应用。

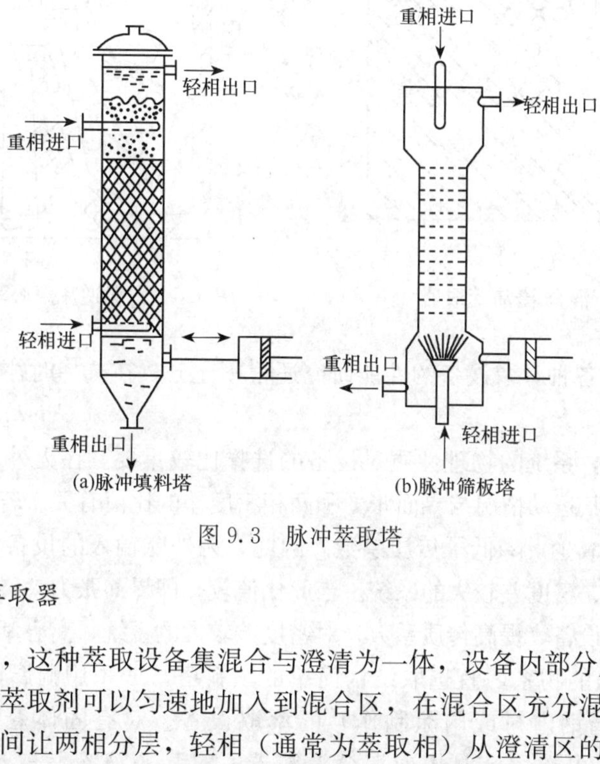

图 9.3 脉冲萃取塔

2. 混合澄清萃取器

如图 9.4 所示，这种萃取设备集混合与澄清为一体，设备内部分为混合区和萃取区两部分，原料液和萃取剂可以匀速地加入到混合区，在混合区充分混合后进入澄清区，并有足够的停留时间让两相分层，轻相（通常为萃取相）从澄清区的上部边连续引出，重相（通常为萃余相）从澄清区的下部连续引区。混合澄清萃取具有器结构简单、连续性好、处理量大、理论效数高等优点。

3. 离心式萃取机

离心式萃取机主要适用于萃取相和萃余相密度差较大的萃取过程，较新型的设备是集混合与两相分离为一体的离心萃取机。图 9.5 所示是 Luwesta EK10007 三级逆流离心萃取机的结构示意图。设备分为上、中、下三段，下段是第一级，中段是第二级，上段是第三级，各段下部是混合区域，中部是分离区域，上部是重液相引出区域。萃取剂由第三级加入，原料液由第一级加入，轻液相在第一级引出，萃取重液相则在第三级引出。操作时转速为 4500r/min，最大料液处理量为 $7m^3/h$，料液进口压力为 5×10^5Pa，萃取剂进口压力为 3×10^5Pa。

萃取设备选择的原则主要是：在满足生产的工艺要求的条件下使生产成本较低。但

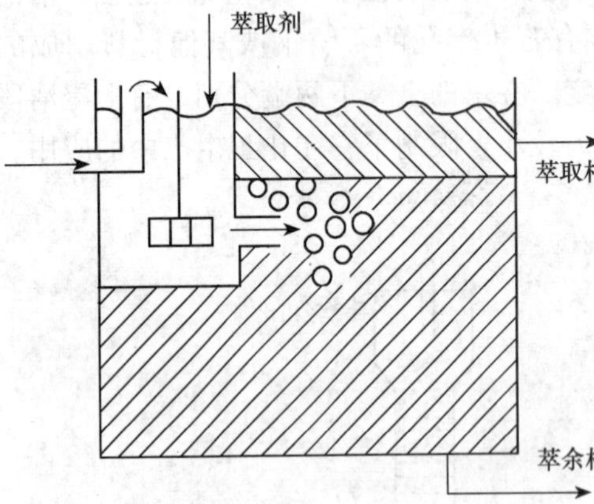

图 9.4 混合-澄清萃取器

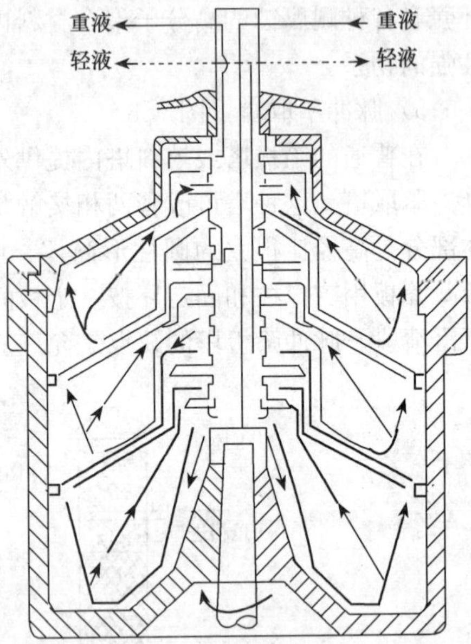

图 9.5 三级逆流离心萃取机的结构示意图

迄今为止，人们对各种萃取设备的性能研究还很不充分，在选择时往往要凭经验。下面做简要说明。

在液液萃取中，系统的物理性质对设备的选择比较重要。在无外能输入的萃取设备中，液滴的大小及其运动情况与界面张力和两相密度差的比值有关。若此比值大，液滴较大，两相接触界面减少，降低了传质系数。因此，无外能输入的设备仅宜用于此比值较小，即界面张力小、密度差较大的系统。当此比值较，即界面张力大、密度差较小时，应选用有外能输入的设备，提高传质系数。对密度差较大的系统，离心萃取器比较适用。

对于腐蚀性强的物系，宜选取结构简单的填料塔，或采用耐腐蚀金属或非金属材料（如塑料、玻璃钢内衬或内涂制作）的萃取设备。对有固体悬浮物存在的物系，为避免设备堵塞，可选用转盘塔或混合澄清器。对某一液液萃取过程，当所需的理论效数为 2～3，各种萃取设备均可选用。当所需的理论效数 4～5 级时，一般可选择转盘塔、往复振动筛板塔和脉冲塔。当需要的理论效数更多时，一般只能采用混合澄清器。根据生产任务和要求，如果所需设备的处理量较小时，可用填料塔、脉冲塔；处理量较大时，可选用筛板塔、转盘塔以及混合澄清器。

在选择设备时也要考虑物系的稳定性与停留时间，如在抗生素生产中，由于稳定性的要求，物料在萃取器中要求的停留时间短，这时离心萃取器是合适的。但若萃取物系中伴有慢的化学反应，要求有足够的停留时间，选用混合澄清器较为有利。

二、固液萃取

固液萃取（也称为浸取）是利用溶剂从固体混合物中提取溶剂可溶组分的分离方法。选择适当的溶剂，与固体混合物充分混合浸泡，萃取出其中的溶剂可溶组分得萃取液，从而实现与溶剂不溶组分的分离。固体混合物中的溶剂可溶组分称为溶质，不溶组分称为载体或惰性组分。为了使溶剂能够与固体原料中的溶质接触，通常要对固体物料进行预处理，如粉碎、研磨、切片等。

相对于液液萃取，固液萃取装置有以下几个特点：

（1）固体混合物中各组分之间的相互作用极为复杂，影响萃取作用的因素较多。

（2）萃取过程速率要小得多，萃取过程达到平衡所需时间较长。

（3）由于固体物料的非流动性，萃取过程的连续性较差，固体物料的输送是固液萃取工艺的一个难题。

（4）固液萃取所得萃取物通常是性质相近的多种组分的混合物，要得到较纯的组分，仍需进一步的分离。由于以上原因，固液萃取过程通常采用较多的效数（即级数）和以逆流为主的操作方式，目前较为典型的固液萃取装置系统有多级间歇逆流萃取器组和移动床式连续萃取器等。

三、超临界液体萃取

超临界流体萃取是用超临界流体作为萃取溶剂，萃取混合物中的溶质，然后采用等温变压或等压变温等方法，将溶剂与溶质分离的萃取技术。所说的超临界流体是指温度和压力均超过临界点的状态下的流体。一般而言，只需温度高于临界值，而压力只要低于物质转变成固相的极限值，也被认为是超临界流体。近几年，超临界流体萃取作为一种新的分离技术已受到人们广泛的关注。

第二节　膜分离技术

膜分离技术是一种借助于膜的选择性透过作用，实现混合物分离的方法。目前除大规模用于海水、苦咸水的淡化及纯水、超纯水生产外，还用于食品、医药、生物工程、石油、化工、环保等各个领域。微滤、超滤、反渗透、电渗析、渗析、气体膜分离和渗透汽化等都取得了很多新的进展。膜分离技术作为分离混合物的重要方法，在生产实践中越来越显示其重要作用。

一、膜分离技术简介

（一）膜分离技术及分类

膜分离技术是利用选择性透过膜对流体混合物中各组分的选择性透过作用，从而实现混合物组分分离的方法。滤膜是膜技术和设备的核心元件，膜可以是固相、液相或气相。工业中使用最多的是固相膜。

根据固体选择性透过膜的能力，膜分离技术可分为两类：一类是借助外界能量，物质发生由低位到高位的流动；另一类是由于本身的位差，物质发生由高位到低位的流动。操作推动力可以是膜两侧的压力差、浓度差、电位差、温度差等。依据推动力的不同，膜分离又分为多种过程。目前常见的膜分离技术主要可分为微滤（MF）、超滤（UF）、反渗透

(RO)、电渗析（ED)、纳滤（NF）等。几种主要的膜分离技术见表 9.1。

表 9.1　几种主要的膜分离技术

过　程	膜及膜孔径	推动力	传递机理	透过物	截留物
微滤 MF	多孔膜（0.02～10μm）	压差（<0.1MPa）	颗粒尺寸的筛分	水、溶剂溶解物	悬浮物颗粒
超滤 UF	非对称膜（1～20nm）	压差（0.1～1MPa）	微粒及大分子尺度形状的筛分	水、溶剂、小分子溶解物	胶体大分子、细菌等
反渗透 RO	非对称性膜或复合膜（0.1～1nm）	压差（1～10MPa）	溶剂和溶质的选择性扩散	水、溶剂	溶质、盐（悬浮物、大分子、离子）
电渗析 ED	离子交换膜（1～10nm）	电位差	电解质离子在电场中的选择传递	电解质离子	非电解质溶剂
混合气体膜分离 GS	均质膜（孔径<50nm）、多孔膜、非对称性膜	压差（1～10MPa）深浓度差	气体的选择性扩散渗透	易渗透的气体	难渗透的气体
渗透汽化 PVAP	均质膜（<1nm）、复合膜、非对称性膜（0.3～0.5μm）	分压差	气体的选择性扩散渗透	溶液中的易透过组分（蒸气）	溶液中的难透过组分（液体）

（二）膜分离技术的特点

膜分离过程是一个高效、环保的分离过程，与传统的分离技术如蒸馏、吸附、吸收、萃取等相比，膜分离技术具有以下特点：

1. 分离效率较高

它可以对相对分子质量为几千甚至几百的物质进行分离（相应的颗粒大小为纳米级）。

2. 能耗较低

大多数膜分离过程都不发生相的变化，能耗较低。相变化的潜热是很大的，传统的冷冻、萃取和闪蒸等分离过程发生相的变化，通常能耗较高。

3. 室温工作

多数膜分离过程在室温附近进行，因而对热敏性物质的处理具有独特的优势，尤其是在食品加工、医药工业、生物技术等领域有其独特的推广应用价值。

4. 性能稳定

膜设备本身没有运动的部件，工作温度又在室温附近，所以维护容易，可靠度很高。膜分离设备的操作十分简便，而且从设备开启到得到产品的时间很短，可以在频繁的启、停下工作，相比传统工艺可显著缩短生产周期。

5. 应用广泛

不仅可除去病毒、细菌等微粒，也可除去溶液中大分子和无机盐，可分离共沸物和化学性质与物理性质相似的组分及热不稳定的组分。

6. 操作连续

膜分离过程易于实现连续化操作，符合工业化大生产的要求。

7. 灵活性强

膜设备的规模和处理能力可变，易于工业逐级放大推广应用。膜分离装置可以直接插入已有的生产工艺中，易与其他分离过程结合。

8. 清洁环保

膜分离是物理过程，不涉及化学变化，更不需要外加任何物质，如助滤剂、化学试剂等。另外，膜分离设备制作材质清洁、环保，工作现场清洁卫生，利于环保。

二、分离用膜

（一）对膜的基本要求

膜分离的效果主要取决于膜本身的性能，该性能对分离效果、操作能耗都有决定性的影响。膜的制备技术是膜分离技术发展和应用的制约性因素，膜材料的化学性质和膜的结构对膜的分离性能有决定性的影响。膜的性能包括物化稳定性及膜的分离透过性两个方面。前者要求膜有较好的物理及化学稳定性和有足够的机械强度，这是膜作为分离介质的前提。后者要求膜有好的分离透过性，通常用膜的截留率、透过通量（速率）、截留相对分子质量等参数表示。不同的膜分离过程，习惯上使用不同的参数以表示膜的分离透过性。膜的分离性能主要取决于膜材料的化学特性和分离膜的形态结构，同时也与膜分离过程的一些操作条件有关。

1. 截留率

对于反渗透过程，通常用截留率表示其分离性能。它是指截留物浓度与料掖主体浓度之比。截留率越小，说明膜的分离透过特性越好。

2. 透过通量（速率）

指单位时间、单位膜面积的透过物量，常用单位为 kmol/（m^2 · s）。由于操作过程中膜的压密、堵塞等多种原因，膜的透过速率将随时间增长而衰减。

3. 截留物的相对分子质量

在超滤中，通常用截留相对分子质量表示其分离性能。当分离溶液中的大分子物质时，截留物的相对分子质量在一定程度上反映膜孔的大小。但是通常多孔膜的孔径大小不一，被截留物的相对分子质量将分布在某一范围内。所以，一般取截留率为 90%的物质的相对分子质量称为膜的截留相对分子质量。

截留率大、截留相对分子质量小的膜往往透过通量低。因此，在选择膜时需在两者之间做出权衡。

4. 分离因数

对于气体分离和渗透汽化过程，通常用分离因数表示各组分透过的选择性。对于含有 A、B 两组分的混合物，分离因数 α_{AB} 定义为

$$\alpha_{AB}=\frac{y_A/y_B}{x_A/x_B} \tag{9.1}$$

式中：x_A、x_B——原料中组分 A 与组分 B 的摩尔分数；

y_A、y_B——透过物中组分 A 与组分 B 的摩尔分数。

通常，用组分 A 表示透过速率快的组分，因此 α_{AB} 的数值大于 1。分离因数的大小反映该体系分离的难易程度，α_{AB} 越大，表明两组分的透过速率相差越大，膜的选择性越好，分离程度越高；α_{AB} 等于 1，则表明膜没有分离能力。

（二）膜的种类

分离用膜按其形态结构特点可分为对称膜和非对称膜两类。

1. 对称膜

对称膜又称为均质膜，是一种均匀的薄膜，膜两侧截面的结构及形态完全相同。包括致密的无孔膜和对称的多孔膜两种。一般对称膜的厚度在 10～200μm 之间，传质阻力由膜的总厚度决定，降低膜的厚度可以提高透过速率。

2. 非对称膜

非对称膜的横断面具有不对称结构。一体化非对称膜是用同种材料制备、由厚度为 0.1～0.5μm 的致密皮层和 50～150μm 的多孔支撑层构成，其支撑层结构具有一定的强度，在较高的压力下也不会引起很大的形变。也可在多孔支撑层上覆盖一层不同材料的致密皮层构成复合膜。显然，复合膜也是一种非对称膜。对于复合膜，可优选不同的膜材料制备致密皮层与多孔支撑层，使每一层独立的发挥最大作用。非对称膜的分离主要或完全由很薄的皮层完成，传质阻力小，其透过速率较对称膜高得多，因此非对称膜在工业上应用十分广泛。

另外根据膜孔径大小也可将分离用膜分为微滤膜、超滤膜和纳滤膜等。

三、膜分离技术的基本原理

（一）反渗透

反渗透膜分离技术主要用于除去溶液中的小分子盐类，它是利用反渗透膜（半透膜）选择性地只能透过溶剂（通常是水）而截留物质的离子的性质，以膜两侧静压差为推动力，克服溶剂的渗透压力，使溶剂通过反渗透膜而实现对液体混合物分离的膜分离

过程。如图 9.6 所示，用一个半透膜将水和盐水隔开，若初始时两侧液面高度相同，则纯水将透过膜向盐水侧移动，使盐水侧的液面不断升高，这一现象称为渗透。待水的渗透过程达到定态后，盐水侧的液位升高不再变动，此时两液面之差所代表的压差即表示盐水的渗透压力 Π。若在膜两侧施加一个反向的压差 Δp，且 $\Delta p>\Pi$，则水将从盐水侧向纯水侧作反向移动，此过程即为反渗透。由此可见，利用反渗透现象可截留盐（溶质）而获取纯水（溶剂），从而达到混合物分离的目的。

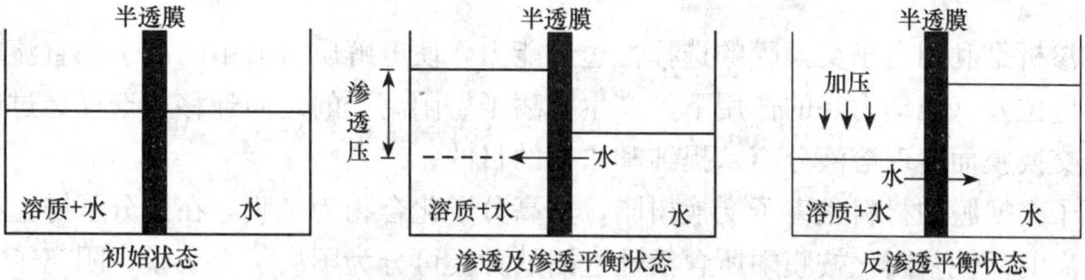

图 9.6　渗透和反渗透示意图

反渗透膜分离用的半透膜常用醋酸纤维、聚酰胺等材料制成，它对溶质的截留机理并非按离子尺度的筛分作用。膜对溶剂（水）和溶质（盐）的选择性是由于水和膜之间存在各种亲和力使水分子优先吸附而结合或溶解于膜的表面，又由于水比溶质具有更高的扩散速率，因而易于在膜中扩散透过。因此，对水溶液的分离而言，膜表面活性层是亲水的。

（二）微滤和超滤

微滤和超滤是利用膜的“筛分”作用进行分离的膜分离过程，以静压差（微滤）或压力差（超滤）为推动力，如图 9.7 所示。微滤膜具有比较整齐、均匀的多孔结构，在静压差的作用下小于膜孔的粒子通过滤膜，比膜孔大的粒子则被阻拦在滤膜面上，使大小不同的微粒得以分离，其作用相当于“过滤”。超滤膜也为固体多孔膜，当混合物或溶液在压力差的推动下通过它时，截留其中的微粒和大分子溶质而使溶剂透过膜孔而实现分离。在微滤和超滤中，截留物粒子或大分子溶质等在膜表面及孔内的吸附和滞留虽然也起截留作用，但易造成膜污染。在操作中必须采用适当的流速、压力、温度及扰动等条件以增加传质效果，并定期清洗以减少膜污染。由于微滤是截留体混合物中的固体粒子，超滤是截留溶液中的大分子溶质，即使混合液体或溶液的浓度较高，但渗透压力较低，操作压强也相对较低（0.07～0.7MPa）。

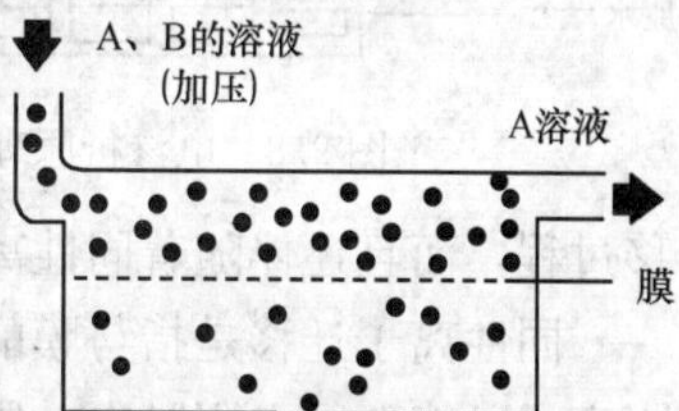

图 9.7　微滤及超滤原理示意图

与反渗透过程相似，超滤也会发生浓差极化现象。由于实际超滤的透过速率比反渗透速率大得多，而大分子物质的扩散系数小，浓差极化现象尤为严重。当膜表面大分子物质浓度达到凝胶化浓度时，膜表面形成一个不流动的凝胶层，凝胶层的存在大大增加了膜的阻力，使相同压差下的透过速率显著降低。

微滤常和其它粗过滤方法相结合，用于液体物料中较细粒子的进一步过滤。超滤主要适用于热敏性物料、生物活性物等含大分子物质的溶液的分离和浓缩。食品工业中用于果汁和牛奶等乳制品的加工，超滤可截留牛奶中几乎全部的脂肪和90%以上的蛋白质，制成各种浓缩牛奶，生产成本也显著降低；用超滤可以除去水中的大分子（相对分子质量大于6000）有机物及微粒、细菌等有害物，常用于注射液的净化；超滤还可用于生物酶的浓缩精制，从血液中除去尿毒素等。

（三）电渗析

电渗析是利用离子交换膜的选择性透过能力，使电解质溶液中的离子在直流电场中产生的电位差（推动力）的作用下，产生阴离子、阳离子的定向迁移，选择透过性地透过离子交换膜而实现溶液分离、提纯和浓缩的目的。

离子交换膜的材料是离子交换树脂，用高分子化合物为基膜，在其分子链上接引一些可电离的活性基团。按膜中所含活性基团的种类可分为阳离子交换膜、阴离子交换膜和特殊离子交换膜三大类。阳膜只允许水中的阳离子通过而阻挡阴离子，阴膜只允许水中的阴离子通过而阻挡阳离子。典型的电渗析过程如图9.8所示，图中离子选择性膜按阴膜和阳膜交替排列，相邻两膜之间组成小时，其中2、4、6、8室为浓水室，1、3、5、7室为淡水室。在浓水室的溶液，阴离子向阳极方向的迁移受到阴膜的截留同时阳离子向阴极的迁移受到阳膜的截留，因而得到浓缩。相反在淡水室的溶液，阴离子可透过阴膜向阳极动而阳离子也可透过阳膜向阴极迁移，因而被淡化。

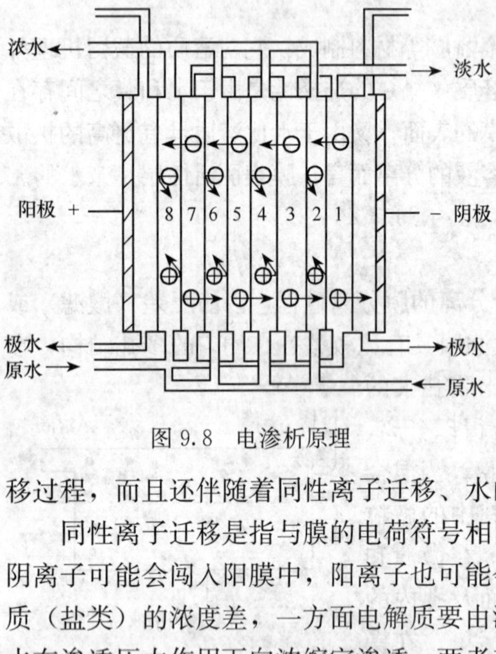

图 9.8　电渗析原理

在电渗析过程中，不仅存在反离子的迁移过程，而且还伴随着同性离子迁移、水的渗透和水的电离分解等非理想传递现象。

同性离子迁移是指与膜的电荷符号相同的离子迁移。当浓水室中的溶液浓度过高，阴离子可能会闯入阳膜中，阳离子也可能会闯入阴膜中；水的渗透是指膜两侧存在电解质（盐类）的浓度差，一方面电解质要由浓缩室向淡化室扩散，另一方面，淡水室中的水在渗透压力作用下向浓缩室渗透，两者都不利于电解质的分离；当电流密度超过某一极限值，溶液中的盐离子数量不能满足电流传输的需要时，将由水分子电离出 H^+ 和 OH^- 来补充，使溶液的pH发生改变；淡化室和浓缩室之间的压差可能造成泄漏。所有这些非理想传递现象，加大了过程能耗，降低了截留率。因此，电渗析操作中，要维持浓水室浓度的适宜值、采用适当的电流密度。

（四）气体膜分离

气体膜分离技术是根据混合气体中各组分在压力的推动下透过膜的传递速率不同，从而使气体混合物中的各组分得以分离或富集，如图9.9所示。

用于分离气体的膜有多孔膜、均质膜以及非对称性膜三类。对不同结构的膜，气体通过膜的传递扩散方式不同，因而分离机理也各异。多孔膜一般由无机陶瓷、金属或高分子材料制成，其中的孔径必须小于气体的分子平均自由程，一般孔径在 50nm 以下。均质膜由高分子材料制成，气体组分首先溶解于膜的高压侧表面，通过固体内部的分子扩散移到膜的低压侧表面，然后解吸进入气相，因此，这种膜的分离机理是各组分在膜中溶解度和扩散系数的差异。非对称膜则是以多孔底层为支撑体，其表面覆以均质膜构成。

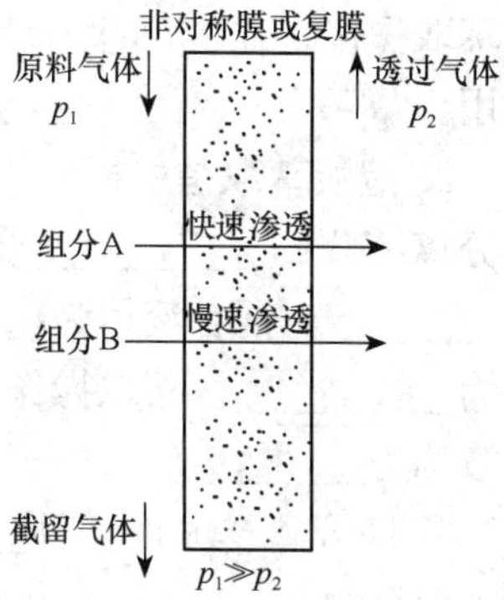

图 9.9　气体膜分离过程示意图

工业上用膜分离技术分离气体混合物的典型过程有：

(1) 从合成氨尾气中回收氢，氢气含量可从尾气中的 60%提高到 90%，氢的回收率达 95%以上。

(2) 从油田气中回收 CO_2，油田气中含 CO_2 约 70%，经膜分离后的渗透气中含 CO_2 达 93%以上。

(3) 空气经膜分离以制取含氧约 60%的富氧气，用于医疗和燃烧；此外还用膜分离除去空气中的水汽（去湿），从天然气中提取氮等。

本章小结

- 其他分离技术
  - 萃取分离技术
    - 液液萃取技术
    - 固液萃取技术
    - 超临界萃取技术
  - 膜分离技术
    - 膜分离技术概述
    - 分离用膜
    - 膜分离技术基本原理
    - 膜分离设备

同步测试题

一、填空题

1. 用溶剂从混合物中提取某一种或几种物质的过程，称为萃取。萃取属于两相之间的__________。广义地说，萃取包括__________、__________和__________。超临界流体萃取是利用在__________下溶剂优良的__________和__________等进行的特殊的溶剂萃取操作。在实际生产上萃取与__________这两种分离混合液的常用方法常配合使用。

2. 液液萃取是根据液体混合物中各组分在所选择的溶剂中的__________而实现对待分离组分的__________或__________的操作。在萃取操作中，所选用的溶剂称为__________，混合液体为__________，其中待分离的组分称为__________、原来的溶剂称为__________。萃取操作中所得到的含有待分离组分的溶液称为__________，剩余的溶液称为__________。

3. 膜分离技术是利用__________对流体混合物中各组分的选择性透过作用，从而实现混合物__________的方法。__________是膜技术及膜设备的核心元件，膜可以是固相、液相或气相。工业中使用最多的是__________。目前常见的膜分离技术主要可分为__________、__________、__________、__________、__________等。

4. 分离用膜按其形态结构特点可分为__________和__________两类。根据膜孔径大小也可将分离用膜分为__________、__________和__________等。

5. 将膜按照一定的技术要求组装在一起，即成为__________，它是所有膜分离装置的核心部件，其基本要素包括__________、__________及连接件、流体通道、密封件、壳体及外接口等。将膜组件与__________等按一定的技术要求装配在一起，即成为膜分离设备或系统。常见的膜组件有__________、__________、__________和__________等。

二、问答题

1. 选择萃取剂应考虑哪些因素?
2. 萃取操作流程由哪几部分组成? 萃取系统有哪些设备组成?
3. 相对于液液萃取，固液萃取装置有以下几个特点?
4. 膜分离技术有什么优点?
5. 对分离用膜的基本要求有哪些?
6. 影响反渗透速率的主要因素有哪些?

三、分析讨论题

怎样选择萃取设备?

附　　录

一、中华人民共和国法定计量单位（以下简称法定单位）

（1）国际单位制的基本单位（附表 1）。

（2）国际单位制的辅助单位（附表 2）。

（3）国际单位制中具有专门名称的导出单位（附表 3）。

（4）国家选定的非国际单位制单位（附表 4）。

（5）由以上单位构成的组合形式的单位。

（6）由词头和以上单位所构成的十进倍数和分数单位（附表 5）。

附表 1　国际单位制的基本单位

量的名称	单位名称	单位符号
长度	米	m
质量（重量）	千克（公斤）	kg
时间	秒	s
电流	安［培］	A
热力学温度	开［尔文］	K
物质的量	摩［尔］	mol
发光强度	坎［德拉］	cd

附表 2　国际单位制的辅助单位

量的名称	单位名称	单位符号
平面角	弧度	rad
立体角	球面度	sr

附表 3　国际单位制中具有专门名称的导出单位

量的名称	单位名称	单位符号	其他表示式例
频率	赫［兹］	Hz	g^{-1}
力；重力	牛［顿］	N	(kg · m) /s^2
压力，压强；应力	帕［斯卡］	Pa	N/m^2
能量；功；热	焦［耳］	J	N · m
功率；辐射通量	瓦［特］	W	J/s
电荷量	库［仑］	C	A · s
电位；电压；电动势	伏［特］	V	W/A

续表

量的名称	单位名称	单位符号	其他表示式例
电容	法［拉］	F	C/V
电阻	欧［姆］	Ω	V/A
电导	西［门子］	S	A/V
磁通量	韦［伯］	Wb	V·s
磁通量密度，磁感应强度	特［斯拉］	T	Wb/m^2
电感	亨［利］	H	Wb/A
摄氏温度	摄氏度	℃	—
光通量	流［明］	lm	cd·sr
光照度	勒［克斯］	lx	lm/m^2
放射性活度	贝可［勒尔］	Bq	s^{-1}
吸收剂量	戈［瑞］	Gy	J/kg
剂量当量	希［沃特］	Sv	j/kg

附表 4　国家选定的非国际单位制单位

量的名称	单位名称	单位符号	换算关系和说明
时间	分 ［小］时 天（日）	mim h d	1min＝60s 1h＝60min＝3600s 1d＝24h＝86400s
平面角	［角］秒 ［角］分 度	(″) (’) (°)	1″＝(π/648000) rad (π 为圆周率) 1’＝60’＝(π/10800) rad 1°＝60’＝(π/180) rad
旋转速度	转每分	r/min	1r/min＝(1/60) s^{-1}
长度	海里	nmile	1nmile＝1852m (只用于航程)
速度	节	kn	1kn＝1nmile/h＝ (1852/3600) m/s (只用于航行)
质量	吨 原子质量单位	t u	$1t=10^3kg$ $1u=1.660\ 565\ 5\times10^{-27}kg$
体积	升	L (1)	$1L=1dm^3=10^{-3}m^3$
能	电子伏	eV	$1eV=1.602\ 189\ 2\times10^{-19}J$
级差	分贝	dB	—
线密度	特［克斯］	tex	1tex＝1g/km

附表 5　用于构成十进倍数和分数单位的词头

所表示的因数	词头名称	词头符号
10^{18}	艾［可萨］	E
10^{15}	拍［它］	P
10^{12}	太［拉］	T
10^{9}	吉［咖］	G
10^{6}	兆	M
10^{3}	千	k
10^{2}	百	h
10^{1}	十	da
10^{-1}	分	d
10^{-2}	厘	c
10^{-3}	毫	m
10^{-6}	微	μ
10^{-9}	纳［诺］	n
10^{-12}	皮［可］	p
10^{-15}	阿飞［母托］	f
10^{-18}	［托］	a

注：(1) 周、月、年（年的符号为 a），为一般常用时间单位。
(2) [] 内的字，是在不致混淆的情况下，可以省略的字。
(3) () 内的字为前者的同义语。
(4) 角度单位度分秒的符号不处于数字后时，用括弧。
(5) 升的符号中，小写字母 l 为备用符号。
(6) r 为“转”的符号。
(7) 人民生活的贸易中，质量习惯称为重量。
(8) 公里为千米的俗称，符号为 km。
(9) 10^4称为万，10^8称为亿，10^{12}称为万亿，这类数词的使用不受词头名称的影响，但不应与词头混淆。

二、单位换算系数表（附表 6）

附表 6　单位换算系数表

单位名称与符号	换算系数
1. 长度	
英寸 in	2.54×10^{-2}m
英尺 ft（=12in）	0.3048m
英里 mile	1.609344km
埃 A	10^{-10}m
码 yd（=3ft）	0.9144m
2. 体积	
升 L	$10^{-3}m^3$
英加仑 UKgal	$0.004546m^3$
美加仑 USgal	$0.003785m^3$
3. 质量	
磅 lb	0.45359237kg
吨 t	10^3kg
克 g	10^{-3}kg
4. 力或重量	
达因 dyn（g·cm·s^{-2}）	10^{-5}N

续表

单位名称与符号	换算系数	单位名称与符号	换算系数
千克力（kgf）	9.80665N	8. 运动黏度	
磅力 1bf	4.44822N	沲（厘米^{2}每秒）（1st=1cm^2/s）	10^{-4}m^2/s
5. 压力（压强）		厘沲 cSt	10^{-6}m^2/s
巴 bar（10^6dyn/cm^2）	10^5Pa	平方米每小时㎡/h	2.778×10^{-4}
千克力每平方厘米 kgf/cm^2（又称工程大气压米 at）	9.807×10^4Pa	9. 功、能、热	
		尔格 erg（=1dyn · cm）	10^{-7}J
磅力每平方英寸 1bf/in^2	6895Pa	千克力米 kgf · m	9.807J
标准大气压 atm	1.013×10^5Pa	国际蒸气表卡 cal	4.187J
毫米汞高 mmHg	133.322Pa	英热单位 Btu	1055J
毫米水柱 mmH_2O（kgf/㎡）	9.807Pa	10. 功率	
6. 表面张力		尔格每秒 erg/s	10^{-7}W
达因每厘米 dyn/cm	10^{-3}N/m	千克力米每秒（kgf · m）/s	9.807W
千克（力）每米 kgf/m	9.807N/m	英马力 hp	745.7W
磅（力）每英尺 1bf/ft	14.59N/m	千卡每小时 kcal/h	1.163W
7. 黏度		米制马力［=75（kgf · m）/s］	735.499W
泊 P［=1g/（cm · s）］	10^{-1}Pa · s	11. 导热系数	
厘泊 cP	10^{-3}Pa · s	千卡/米 · 秒 · 度 Kcal/（m · s · ℃）	4187W/（m · K）
千克力秒每平方米（kgf · s）/㎡	9.807Pa · s	卡/厘米 · 秒 · 度 cal/（cm · s · ℃）	418.7W/（m · K）

三、水的物理性质（附表 7）

附表 7　水的物理性质

温度/℃	饱和蒸气压/kPa	密度/（kg/m^3）	焓/（kJ/kg）	比热容 kJ/（kg · ℃）	导热系数 $\lambda\times10^2$ W/（m · ℃）	黏度 $\mu\times10^5$/（Pa · s）	体积膨胀系数 $\beta\times10^4$ 1/℃	表面张力 $\sigma\times10^5$ N/m	普朗特数/Pr
0	0.6082	999.9	0	4.212	55.13	179.21	−0.63	75.6	13.66
10	1.2262	999.7	42.04	4.191	57.45	130.77	+0.70	74.1	9.52
20	2.3346	998.2	83.90	4.183	59.89	100.50	1.82	72.6	7.01
30	4.2474	995.7	125.69	4.174	61.76	80.07	3.21	71.2	5.42
40	7.3766	992.2	167.51	4.174	63.38	65.60	3.87	69.6	4.32
50	12.34	988.1	209.30	4.174	64.78	54.94	4.49	67.7	3.54
60	19.923	983.2	251.12	4.178	65.94	46.88	5.11	66.2	2.98
70	31.164	977.8	292.99	4.187	66.76	40.61	5.70	64.3	2.54
80	47.379	971.8	334.94	4.195	67.45	35.65	6.32	62.6	2.22

续表

温度/℃	饱和蒸气压/kPa	密度/(kg/m^3)	焓/(kJ/kg)	比热容 kJ/(kg·℃)	导热系数 $\lambda\times10^2$ W/(m·℃)	黏　度 $\mu\times10^5$/(Pa·s)	体积膨胀系数 $\beta\times10^4$ 1/℃	表面张力 $\sigma\times10^5$ N/m	普朗特数/Pr
90	70.136	965.3	376.98	4.208	68.04	31.65	6.95	60.7	1.96
100	101.33	958.4	419.10	4.220	68.27	28.38	7.52	58.8	1.76
110	143.31	951.0	461.34	4.238	68.50	25.89	8.08	56.9	1.61
120	198.64	943.1	503.67	4.260	68.62	23.73	8.64	54.8	1.47
130	270.25	934.8	546.38	4.266	68.62	21.77	9.17	52.8	1.36
140	361.47	926.1	589.08	4.287	68.50	20.10	9.72	50.7	1.26
150	476.24	917.0	632.20	4.312	68.38	18.63	10.3	48.6	1.18
160	618.28	907.4	675.33	4.346	68.27	17.36	10.7	46.6	1.11
170	792.59	897.3	719.29	4.379	67.92	16.28	11.3	45.3	1.05
180	1003.5	886.9	763.25	4.417	67.45	15.30	11.9	42.3	1.00
190	1255.6	876.0	807.63	4.460	66.99	14.42	12.6	40.0	0.96
200	1554.77	863.0	825.43	4.505	66.29	13.63	13.3	37.7	0.93
210	1917.72	852.8	897.65	4.555	65.48	13.04	14.1	35.4	0.91
220	2320.88	840.3	943.70	4.614	64.55	12.46	14.8	33.1	0.89
230	2798.59	827.3	990.18	4.681	63.73	11.97	15.9	31	0.88
240	3347.91	813.6	1037.49	4.756	62.80	11.47	16.8	28.5	0.87
250	3977.67	799.0	1085.64	4.844	61.76	10.98	18.1	26.2	0.86
260	4693.75	784.0	11135.04	4.949	60.48	10.59	19.7	23.8	0.87
270	5503.99	767.9	1185.28	5.070	59.96	10.20	21.6	21.5	0.88
280	6417.24	750.7	1236.28	5.229	57.45	9.81	23.7	19.1	0.89
290	7443.29	732.3	1289.95	5.485	55.82	9.42	26.2	16.9	0.93
300	8592.94	712.5	1344.80	5.736	53.96	9.12	29.2	14.4	0.97
310	9877.6	691.1	1402.16	6.071	52.34	8.83	32.9	12.1	1.02
320	11300.3	667.1	1462.03	6.573	50.59	8.3	38.2	9.81	1.11
330	12879.6	640.2	1526.19	7.243	48.73	8.14	43.3	7.67	1.22
340	14615.8	610.1	1594.75	8.164	45.71	7.75	53.4	5.67	1.38
350	1638.5	574.4	1671.37	9.504	43.03	7.26	66.8	3.81	1.60
360	18667.1	528.0	1761.39	13.984	39.54	6.67	109	2.02	2.36
370	21040.9	450.5	1892.43	40.319	33.73	5.69	264	0.471	6.80

四、干空气的物理性质（101.3kPa）（附表 8）

附表 8 干空气的物理性质

湿度 t/℃	密度 ρ /(kg/m³)	比热容 c_p /[kJ/(m·℃)]	导热系数 $\lambda\times10^5$ /[W/(m·℃)]	黏度 $\mu\times10^5$ /(Pa·s)	普朗特数 Pr
−50	1.584	1.013	2.035	1.46	0.728
−40	1.515	1.013	2.117	1.52	0.728
−30	1.453	1.013	2.198	1.57	0.723
−20	1.395	1.009	2.279	1.62	0.716
−10	1.342	1.009	2.360	1.67	0.712
0	1.293	1.005	2.442	1.72	0.707
10	1.247	1.005	2.512	1.77	0.705
20	1.205	1.005	2.593	1.81	0.703
30	1.165	1.005	2.675	1.86	0.701
40	1.128	1.005	2.756	1.91	0.699
50	1.093	1.005	2.826	1.96	0.698
60	1.060	1.005	2.896	2.01	0.696
70	1.029	1.009	2.966	2.06	0.694
80	1.000	1.009	3.047	2.11	0.692
90	0.972	1.009	3.128	2.15	0.690
100	0.946	1.009	3.210	2.19	0.688
120	0.898	1.009	3.338	2.29	0.686
140	0.854	1.013	3.489	2.37	0.684
160	0.815	1.017	3.640	2.45	0.682
180	0.779	1.022	3.780	2.53	0.681
200	0.746	1.026	3.931	2.60	0.680
250	0.674	1.038	4.288	2.74	0.677
300	0.615	1.048	4.605	2.97	0.674
350	0.566	1.059	4.908	3.14	0.676
400	0.524	1.068	5.210	3.31	0.678
500	0.456	1.093	5.745	3.62	0.687
600	0.404	1.114	6.222	3.91	0.699
700	0.362	1.135	6.711	4.18	0.706
800	0.329	1.156	7.176	4.43	0.713
900	0.301	1.172	7.630	4.67	0.717
1000	0.277	1.185	8.041	4.90	0.719
1100	0.257	1.197	8.502	5.12	0.722
1200	0.239	1.206	9.153	5.35	0.724

五、某些液体的重要物理性质（附表 9）

附表 9　某些液体的重要物理性质

名称	分子式	密度 ρ/ (kg/m)^3 (20℃)	沸点/℃ (101.3kPa)	汽化潜热/ (kJ/kg) (101.3kPa)	比热容 c_p /(kJ/kg·℃)(20℃)	黏度 μ /(mPa·s) (20℃)	导热系数 λ /[W/(m·℃)](20℃)	体积膨胀系数 $\beta\times10^4$ 1/℃ (20℃)	表面张 $\sigma\times10^3$N/m (20℃)
水	H_2O	998	100	2258	4.183	1.005	0.599	1.82	72.8
氯化钠 (25%)	NaCl	1186 (25℃)	107	—	3.39	2.3	0.57 (30℃)	(4.4)	—
氯化钙 (25%)	$CaCl_2$	1228	107	—	2.89	2.5	0.57	(3.4)	—
硫酸	H_2SO_4	1831	340 (分解)	—	1.47 (98%)	23	0.38	5.7	—
硝酸	HNO_3	1513	86	481.1	—	1.17 (10℃)	—	—	—
盐酸 (30%)	HCl	1149	—	2.55	2 (31.5%)	0.42	—	—	—
二硫化碳	CS_2	1262	46.3	352	1.005	0.38	0.16	12.1	32
戊烷	C_5H_{12}	626	36.07	357.4	2.24 (15.6℃)	0.229	0.113	15.9	16.2
己烷	C_6H_{14}	659	68.74	335.1	2.31 (15.6℃)	0.313	0.119	—	18.2
庚烷	C_7H_{16}	684	98.43	316.5	2.21 (15.6℃)	0.411	0.123	—	20.1
辛烷	C_8H_{18}	703	125.67	306.4	2.19 (15.6℃)	0.540	0.131	—	21.8
三氯甲烷	$CHCl_3$	1489	61.2	253.7	0.992	0.58	0.138 (30℃)	12.6	28.5 (10℃)
四氯化碳	CCl_4	1594	76.8	195	0.850	1.0	0.12	—	26.8
二氯乙烷-1，2	$C_2H_4Cl_2$	1253	83.6	324	1.260	0.83	0.14 (50℃)	—	30.8
苯	C_6H_6	879	80.10	393.9	1.704	0.737	0.148	12.4	28.6
甲苯	C_7H_8	867	110.63	363	1.70	0.675	0.138	10.9	27.9
邻二甲苯	C_8H_{10}	880	144.42	347	1.74	0.811	0.142	—	30.2
间二甲苯	C_8H_{10}	864	139.10	343	1.70	0.611	0.167	0.1	29.0
对二甲苯	C_8H_{10}	861	138.35	340	1.704	0.643	0.129	—	28.0
苯乙烯	C_8H_9	911 (15.6℃)	145.2	(352)	1.733	0.72	—	—	—
氯苯	C_6H_5Cl	1106	131.8	325	1.298	0.85	0.14 (30℃)	—	32
硝基苯	$C_6H_5NO_2$	1203	210.9	396	1.47	2.1	0.15	—	41
苯胺	$C_6H_5NH_2$	1022	184.4	448	2.07	4.3	0.17	8.5	42.9
酚	C_6H_5OH	1050 (50℃)	181.8 (融点 40.9℃)	511	—	3.4 (50℃)	—	—	—

续表

名称	分子式	密度ρ/(kg/m)^3(20℃)	沸点/℃(101.3kPa)	汽化潜热/(kJ/kg)(101.3kPa)	比热容c_p/(kJ/kg·℃)(20℃)	黏度μ/(mPa·s)(20℃)	导热系数λ/[W/(m·℃)](20℃)	体积膨胀系数β×10^{4}1/℃(20℃)	表面张σ×10^{3}N/m(20℃)
萘	$C_{10}H_8$	114(固体)	217.9(融点80.2℃)	314	1.80(100℃)	0.59(100℃)	—	—	—
甲醇	CH_3OH	791	64.7	1101	2.48	0.6	0.212	12.2	22.6
乙醇	C_2H_5OH	789	78.3	846	2.39	1.15	0.172	11.6	22.8
乙醇(95%)	—	804	78.2	—	—	1.4	—	—	—
乙二醇	$C_2H_4(OH)_2$	1113	197.6	780	2.35	23	—	—	47.7
甘油	$C_3H_5(OH)_3$	1261	290(分解)	—	—	1499	0.59	5.3	63
乙醚	$(C_2H_5)_2O$	714	34.6	360	2.34	0.24	0.140	16.3	18
乙醛	CH_3CHO	783(18℃)	20.2	574	1.9	1.3(18℃)	—	—	21.2
糠醛	$C_5H_4O_2$	1168	161.7	452	1.6	1.15(50℃)	—	—	43.5
丙酮	CH_3COCH_3	792	56.2	523	2.35	0.32	0.17	—	23.7
甲酸	$HCOOH$	1220	100.7	494	2.17	1.9	0.26	—	27.8
醋酸	CH_3COOH	1049	118.1	406	1.99	1.3	0.17	10.7	23.9
乙酸乙酯	$CH_3COOC_2H_5$	901	77.1	368	1.92	0.48	0.14(10℃)	—	—

六、某些气体的重要物理性质(附表10)

附表10　某些气体的重要物理性质

名称	分子式	密度(0℃,101.3kPa)/(kg/m^3)	比热容/[kJ/(kg·℃)]	黏度μ10^5/(Pa·s)	沸点(101.3kPa)/℃	气化热/(kJ/kg)	临界点		导热系数/[W/(m·℃)]
							湿度/℃	压力/kPa	
空气	—	1.293	1.009	1.73	−195	197	−140.7	3768.4	0.0244
氧	O_2	1.429	0.653	2.03	−132.98	213	−118.82	5036.6	0.0240
氮	N_2	1.151	0.745	1.70	−195.78	199.2	−147.13	3392.5	0.0228
氢	H_2	0.0899	10.13	0.842	−252.75	454.2	−239.9	1296.6	0.163
氦	He	0.1785	3.18	1.88	−268.95	19.5	−267.96	228.94	0.144
氩	Ar	1.7820	0.322	2.09	−185.87	163	−122.44	4862.4	0.0173
氯	Cl_2	3.217	0.355	1.29(16℃)	−33.8	305	+144.0	7708.9	0.0072
氨	NH_3	0.771	0.67	0.918	−33.4	1373	+132.4	11295.0	0.0215
一氧化碳	CO	1.250	0.754	1.66	−191.48	211	−140.2	3497.9	0.0226
二氧化碳	CO_2	1.976	0.653	1.37	−78.2	574	+31.1	7384.8	0.0137
硫化氢	H_2S	1.539	0.804	1.166	−60.2	548	+100.4	19136.0	0.0131

续表

名称	分子式	密度（0℃，101.3kPa）/（kg/m³）	比热容/[kJ/(kg·℃)]	黏度 $\mu 10^5$/（Pa·s）	沸点（101.3 kPa）/℃	气化热/(kJ/kg)	临界点		导热系数/[W/(m·℃)]
							湿度/℃	压力/kPa	
甲烷	CH_4	0.717	1.70	1.03	−161.58	511	−82.15	4619.3	0.0300
乙烷	C_2H_6	1.357	1.44	0.850	−88.5	486	+32.1	4948.5	0.0180
丙烷	C_3H_8	2.020	1.65	0.795（18℃）	−42.1	427	+95.6	4355.0	0.0148
正丁烷	C_4H_{10}	2.673	1.73	0.810	−0.5	386	+152.0	3798.8	0.0135
正戊烷	C_5H_{12}	—	1.57	0.874	−36.08	151	+197.1	3342.9	0.0128
乙烯	C_2H_4	1.261	1.222	0.935	+103.7	481	+9.7	5135.9	0.0164
丙烯	C_3H_8	1.914	2.436	0.835（20℃）	−47.7	440	+91.4	4599.0	—
乙烯	C_2H_2	1.171	1.352	0.935	−83.66（升华）	829	+35.7	6240.0	0.0184
氯甲烷	CH_3Cl	2.303	0.582	0.989	−24.1	406	+148.0	6685.8	0.0085
苯	C_8H_8	—	1.139	0.72	+80.2	394	+288.5	4832.0	0.0088
二氧化碳	SO_2	2.927	0.502	1.17	−10.8	394	+157.5	7879.1	0.0077
二氧化氮	NO_2	—	0.315	—	+21.2	712	+158.2	10130.0	0.0400

七、某些固体的物理性质（附表 11）

附表 11　某些固体物理性质

名　称		密度/（kg/m³）	导热系数/[W/（m·℃）]	比热容/[kJ/（kg·℃）]
（1）金属	钢	7850	45.3	0.46
	不锈钢	7900	17	0.5
	铸铁	7220	62.8	0.5
	铜	8800	383.8	0.41
	黄铜	0.38	8000	64
		8600	85.5	0.38
	铝	2670	203.5	0.92
	镍	9000	58.2	0.46
	铅	11400	34.9	0.13
（2）塑料	酚醛	1250～1300	0.13～0.26	1.3～1.7
	聚氯乙烯	1380～1400	0.16	1.8
	低压聚乙烯	940	0.29	2.6
	高压聚乙烯	920	0.26	2.2
	有机玻璃	1180～1190	0.14～0.20	—

续表

名　称		密度/（kg/m³）	导热系数/［W/（m·℃）］	比热容/［kJ/（kg·℃）］
（3）建筑、绝热、耐酸材料及其他	黏土砖	1600～1900	0.47～0.67	0.92
	耐火砖	1840	1.05（800℃～1100℃）	0.88～1.0
	绝缘砖（多孔）	600～1400	0.16～0.37	—
	石棉板	770	0.11	0.816
	石棉水泥板	1600～1900	0.35	—
	玻璃	2500	0.74	0.67
	橡胶	1200	0.06	1.38
	冰	900	2.3	2.11

八、饱和水蒸气表

1. 按温度排列（附表 12）

附表 12　不同温度下的饱和水蒸气表

温度/℃	压力/kPa	蒸汽的密度/（kg/m³）	液体的焓/（kJ/kg）	蒸汽的焓/（kJ/kg）	气化热/（kJ/kg）
0	0.6082	0.00484	0.00	2491.1	2491.1
5	0.8730	0.00680	20.94	2500.8	2479.9
10	1.2262	0.00940	41.87	2510.4	2468.5
15	1.7068	0.01283	62.80	2520.5	2457.7
20	2.3346	0.01719	83.74	2530.1	2446.4
25	3.1684	0.02304	104.67	2539.7	2435.0
30	4.2474	0.03036	125.60	2549.3	2423.7
35	5.6207	0.03960	146.54	2559.0	2412.5
40	7.3766	0.05114	167.47	2568.6	2401.1
45	9.5837	0.06543	188.41	2577.8	2389.4
50	12.3400	0.08300	209.34	2587.4	2378.1
55	15.7430	0.10430	230.27	2596.7	2366.4
60	19.9230	0.13010	251.21	2606.3	2355.1
65	25.0140	0.16110	272.14	2615.5	2343.4
70	31.1640	0.19790	293.08	2624.3	2331.2
75	38.5510	0.24160	314.01	2633.5	2319.5
80	47.3790	0.29290	334.94	2642.3	2307.4
85	57.8750	0.35310	355.88	2651.1	2295.2
90	70.1360	0.42290	376.81	2659.9	2283.1

续表

温度/℃	压力/kPa	蒸汽的密度/（kg/m³）	液体的焓/（kJ/kg）	蒸汽的焓/（kJ/kg）	气化热/（kJ/kg）
95	84.5560	0.50390	397.75	2668.7	2271.0
100	101.3300	0.59700	418.68	2677.0	2258.3
105	120.8500	0.70360	440.03	2685.0	2245.0
110	143.3100	0.82540	460.97	2693.4	2232.4
115	169.1100	0.96350	482.32	2701.3	2219.0
120	198.6400	1.11990	503.67	2708.9	2205.2
125	232.1900	1.29600	525.02	2716.4	2191.4
130	270.2500	1.49400	546.38	2723.9	2177.5
135	313.1100	1.71500	567.73	3731.0	2163.3
140	361.4700	1.96200	589.08	2737.7	2148.6
145	415.7200	2.23800	610.85	2744.4	2133.6
150	476.2400	2.54300	632.21	2750.7	2118.5
160	618.2800	3.25200	675.75	2762.9	2087.2
170	792.5900	4.11300	719.29	2773.3	2054.0
180	1003.5000	5.14500	763.25	2782.5	2019.3
190	1255.6000	6.37800	807.64	2790.1	1982.5
200	1554.7700	7.84000	852.01	2795.5	1943.5
210	1917.7200	9.56700	897.23	2799.3	1902.1
220	2320.8800	11.60000	942.45	2801.1	1858.7
230	2798.5900	13.98000	988.50	2800.1	1811.6
240	3347.9100	16.76000	1034.56	2796.8	1762.2
250	3977.6700	20.01000	1081.45	2790.1	1708.7
260	4693.7500	23.82000	1128.76	2780.9	1652.1
270	5503.9900	28.27000	1176.91	2768.3	1591.4
280	6417.2400	33.47000	1225.48	2752.0	1526.5
290	7443.2900	39.60000	1274.46	2732.3	1457.8
300	8592.9400	46.93000	1325.54	2708.0	1382.5
310	9877.9600	55.59000	1378.71	2680.0	1301.3
320	11300.3000	65.95000	1436.07	2648.2	1212.1
330	12879.6000	78.53000	1446.78	2610.5	1163.7
340	14615.8000	93.98000	1562.93	2568.6	1005.7
350	16538.5000	113.20000	1636.20	2516.7	880.5
360	18667.1000	139.60000	1729.15	2442.6	713.0
370	21040.9000	171.00000	1888.25	2301.9	411.1
374	22070.9000	322.60000	2098.00	2098.0	0.0

2. 按压力排列（附表 13）

附表 13　不同压力下的饱和水蒸气表

绝对压力/kPa	温度/℃	蒸气的密度/（kg/m²）	焓/（kJ/kg）		气化热/（kJ/kg）
			液体	蒸气	
1.0	6.3	0.00773	26.48	2503.1	2476.8
1.5	12.5	0.01133	52.26	2515.3	2463.0
2.0	17.0	0.01486	71.21	2524.2	2452.9
2.5	20.9	0.01836	87.45	2531.8	2444.3
3.0	23.5	0.02179	98.38	2536.8	2438.4
3.5	26.1	0.02523	109.30	2541.8	2432.5
4.0	28.7	0.02867	120.23	2546.8	2426.6
4.5	30.8	0.03205	129.00	2550.9	2421.9
5.0	32.4	0.03537	135.69	2554.0	2418.3
6.0	35.6	0.04200	149.06	2560.1	2411.0
7.0	38.8	0.04864	162.44	2566.3	2403.8
8.0	41.3	0.05514	172.73	2571.0	2398.2
9.0	43.3	0.06156	181.16	2574.8	2393.6
10.0	45.3	0.06798	189.59	2578.5	2388.9
15.0	53.5	0.09956	224.03	2594.0	2370.0
20.0	60.1	0.13068	251.51	2606.4	2854.9
30.0	66.5	0.19093	288.77	2622.4	2333.7
40.0	75.0	0.24975	315.93	2634.1	2312.2
50.0	81.2	0.30799	339.80	2644.3	2304.5
60.0	85.6	0.36514	358.21	2652.1	2393.9
70.0	89.9	0.42229	376.61	2659.8	2283.2
80.0	93.2	0.47807	390.08	2665.3	2275.3
90.0	96.4	0.53384	403.49	2670.8	2267.4
100.0	99.6	0.58961	416.90	2676.3	2259.5
120.0	104.5	0.69868	437.51	2684.3	2246.8
140.0	109.2	0.80758	457.67	2692.1	2234.4
160.0	113.0	0.82981	473.88	2698.1	2224.2
180.0	116.6	1.0209	489.32	2703.7	2214.3
200.0	120.2	1.1273	493.71	2709.2	2204.6

续表

绝对压力/kPa	温度/℃	蒸气的密度/（kg/m³）	焓/（kJ/kg）		气化热/（kJ/kg）
			液体	蒸气	
250.0	127.2	1.3904	534.39	2719.7	2185.4
300.0	133.3	1.6501	560.38	2728.5	2168.1
350.0	138.8	1.9074	583.76	2736.1	2152.3
400.0	143.4	2.1618	603.61	2742.1	2138.5
450.0	147.7	2.4152	622.42	2747.8	2125.4
500.0	151.7	2.6673	639.59	2752.8	2113.2
600.0	158.7	3.1686	670.22	2761.4	2091.1
700	164.7	3.6657	696.27	2767.8	2071.5
800	170.4	4.1614	720.96	2773.7	2052.7
900	175.1	4.6525	741.82	2778.1	2036.2
1.0×10^3	179.9	5.1432	762.68	2782.5	2019.7
1.1×10^3	180.2	5.6339	780.34	2785.5	2005.1
1.2×10^3	187.8	6.1241	797.92	2788.5	1990.6
1.3×10^3	191.5	6.6141	814.25	2790.9	1976.7
1.4×10^3	194.8	7.0138	829.06	2792.4	1963.7
1.5×10^3	198.2	7.5935	843.86	2794.5	1950.7
1.6×10^3	201.3	8.0814	857.77	2796.0	1938.2
1.7×10^3	204.1	8.5674	870.58	2797.1	1926.5
1.8×10^3	206.9	9.0533	883.39	2798.1	1914.8
1.9×10^3	209.8	9.5392	896.21	2799.2	1903.0
2×10^3	212.2	10.0338	907.32	2799.7	1892.4
3×10^3	233.7	15.0075	1005.4	2798.9	1793.5
4×10^3	250.3	20.0969	1082.9	2789.8	1706.8
5×10^3	263.8	25.3663	1146.9	2776.2	1629.2
6×10^3	275.4	30.8494	1203.2	2759.5	1556.3
7×10^3	285.7	36.5744	1253.2	2740.8	1487.6
8×10^3	294.8	42.5768	1299.2	2720.5	1403.7
9×10^3	303.2	48.8945	1343.5	2699.1	1356.6
10×10^3	310.9	55.5407	1384.0	2677.1	1293.1
12×10^3	324.5	70.3075	1463.4	2631.2	1167.7
14×10^3	336.5	87.3020	1567.9	2583.2	1043.4
16×10^3	347.2	107.8010	1615.8	2531.1	915.4
18×10^3	356.9	134.4813	1699.8	2466.0	766.1
20×10^3	365.6	176.5961	1817.8	2364.2	544.9

九、液体黏度共线图（附图 1、附表 14）

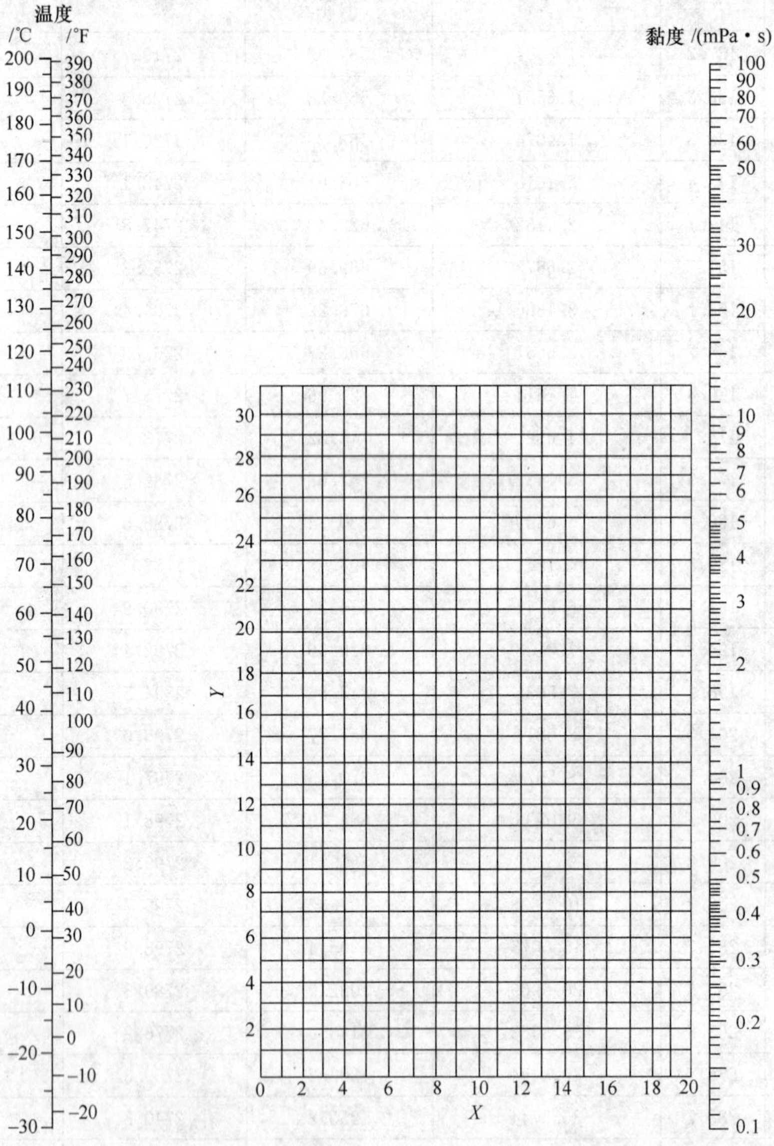

附图 1　液体黏度共线图

附表 14　液体黏度共线图坐标值

序号	名称	X	Y	序号	名称	X	Y
1	水	10.2	13.0	4	氨	12.6	2.2
2	盐水（25%NaCl）	10.2	16.6	5	氨水（26%）	10.1	13.9
3	盐水（25%$CaCl_2$）	6.6	15.9	6	二氧化碳	11.6	0.3

续表

序号	名称	X	Y	序号	名称	X	Y
7	二氧化硫	15.2	7.1	34	苯胺	8.1	18.7
8	二硫化碳	16.1	7.5	35	酚	6.9	20.8
9	溴	14.2	18.2	36	联苯	12.0	18.3
10	汞	18.4	16.4	37	萘	7.9	18.1
11	硫酸（110%）	7.2	27.4	38	甲醇（100%）	12.4	10.5
12	硫酸（100%）	8.0	25.1	39	甲醇（90%）	12.3	11.8
13	硫酸（98%）	7.0	24.8	40	甲醇（40%）	7.8	15.5
14	硫酸（60%）	10.2	21.3	41	乙醇（100%）	10.5	13.8
15	硝酸（95%）	12.8	13.8	42	乙醇（95%）	9.8	14.3
16	硝酸（60%）	10.8	17.0	43	乙醇（40%）	6.5	16.6
17	盐酸（31.5%）	13.0	16.6	44	乙二醇	6.0	23.6
18	氢氧化钠（50%）	3.2	25.8	45	甘油（100%）	2.0	30.0
19	戊烷	14.9	5.2	46	甘油（50%）	6.9	19.6
20	己烷	14.7	7.0	47	乙醚	14.5	5.3
21	庚烷	14.1	8.4	48	乙醛	15.2	14.8
22	辛烷	13.7	10.0	49	丙酮	14.5	7.2
23	三氯甲烷	14.4	10.2	50	甲酸	10.7	15.8
24	四氯化碳	12.7	13.1	51	醋酸（100%）	12.1	14.2
25	二氯乙烷	13.2	12.2	52	醋酸（70%）	9.5	17.0
26	苯	12.5	10.9	53	醋酸酐	12.7	12.8
27	甲苯	13.7	10.4	54	醋酸乙酯	13.7	9.1
28	邻二甲苯	13.5	12.1	55	醋酸戊酯	11.8	12.5
29	间二甲苯	13.9	10.6	56	氟里昂-11	14.4	9.0
30	对二甲苯	13.9	10.9	57	氟里昂-12	16.8	5.6
31	乙苯	13.2	11.5	58	氟里昂-21	15.7	7.5
32	氯苯	12.3	12.4	59	氟里昂-22	17.2	4.7
33	硝基苯	10.6	16.2	60	煤油	10.2	16.9

十、气体黏度共线图（附图 2、附表 15）

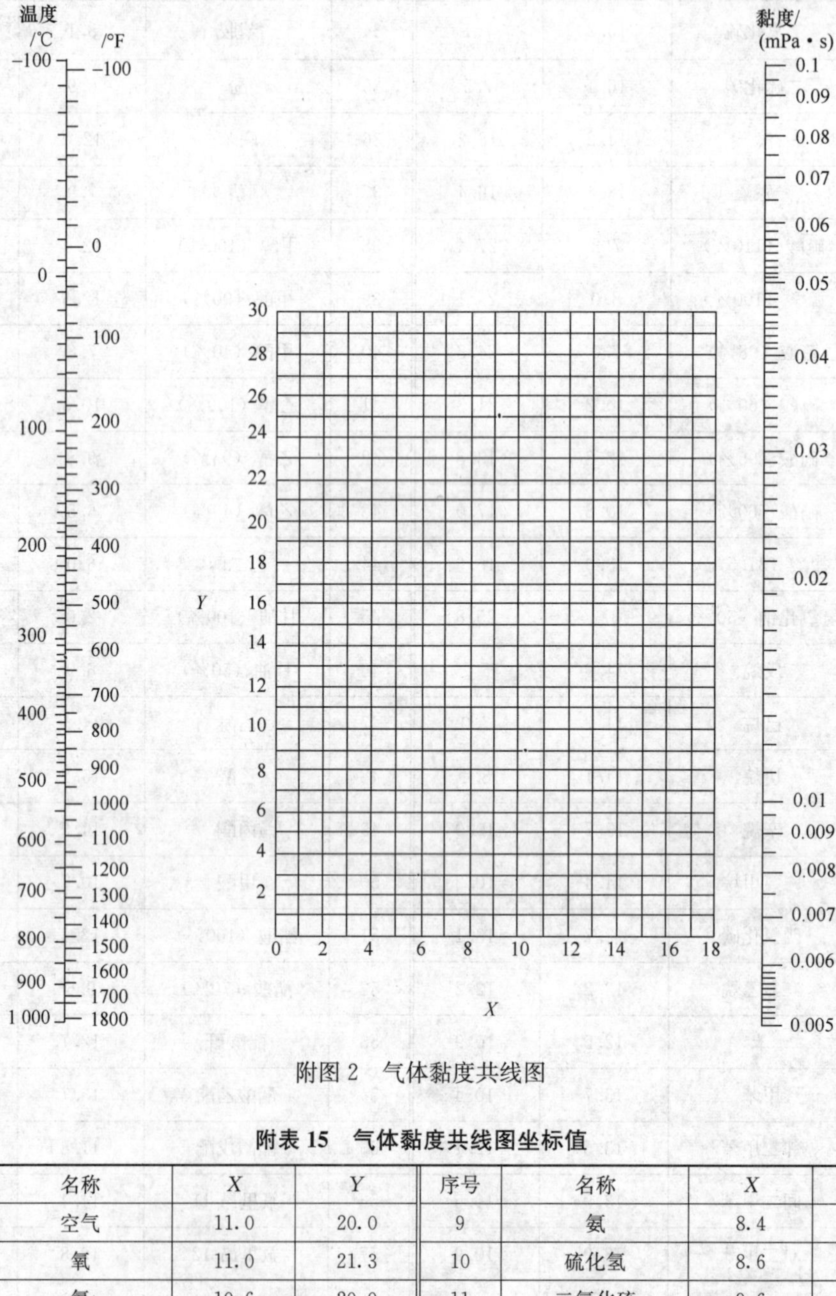

附图 2　气体黏度共线图

附表 15　气体黏度共线图坐标值

序号	名称	X	Y	序号	名称	X	Y
1	空气	11.0	20.0	9	氨	8.4	16.0
2	氧	11.0	21.3	10	硫化氢	8.6	18.0
3	氮	10.6	20.0	11	二氧化硫	9.6	17.0
4	氢	11.2	12.4	12	二硫化碳	8.0	16.0
5	$3H_2+1N_2$	11.2	17.2	13	一氧化二氮	8.8	19.0
6	水蒸气	8.0	16.0	14	一氧化氮	10.9	20.5
7	二氧化碳	9.5	18.7	15	氟	7.3	23.8
8	一氧化碳	11.0	20.0	16	氯	9.0	18.4

续表

序号	名称	X	Y	序号	名称	X	Y
17	氯化氢	8.8	18.7	29	甲苯	8.6	12.4
18	甲烷	9.9	15.5	30	甲醇	8.5	15.6
19	乙烷	9.1	14.5	31	乙醇	9.2	14.2
20	乙烯	9.5	15.1	32	丙醇	8.4	13.4
21	乙炔	9.8	14.9	33	醋酸	7.7	14.3
22	丙烷	9.7	12.9	34	丙酮	8.9	13.0
23	丙烯	9.0	13.8	35	乙醚	8.9	13.0
24	丁烯	9.2	13.7	36	醋酸乙酯	8.5	13.2
25	戊烷	7.0	12.8	37	氟里昂-11	10.6	15.1
26	己烷	8.6	11.8	38	氟里昂-12	11.1	16.0
27	三氯甲烷	8.9	15.7	39	氟里昂-21	10.8	15.3
28	苯	8.5	13.2	40	氟里昂-22	10.1	17.0

十一、管子规格

1. 无缝钢管（摘自 YB231—1970）（附表 16）

附表 16 无缝钢管规格

公称直径/mm	实际外径/mm	管壁厚度/mm						
		PN=15	*PN*=25	*PN*=40	*PN*=64	*PN*=100	*PN*=160	*PN*=200
15	18	2.5	2.5	2.5	2.5	3	3	3
20	25	2.5	2.5	2.5	2.5	3	3	4
25	32	2.5	2.5	2.5	3	3.5	3.5	5
32	38	2.5	2.5	3	3	3.5	3.5	6
40	45	2.5	3	3	3.5	3.5	4.5	6
50	57	2.5	3	3.5	3.5	4.5	5	7
70	76	3	3.5	3.5	4.5	6	6	9
80	89	3.5	4	4	5	6	7	11
100	108	4	4	4	6	7	12	13
125	133	4	4	4.5	6	9	13	17
150	159	4.5	4.5	5	7	10	17	—
200	219	6	6	7	10	13	21	—
250	273	8	7	8	11	16	—	—
300	325	8	8	9	12	—	—	—
350	377	9	9	10	13	—	—	—
400	426	9	10	12	15	—	—	—

注：表中的 *PN* 为公称压力，指管内可承受的流体表压力，单位为 MPa。

2. 水、煤气输送钢管（有缝钢管）（摘自 YB234—1963）（附表 17）

附表 17 水、煤气输送钢管规格

公称直径		外径/mm	壁厚/mm		公称直径		外径/mm	壁厚/mm	
in（英寸）	mm		普通级	加强级	in（英寸）	mm		普通级	加强级
1/4	8	13.50	2.25	2.75	2	50	60.00	3.50	4.50
3/8	10	17.00	2.25	2.75	$2\frac{1}{2}$	70	75.00	3.75	4.50
1/2	15	21.25	2.75	3.75					
3/4	20	26.75	2.75	3.60	3	80	88.50	4.00	4.75
1	25	33.50	3.25	4.00	4	100	114.00	4.00	6.00
$1\frac{1}{4}$	32	42.25	3.25	4.00	5	125	14.00	4.50	5.50
$1\frac{1}{2}$	40	48.00	3.50	4.25	6	150	165.00	4.50	5.50

3. 承插式铸铁管（摘自 YB428—1964）（附表 18）

附表 18 承插式铸铁管规格

公称直径/mm	内径/mm	壁厚/mm	公称直径/mm	内径/mm	壁厚/mm
低压管、工作压力≤0.44MPa					
75	75	9	300	302.4	10.2
100	100	9	400	403.6	11
125	125	9	450	453.8	11.5
150	151	9	500	504	12
200	201.2	9.4	600	604.8	13
250	252	9.8	800	806.4	14.8
普通管、工作压力≤0.735MPa					
75	75	9	500	500	14
100	100	9	600	600	15.4
125	125	9	700	700	16.5
150	150	9	800	800	18.0
200	200	10	900	900	19.5
250	250	10.8	1100	997	22
300	300	11.4	1100	1097	23.5
350	350	12	1200	1196	25
400	400	12.8	1350	1345	27.5
450	450	13.4	1500	1494	30

十二、常用离心泵规格（摘录）

1. IS 型离心泵性能表（附表 19）

附表 19　IS 型离心泵性能表

泵型号	流量/（m³/h）	扬程/m	转速/（r/min）	允许汽蚀余量/m	泵效率/%	功率/kW	
						轴功率	配带功率
IS50-32-125	7.5	22	2900	2.0	47	0.96	2.2
	12.5	20	2900	2.0	60	1.13	2.2
	15	18.5	2900	2.5	60	1.26	2.2
	3.75	5.4	1450	2.0	43	0.13	0.55
	6.3	5	1450	2.0	54	0.16	0.55
	7.5	4.6	1450	2.5	55	0.17	0.55
IS50-32-160	7.5	34.3	2900	2.0	44	1.59	3
	12.5	32	2900	2.0	54	2.02	3
	15.	9.6	2900	2.5	56	2.16	3
	3.75	8.5	1450	2.0	35	0.25	0.55
	6.3	8	1450	2.0	48	0.29	0.55
	7.5	7.5	1450	2.5	49	0.31	0.55
IS50-32-200	7.5	525	2900	2.0	35	2.62	5.5
	12.5	50	2900	2.0	48	3.54	5.5
	15.	48	2900	2.5	51	3.84	5.5
	3.75	13.1	1450	2.0	33	0.41	0.75
	6.3	12.5	1450	2.0	42	0.51	0.75
	7.5	12	1450	2.5	44	0.56	0.75
IS50-32-250	7.5	82	2900	2.0	28.5	5.67	11
	12.5	80	2900	2.0	38	7.16	11
	15.	78.5	2900	2.5	41	7.83	11
	3.75	20.5	1450	2.0	23	0.91	15
	6.3	20	1450	2.0	32	1.07	15
	7.5	19.5	1450	2.5	35	1.14	15
IS65-50-125	15	21.8	2900	2.0	58	1.54	3
	25	20	2900	2.5	69	1.97	3
	30	18.5	2900	3.0	68	2.22	3
	7.5	5.35	1450	2.0	53	0.21	0.55
	12.5	5	1450	2.0	64	0.27	0.55
	15	4.7	1450	2.5	65	0.30	0.55
IS65-50-160	15	35	2900	2.0	54	2.65	5.5
	25	32	2900	2.0	65	3.35	5.5
	30	30	2900	2.5	60	3.71	5.5
	7.5	8.8	1450	2.0	50	0.36	0.75
	12.5	8.0	1450	2.0	60	0.45	0.75
	15	7.2	1450	2.5	60	0.49	0.75
IS65-40-200	15	53	2900	2.0	49	4.42	7.5
	25	50	2900	2.0	60	5.67	7.5
	30	47	2900	2.5	61	6.29	7.5
	7.5	13.2	1450	2.0	43	0.63	1.1
	12.5	12.5	1450	2.0	55	0.77	1.1
	15	11.8	1450	2.5	57	0.85	1.1

续表

泵型号	流量/（m^3/h）	扬程/m	转速/（r/min）	允许汽蚀余量/m	泵效率/%	功率/kW	
						轴功率	配带功率
IS65-40-250	15	82	2900	2.0	37	9.05	15
	25	80	2900	2.0	50	10.89	15
	30	78	2900	2.5	53	12.02	15
	7.5	21	1450	2.0	35	1.23	2.2
	12.5	20	1450	2.0	46	1.48	2.2
	15	19.4	1450	2.5	48	1.65	2.2
IS65-40-315	15	127	2900	2.5	28	18.5	30
	25	125	2900	2.5	40	21.3	30
	30	123	2900	3.0	44	22.8	30
	7.5	32.0	1450	2.5	25	2.63	4
	12.5	32.0	1450	2.5	37	2.94	4
	15	31.7	1450	3.0	41	3.16	4
IS80-65-125	30	22.5	2900	3.0	64	2.87	5.5
	50	20	2900	3.0	75	3.63	5.5
	60	18	2900	3.5	74	3.93	5.5
	15	5.6	1450	2.5	55	0.42	0.75
	25	5	1450	2.5	71	0.48	0.75
	30	4.5	1450	3.0	72	0.51	0.75
IS80-65-160	30	36	2900	2.5	61	4.82	7.5
	50	32	2900	2.5	73	5.97	7.5
	60	29	2900	3.0	72	6.[illegible]9	7.5
	15	9	1450	2.5	55	0.67	1.5
	25	8	1450	2.5	69	0.75	1.5
	30	7.2	1450	3.0	68	0.86	1.5
IS80-50-200	30	53	2900	2.5	55	7.78	15
	50	50	2900	2.5	69	9.87	15
	60	47	2900	3.0	71	10.8	15
	15	13.2	1450	2.5	51	1.06	2.2
	25	12.5	1450	2.5	65	1.31	2.2
	30	11.8	1450	3.0	67	1.44	2.2
IS80-50-160	30	84	2900	2.5	52	13.2	22
	50	80	2900	2.5	63	17.3	
	60	75	2900	3.0	64	19.2	
IS80-50-250	30	84	2900	2.5	52	13.5	22
	50	80	2900	2.5	63	17.5	22
	60	75	2900	2.5	64	19.2	22
IS80-50-315	30	128	2900	2.5	41	25.5	37
	50	125	2900	2.5	54	31.5	37
	60	123	2900	3.0	57	35.3	37
	15	32.5	1450	2.5	39	3.4	5.5
	25	32	1450	2.5	52	4.19	5.5
	30	31.5	1450	3.0	56	4.6	5.5
IS100-80-125	60	24	2900	4.0	67	5.86	11
	100	20	2900	4.5	78	7.00	11
	120	16.5	2900	5.0	74	7.28	11
	30	6	1450	2.5	64	0.77	1.5
	50	5	1450	2.5	75	0.91	1.5
	60	4	1450	3.0	71	0.92	1.5

续表

泵型号	流量/（m^3/h）	扬程/m	转速/（r/min）	允许汽蚀余量/m	泵效率/%	功率/kW	
						轴功率	配带功率
IS100-80-160	60	36	2900	3.5	70	8.42	15
	100	32	2900	4.0	78	11.2	15
	120	28	2900	5.0	75	12.2	15
	30	9.2	1450	2.0	67	1.12	2.2
	50	8.0	1450	2.5	75	1.45	2.2
	60	6.8	1450	3.5	71	1.57	2.2
IS100-65-200	60	54	2900	3.0	65	13.6	22
	100	50	2900	3.6	76	17.9	22
	120	47	2900	4.8	77	19.9	22
	30	13.5	1450	2.0	60	1.84	4
	50	12.5	1450	2.0	73	2.33	4
	60	11.8	1450	2.5	74	2.61	4
IS100-65-250	60	87	2900	3.5	61	23.4	37
	100	80	2900	3.8	72	30.3	37
	120	74.5	2900	4.8	73	33.3	37
	30	21.3	1450	2.0	55	3.16	5.5
	50	20	1450	2.0	68	4.00	5.5
	60	19	1450	2.5	70	4.44	5.5
IS100-65-315	60	133	2900	3.0	55	39.6	75
	100	125	2900	3.6	66	51.6	75
	120	118	2900	4.2	67	57.5	75
	30	34	1450	2.0	51	5.44	11
	50	32	1450	2.0	63	6.92	11
	60	30	1450	2.5	64	7.67	11
IS125-100-200	120	57.5	2900	4.5	67	28.0	45
	200	50	2900	4.5	81	33.6	45
	240	44.5	2900	5.0	80	36.4	45
	60	14.5	1450	2.5	62	38.3	7.5
	100	12.5	1450	2.5	76	4.48	7.5
	120	11.0	1450	3.0	75	4.79	7.5
IS125-100-250	120	87	2900	3.8	66	43.0	75
	200	80	2900	4.2	78	55.9	75
	240	72	2900	5.0	75	62.8	75
	60	21.5	1450	2.5	63	5.59	11
	100	20	1450	2.5	76	7.17	11
	120	18.5	1450	3.0	77	7.84	11
IS125-100-315	120	132.5	2900	4.0	60	72.1	11
	200	125	2900	4.5	75	90.8	11
	240	120	2900	5.0	77	101.9	11
	60	33.5	1450	2.5	56	9.4	15
	100	32	1450	2.5	73	11.9	15
	120	30.5	1450	3.0	74	13.5	15
IS125-100-400	60	52	1450	2.5	53	16.1	30
	100	50	1450	2.5	65	21.0	30
	200	48.5	1450	3.0	67	23.6	30
IS150-125-250	120	22.5	1450	3.0	71	10.4	18.5
	200	20	1450	3.0	81	13.5	18.5
	240	17.5	1450	3.5	78	14.7	18.5
IS150-125-315	120	34	1450	2.5	70	15.9	30
	200	32	1450	2.5	79	22.1	30
	240	29	1450	3.0	80	23.7	30

续表

泵型号	流量/（m^3/h）	扬程/m	转速/（r/min）	允许汽蚀余量/m	泵效率/%	功率/kW	
						轴功率	配带功率
IS150-125-400	120	53	1450	2.0	62	27.9	45
	200	50	1450	2.6	75	36.3	45
	240	46	1450	3.5	74	40.6	45
IS200-150-250	240	22.6	1450	3.6	70	21.1	37
	400	20	1450	4.6	82	26.6	37
	460	17.2	1450	4.9	79	27.3	37
IS200-150-315	240	37	1450	3.0	70	34.6	55
	400	32	1450	3.5	82	42.5	55
	460	28.5	1450	4.0	80	44.6	55
IS200-150-400	240	55	1450	3.0	74	48.6	90
	400	50	1450	3.8	81	67.2	90
	460	45	1450	4.5	76	74.2	90

2. Y型离心油泵性能表（附表20）

附表20 Y型离心油泵性能表

泵型号	流量/（m^3/h）	扬程/m	转速/（r/min）	允许汽蚀余量/m	泵效率/%	功率/kW	
						轴功率	电机功率
50Y60	13.0	67	2950	2.9	38	6.24	7.5
50Y60A	11.2	53	2950	3.0	35	4.68	7.5
50F60B	9.9	39	2950	2.8	33	3.18	4
50Y60×2	12.5	120	2950	2.4	34.5	11.8	15
50Y60×2A	12	105	2950	2.3	35	9.8	15
50Y60×2B	11	89	2950	2.25	32	8.35	11
65Y60	25	60	2950	3.05	50	8.18	11
65Y60A	22.5	49	2950	3.0	49	6.13	7.5
65Y60B	20	37.5	2950	2.7	47	4.35	5.5
65Y100	25	110	2950	3.2	40	18.8	22
65Y100A	23	92	2950	3.1	39	14.75	18.5
65Y100B	21	73	2950	3.05	40	10.45	15
65Y100×2	25	200	2950	2.85	42	35.8	45
65Y100×2A	23	175	2950	2.8	41	26.7	37
65Y100×2B	22	150	2950	2.75	42	21.4	30
80Y60	50	58	2950	3.2	56	14.1	18.2
80Y100	50	100	2950	3.1	51	26.6	37
80Y100A	45	85	2950	3.1	52.5	19.9	30
80Y100×2	50	200	2950	3.6	53.5	51	75
80Y100×2A	47	175	2950	3.5	50	48.8	55
80Y100×2B	43	153	2950	3.35	51	35.2	45
80Y100×2C	40	125	2950	3.3	49	27.8	37

3. F 型耐腐蚀离心泵性能表（附表 21）

附表 21　F 型耐腐蚀离心泵性能表

泵型号	流量/（m^3/h）	扬程/m	转速/（r/min）	允许汽蚀余量/m	泵效率/%	功率/kW	
						轴功率	配带功率
25F-16	3.60	16.00	2960	4.3	30	0.523	0.75
25F-16A	3.27	12.5	2960	4.3	29	0.39	0.55
40F-26	7.20	25.50	2960	4.3	44	1.14	0.50
40F-26A	6.55	20.00	2960	4.3	42	0.87	1.10
50F-40	14.4	40	2900	4	44	3.57	7.5
50F-40A	13.1	32.5	2900	4	44	2.64	7.5
50F-16	14.4	15.7	2900	4	62	0.99	1.5
50F-16A	13.1	12	2900	4	62	0.69	1.1
65F-64	28.8	64	2900	4	57	9.65	15
65F-64A	26..9	55	2900	4	57	7.75	18.5
100F-92	94.3	92	2900	4	66	39.5	55.0
100F-92A	88.6	80	2900	4	65	32.1	40.0
100F-92B	100.8	70.5	2900	4	64	26.6	40.0
150F-56	190.8	55.5	2900	5.5	72	43	55.0
150F-56A	170.2	48	2900	5.5	72	34.8	45.0
150F-56B	167.8	42.5	2900	5.5	72	29	40.0
150F-22	190.8	22	2900	6	75	15.3	30.0
150F-22A	173.5	17.5	2900	6	75	11.3	17.0

十三、4-72-11 型离心通风机规格（摘录）（附表 22）

附表 22　4-72-11 型离心通风机规格

机号	转速/（r/min）	全压/p_a	流量/（m^3/h）	效率/%	所需功率/kw
6C	2240	2432.1	15800	91	14.1
6C	2000	1941.4	14100	91	10.0
	1800	1569.1	12700	91	7.3
	1250	755.1	8800	91	2.53
	1000	480.5	7030	91	1.39
	800	294.2	5610	91	0.73
80C	1800	2795	29900	91	30.8
	1250	1343.6	20800	91	10.3
	1000	863.0	16600	91	5.52
	630	343.2	10480	91	1.51
10C	1250	2226.2	41300	94.3	32.7
	1000	1422.0	32700	94.3	16.5
	800	912.1	26130	94.3	8.5
	500	353.1	16390	94.3	2.3
6D	1450	1961.4	20130	89.5	14.2
	960	441.3	6720	91	1.32

续表

机号	转速/（r/min）	全压/p_a	流量/（m^3/h）	效率/%	所需功率/kw
8D	1450	1961.4	20130	89.5	14.2
	730	490.4	10150	89.5	2.06
16D	900	2942.1	21000	94.3	127
20D	710	2844.0	186300	94.3	190

十四、比热容

1. 液体比热容共线图（附图 3、附表 23）

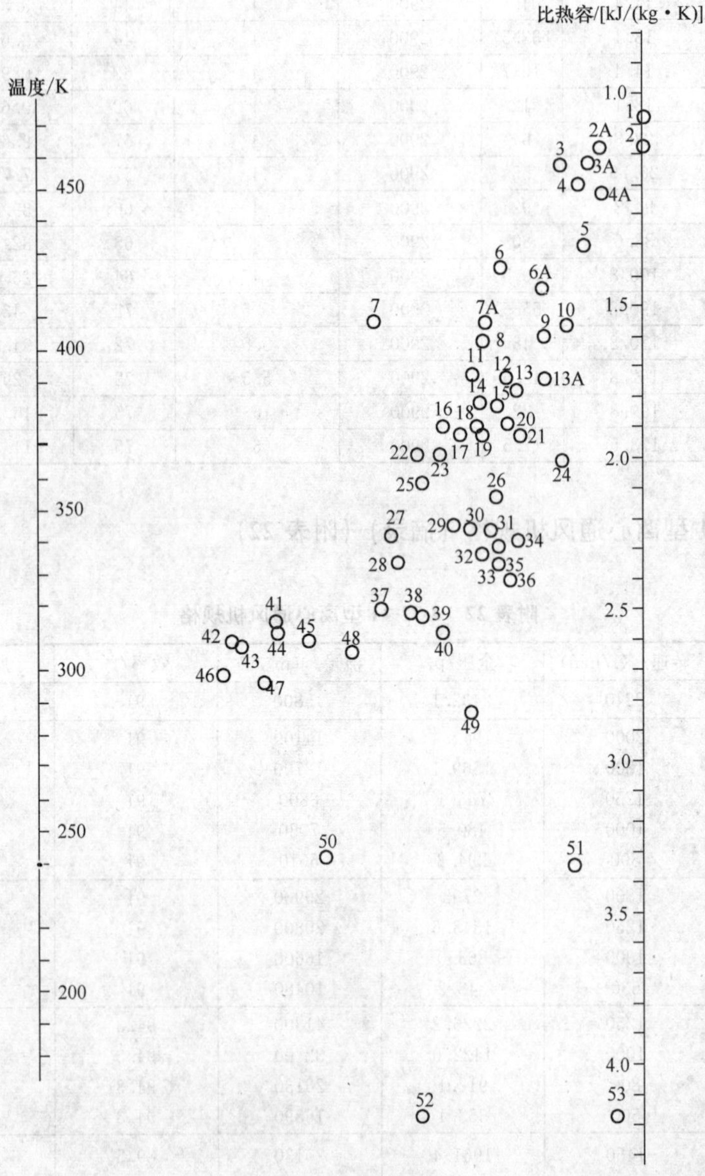

附图 3　液体比热容共线图

附表 23　液体比热容共线图中的编号

编号	名　称	温度范围/℃	编号	名　称	温度范围/℃
53	水	10～200	35	己烷	－80～20
51	盐水（25%NaCl）	－40～20	28	庚烷	0～60
49	盐水（25%$CaCl_2$）	－40～20	33	辛烷	－50～25
52	氨	－70～50	34	壬烷	－50～25
11	二氧化硫	－20～100	21	癸烷	－80～25
2	二氧化碳	－100～25	13A	氯甲烷	－80～20
9	硫酸（98%）	10～45	5	二氯甲烷	－40～50
48	盐酸（30%）	20～100	4	三氯甲烷	0～50
22	二苯基甲烷	30～100	46	乙醇（95%）	20～80
3	四氯化碳	10～60	50	乙醇（50%）	20～80
13	氯乙烷	－30～40	45	丙醇	－20～100
1	溴乙烷	5～25	47	异丙醇	20～50
7	碘乙烷	0～100	44	丁醇	0～100
6A	二氯乙烷	－30～60	43	异丁醇	0～100
3	过氯乙烯	－30～140	37	戊醇	－50～25
23	苯	10～80	41	异戊醇	10～100
23	甲苯	0～60	39	乙二醇	－40～200
17	对二甲苯	0～100	38	甘油	－40～20
18	间二甲苯	0～100	27	苯甲基醇	－20～30
19	邻二甲苯	0～100	36	乙醚	－100～25
8	氯苯	0～100	31	异丙醚	－80～200
12	硝基苯	0～100	32	丙酮	20～50
30	苯胺	0～130	29	乙酸	0～80
10	苯甲基氯	－30～30	24	乙酸乙酯	－50～25
25	乙苯	0～100	26	乙酸戊酯	－20～70
15	联苯	80～120	20	吡啶	－40～15
16	联苯醚	0～200	2A	氟利昂-11	－20～70
16	道舍姆 A（DowthermA）（联苯-联苯醚）	0～200	6	氟利昂-12	－40～15
14	萘	90～200	4A	氟利昂-21	－20～70
40	甲醇	－40～20	7A	氟利昂-22	－20～60
42	乙醇（100%）	30～80	3A	氟利昂-113	－20～70

2. 气体比热容共线图（附图 4、附表 24）

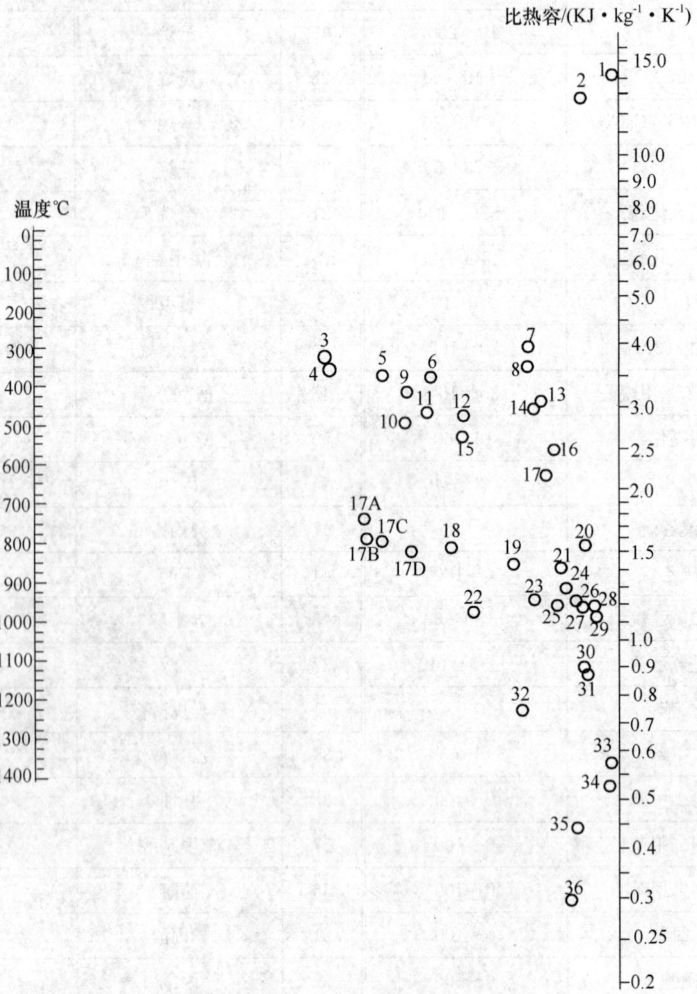

附图 4 气体比热容共线图

附表 24 气体比热容共线图中的编号

序号	气体	温度范围/K	序号	气体	温度范围/K	序号	气体	温度范围/H
10	乙炔	273～473	4	乙烯	273～473	21	硫化氢	973～1673
15	乙炔	473～673	11	乙烯	473～873	5	甲烷	273～573
16	乙炔	673～1673	13	乙烯	873～1673	6	甲烷	573～973
27	空气	273～1673	17B	氟里昂-11	273～423	7	甲烷	273～1673
12	氨	273～873	17C	氟里昂-21	273～423	25	一氧化氮	273～973
14	氨	873～1673	17A	氟里昂-22	273～423	28	一氧化氮	973～1673
18	二氧化碳	273～673	17D	氟里昂-113	273～423	26	氮	273～1673
24	二氧化碳	673～1673	1	氢	273～873	23	氧	273～773

续表

序号	气体	温度范围/K	序号	气体	温度范围/K	序号	气体	温度范围/H
26	一氧化碳	273～1673	2	氢	873～1673	29	氧	773～1673
32	氯	273～473	35	溴化氨	273～1673	33	硫	573～1673
34	氯	473～1673	30	氧化氢	273～1673	22	二氧化硫	273～673
3	乙烷	273～473	20	氟化氢	273～1673	31	二氧化硫	673～1673
9	乙烷	473～873	36	碘化氢	273～1673	17	水	273～1673
8	乙烷	873～1673	19	硫化氢	273～973			

十五、液体汽化热共线图（附图 5、附表 25）

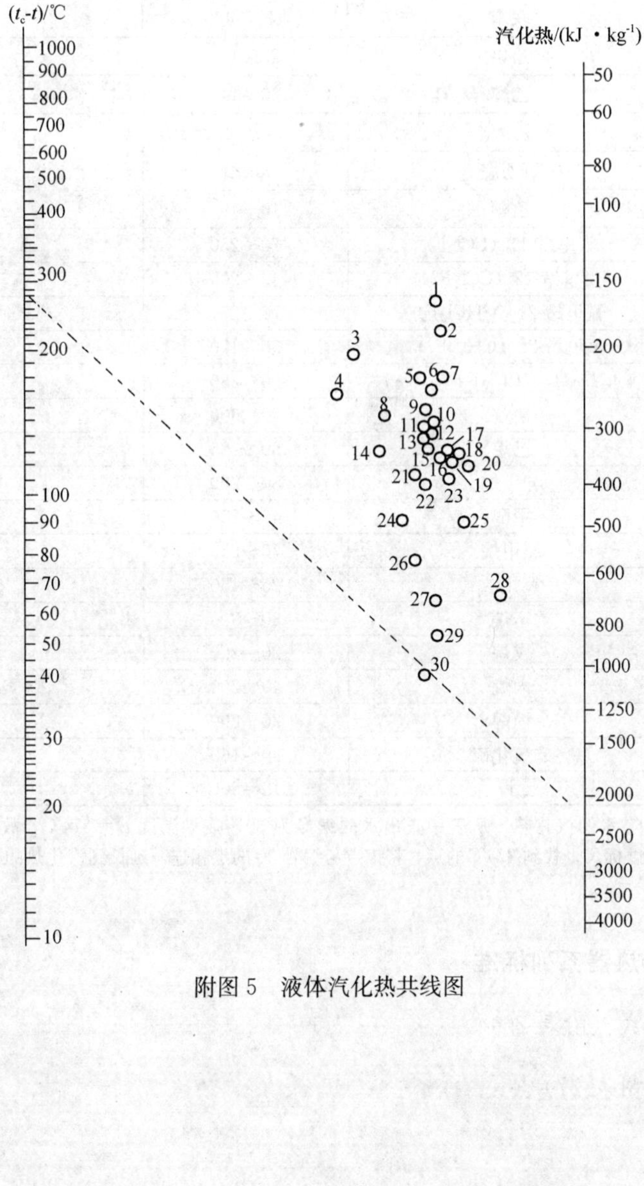

附图 5　液体汽化热共线图

附表 25 液体汽化热共线图坐标值

编号	化合物	范围 (t_c-t) /℃	临界温度 t_c/℃
18	乙酸	100～225	321
22	丙酮	120～210	235
29	氨	50～200	133
13	苯	10～400	289
16	丁烷	90～20	153
21	二氧化碳	10～100	31
4	二硫化碳	140～275	273
2	四氯化碳	30～250	283
7	三氯甲烷	140～275	263
8	二氯甲烷	150～250	216
3	联苯	175～400	527
25	乙烷	25～150	32
26	乙醇	20～140	243
28	乙醇	140～300	243
17	氯乙烷	100～250	187
13	乙醚	10～400	194
2	氟里昂-11 (CCl_3F)	70～250	198
2	氟里昂-12 (CCl_2F2)	40～200	111
5	氟里昂-21 ($CHCl_2F$)	70～250	178
6	氟里昂-22 ($CHClF_2$)	50～170	96
1	氟里昂-113 ($CCl_2F-CClF_2$)	90～250	214
10	庚烷	20～300	267
11	己烷	50～225	235
15	异丁烷	80～200	134
27	甲醇	40～250	240
20	氯甲烷	70～250	143
19	一氧化二氮	25～150	36
9	辛烷	30～300	296
12	戊烷	20～200	197
23	丙烷	40～200	96
24	丙醇	20～200	264
14	二氧化硫	90～160	157
30	水	10～500	374

用法举例：求 100℃水的汽化热，从表中查出水的编号为 30，临界温度 $t_c=374$℃，故 $t_c-t=374-100=274$℃，在共线图的温度标尺上找到 274℃的点，将该点与编号 30 的点相连，延长到汽化热的标尺上，读出交点的读数为 2300kJ/kg。

十六、管壳式换热器系列标准

1. 固定管板式（附表 26）

2. 浮头式（附表 27）

附表 26　固定管板式

公称直径/mm 公称压力/MPa			159 2.5			273 2.5					4090 1.6				600 1.0,1.6,2.5		800 0.6,1.0,1.6,2.5			
公称面积/m²			1	2	3	3	4		5	7	10		20	40	60	120	100		200	230
管子排列方法①			△	△	△	△	△		△	△	△		△	△	△	△	△		△	△
管长/m			1.5	2	3	1.5	1.5	2	2	3	1.5		3	6	3	6	3		6	6
管子外径/mm			25	25	25	25	25	25	25	25	25		25	25	25	25	25		25	25
管子总数			13	13	13	32	38	32	38	32	102	86	86	86	269	254	456	444	444	501
管程数			1	1	1	2	1	2	1	2	2	4	4	4	1	2	4	6	6	1
壳程数			1	1	1	1	1	1	1	1	1	1	1	1	1	1	1	1	1	1
管程流通截面积/m²			0.00408	0.00408	0.00408	0.00503	0.01196	0.00503	0.01196	0.00503	0.0160	0.00692	0.00692	0.00692	0.0845	0.0399	0.0358	0.02325	0.02325	0.1574
壳程流通截面积/m²	折流挡板间距/mm 150	a 型	—	—	—	0.0156	0.01435	0.017	0.0144	0.01705	0.0214	0.0231	0.0208	0.0196	—	—	—	—	—	—
		b 型	—	—	—	0.0165	0.0161	0.0181	0.0176	0.0181	0.0286	0.0296	0.0267	0.0137	—	—	—	—	—	—
	300	a 型	—	—	—	—	—	—	—	—	—	—	—	—	0.0377	0.0378	0.0662	0.0806	0.0724	0.0594
		b 型	—	—	—	—	—	—	—	—	—	—	—	—	0.053	0.0534	0.097	0.0977	0.0898	0.08364
	600	a 型	0.01024	0.01296	0.1223	0.0273	0.0232	0.0312	0.0266	0.0197	0.0308	0.0332	0.0363	0.036	0.0504	0.0553	0.0718	0.0875	0.094	0.0774
		b 型	0.01325	0.15	0.0143	0.029	0.0282	0.0332	0.0323	0.316	0.013	0.0427	0.0466	0.05	0.0707	0.0782	0.105	0.0344	0.14	0.01092
折流挡板切去的弓形缺口高度/mm		a 型	50.5	50.5	50.5	85.5	80.5	85.5	80.5	85.5	93.5	104.5	104.5	104.5	132.5	138.5	166	188	188	177
		b 型	46.5	46.5	46.5	71.5	71.5	71.5	71.5	71.5	86.5	86.5	86.5	86.5	122.5	122.6	168	152	162	158

注：① △表示管子正三角形排列。a 型为折流挡板缺口上、下排列；b 型为折流挡板缺口左、右排列。

附表 27　浮头式

公称直径/mm		325			400			500			600					
公称压力/MPa		4.0			4.0		2.5	1.6,2.5 4.0	1.6,2.5,4.0		1.6,2.5		1.6,2.5,4.0		1.6,2.5,4.0	
公称面积/m²		10	10	20	15	25	32	32	65		50		95		130	
管子排列方法①		△	◇	◇	◇	△	◇	◇	◇		◇		◇		△	
管长/m		3	3	6	3	3	6	3	6		3		6		6	
管子外径/mm		19	25	25	25	19	25	25	25		25		25		19	
管子总数		76	36	44	72	138	72	140	124	120	208		208	192	372	368
管程数		2	2	2	2	2	4	2	2	4	2	4	2	4	2	4
壳程数		1	1	1	1	1	1	1	1	1	1	1	1	1	1	1
管程流道截面积/m²		0.0067	0.00566	0.00691	0.0113	0.01216	0.00566	0.022	0.01948	0.00942	0.03265	0.01634	0.03265	0.0151	0.0329	0.0162
壳程流道截面积/m² 折流挡板间距/mm	150	0.0155	0.0198	0.01584	0.0269	0.01843	0.02575	0.0359	0.0315		0.0452	0.0456	0.0402	0.0398	0.03015	
	200	0.0177	0.0201	0.0174	0.0284	0.0207	0.0283	0.0380	0.0358		0.0487	0.0484	0.044	0.0438	0.0342	
	300	0.0224	0.02225	0.0201	0.0305	0.0246	0.0327	0.0420	0.0437		0.0538	0.0534	0.0510	0.0051	0.0414	
	450	—	—	—	0.0352	—	—	0.0475	—		0.0603	0.0599	—	—	—	
	480	0.027	—	0.0242	—	—	0.0394	—	0.0543		—	—	0.0614	0.0614	0.0518	
折流挡板切去的弓形缺口高度/mm		79	—	61	70	79	79	99	113.5		118	119	119		117.5	

注：① △表示管子为正三角形排列管子中心距为 25mm；◇表示管子为正方形斜转 45°排列，管子中心距为 32mm。

十七、某些水溶液的表面张力（N/m）（附表 28）

附表 28　某些水溶液的表面张力

溶质	t/℃	浓度×100（质量）			
		5	10	20	50
H_2SO_4	18	—	74.1×10^{-3}	75.2×10^{-3}	77.3×10^{-3}
HNO_2	20	—	72.7×10^{-3}	71.1×10^{-3}	65.4×10^{-3}
NaOH	20	74.6×10^{-3}	77.3×10^{-3}	85.8×10^{-3}	—
NaCl	18	74.0×10^{-3}	75.5×10^{-3}	—	—
Na_2SO_4	18	73.8×10^{-3}	75.2×10^{-3}	—	—
$NaNO_3$	30	72.1×10^{-3}	72.8×10^{-3}	74.4×10^{-3}	79.8×10^{-3}
KCl	18	73.6×10^{-3}	74.8×10^{-3}	77.3×10^{-3}	—
KNO_3	18	73.0×10^{-3}	73.6×10^{-3}	75.0×10^{-3}	—
K_2CO_3	10	75.8×10^{-3}	77.0×10^{-3}	79.2×10^{-3}	106.4×10^{-3}
NH_4OH	18	66.5×10^{-3}	63.5×10^{-3}	59.3×10^{-3}	—
NH_4Cl	18	73.3×10^{-3}	74.5×10^{-3}	—	—
NH_4NO_3	100	59.2×10^{-3}	60.1×10^{-3}	61.6×10^{-3}	67.5×10^{-3}
$MgCl_2$	18	73.8×10^{-3}	—	—	—
$CaCl_2$	18	73.7×10^{-3}	—	—	—

十八、某些二元物系在 101.3kPa 下的气液平衡组成（附表 30～附表 33）

附表 29　苯-甲苯

苯摩尔分数		温度/℃	苯摩尔分数		温度/℃
液相中	气相中		液相中	气相中	
0.0	0.0	110.6	59.2%	78.9%	89.4
8.8%	2.2%	106.1	70.0%	85.3%	86.8
20.0%	37.0%	102.2	80.3%	91.4%	84.4
30.0%	50.0%	98.6	90.3%	95.7%	82.3
39.7%	61.8%	95.2	95.0%	97.0%	81.2
48.9%	71.0%	92.1	100.0%	100.0%	80.2

附表 30　乙醇-水

乙醇摩尔分数		温度/℃	乙醇摩尔分数		温度/℃
液相中	气相中		液相中	气相中	
0.00	0.00	100	32.73%	58.26%	81.5
1.90%	17.00%	95.5	39.65%	61.22%	80.7
7.21%	38.91%	89.0	50.79%	65.64%	79.8

续表

乙醇摩尔分数		温度/℃	乙醇摩尔分数		温度/℃
液相中	气相中		液相中	气相中	
9.66%	43.75%	86.7	51.98%	65.99%	79.7
12.38%	47.04%	85.3	57.32%	68.41%	79.3
16.61%	50.89%	84.1	67.63%	73.85%	78.74
23.37%	54.45%	82.7	74.72%	78.15%	78.41
26.08%	55.80%	82.3	89.43%	89.43%	78.15

附表 31 硝酸-水

硝酸摩尔分数		温度/℃	硝酸摩尔分数		温度/℃
液相中	气相中		液相中	气相中	
0	0	100.0	45%	64.6%	119.5
5%	0.3%	103.0	50%	83.6%	115.6
10%	1.0%	109.0	55%	92.0%	109.0
15%	2.5%	114.3	60%	95.2%	101.0
20%	5.2%	117.4	70%	98.0%	98.0
25%	9.8%	120.1	80%	99.3%	81.8
30%	16.5%	121.4	90%	99.8%	85.6
38.4%	38.4%	121.9	100%	100%	85.4
40%	46.0%	121.6	—	—	—

附表 32 甲醇-水

甲醇摩尔分数		温度/℃	甲醇摩尔分数		温度/℃
液相中	气相中		液相中	气相中	
0	0	100.0	29.09	68.01	77.8
5.31	28.34	92.9	33.33	69.18	76.7
7.67	40.01	90.3	35.13	73.47	76.2
9.26	43.53	88.9	46.20	77.56	73.8
12.57	48.31	86.6	52.92	79.71	72.7
13.15	54.55	85.0	59.37	81.83	71.3
16.74	55.85	83.2	68.49	84.92	70.0
18.18	57.75	82.3	77.01	89.62	68.0
20.83	62.73	81.6	87.41	91.94	66.9
23.19	64.85	80.2	100.00	100.00	64.7
28.18	67.75	78.0	—	—	—

主要参考文献

柴诚敬. 2006. 化工原理（上、下册）. 北京：高等教育出版社.

陈常贵，柴诚敬，姚玉英. 2004. 化工原理. 天津：天津大学出版社.

陈敏恒，丛德，方图南，等. 2006. 化工原理，第三版下册. 北京：化学工业出版社.

大连理工大学. 2002. 化工原理（上、下册）. 北京：高等教育出版社.

大连理工大学化工原理教研室. 1997. 化工原理课程设计. 大连：大连理工大学出版社.

丁玉兴. 2007. 化工原理. 北京：科学出版社.

管国峰，赵汝溥. 2003. 化工原理. 北京：化学工业出版社.

蒋丽芬. 2007. 化工原理 . 北京：高等教育出版社.

冷士良，陆清，宋志轩. 2007. 化工单元操作及设备. 北京：高等教育出版社.

李殿宝. 2005. 化工原理. 大连：大连理工大学出版社.

李居参，周波，乔子荣. 2008. 化工单元操作实用技术. 北京：高等教育出版社.

李云倩. 1991. 化工原理. 北京：中央广播电视大学出版社.

刘爱民，王壮坤. 2007. 化工单元操作技术. 北京：高等教育出版社.

刘佩田，阎晔. 2004. 化工单元操作过程. 北京：化学工业出版社.

刘叶青. 2007. 生物分离工程. 北京：高等教育出版社.

刘振河. 2007. 化工生产技术. 北京：高等教育出版社.

时钧，汪家鼎，余国琮，等. 1996. 化学工程手册（第二版）. 北京：化学工业出版社.

王锡玉，刘建中. 2005. 化工基础. 北京：化学工业出版社.

王志祥. 2005. 制药化工原理. 北京：化学工业出版社.

夏清，陈常贵. 2006. 化工原理修订版下册. 天津：天津大学出版社.

徐帮学. 2001. 最新干燥技术工艺与干燥设备造型及标准规范实施手册. 安徽：安徽文化音像出版社.

魏庆葆，丁明洁，付宏. 2008. 食品机械与设备. 北京：化学工业出版社.

杨祖荣. 2004. 化工原理. 北京：高等教育出版社.

姚玉英. 1997. 化工原理（上、下册）. 天津：天津科学技术出版社.

张宏丽，周长丽，闰志谦. 2006. 化工原理. 北京：化学工业出版社.

郑领英. 2002. 膜技术：高新技术科普丛书. 北京：化学工业出版社.

中国石化集团上海工程有限公司. 2002. 化工工艺设计手册（第三版）. 北京：化学工业出版社.

中华人民共和国劳动和社会保障部制定国家职业标准. 2005. 干燥工. 北京：化学工业出版社.

中华人民共和国劳动和社会保障部制定国家职业标准. 2005. 吸收工. 北京：化学工业出版社.

中华人民共和国劳动和社会保障部制定国家职业标准. 2005. 压缩机工. 北京：化学工业出版社.

中华人民共和国劳动和社会保障部制定国家职业标准. 2005. 蒸发工. 北京：化学工业出版社.

中华人民共和国劳动和社会保障部制定国家职业标准. 2005. 蒸馏工. 北京：化学工业出版社.

中华人民共和国职业技能鉴定规范. 2001. 化工行业特有工种考核大纲. 北京：化学工业出版社.

钟秦，王娟，陈迁乔，等. 2001. 化工原理. 北京：国防工业出版社.